"新闻出版改革发展项目库"入库项目

"十二五"国家重点图书

特 殊 钢 丛 书

镍及其耐蚀合金

康喜范　著

北 京

冶 金 工 业 出 版 社

2021

内 容 简 介

全书共分 12 章，主要内容包括：镍基和铁镍基耐蚀合金的分类及物理性质；镍、镍基和铁镍基耐蚀合金的腐蚀行为和耐蚀性；纯镍；Ni-Al 耐蚀合金；Ni-Cu 耐蚀合金；Ni-Cr 耐蚀合金；Ni-Mo 耐蚀合金；Ni-Cr-Mo 耐蚀合金；Ni-Cr-Mo-Cu 耐蚀合金；Ni-Fe-Cr 铁镍基耐蚀合金；Ni-Fe-Cr-Mo 铁镍基耐蚀合金；Ni-Fe-Cr-Mo-Cu 铁镍基耐蚀合金。

本书可供从事钢铁、石油天然气开采、石油化工、化学加工、能源工业、湿法冶金、海洋开发、环境保护、金属材料等相关专业的工程技术人员参考和研究生使用，也可供从事相关研究和开发的工程技术人员参考使用。

图书在版编目 (CIP) 数据

镍及其耐蚀合金/康喜范著 . —北京：冶金工业出版社，2016. 11 （2021. 9 重印）
（特殊钢丛书）
ISBN 978-7-5024-7256-6

Ⅰ. ①镍…　Ⅱ. ①康…　Ⅲ. ①镍基合金—耐蚀合金
Ⅳ. ①TG146. 1　②TG133

中国版本图书馆 CIP 数据核字（2016）第 223838 号

出 版 人　苏长永
地　　址　北京市东城区嵩祝院北巷 39 号　邮编　100009　电话　(010)64027926
网　　址　www. cnmip. com. cn　电子信箱　yjcbs@ cnmip. com. cn
责任编辑　郭冬艳　美术编辑　彭子赫　版式设计　彭子赫
责任校对　石　静　责任印制　禹　蕊
ISBN 978-7-5024-7256-6
冶金工业出版社出版发行；各地新华书店经销；北京虎彩文化传播有限公司印刷
2016 年 11 月第 1 版，2021 年 9 月第 2 次印刷
710mm×1000mm　1/16；31 印张；604 千字；480 页
99. 00 元
冶金工业出版社　投稿电话　(010)64027932　投稿信箱　tougao@cnmip. com. cn
冶金工业出版社营销中心　电话　(010)64044283　传真　(010)64027893
冶金工业出版社天猫旗舰店　yjgycbs. tmall. com
（本书如有印装质量问题，本社营销中心负责退换）

《特殊钢丛书》序言

特殊钢是众多工业领域必不可少的关键材料，是钢铁材料中的高技术含量产品，在国民经济中占有极其重要的地位。特殊钢材占钢材总量比重、特殊钢产品结构、特殊钢质量水平和特殊钢应用等指标是反映一个国家钢铁工业发展水平的重要标志。近年来，在我国社会和经济快速健康发展的带动下，我国特殊钢工业生产和产品市场发展迅速，特殊钢生产装备和工艺技术不断提高，特殊钢产量和产品质量持续提高，基本满足了国内市场的需求。

目前，中国经济已进入重工业加速发展的工业化中期阶段，我国特殊钢工业既面临空前的发展机遇，又受到严峻的挑战。在机遇方面，随着固定资产投资和汽车、能源、化工、装备制造和武器装备等主导产业的高速增长，全社会对特殊钢产品的需求将在相当长时间内保持在较高水平上。在挑战方面，随着工业结构的提升、产品高级化，特殊钢工业面临着用户对产品品种、质量、交货时间、技术服务等更高要求的挑战，同时还在资源、能源、交通运输短缺等方面需应对日趋激烈的国内外竞争的挑战。为了迎接这些挑战，抓住难得发展机遇，特殊钢企业应注重提高企业核心竞争力以及在资源、环境方面的可持续发展。它们主要表现在特殊钢产品的质量提高、成本降低、资源节约型新产品研发等方面。伴随着市场需求增长、化学冶金学和物理金属学发展、冶金生产工艺优化与技术进步，特殊钢工业也必将日新月异。

从20世纪70年代世界第一次石油危机以来，工业化国家的特殊钢生产、产品开发和工艺技术持续进步，已基本满足世界市场需求、资源节约和环境保护等要求。近年来，在国家的大力支持下，我国科研院所、高校和企业的研发人员承担了多项国家科技项目工作，在特殊钢的基础理论、工艺技术、产品应用等方面也取得了显著成绩，特别是近 20 年来各特钢企业的装备更新和技术改造促进了特殊钢行业进步。为了反映特殊钢技术方面的进展，中国金属学会特殊钢分会、先进钢铁材料技术国家工程研究中心和冶金工业出版社共同发起，并由先进钢铁材料技术国家工程研究中心和中国金属学会特殊钢分会负责组织编写了新的《特殊钢丛书》，它是已有的由中国金属学会特殊钢分会组织编写《特殊钢丛书》的继续。由国内学识渊博的学者和生产经验丰富的专家组成编辑委员会，指导丛书的选题、编写和出版工作。丛书编委会将组织特殊钢领域的学者和专家撰写人们关注的特殊钢各领域的技术进展情况。我们相信本套丛书能够在推动特殊钢的研究、生产和应用等方面发挥积极作用。本套丛书的出版可以为钢铁材料生产和使用部门的技术人员提供特殊钢生产和使用的技术基础，也可为相关大专院校师生提供教学参考。本套丛书将分卷撰写，陆续出版。丛书中可能会存在一些疏漏和不足之处，欢迎广大读者批评指正。

《特殊钢丛书》编委会主编　　徐匡迪

中国工程院院长

2008 年夏

前　　言

　　镍及其耐蚀合金，实际上是一系列高镍（$w(\text{Ni}) \geqslant 30\%$）耐蚀结构材料，它包括耐蚀纯镍、耐蚀低合金化镍-铝，镍基和铁镍基耐蚀合金。它的主要使用性能是合金的耐蚀性，涵盖耐全面腐蚀，耐晶间腐蚀，耐点蚀和缝隙腐蚀，耐应力腐蚀等，鉴于合金的这种特性，其服役范围非常广泛，成为各类化学加工、石油化工、石油天然气开采、海洋工程、环境治理、湿法冶金、能源工业、核燃料生产和核能开发以及航空、航天领域不可缺少和不可取代的重要原材料，为各工业部门的发展做出了卓越贡献。

　　在高镍合金中，另一重要合金系列是高镍高温合金也称超合金。高镍耐蚀合金和高温合金，尽管同属高镍合金，但两者在主要使用性能、合金化原则，生产工艺等方面存在显著差别，请不要混淆，以免误事。

　　中国高镍耐蚀合金的应用始于 20 世纪 50 年代的 Ni-Cu 耐蚀合金蒙乃尔合金（Monel 400）的工业生产和工程应用。对于其他耐蚀合金的研究和开发，开始于 20 世纪 60 年代初，当时的驱动力是提供能满足核燃料生产的湿法和干法生产工艺所需主体设备用耐蚀结构材料。自此之后，我国投入了大量的人力、物力开始了系统的耐蚀合金的研究和发展，涉猎领域包括 Ni-Cr、Ni-Mo、Ni-Cr-Mo、Ni-Cr-Mo-Cu 等镍基耐蚀合金和 Ni-Fe-Cr、Ni-Fe-Cr-Mo、Ni-Fe-Cr-Mo-Cu、Ni-Fe-Cr-Mo-Cu-N 等铁镍基耐蚀合金，基本上覆盖了国内外所有的高镍耐蚀合金系列。经过半个多世纪的工作，至今已形成合金系列较完整的中国耐蚀合金牌号标准，生产装备已较开创时期有重大改观，目前已可提供各种板材（包括中厚板）、各种管材（含大口径 ϕ800mm 以上）厚壁管，各种锻件以及棒线丝材等冶金产品，为我国各行各业所需高镍耐蚀合金提供了技术保证。这种重大进步得益于不间断的科研累积和改革开放以来企业家的战略投资开始发挥作用。这两点使高镍耐蚀合金得以稳妥快速发展的基础，很难想象，没有科研积累，没有先进的生产工艺装备就能快速研发这些高、精尖和生产难度极大的新材料。

作者本人有幸参加了中国高镍耐蚀合金初创时期的一些研究工作，可以说我的科研职业生涯始于对耐蚀合金的研究，历经 50 年的风风雨雨，见证了初创时期的艰苦和科技工作者辛苦工作的场面，回顾往事成功大于失望，一种成功的幸福感驱使自己和同事们不断前行，50 年未曾中断。

在离开科研第一线时，总想再做点什么，于是将自己的文稿和读书笔记做些整理，并对早期的书稿再做补充，增补近年来的一些研究成果，写就本书。本书共 12 章，概述了高镍耐蚀合金主要研究和发展、高镍耐蚀合金的基本物理冶金知识，关键合金元素在合金耐蚀方面的功能效果，典型耐蚀合金牌号的化学成分组织结构、性能和应用。试图给读者更多的技术信息。如果书中某段文字，某一个图表对读者研发新材料，选用恰当的合金或者生产一种耐蚀材料产品有所启发和帮助，作者将感到极大的欣慰。

本书在写作过程中使用了大量的科研数据，这些数据的获得需付出艰苦的劳动，在这里对参考文献的作者和与我共事的领导和同事在我整个科研活动生涯中给予我的指导、支持和帮助表示衷心的感谢。本书的出版，感谢钢铁研究总院副院长董瀚教授的关心和支持，感谢博士刘剑辉的帮助，在此致以深深的谢意。

由于作者本人学识水平所限，书中不妥之处，恳请广大读者批评指正。

康喜范

2015 年 12 月

于钢铁研究总院

目　录

1 概　　述

纯镍是一种极其贵重的工业原材料，除直接作为金属材料应用外，它的最重要用途是以合金元素的角色应用于不锈钢工业和以其为基体构建系统的镍基和铁镍基耐蚀合金，后者是本书所阐述的内容。

镍基和铁镍基耐蚀合金具有优异的耐蚀性、较高的强度、优良的塑韧性和冶金产品的可生产性以及设备和部件的可加工制造性。这些特性的获得受益于纯镍具有优异的耐还原性介质腐蚀的能力和对提高和赋予合金耐蚀性的 Cr、Mo、W、Cu、Si 等元素的高度容纳能力，并可通过调解镍含量使合金从高温到低温不发生相变一直保持奥氏体的组织结构。因此，可通过合金化手段发展一系列有益于耐蚀性元素含量高的镍基和铁镍基奥氏体耐蚀合金。合金的耐蚀性取决于合金元素的种类、数量及相互匹配程度，为解决不锈钢不能胜任的腐蚀环境所引起的腐蚀问题，目前已开发成功 50 多个牌号的镍基和铁镍基耐蚀合金并成功应用于化学加工、湿法冶金、海洋工程、核燃料化工后处理、核能、油和天然气开采，污染控制的烟气脱硫装置等工业部门，成为这些工业发展和正常运行不可缺少的耐蚀结构材料。

1.1　定义和分类

1.1.1　定义

镍基耐蚀合金——以镍为基体（$w(\text{Ni}) \geqslant 50\%$）并含有可赋予合金耐蚀特性的元素（Cr、Mo、Cu、W、Si、Al、Ti）且以耐蚀性为主要使用性能的一系列合金，称为镍基耐蚀合金。

铁镍基耐蚀合金——以 $w(\text{Ni}+\text{Fe}) \geqslant 50\%$ 为基体，其中 $w(\text{Ni})$ 处于 30% ~ 50% 之间并含有可赋予各种耐蚀特性的合金元素所构成的一系列合金，称为铁镍基耐蚀合金。

纯镍——未经合金化的纯镍，牌号之间的差别仅在于碳含量的不同。

1.1.2　镍基和铁镍基耐蚀合金的分类

镍基和铁镍基耐蚀合金的核心性能是它们的耐蚀性，决定这种性能的基础是合金的化学成分，为应对复杂多变的腐蚀环境，形成了牌号众多的耐蚀合金系列。为便于生产，使用和管理，国内外均对这类合金进行分类，其分类原则是以所含合金元素的类型来划分的，而不纳入稳定化元素和沉淀硬化元素。

镍基耐蚀合金可划分成 5 个系列：Ni-Cu 耐蚀合金；Ni-Cr-Fe 耐蚀合金；Ni-Mo 耐蚀合金；Ni-Cr-Mo 耐蚀合金；Ni-Cr-Mo-Cu 耐蚀合金。

铁镍基耐蚀合金可划分成 4 个系列：Ni-Fe-Cr 耐蚀合金；Ni-Fe-Cr-Mo 耐蚀合金；Ni-Fe-Cr-Mo-Cu 耐蚀合金；Ni-Fe-Cr-Mo-Cu-N 耐蚀合金。

1.2　镍基和铁镍基耐蚀合金的近代发展[1~36]

自 1905 年在世界范围内第一个工业用 Ni-Cu 耐蚀合金蒙乃尔（Monel 400）合金问世以来，经一个多世纪的研究和发展，已形成了镍基和铁镍基两大类 9 个系列的耐蚀合金，其研究和发展的驱动力主要来自两个方面。其一是对早期合金的改进，早期的耐蚀合金，因受当时冶金生产条件的限制，对成分的控制尚达不到理想状态，加之对合金的耐蚀性的本质的了解尚处于初级阶段，在使用过程中曾出现过新的腐蚀问题，为解决新出现的腐蚀问题，在 20 世纪 60 年代曾对耐蚀合金的晶间腐蚀进行了从产生机理到解决途径的一系列的深入研究，从而产生了一系列耐晶间腐蚀的新合金；其二是市场对新的耐蚀材料的需求，如压水堆核动力装置蒸发器耐高温高压水应力腐蚀耐蚀合金；烟气脱硫装置对耐点蚀、缝隙腐蚀和应力腐蚀耐蚀材料的需求；海洋开发的耐海水点蚀和缝隙腐蚀结构材料；油、天然气开发的耐硫化物应力腐蚀材料以及新兴化学加工业对耐蚀结构材料的需求等。

为了满足工业发展对镍基和铁镍基耐蚀合金的需求，对表 1-1 所列早期的耐蚀合金进行了改进并基于合金元素对镍耐蚀性的改善效果，采用单一加入或复合加入的方式形成各具特色的一系列耐蚀合金，为满足特殊服役条件又派生出一些专用耐蚀合金。图 1-1 给出了镍基和铁镍基耐蚀合金的发展演变过程。表 1-2 和表 1-3 汇总了广泛应用的纯镍、镍基耐蚀合金、铁镍基耐蚀合金代表性牌号的代号、商品名称及主要化学成分。

表 1-1　早期生产和应用的耐蚀合金

年　份	国　别	合金名称	主要化学成分
1905	美　国	蒙乃尔合金	68Ni-28Cu-2.5Fe-1.1Mn-0.3C
1914	美　国	Illium 合金	68Ni-21Cr-5Mo-3Cu-0.05C
1920	德　国	Ni-Cr-Mo 合金	78Ni-15Cr-7Mo
1923	美　国	Hastelloy B	62Ni-28Mo-5Fe-0.12C
1930	美　国	Hastelloy C	60Ni-16Cr-16Mo-4W-6Fe-0.08C
1931	美　国	Inconel 600	75Ni-15Cr-8Fe-0.15C
1945	美　国	Carpenter 20	Fe-30Ni-20Cr-3Mo-3Cu
1949	美　国	Incoloy 800	Fe-32Ni-21Cr-0.05C
1950	美　国	Incoloy 825	Fe-42Ni-21Cr-3Mo-2Cu-0.9Ti-0.05C

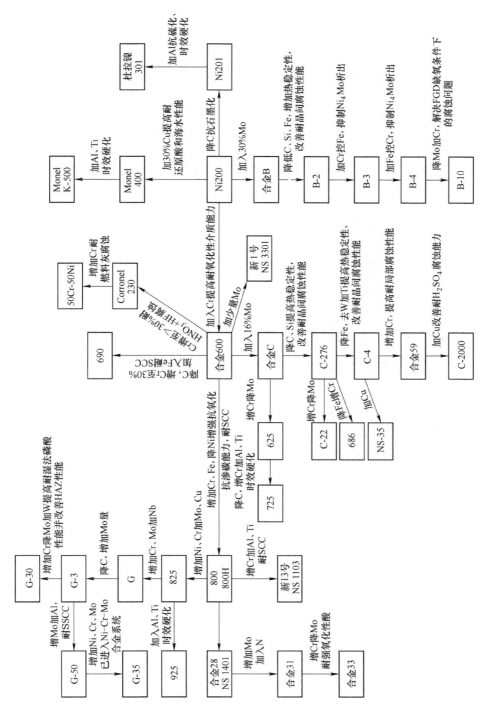

图 1-1 镍基和铁镍基耐蚀合金发展脉络图

表1-2　国内外常用镍基耐蚀合金对照表

合金简称	美国 商品名称	美国 UNS No.	德国 商品名称	德国 No.	中国 名称	中国 牌号	主要化学成分(质量分数)
纯 Ni200	Nickel 200	No. 2200	Nickel 99.2	2.4066	N8	—	99.6Ni-0.15C
201	Nickel 201	No. 2201	LC-Nickel 99	2.4068	N6	—	99.6Ni-0.02C
301	Duranickel 301	No. 3301	—	—	—	—	93Ni-4.4Al-0.6Ti
Ni-Cu合金400	Monel 400	No. 4400	DIN 1743	WHr2.4360	MCu-28-2.5-1.5	Ni68Cu28Fe	68Ni-28Cu-2.5Fe-0.3C
K-500	Monel K-500	No. 5500	DIN 1744	WHr2.4374	—	Ni68Cu28Al	65Ni-29Cu-3Al-0.6Ti-0.25C
Ni-Mo 合金 B	Hastelloy B	N1001	—	—	NS 3201	0Mo28Ni65Fe5	65Ni-28Mo-5Fe-0.12C
B-2	Hastelloy B-2	N10665	Nimofer 6928	2.4617	NS 3202	00Mo28Ni69Fe2	69Ni-28Mo-2Fe-0.02C
B-3	Hastelloy B-3	N10675	Nicrofer 6628	—	NS 3203	00Mo29Ni65FeCr	65Ni-29Mo-1.5Fe-1.5Cr-0.01C
B-4	Hastelloy B-4	N10629	Nicrofer 6629	2.4710	NS 3204	00Mo29Ni65Fe3Cr	65Ni-29Mo-3Fe-1.0Cr-0.01C
B-10	Hastelloy B-10	—	Nimofer 6224	2.4817	—	00Mo24Ni60Cr8Fe6	60Ni-24Mo-8Cr-6Fe-0.01C
Ni-Cr 合金 600	Inconel 600	No. 6600	7216LC	2.4851	NS 3102	0Cr15Ni75Fe	75Ni-15Cr-8Fe-0.1C
601	Inconel 601	No. 6601	—	—	NS 3103	0Cr23Ni60Fe14Al	60Ni-23Cr-14Fe-1.5Al-0.1C
X-750	Inconel X-750	—	—	2.4669	—	0Cr15Ni70Ti3AlN6	70Ni-15Cr-3Ti-1Nb-0.7Al
230	Corronel 230	—	—	—	NS 3104	0Cr35Ni65	65Ni-35Cr-0.1C
NS 3101	—	—	—	—	NS 3101	0Cr30Ni70	70Ni-30Cr-Al-0.05C
690	Inconel 690	No. 6690	Nicrlfer 6030	2.4642	NS 3105	00Cr30Ni60Fe10	60Ni-30Cr-10Fe-0.05C
671	Inconel 671	—	—	—	—	0Cr50Ni50	50Cr-50Ni-0.1C

续表1-2

合金简称	美国		德国		中国		主要化学成分(质量分数)
	商品名称	UNS No.	商品名称	No.	名称	牌号	
Ni-Cr-Mo合金							
C	Hastelloy C	N10002				0Cr16Ni60Mo16W4	60Ni-16Cr-16Mo-4W-1Si-0.08C
C-276	Hastelloy C-276	N10276	NiCrofer 5916hMoW	2.4819	NS 3303	00Cr16Ni60Mo16W4	60Ni-16Cr-16Mo-4W-0.08Si-0.02C
C-4	Hastelloy C-4	No. 6455	NiCrofer 6616hMo	2.4610	NS 3304	00Cr16Ni66Mo16Ti	66Ni-16Cr-16Mo-0.7Ti-0.08Si-0.015C
C-22	Hastelloy C-22	No. 6022	—	2.4602	NS 3305	00Cr22Ni60Mo13W3	60Ni-22Cr-13Mo-3W-0.08Si-0.015C
686	Inconel 686	No. 6686	—	—	NS 3308	00Cr21Ni56Mo16W4	56Ni-21Cr-16Mo-4W-0.08Si-0.010C
59	Alloy 59	No. 6059	NiCrofer 5923hMo	2.4605	NS 3309	00Cr23Ni59Mo16	59Ni-23Cr-16Mo-0.3Al-0.10Si-0.01C
625	Inconel 625	No. 6625	NiCrofer 6020hMo	2.4856	NS 3311	0Cr22Ni60Mo9Nb4	60Ni-22Cr-9Mo-4Nb-0.4Al-0.4Ti-0.1C
625plus	Inconel 625pcus	No. 7716	—	—	NS 3306	00Cr20Ni60Mo8Nb3Ti	60Ni-20Cr-8Mo-3Nb-1.3Ti-0.35Al-0.03C
G-35	Hastelloy G-35	—	—	—	—	0Cr33Ni55Mo8Fe	55Ni-33Cr-8Mo-2Fe-0.03C
NS 3301	—	—	—	—	NS 3301	00Cr16Ni75Mo2Ti	75Ni-16Cr-2Mo-0.6Ti-8Fe-0.03C
725	Inconel 725	No. 7725	—	—	—	00Cr21Ni57Mo8Nb3TiAl	57Ni-21Cr-8Mo-3Nb-1.3Ti-0.35Al-0.03C
718	Inconel 718	No. 7718	—	2.4668	GH 169	0Cr19Ni52Mo3Nb5TiAl	52Ni-19Cr-3Mo-5Nb-0.35Ti-0.5Al-0.08C
242	Haynes 242	—	—	—	—	00Cr8Ni65Mo26Fe2Co2	65Ni-8Cr-26Mo-2Fe-2Co-0.03C
Ni-Cr-Mo-Cu合金							
C-2000	Hastelloy C-2000	No. 6200	—	—	NS 3405	00Cr23Ni57Mo16Cu2	57Ni-23Cr-16Mo-2Cu-0.088Si-0.01C
R	Illium R	—	—	—	—	0Cr21Ni68Mo5Cu3	68Ni-21Cr-5Mo-3Cu-0.7Si-0.05C
NS 35	—	—	—	—	—	00Cr16Ni66Mo16Cu	66Ni-16Cr-16Mo-0.5Cu

表1-3 国内外常用铁镍基耐蚀合金对照表

合金简称	美国		德国		名称	中国	主要化学成分(质量分数)
	商品名称	UNS No.	商品名称	No.	名称	牌号	
Ni-Fe-Cr 合金							
800	Incoloy 800	No. 8800	—	1.4876	NS 1101	1Cr21Ni32AlTi	Fe-21Cr-32Ni-0.4Al-0.4Ti-0.10C
801	Incoloy 801	No. 8801	—	—	—	1Cr21Ni32Ti	Fe-21Cr-32Ni-0.4Al-0.4Ti-0.08C
800M	Incoloy 800M	—	—	—	—	0Cr21Ni32CuAlTi	Fe-21Cr-32Ni-0.75Cu-0.4Al-0.3Ti-0.05C
800H	Incoloy 800H	No. 8810	—	1.4958	—	0Cr21Ni32AlTi	Fe-21Cr-32Ni-0.4Al-0.4Ti-0.07C
800HT	Incoloy 800HT	No. 8811	—	1.4959	—	0Cr21Ni32AlTi	Fe-21Cr-32Ni-0.45Al-0.45Ti-0.06C
XH32T	—	—	—	—	—	0Cr20Ni33AlTi	Fe-20Cr-33Ni-0.5Al-0.45Ti-0.05C
NS 1102	—	—	—	—	NS 1102	0Cr21Ni32AlTi	Fe-21Cr-32Ni-0.4Al-0.4Ti-0.75Cu-0.08C
Sanicro 30	—	—	—	—	—	00Cr22Ni32AlTi	Fe-22Cr-32Ni-0.3Al-0.4Ti-0.75Cu-0.03C
新13号合金	—	—	—	—	NS 1303	00Cr25Ni35AlTi	Fe-24Cr-35Ni-Al-Ti-0.03C
Ni-Fe-Cr-Mo 合金							
NS 1301	—	—	—	—	NS 1301	0Cr20Ni43Mo13	Fe-20Cr-43Ni-13Mo-0.05C
Narloy 3(日本)	—	—	—	—	—	00Cr21Ni40Mo13	Fe-21Cr-40Ni-13Mo-0.03C
050	Incoloy 050	No. 6950	—	—	—	0Cr20Ni50Mo9	Fe-20Cr-50Ni-9Mo-0.05C

续表 1-3

合金简称	美国 商品名称	美国 UNS No.	德国 商品名称	德国 No.	名称	中国 牌号	主要化学成分(质量分数)
Ni-Fe-Cr-Mo-Cu 合金							
20Nb	Carpenter 20Nb-3 Incoloy 020	No. 8020	—	2.4660	NS 1403	0Cr20Ni35Mo3Cu3Nb	Fe-20Cr-35Ni-3Cu-3Mo-0.06C
825	Incoloy 825	No. 8825	Nicrofer 4221	2.4858	NS 1402	0Cr21Ni42Mo3Cu2Ti	42Ni-21Cr-3Mo-2Cu-0.8Ti-0.05C
Sanicro-28	Incoloy 028	No. 8028	Nicrofer 3127LC	1.4563		00Cr27Ni31Mo3Cu	Fe-27Cr-31Ni-3Mo-1Cu-0.03C
31	—	No. 8031	Nicrofer 3127hMo	1.4562	NS 1404	00Cr27Ni31Mo7CuN	Fe-27Cr-31Ni-7Mo-1Cu-0.2N-0.015C
33	Nicrlfer 3033	R20033	Nicrlfer 3033	1.4591	NS 1405	00Cr33Ni31Mo1CuN	Fe-33Cr-31Ni-1Mo-0.7Cu-0.5N-0.015C
G	Hastelloy G	No. 6007	—	2.4618	NS 3402	0Cr22Ni47Mo6.5Cu2Nb2	Fe-22Cr-47Ni-65Mo-2Cu-2Nb-0.05C
G-2	Hastelloy G-2	No. 6975	—	—	—	00Cr25Ni49Mo6Nb2CuTi	Fe-25Cr-49Ni-6Mo-2Nb-Cu-0.03C
G-3	Hastelloy G-3	No. 6985	Nicrofer 4825hMo	2.4619	NS 3403	00Cr22Ni48Mo7Cu2WNb	Fe-22Cr-48Ni-7Mo-2Cu-1.5W-0.5Nb-0.015C
G-30	Hastelloy G-30	No. 6030	—	2.4603	NS 3404	00Cr30Ni43Mo5.5W2.5Cu2Nb	Fe-30Cr-43Ni-5.5Mo-2.5W-2Cu-1Nb-0.03C
G-50	Hastelloy G-50	No. 6950	—	—	—	00Cr20Ni50Mo9WCuNb	Fe-20Cr-50Ni-9Mo-1.0W-0.5Cu-0.5Nb-0.015C
NS 1401	—	—	—	—	NS 1401	00Cr25Ni35Mo3CuTi	Fe-25Cr-35Ni-3Mo-4Cu-0.5Ti-0.03C
ЭИ543	—	—	—	—	—	0Cr15Ni40Mo5Cu3Ti3Al	Fe-15Cr-40Ni-5Mo-3Cu-3Ti-1Al-0.06C
925	Incoloy 925	No. 9925	—	—	—	0Cr22Ni42Mo3Cu2Ti2AlNb	Fe-22Cr-42Ni-3Mo-2Cu-2Ti-0.3Al-0.5Nb-0.03C

时代的变迁，促使化学加工业，能源生产和油气开采工业、海洋开发以及环保治理等工业部门，对所涉及的耐蚀结构材料提出了越来越高的技术要求，面对多种多样的腐蚀性严苛的服役环境，尚无万能的耐蚀结构材料可以应对这一局面。伴随这种需求，镍基和铁镍基耐蚀合金得到了足够的发展空间和时机，使各具特点的不同合金系列的合金均得到不同的发展，解决了一些不锈钢难于胜任的腐蚀问题。

1.2.1　Ni-Cu 耐蚀合金[1~5]

自 1905 年第一个工业应用的镍基耐蚀合金蒙乃尔合金 400（Monel 400）问世以来，除 Monel 400 得到广泛应用外，相继开发了 Monel 401、Monel R-405 和 Monel K-500 等牌号，其中 K-500 合金为可析出 γ' 的时效硬化型合金，除具有与 Monel 400 合金相同的耐蚀性外，其屈服强度，断裂强度远高于 400 型合金，对于那些要求耐磨、高强度的泵轴、叶轮、弹簧等服役条件，K-500 合金是一种恰当的材料。

1.2.2　Ni-Cr-Fe 耐蚀合金[1~3,7]

第一个 Ni-Cr-Fe 合金是 1931 年发展的含 15% Cr 的 Inconel 600 合金，此合金具有良好的耐蚀性，在高浓氯化物中对 SCC 免疫，此外它具有良好的抗高温氧化和硫化性能，最高使用温度可达 1200℃。在广泛应用中，发现在高温高压水（压水堆核电站蒸发器传热管）中出现严重的晶间型应力腐蚀破裂。为此，在世界范围内进行了深入研究，产生了两大技术成果，其一是开发了一种脱敏处理工艺（700℃ × ≥16h 时效），改善了 Inconel 600 合金的抗 SCC 性能，至今已应用到 Inconel 690 合金；其二是 1972 年开发（公开发表）的 Inconel 690 合金，这个合金是一个含 Cr 高达 30% 的 Ni-Cr-Fe 耐蚀合金，实际上它是提高 Cr 量的 Inconel 600 合金的改进型牌号。690 合金，1982 年开始用于压水堆核电站蒸发器，目前已扩展应用到某些堆内构件，它的优异的耐 SCC 性能使它成为压水堆核电站蒸发器传热管主选材料。

Ni-Cr-Fe 合金另一重要发展是加 Al 和加 Al、Ti 的抗氧化和可时效硬化合金的发展和应用，如 Inconel 601 和 Inconel X-750。

1.2.3　Ni-Mo 耐蚀合金[1~5,32~36]

Ni-Mo 耐蚀合金的典型牌号是 Hastelloy B，1923 年开始工业应用，其最低的 26% Mo 含量，赋予了此合金优异的耐盐酸腐蚀性能，在处理盐酸和其他还原性介质时起着不可取代的作用。长期应用中，在焊缝易出现刀口腐蚀，热影响区出现晶间腐蚀，对这一腐蚀问题经长时间地深入研究，确认为碳化物和金属间相析出所致，为此，在 1974 年推出了降低其合金元素碳、铁、硅含量的改进型牌号

Hastelloy B-2，相距原始合金问世约 51 年，新的牌号确实解决了原始合金焊件的刀口腐蚀和晶间腐蚀，然而它并不完美，它的热稳定性不足，经中温时效出现脆性和塑性明显降低，这种缺陷为此合金设备或部件的制造带来严重障碍，产生这种中温时效脆性的原因是有序相 Ni_4Mo 的析出，基于调整合金中的铁、铬含量可抵制有害的 Ni_4Mo 的析出原理，美国 Haynes 公司和德国 ThyssenKrupp VDM 几乎在同时（1994 年）分别推出控制铁和铬的 Hastelloy B-3 和 Hastelloy B-4 两个近代的 Ni-Mo 合金牌号，这两个牌号既具有 Hastelloy B-2 合金的耐晶间腐蚀的特性又具备可满足设备制造过程中对合金热稳定性的要求。

在 1996 年，德国 ThyssenKrupp VDM 为解决 Ni-Cr-Mo 耐蚀合金（C-276 和合金 59）在烟气脱硫（FGD）装置中几乎无氧的还原酸中的严重腐蚀问题，在 Hastelloy B 合金基础上，采用降 Mo 和添加 Cr 的合金化措施以改善合金的钝化能力，最终开发出含 24%Mo、8%Cr 的 Hastelloy B-10 合金，尽管它排列在 Hastelloy B 合金系列，实际上它应属于 Ni-Cr-Mo 合金系列。

1.2.4 Ni-Cr-Mo 和 Ni-Cr-Mo-W 耐蚀合金[1~6,15~31]

Ni-Cr-Mo 和 Ni-Cr-Mo-W 耐蚀合金是用量最大和使用范围最广的镍基耐蚀合金，它们的早期牌号是 20 世纪 30 年代初引入的 Hastelloy C 合金，由于它既耐氧化性酸性介质腐蚀又耐还原性酸性介质腐蚀的特点，因此这个合金得到广泛应用。在长期应用中，此合金的晶间腐蚀问题引起了广泛关注，在 20 世纪 50~60 年代曾是耐蚀合金的研究焦点。最终确认，高 Mo 的 Ni-Cr-Mo 合金的碳化物和金属间相析出是致使它对晶间腐蚀敏感的根源。基于这一研究成果，1965 年推出了降低碳（$w(C) \leqslant 0.005\%$）、降低硅（$w(Si) \leqslant 0.004\%$）的 Hastelloy C-276，此合金有效地缓解了由 M_6C 析出引起的晶间腐蚀问题，但由以 μ 相析出所导致的晶间腐蚀未能得到有效缓解，于是在 C-276 问世 5 年后（1970 年），一个除降低碳、硅外，去除合金中的钨并将铁降至 $w(Fe)=2.0\%$ 以下的新合金 Hastelloy C-4 诞生，它的热稳定性得到极大提高，对 M_6C 和 μ 相析出所引起的晶间腐蚀敏感性得到抑制，至此，围绕 Hastelloy C 合金的晶间腐蚀问题的研究画上了一个圆满的句号。然而 C-4 合金，由于去除了 W，它的耐全面腐蚀和耐点蚀、缝隙腐蚀性能有所下降。随后，在 1982 年开发的 Hastelloy C-22 合金和 1990 年开发的合金 59（Nicrofer5923hMo）弥补了 C-4 合金的不足。为了进一步提高 Ni-Cr-Mo 合金的耐蚀性，在 C-276 合金的基础上，提高合金中的铬至 $w(Cr)=21\%$，将铁控制在 $w(Fe) < 1\%$ 并加入 Ti 的 Inconel 686 于 1993 年投入工业应用。目前 686 合金是耐蚀性最好，耐晶间腐蚀与 C-4 和合金 59 相当的高钼 Ni-Cr-Mo 耐蚀合金。

1.2.5 Ni-Cr-Mo-Cu 耐蚀合金[1~6,29]

Ni-Cr-Mo-Cu 耐蚀合金最重要的进展是 20 世纪 80 年初期 Ni-16Cr-16Mo-

0.5Cu 合金和 1995 年引入的 Hastelloy C-2000。前者是在 C-4 合金中加入 0.5Cu 使之在沸腾 38% HF 酸中的耐蚀性能显著提高，腐蚀速度下降约 2 个数量级。C-2000 合金基本上是在合金 59 的基础上加入 $w(Cu)=1.6\%$ 所形成的新合金，Mo 和 Cu 的复合作用显著提高了合金在还原性酸中的耐蚀能力，由于合金中 $w(Cr)$ 高达 23%，在含氧化剂的还原酸和氧化性介质中也保持高度的耐蚀性，由于合金不含 W，它的热稳定性与合金 59 相当。

1.2.6　Ni-Fe-Cr 铁镍基耐蚀合金[1~9]

Ni-Fe-Cr 系耐蚀合金的代表牌号 Incoloy 800 合金是 1949 年由国际镍公司开发的相对于 Inconel 600 节镍的新合金，由于它的良好抗氧化特性，早期主要用于电炉加热元件的护套夹头。Incoloy 800 和后期开发的 Incoloy 801，因其良好的耐氯离子诱发的应力腐蚀和耐连多硫酸引起应力腐蚀的能力，它们已成功应用高温石油化工的腐蚀环境，用以裂解高硫原料（石脑油和重油）。

为了解决压水堆核电站蒸发器传热管的应力腐蚀难题，推出了降碳和加大 Ti/C 比至 12 并采用细化晶粒技术的 Incoloy 800 改型合金——Sanicro-30，1980 年正式应用于实际工程。几乎在同时，中国开展了 Cr、Ni 含量对铁镍基耐蚀合金在高浓度氯化物和含 Cl⁻、OH⁻ 和溶解氧的高温水中的应力腐蚀行为影响的广泛研究，研究结果确认 $w(Cr)=25\%$ 是致使铁镍基耐蚀合金耐 SCC 性能急剧升高的拐点铬含量，依此发展 $w(Cr)=25\%$ 的耐应力腐蚀新合金——新 13 号合金（NS 1103）。

1.2.7　Ni-Fe-Cr-Mo 铁镍基耐蚀合金

在研究钼在含 20%～25% Cr 的铁镍基耐蚀合金的作用时，发现在沸腾 HNO_3 + HF 和含氧化剂的 H_2SO_4 中，只有含 6% Mo 才能使含 20%～25% Cr 的铁镍基耐蚀合金的耐蚀性达到最佳状态。在产生点蚀和缝隙腐蚀的含 Cl⁻、Cu^{2+}、Fe^{3+} 并呈酸性的氧化还原性复合介质中，对于 43Ni-20Cr-Fe 合金，只有当含钼量达到 13.5% 时，它才具有最佳耐全面腐蚀性能，耐点蚀的临界钼含量为 12.5%。依据这一研究结果，中国于 1967 年研制成功 0Cr20Ni43Mo13 耐点蚀合金——新 9 号合金。几乎在同时，日本研制成功 00Cr21Ni40Mo13 合金——Narloy 3。这两个合金的耐点蚀性能相当或超过 Hastelloy C 合金。

1.2.8　Ni-Fe-Cr-Mo-Cu 铁镍基耐蚀合金[1~6,8~14]

Ni-Fe-Cr-Mo-Cu 耐蚀合金是铁镍基耐蚀合金中产量最大、应用最广泛、合金牌号最多的合金系列。此合金的早期工业应用的牌号要追溯到 1950 年面世的 Incoloy 825 合金，此合金在 H_3PO_4、H_2SO_4、HNO_3 中均具有良好的耐蚀性，除在一些强酸环境中得到广泛应用外，至今已扩展至石油化工行业。在 1963 年由 Carpenter 20 不锈钢发展演变而来的 Carpenter 20cb-3 之前，Incoloy 825 合金是 Ni-Fe-Cr-Mo-Cu 耐蚀合金唯一成功应用的牌号。在 20 世纪 60 年代初期，为寻求在含 F^-、Cl^- 强氧化性酸性介质中适宜的耐蚀结构材料，国内外均开展了大量研究，取得了一些突破性成果，使 Ni-Fe-Cr-Mo-Cu 耐蚀合金系列得到极大发展，推出了一些至今仍在广泛应用的合金牌号。最主要的进展表现在下述三个方面：

第一，确认 25% Cr 是该系列合金耐全面腐蚀性能急剧增加的拐点铬含量。

20 世纪 60 年代初期，中国为解决在含 Cl^-、F^- 强氧化性酸性水溶液中的耐蚀结构材料，对铁镍基耐蚀合金进行了广泛深入地研究，最终发现并确认，含 25% Cr 的 Fe-35% Ni-3% Mo-Cu 合金耐蚀性最佳，腐蚀率最低，在此基础上再增加合金中的含铬量，尽管仍可增加耐蚀性，但幅度不大，25% Cr 成为此类合金在含 Cl^-、F^- 强氧化性酸性介质中耐蚀性突变的临界点。依据这一结果，研制成功铁镍基新 2 号耐蚀合金 00Cr26Ni35Mo3CuTi（NS 1401），此合金为首个含大于 25% Cr 的 Ni-Fe-Cr-Mo-Cu 合金，它成功用于中温中浓硫酸和湿法磷酸浓缩的工艺装备。随后，在 70 年代瑞典推出 Sanicro-28，其在湿法磷酸工业得到广泛应用。

第二，完成了 Hastelloy G 合金系列的研制。在 20 世纪 60 年代中期，一个既耐 H_2SO_4 又耐磷酸腐蚀的 Hastelloy G 合金（0Cr22Ni47Mo6.5Cu2Nb2）研制成功，随后其改进或派生牌号 G-2、G-3、G-30、G-50 相继推出，其中 1980 年研制成功的 G-30，是一个含铬高达 30% 的 Ni-Fe-Cr-Mo-Cu 系列合金新牌号，其显著特点是在含 Cl^-、F^-、SO_4^{2-} 的湿性磷酸中的耐蚀性极佳，Hastelloy G 系列合金为终点用户提供了更大的选择空间，由 Hastelloy G 合金发展而来的 G-35 合金，其镍含量大于 50% 且不含铜，它已不属于 Ni-Fe-Cr-Mo-Cu 合金体系，成为含铬量取高的 Ni-Cr-Mo 合金。

第三，含氮 Ni-Fe-Cr-Mo-Cu 合金的诞生。氮是一种强烈形成奥氏体的合金元素，它可提高不锈钢的耐蚀性、强度和组织的热稳定性，这些特性在奥氏体和双相不锈钢中得到证实并成功应用。将氮引入铁镍基耐蚀合金始于 1990 年 Nicrlfe3127hMo 的研制成功，此合金是德国 VDM 在 Sanicro-28 合金基础上，提高 Mo 含量至 7% 并加入氮以保持合金的稳定奥氏体组织，它的耐全面腐蚀、耐点蚀、耐缝隙腐蚀性能均超过已有的 Ni-Fe-Cr-Mo-Cu 铁镍基耐蚀合金，充分显现氮的良好作用。1995 年德国继 Nicrlfe3127hMo（合金 31）之后又研制成功另一含氮量高达 0.5%、含 Cr 量达 33% 的新 Nicrofer3033（合金 33），它不仅在浓 HNO_3、浓 H_2SO_4 中具有优异耐蚀性，而且合金的成型性和焊接性能优良，不存在高硅不锈钢焊后的严重裂纹的弊病。

1.3　镍基和铁镍基耐蚀合金的物理冶金

1.3.1　主要合金元素的作用[1~7]

纯镍对可改善其耐蚀性的元素，例如 Cr、Mo、Cu、W 等具有较高的溶解度，可容纳更多数量的有效元素（单独加入或复合加入），因此可形成多种二元和多元合金，合金元素的作用不尽相同，这里仅定性地描述合金元素的作用，其对性能的定量影响，将在后续章节中予以详细介绍。

（1）铬。铬是使镍成为不锈并在氧化性介质中具有良好耐蚀性的唯一可工业应用的合金元素。铬可强烈地改善镍在强氧化性介质（例如 HNO_3、H_2CrO_4 和热浓 H_3PO_4、湿法磷酸等）中的耐蚀性，共耐蚀性随铬含量的提高而增加；铬赋予镍以高温抗氧化性能；铬提高镍在高温含硫气体中的耐蚀性。此外，在 Ni-Mo 二元合金中，铬可抑制有害的 Ni_4Mo 相的析出。在镍基和铁镍基耐蚀合金中，尽管有的合金中的铬含量（质量分数）已高达 50%，但在通常合金中的铬含量为 15% ~ 35%。

（2）钼。钼主要改善镍在还原性酸性介质中的耐蚀性，在盐酸、湿法磷酸、氢氟酸，浓度 ≤60% H_2SO_4 中，钼是使镍基合金具有良好的耐蚀性不可缺少的重要合金元素。在点蚀和缝隙腐蚀环境中，钼强烈提高镍基合金的耐点蚀和耐缝隙腐蚀性能。工业二元 Ni-Mo 耐蚀合金中的钼含量（质量分数）高达 28%；在 Ni-Cr-Mo 系耐蚀合金中，钼含量已达 24%。此外，钼是一个固溶强化元素，对提高合金的强度和高温使用的超级合金也是一重要的合金化元素。

（3）钨。钨的行为类似于钼，主要改善镍基耐蚀合金耐点蚀和耐缝隙腐蚀等局部腐蚀性。然而因为钨的相对原子质量较高，为达到相同的耐蚀性，钨的加入量应为钼的两倍，显著地增加了合金的成本，致使降低了钨的可利用性。然而在含钼为 13% ~ 16%（质量分数）的 Ni-Cr-Mo 合金中，加入 3% ~ 4%（质量分数）的 W，使合金具有优异的耐局部腐蚀性能。

（4）铜。铜有显著改善镍在非氧化性酸中的耐蚀性，特别是铜含量为 30% ~ 40% 的蒙乃尔合金，在不通气的 H_2SO_4 中具有适用的耐蚀性，在不通气的全浓度的 HF 酸中，具有优异的耐蚀性。在 Ni-Cr-Mo-Fe 系的铁镍基耐蚀合金中，加入 2% ~ 3%（质量分数）的 Cu，使之在 HCl、H_2SO_4 和 H_2PO_4 中的耐蚀性得以明显改善。Cu 亦改善 Ni-Cr-Mo 合金在 HF 酸中的耐蚀性。

（5）铁。在镍基合金中，加入铁的主要目的是减少成本。然而，铁改善了镍基耐蚀合金在浓度大于 50% 的 H_2SO_4 中的耐蚀性；在 Ni-Mo 合金中，铁抑制有害相 Ni_4Mo 的析出，减少了在 Ni-Mo 合金加工制作中的裂纹敏感性。此外，铁可增加碳在镍中的溶解度，因此可改善合金对晶间腐蚀的敏感性和提高其抗渗碳性能。

（6）硅。在变形镍基耐蚀合金中，因硅具有稳定碳化物和促进有害金属间相形成的功能，必须严格控制，例如 Ni-Cr-Mo-W 合金（Hastelloy C-276），硅含量（质量分数）必须控制在 0.08% 以下，作为合金元素，其主要功能是提高合金在热浓硫酸中的耐蚀性，硅含量可高达 9%～11%，以铸件形式应用于不同工业部门。

（7）铌、钽。为减少镍基和铁镍基耐蚀合金的晶间腐蚀敏感性，加入 Nb 和 Ta 以防止有害的碳化物析出，在 AOD 引入镍基合金生产后，可将碳含量降到更低水平，似乎已没有必要再加入 Nb 和 Ta，它们的另一重要作用是减少在焊接时的热裂纹倾向。

（8）钛。钛是强烈碳化物形成元素，在镍基和铁镍基耐蚀合金中碳的溶解度较在铁基合金中低，即使在较低碳含量的情况下，也难于避免有害碳化物的析出，加入钛可窃取合金中的碳，减少或抑制有害的 $M_{23}C_6$ 和 M_6C 的析出，减少合金的晶间腐蚀敏感性。钛也可作为时效强化元素，通过时效处理提高合金的强度。

（9）铝。在耐蚀合金中，铝作为脱氧剂残留于合金中或为了使耐蚀合金具有时效强化反应达到提高强度的目的而有意加入。铝的另一作用是在高温可形成致密黏附性好的氧化膜，提高了合金耐氧化、耐渗碳和抗氯化的性能。

（10）氮。在铁镍基耐蚀合金中，氮可明显改善合金的耐点蚀和耐缝隙腐蚀性能，甚至可达到相当于高镍耐蚀合金的水平。

1.3.2 耐蚀合金中的碳化物[37~45]

耐蚀合金工业产品中，碳是必然存在的，因碳在富镍合金中的溶解度很低，极易形成碳化物，形成的碳化物类型与合金成分和所经受的热历史条件相关。

耐蚀合金中的碳化物可区分成一次碳化物和二次碳化物两种与形成条件相关的类型。

一次碳化物是在凝固过程中形成于枝状晶间区域的一种碳化物。这些碳化物包括 MC 型（M 为 Nb、Ti 和 Ta）和 M_6C 型（M 通常是 W 和 Mo）。一次碳化物在随后加工过程中不易溶解，将以沿轧制方向串状排列形式存在。少量的一次碳化物存在于商业合金中是允许的，如果全部去除将是不经济的。大量的一次碳化物存在于合金中，对随后的加工制作和合金的性能将引起严重的不良后果，应设法避免。

二次碳化物是在加工过程中（焊接、热处理）和服役期间暴露于易析出碳化物的温度下所形成的。此类碳化物通常是晶间形的，在极个别条件下，在晶内沿滑移线和孪晶界出现。二次碳化物的类型和数量受固溶体中碳浓度、合金的稳定性、冷加工条件、晶粒尺寸所控制。二次碳化物的析出将影响合金的力学性能和耐蚀性能，尤以影响合金耐蚀性最为显著，其主要原因是这些碳化物富集了对耐蚀性有效的合金元素，造成局部区域有效合金元素的贫化。

1.3.2.1　Ni_3C

在含碳的纯镍中，可形成 Ni_3C，它是一种亚稳相，在一定条件下可分解成石墨致使镍石墨化，使晶界弱化并呈现脆性。降低碳含量和添加铜可减轻石墨化倾向和石墨化程度。

1.3.2.2　MC

在含 Ti 和 Nb 的耐蚀合金中，MC 型碳化物是 NbC、TiC、TaC，在含有 Mo 和 W 的合金中，M 常常含有一些 Mo 和 W。氮可取代 MC 中的部分碳而形成 Nb（CN）和 Ti（CN）。在耐蚀合金中的 MC 是面心立方结构，每个晶胞含 8 个原子，即 4 个金属原子和 4 个碳原子。MC 是十分稳定的碳化物，它的形成可减少合金中的碳含量，可减少有害富铬碳化物的析出，从而提高合金的耐晶间腐蚀能力。

1.3.2.3　Cr_7C_3

Cr_7C_3 是一种富铬碳化物，属六角（菱形）晶型，点阵常数 $a = 1.401nm$，$c = 0.453nm$，每个晶胞含 80 个原子，Cr56，C24。在低铬不含钼、钨元素的 Ni-Cr-Fe 耐蚀合金中 Cr_7C_3 是居统治地位的碳化物。$Cr_{23}C_6$ 型碳化物也可能出现，但很少，在 0Cr15Ni75Fe（Inconel 600）合金中，由于 Cr_7C_3 的析出，使其晶界附近产生贫铬区，随着敏化温度时间的延长，贫化程度加剧，但足够长的敏化时间（100h），由于铬的扩散使贫化区中的铬将得以补充，贫 Cr 区基本消失（图 1-2）0Cr15Ni75Fe 合金在 700℃敏化 5h，晶界的铬含量（质量分数）由 15% 降至 5%，

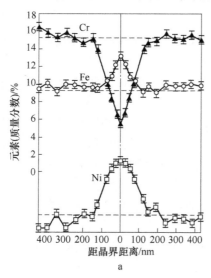

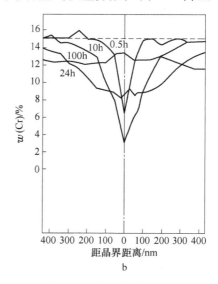

图 1-2　敏化态 0Cr15Ni75Fe（Inconel 600）的晶界贫 Cr 区
a—1100℃×30′+700℃×5h；b—1100℃×30′+700℃×（0.5h、10h、24h、100h）

敏化 10h，晶界的铬含量（质量分数）已降至 3%。贫铬区的形成是导致合金晶间腐蚀的基本原因。

1.3.2.4 $M_{23}C_6$

在镍基耐蚀合金中，当 $w(Cr)/w(Mo+0.4W)$ 超过 3.5 时，将形成 $M_{23}C_6$。在 Ni-Cr-Fe 合金中 $M_{23}C_6$ 是 $Cr_{23}C_6$，在含有 W、Mo 的复杂合金中，碳化物中的铬可被 Mo、W 所置换而形成 $(Cr, Fe, W)_{23}C_6$ 和 $(Cr, Fe, Mo)_{23}C_6$ 和 $(Cr, Mo, W)_{23}C_6$，在镍基耐蚀合金中常常是 $Cr_{21}(Mo, W)_2C_6$。$M_{23}C_6$ 中的铬含量随敏化程度的提高和时间的加长而增大。

$M_{23}C_6$ 具有复杂的面心立方结构，点阵常数 $a = 1.053 \sim 1.066$nm，每个晶胞中含 116 个原子，其中金属原子 92 个，碳原子 24 个。

$M_{23}C_6$ 的析出温度为 400 ~ 950℃，含 Mo、W 的复杂合金的 $M_{23}C_6$ 的析出温度高于简单的 Ni-Cr 和 Ni-Fe-Cr 合金。富铬 $M_{23}C_6$ 型碳化物沿晶界析出，以不连续的球状质点、连续膜和单胞沉淀物的形成存在，富铬 $M_{23}C_6$ 碳化物中铬的富集量高于 C_7C_3，因此所引起的贫 Cr 区的 Cr 贫化程度更为严重，图 1-3 和图 1-4 指出了贫 Cr 对合金的耐蚀性所产生的危害。

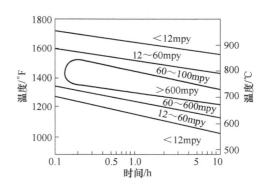

图 1-3　0Cr21Ni42Mo2Cu2Ti（Incoloy 825）的 TTS 图
［敏化前 1205℃ ×1h 固溶处理，1mpy = 0.254mm/a，
Huey 试验（ASTM A262）］

1.3.2.5 M_6C

M_6C 是一种 η 型碳化物，具有面心立方结构，其点阵常数类似于 $M_{23}C_6$，每个晶胞中有 96 个金属原子，但碳原子不确定，不是一个严格遵守化学定量法的相。M_6C 中至少含有两种金属原子，故亦可记作 A_3B_3C 或 A_4B_2C。M_6C 主要存在于高 Mo 含 W 合金中，合金中的氮、钼、铌促进 M_6C 的生成，它是高 Mo 的镍铬钼合金中居统治地位的碳化物。M_6C 中的主要金属元素是 Mo 和 W。Fe、Cr、Ni 等一些置换型元素也常常存在于 M_6C 型碳化物中。其典型化学式为 Mo_6C、$(Ni, Co)_3Mo_3C$、$(Mo, Ni, Cr, W)_6C$ 等。M_6C 是高温沉淀相，900 ~ 950℃是其最快沉淀温度，在 1h 内沉淀出来，主要分布于晶内并与一种或几种金属间相同时生成。M_6C 的溶解温度高于 $M_{23}C_6$。当温度高于 1050℃时，M_6C 将溶解于奥氏体基体中。

M_6C 碳化物富集 Mo 和 W 而不是富集 Cr，因此可造成其附近区域 Mo 和 W 的贫化，致使增加晶间腐蚀敏感性。0Cr22Ni60Mo9Nb4（Inconel 625）合金的析出行为如图 1-5 所示。

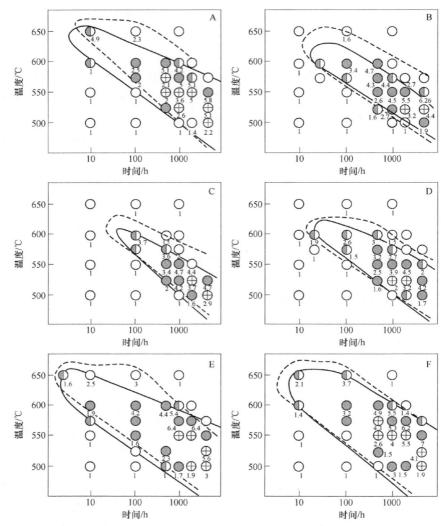

图 1-4　0Cr20Ni32AlTi（Incoloy 800）的 TTS 图

（数据点下数字为磁化率相对变化；点线围起的区域为贫 Cr 区，晶间腐蚀为 ASTM A262-E）

○ 未腐蚀；◖ 轻度腐蚀；● 严重腐蚀；⊕ 破裂

试验用合金的化学成分（质量分数）　　　　　　　　（%）

编号	C	Si	Mn	P	S	Cr	Ni	Ti	Al	Cu
A	0.029	0.48	0.63	0.007	0.04	21.30	33.4	0.41	0.18	0.07
B	0.028	0.46	0.56	0.008	0.004	21.50	33.2	0.50	0.05	0.07
C	0.030	0.39	0.60	0.008	0.005	21.75	33.8	0.55	0.19	0.07
D	0.029	0.45	0.59	0.008	0.012	21.75	32.25	0.50	0.28	0.07
E	0.030	0.49	0.61	0.007	0.005	21.85	33.25	0.20	0.20	0.07
F	0.029	0.47	0.61	0.007	0.005	21.40	33.45	0.19	0.19	0.06

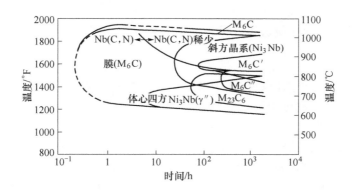

图 1-5　固溶态 0Cr22Ni60Mo9Nb4（Inconel 625）合金 TTT（时间-温度-转变）图
（γ″的下限由所测硬度值确定）

1.3.2.6　$Mo_{12}C$ 和 Mo_2C

此类碳化物存在于 Ni-Mo 合金中，能否形成取决于碳和 Mo 的含量，这种富 Mo 碳化物将引起 Mo 的贫化，有害于合金的耐蚀性。

1.3.3　耐蚀合金中的金属间相[46~54]

金属间相是指合金中两种或两种以上的金属元素构成的金属间化合物，也简称中间相。通常，凡以元素周期表中 B 过渡族元素（Mn、Fe、Ni 和 Co）为基体，并含有 A 副族元素（Ti、V、Cr 等）的合金系都能形成一系列金属间相。电子/原子（e/a）、原子半径、可压缩度以及电子空位数 $\overline{N}_V$ 是影响金属间相析出的主要因素。这些相中，有些相其 B、A 两族元素原子数的比值保持恒定，而某些相该比值可在相当大的范围内变动。例如，σ 相的 B、A 元素的构成可从 B_4A 变到 BA_4，而 Laves 相只能是固定的 B_2A。在富镍耐蚀合金中主要的金属间相为 σ 相、Laves 相、μ 相，有序 Ni_4Mo 等。

1.3.3.1　σ 相

σ 相是拓扑密排相，具有复杂的体心正方结晶构造，每个晶胞含 30 个原子。σ 相在高 Cr 合金和 Fe-Cr 合金中易于形成，在一般的 Cr-Ni 奥氏体不锈钢中通常不存在，在单纯的低铬 Ni-Cr 合金中也不易出现，在含中等浓度钼和铁的镍基合金中可以形成 σ 相。Si、Mo、W 强烈促进合金中 σ 相的形成，钛和铌也促进 σ 相的形成。σ 相的形成温度区间为 650~1000℃，随合金中合金元素含量的提高其形成温度向高温方向移动。在高镍合金中，σ 相趋于由 $M_{23}C_6$ 处形核。

σ 相的名义成分是 FeCr，但实际上由于 Mo、Ni 等原子参与反应，该相的成分应为 $(FeNi)_x(CrMo)_y$。当合金中 e/a 为 5.6~7.6 时，σ 相易于形成。对于耐蚀镍基奥氏体合金，可采用 Woodyall 等人提出的计算平均电子空位数 $\overline{N}_V$ 的方法

予以判断 σ 相的形成倾向，即电子空位浓度理论。$\overline{N}_{\mathrm{V}}$ 是各元素的电子空位数与其原子百分数含量的乘积之和，即

$$\overline{N}_{\mathrm{V}} = \sum_{i=1}^{n} a_i (N_{\mathrm{V}})_i$$

式中，$\overline{N}_{\mathrm{V}}$ 为平均电子空位数；a_i 为特定元素的摩尔分数；$(N_{\mathrm{V}})_i$ 为特定元素的电子空位数；i 为在基体中的元素数。

当 $\overline{N}_{\mathrm{V}}$ 值大于 2.52 时，合金就将出现 σ 相沉淀。此值计算时，各元素的原子百分数含量仅是合金基体中的元素浓度，由于其他相的析出引起基体中元素浓度的变化无法计算，加之未计入间隙元素碳、氮和少量钛、硅的影响，因此常常引起偏差。尽管如此，利用 $\overline{N}_{\mathrm{V}}$ 值仍可大体判断 σ 相的析出倾向和它的稳定程度，$\overline{N}_{\mathrm{V}}$ 值越高，越容易析出 σ 相。1984 年以来，Morinaga 等人通过对过渡金属基合金固溶限问题的理论处理，提出了 M_{d} 新参数作为过渡金属基合金相稳定性的量度，在实际应用中，理论计算结果与实际情况吻合性较好。M_{d} 参数的含义是合金化过渡金属 D 轨道的平均能级，M_{d} 亦称电子参数。它起源于过渡金属的 d 层轨道，与原子半径和负电性密切相关，M_{d} 随负电性增加而减少，随原子半径的增加而呈线性增加。对于合金固溶体，其 M_{d} 平均值可按下式计算：

$$\overline{M}_{\mathrm{d}} = \Sigma X_i (M_{\mathrm{d}})_i$$

式中，X_i 为合金中第 i 元素的摩尔分数；$(M_{\mathrm{d}})_i$ 为第 i 元素的 M_{d} 值。

当 $\overline{M}_{\mathrm{d}}$ 超过某一数值后，合金呈现相不稳定，终端固溶体将发生第二相析出，包括 σ 相、μ 相和 γ′相和 Laves 相。对于铁基合金 HK-40（铬含量为 8% ~ 20%，镍含量为 24% ~36%）的研究表明，在 800℃ 时效 1000 ~3000h，出现 σ 相的 $\overline{M}_{\mathrm{d}}$ 临界值为 0.900，与实际情况相吻合。随着合金 $\overline{M}_{\mathrm{d}}$ 值增加，σ 相析出的越迅速，其数量也显著增加。

σ 相硬而脆，σ 相的析出，即使数量很少也将使合金韧性降低（见图 1-6 和图 1-7），合金变脆。σ 相的另一危害是恶化合金的耐蚀性，在强氧化的高浓硝酸

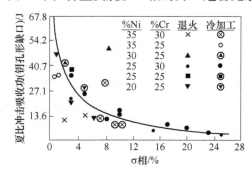

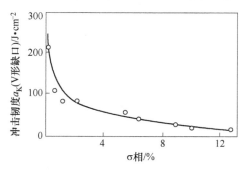

图 1-6　σ 相对 Fe-Cr-Ni 合金冲击　　　　图 1-7　σ 相对 00Cr26Ni35Mo3Cu4Ti 合金
　　　　吸收功的影响　　　　　　　　　　　　　　冲击韧度的影响

中尤其严重，沿晶间析出的σ相将引起的合金的晶间腐蚀。

为了消除或减轻σ相析出带来的不利影响，可通过高温固溶处理消除已产生的σ相或避免在σ相析出温度经受热过程。当不可避免σ相析出又不能应用固溶处理手段予以消除时，只能通过调整合金成分，提高合金相的稳定性来减少或防止σ相的形成。

1.3.3.2　Laves 相

该相是 B_2A 型固定原子构成的金属间化合物，在合金中 Laves 相是铁与钼、钨、铌或钽构成的金属间化合物。Laves 相具有复杂的六方晶体结构，每个晶胞由 12 个原子组成。其形成温度基本上与碳化物和σ相重合。它主要在晶内沉淀，并与σ相和碳化物伴随出现，Laves 相形成速度较慢。数量也较少，往往是次要相和后生相。Laves 相的形成与否，与 B、A 两类金属原子尺寸相对大小密切相关，只有两者原子半径比值小于 1.225 时才能形成。与σ相一样，Laves 相的析出将导致合金的耐蚀性下降和塑韧性降低。不过，由于此相伴随σ相和碳化物出现，因此其影响往往被碳化物和σ相的作用所掩盖。

1.3.3.3　μ 相

μ 相是一种拓扑密排相，三角形的 μ 相具有菱形/六方晶体结构，点阵常数 $d_0 = 0.476nm$，$c_0 = 2.566nm$。化学式为 $(Fe, Ni, Co)_3(W, Mo, Cr)_2$。在适宜的受热条件下，在 Ni-Cr-Mo-W 耐蚀合金中出现。在固溶态 Ni-Cr-Mo-W (Hastelloy C) 合金的 $\overline{N}_V$ 值超过 2.4 时，在 650～1090℃时效将会产生 μ 相沉淀，最敏感的析出温度为 870℃，析出速度相当快，几分钟即可形成，主要受合金成分控制，Si 和 Fe 加速 μ 相的析出。由于 μ 相富 W 和富 Mo，将引起 Mo、W 的贫化，使合金耐蚀性下降。为避免有害的 μ 相析出，最理想的方法是通过合金元素的调整，降低 $\overline{N}_V$ 值来提高合金的热稳定性。一旦出现 μ 相，可采用高温固溶处理使 μ 相溶解于基体中，减少和消除 μ 相所带来的不利影响。

1.3.3.4　γ′相

γ′相是一种几何密堆相（gcp），它由有序的 fccLI$_2$ 晶体结构组成，它的化学式为 Ni_3Al 或 $Ni_3(Al、Ti)$，Cr、Co、Mo、W 趋向于取代部分 Ni，Ni 可取代部分 Al，Fe 可取代 Ni 或 Al。γ′相的晶格常数与奥氏体基体接近（纯 Ni_3Al 为 0.3561nm，$Ni_3(Al、Ti)$ 为 0.3568nm），因此在它开始形成时，总是与奥氏体基体保持固定位向的共格关系，其晶格常数与基体格子常数具有相当低的错配度（≤1%），致使它具有低表面能和长期稳定性。细小的 γ′相弥散分布于合金基体中，对提高合金强度非常有效，在采用 Al、Ti、Nb 合金化的沉淀硬化的耐蚀合金中，在恰当的时效温度进行热处理，将会获得这种相。γ′的强化效果，在 $0.6T_m$ 以上温度，因粗化而下降，为阻止粗化可以加入 Nb 或 Ta。

1.3.3.5　γ″相

γ″相是一种具有有序 DO_{22} 晶体结构的 bct 相，其化学式为 Ni_3Nb，其沉淀与奥氏体基体之间保持明确的位向关系：

$$[001]\gamma'' \mathbin{/\!/} <001>\gamma, \{100\}\gamma'' \mathbin{/\!/} \{100\}\gamma$$

γ″相是不稳定的相，以 γ″相为主要强化相的一些合金，必须严格限制其使用温度，通常规定不能超过 700℃，否则将引起它的溶解和粗化或形成具有正交结晶构造的 δ 相（Ni_3Nb），致使强度下降。

1.3.3.6　η 相

η 相是一种六角密堆相（hcp），它的化学式为 Ni_3Ti，它的晶格常数：$a_0 = 0.5093nm$，$c_0 = 0.2876nm$。对其他元素无溶解度。在高的 Ti/Al 的合金中在长时间处于高温状态下易于形成。此相易长大和形成较 γ′大的质点，合金存在过量的 Nb 可使亚稳的 η 相转变成 γ″和最终成为正交结晶构造的稳定的 Ni_3Nb。

1.3.3.7　Ni_4Mo

Ni_4Mo 是一种具有体心正方结晶构造的有序相，在 Ni28Mo 合金中，在 870℃ 通过包晶反应生成。Ni_4Mo 是一种硬而脆的相。它的存在使合金塑韧性遭到严重损失而引起脆性，少量 Fe 和 Cr 的加入可减少或抑制该相的生成。

参 考 文 献

[1] 陆世英，康喜范. 镍基和铁镍基耐蚀合金. 北京：化学工业出版社，1989.

[2] 康喜范. 镍基和铁镍基耐蚀合金//中国材料工程大典编委会，中国材料工程大典，第 2 卷，钢铁材料工程（上），第 8 篇，北京：化学工业出版社，2003：487～647.

[3] Friend W Z. Corrosion of nickel and nickel-base alloys. New York：John and Sons, Inc., 1980.

[4] Davis J R. Nickel, Cobalt and Their Alloys. OH：ASM international materials park，2004：1～92，125～160，291～304.

[5] John Gadbut Donald E, Wenschhof Robot B, Herchenroeder. Properties of Nickel and Nickel Alloys. In：ASM. ed, Metals handbook 9th ed, 3, OH：Metals park, 1980：128～174.

[6] 陆世英，康喜范. Cr、Mo、Cu 对不锈合金在湿态卤族氢化物中耐蚀性的影响//核材料学会结构材料组. 不锈耐蚀合金与锆合金. 北京：能源出版社，1983：21～24.

[7] 刘建章. 核结构材料. 北京：化学工业出版社，2007：377～400.

[8] 钢铁研究总院. 00Cr26Ni35Mo3Cu4Ti 铁镍基耐蚀合金. 新金属材料，1973，3：12～16.

[9] Hastelloy G. Bulletin F30, 2670, Stellite Division Cobolt Co., 1971.

[10] Nicrofer4823hMo（Alloy G-3），Materials Date Sheet，No 4013，Nickel-Technology Divison VDM AG，1984.

[11] Nicrofer 3127hMo-alloy 31（1.4562）Nickel alloy and high-alloy special stainless steels. Krupp VDM，1998：62～71.

[12] Nicrofer 3033-alloy 33, Materals Date sheet, No 4042, March 2000 Edition, ThyssenKrupp VDM.

[13] Kohier M, et al. Alloy 33, a new corrosion resistant austenitic materials for refinery industry and related applicalion//NACE, Corrosion 95, Houston: NACE International, 1995: 338.

[14] Kohier M. Progress with Alloy 33(UNS20033), a new Corrosion resistant chromium-base austenitic malerials//61 NACE, Corrosion 96, Houston, Texas; NACE international, 1996: 428.

[15] Horn E M, Manning P E, Renner M. Werksfoffe and Korosion, 1992, 43: 1991~2000.

[16] 康喜范, 张廷凯, 郁龙寿, 等. 中国腐蚀与防护学报, 1982, 2(4):45~52.

[17] Agarwal D C, Herda W R. The "C" family of Ni-Cr-Mo alloys' partnership with the chemical process industry: the last 70 years. Werkstoff and Korrosion, 1997, 48: 542~548.

[18] Agarw D C. Corrosion control with Ni-Cr-Mo alloy. Advanced Materials & Process, 2000(8): 27~31.

[19] Leonard R B. Thermal stability of Hastelloy C-276. Corrosion, 1969, 25(5):222~228.

[20] Kirchner R W, et al. New Ni-Cr-Mo alloy demonstrates high-temperature stractural stability with resultant increases in corrosion-resistance and mechanical properties. Werkstoff and Korrosion, 1973, 24(2):1042~1048.

[21] Hodge F G. Effect of aging on the anodic behavior of Ni-Cr-Mo alloys. Corrosion, 1973, 29 (10):375~383.

[22] Hodge F G, et al. An improved Ni-Cr-Mo alloy for corrosion rervice. Corrosion, 1976, 32(8): 332~336.

[23] Sfreicher M A. Effect of composition and structure on crevice, intergranular, and stress corrosion of rome wrought Ni-Cr-Mo alloys. Corrosion, 1976, 32(3):79~93.

[24] 康喜范, 张廷凯. 含铜 Ni-Cr-Mo 合金在沸腾 HF 酸中的腐蚀行为. 钢铁研究总院学报, 1983, 3(1):52~60.

[25] 康喜范, 等. Mo 和 Fe 含量对镍基合金在高温 HF 气体中耐蚀性的影响. 不锈耐蚀合金与锆合金, 北京: 能源出版社, 1983: 85~90.

[26] 张廷凯, 康喜范. 耐硫酸矿浆磨蚀材料研究//不锈耐蚀合金与锆合金, 北京: 能源出版社, 1983: 85~90.

[27] 张廷凯, 康喜范. 00Cr26Ni35MoCuTi 的时效脆化和晶间腐蚀//不锈耐蚀合金与锆合金, 北京: 能源出版社, 1983: 29~35.

[28] Hibner E L, Shoemaker L E. Alloy 686 for seawater fastener service. Advanced Materials & Process, 2002(11):35~38.

[29] Haynes International, Inc., Hastelloy C-2000. Kokomo (Indiana): Haynes international, 2000.

[30] Haynes International, Inc., Hastelloy G-35 alloy. Kokomo (Indiana): Haynes International, 2005.

[31] ThyssenKrupp, Nicrofe5923hMo-Alloy 59. Werdohi (Germany): Krupp VDM GmbH, 2000, Materials Data Sheet No. 4030.

[32] Agarwal D C, Heubner U, Kohler M, Herda W. UNS10629: A new Ni-29% Mo alloy. Materials Performance, 1994(10):64~68.

[33] Hoynes International Inc. Hastelloy B Alloy. Kokomo (Indiana): Haynes international Inc., 1997.

[34] Hodge F G, et al. Material Performance, 1976, 15(8):40.

[35] Rebak R B. Corrosion, 1999(4):412~420.

[36] Kohler M, Kirchheiner R, Stenner F. Alloy B-10, A new Nickel-Bared Alloy for strong chloride-containing, high Acidic and oxygen-deficient Environments//NACE. Corrosion 96. Houston (Taxas): NACE International, 1996, Paper No 481.

[37] Dreshfield R L. Trans, ASM, 1968, 51: 352.

[38] Was G S, Tischner H H, Latanision R M. Metall, Trans. A, 1981, 12: 1397.

[39] Briant C L, et al. Corrosion, 1986, 42: 15.

[40] Borello A, et al. Corrosion, 1981, 37: 498.

[41] Raymond E L. Corrosion, 1968, 24: 180.

[42] Raghavan M, Berkowitz B J, Scanlon J C. Metall. Trans. A, 1982, 13: 979.

[43] Brooks C R, Spruiell J E, Stansbary E E. Int, Met, Rev, 1984, 29: 210.

[44] Fayman Y C. Materials, Sci, Eng, 1986, 82: 203.

[45] Crum J R, Adkins M E, Lipscomb W G. Materials Performance, 1986, 25: 27.

[46] Loomis W P, et al. Metall, Trans, 1972, 3: 989~1000.

[47] Barker J F. Met, Prog, 1962, 81: 72~76.

[48] Kirman I, Warrington D H, J. Iron steel Inst, 1967, 205: 1264~1265.

[49] Kotval P S. Trans, AIME, 1968, 242: 1764~1765.

[50] Paulonis D F, et al. Trans, ASM, 1969, 62: 611~622.

[51] Boech W J, Canada H B. J. Met, 1969, 21: 34~38.

[52] Kirman I, Warrington D H. Metall, Trans, 1970, 1: 2667~2675.

[53] Cozar R, Pineau A. Metall, Trans, 1973, 4: 47~59.

[54] Mihalisin J R, Decker R F. Trans, AIME, 1960, 218: 507~515.

[55] 康喜范. 第一届超级奥氏体不锈钢及镍基合金国际研讨会. 北京: 中国特钢企业协会不锈钢分会, 2014: 1~16.

2 镍、镍基和铁镍基耐蚀合金的腐蚀行为和耐蚀性[1~92]

镍、镍基和铁镍基耐蚀合金在作为结构材料应用时最主要的性能是这类材料的耐蚀性，同时也必须具备满足材料的可生产性和后续设备或部件加工制作所需的工艺性能。由于这类材料的高镍含量，因此较以铁为基的奥氏体不锈钢具有下列优势：

（1）镍在熔点以下的整个温度范围内均为面心立方的晶体结构（fcc），以它为基体所形成的合金将具有良好的塑韧性。此外，镍较铁更具化学稳定性，尤其是在还原性的腐蚀环境中，镍较铁具有更优异的耐蚀性，因此高镍合金较以铁为基的不锈钢具有更优良的耐还原性腐蚀介质的能力。

（2）镍可以容纳更多有益于材料耐蚀性的合金元素，如铬、钼等。这是这类材料得以发展的关键因素。至今为止，Ni-Cr 合金中的 Cr 可达 50%；Ni-Mo 合金中的 Mo 已达 33%；Ni-(14~24)Cr-Mo 合金中的 Mo 可达 24%。Cr、Mo 在高镍合金中高溶解度，给予合金的研究开发者以更大的合金化的调整空间，可针对不同的腐蚀环境和对耐蚀性的要求提供更加经济适用的合金。

（3）在含大量 Cr、Mo、W 等合金元素的情况下，这类合金仍可保持奥氏体结构，因此仍具有奥氏体合金易成形加工，易焊接等优点，这是此类合金广受青睐的主要原因。在以铁为基的奥氏体不锈钢中，由于 Cr、Mo 等赋予合金耐蚀性的元素溶解度较低，其可加入数量达不到理想的耐蚀性要求，若过量加入这些强烈形成铁素体的元素，势必将奥氏体不锈钢变成 $\alpha + \gamma$ 双相不锈钢，严重者可成为单相铁素体不锈钢，失去了奥氏体结构的优点，在大多数情况下这类过量加入 Cr、Mo 元素的钢材不具备可生产性和后续加工制造的工艺性能，若想改变这种状况，必须加入镍和减少铁含量，这就进入了高镍耐蚀合金范畴。

高镍合金的冶金稳定性和耐蚀特性以及千变万化的严苛腐蚀环境对耐蚀结构材料的需求，极大地刺激了这类合金的发展和应用，在镍基合金问世以来的一个多世纪中，已开发了 Ni-Cu、Ni-Cr、Ni-Mo、Ni-Cr-Mo、Ni-Cr-Mo-W、Ni-Cr-Mo-Cu 等镍基耐蚀合金和铁镍基耐蚀合金的完整合金体系等近百种合金牌号，解决了不锈钢不能克服的材料腐蚀问题，其满足工程所需的耐蚀能力覆盖了目前所遇到的绝大多数腐蚀环境。

镍基和铁镍基耐蚀合金的耐蚀性和良好的综合性能已得到材料界和工程界的

共识，然而在一些腐蚀性极其严苛的腐蚀环境中，这类合金也将遭到严重的腐蚀破坏，其程度视合金类型和合金化程度而有所不同。迄今为止，在试验室和实际工程应用中已观察到表2-1所列的腐蚀类型。

在众多腐蚀类型中，以全面腐蚀、局部腐蚀、环境致裂最为多见，其中全面腐蚀、点蚀、缝隙腐蚀和应力腐蚀是镍基和铁镍基耐蚀合金最常见的腐蚀破坏形式，本章将重点予以介绍。

表2-1 镍基和铁镍基耐蚀合金所遭到的腐蚀类型

腐蚀类型	特　点
全面腐蚀	在腐蚀环境中，裸露的金属表面，借助于化学和电化学反应产生均匀减薄的腐蚀，亦称均匀腐蚀，常以腐蚀速率($g/(m^2 \cdot h)$)或腐蚀速度(mm/a)判断合金的耐蚀性
局部腐蚀 　　点蚀 　　缝隙腐蚀 　　微生物腐蚀（MIC） 　　晶间腐蚀	在腐蚀环境中，在裸露的金属表面的特殊位置或部件的特殊部位产生的一种局部腐蚀破坏形式
环境致裂 　　应力腐蚀（SCC） 　　腐蚀疲劳 　　液体金属致裂 　　氢脆	在相应的环境下，在材料本身的力学因素作用下产生的一种腐蚀破坏形式。环境、力学因素和材料因素三者共存是产生这种腐蚀的前提
磨蚀	裸露于腐蚀介质的金属表面，由于腐蚀介质和金属表面的相对运动而加速了材料的损失或腐蚀速度。这种腐蚀通常包含磨损和冲蚀。脱离于表面的金属作为溶解离子或腐蚀产物远离金属表面
电偶腐蚀	在腐蚀介质中，两种不同电位的金属相互接触组成电偶，电位较负的材料遭到腐蚀

2.1 全面腐蚀[1~35]

在一些腐蚀环境中，暴露于腐蚀环境中的金属材料，借助于化学和电化学反应，在裸露的材料外表面产生均匀减薄的腐蚀，这类腐蚀称为全面腐蚀，亦称均匀腐蚀和一般腐蚀，通常以腐蚀速率($g/(m^2 \cdot h)$)或年腐蚀深度（mm/a）来判断材料的耐全面腐蚀性能，也可据此对一定厚度截面的设备或部件预测其使用寿命。

在酸、盐、碱水溶液中和一些腐蚀性气体中均可产生全面腐蚀，当合金成分确定后，影响其耐全面腐蚀性能两大主导因素是材料因素和环境影响。材料因素是热处理状态和受热历程（焊接和热加工）。环境因素包括腐蚀介质类型、质量分数、湿度、压力等。在腐蚀介质条件确定后，影响材料耐全面腐蚀性能的主导因素只有热处理状态和受热历程。

2.1.1 镍、镍基和铁镍基耐蚀合金在酸溶液中的腐蚀

2.1.1.1 硫酸中[1~6,20]

硫酸广泛应用于化学加工的化学介质，因它对材料的腐蚀性很强，适宜的结构材料一直是材料生产和设备制造部门关注的焦点。硫酸对金属材料腐蚀的电化学本质，随其浓度的变化而发生较大的变动。就对材料腐蚀而言，≤25%浓度的 H_2SO_4 是还原性酸，随其浓度增加，酸的氧化性也随之增加，但仍以还原性为主，当其浓度大于85%时，它的腐蚀特性就完全变成氧化性酸溶液。

应用实践表明，质量分数小于85%的稀硫酸溶液对金属材料的腐蚀相当严重，其中以50%～60%最为严苛。在纯硫酸水溶液中，普通含 Mo 不锈钢（316）在浓度小于5%的溶液中可使用到沸腾温度，在40%～60%浓度的硫酸中在室温已不具备工程可用的耐蚀性，一些高钼含铜的超级奥氏体不锈钢，在最严苛的腐蚀性的硫酸中仅可在60℃以下使用。因此，在高温稀硫酸中最适宜的耐蚀结构材料只能在镍基和铁镍基耐蚀合金中寻找。在试剂级硫酸中，一些典型的镍基和铁镍基耐蚀合金的等腐蚀图如图2-1所示。显然，在低浓度纯硫酸中，Ni-Cr-Mo镍基耐蚀合金和 Ni-Cr-Mo-Fe，Ni-Cr-Mo-Fe-Cu 铁镍基耐蚀合金较低 Mo 的 316 型奥氏体不锈钢具有更加优秀的耐蚀性，其使用温度接近酸的沸腾温度。在中等浓度硫酸中，这些合金也仅能在中温使用，大约在100℃以下才具有适用的耐蚀性，仅有 Ni-Mo 合金可在更高温度的所有浓度的硫酸中具有可用的耐蚀性。然而在含氧化性杂质的酸中，Ni-Mo 合金将遭到严重的腐蚀。在1990年面世的高 Cr、Mo 含 Cu 的合金 31 和合金 33，在硫酸中呈现出优异的耐蚀性，可与高 Cr、Mo

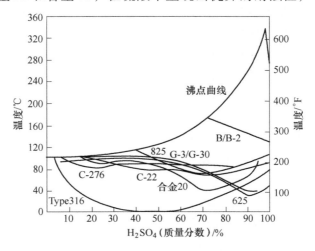

图2-1 一些典型镍基和铁镍基耐蚀合金在纯硫酸中的等腐蚀图

（等腐蚀线以下合金的腐蚀速度为 0.5mm/a，线上的文字为合金代号）

的镍基合金相媲美，见图 2-2。

　　在硫酸中氧化性杂质的存在，对不含铬的 Ni-Mo 合金的耐蚀性不利，而对含铬的 Ni-Cr-Mo 合金的耐蚀性将带来有益的影响，分别见图 2-3 和图 2-4。对于后者是氧化性杂质，除 Fe^{3+} 外，还有 Cu^{2+} 和氧，促进合金耐蚀性钝化膜的形成所致。

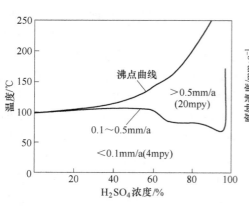

图 2-2　合金 33 在试剂级 H_2SO_4 溶液中
的等腐蚀图
（120h 侵入腐蚀试验）

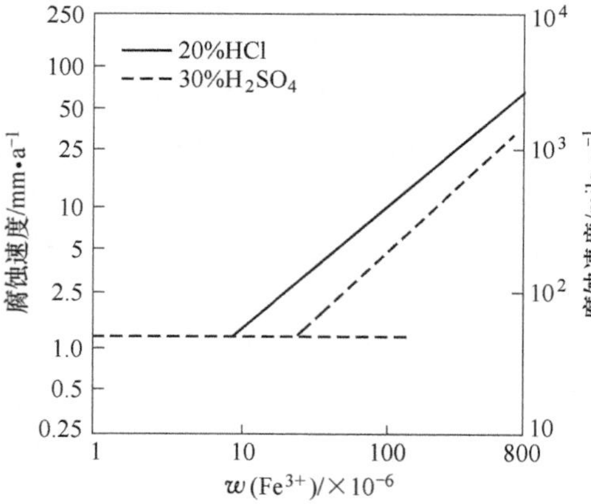

图 2-3　在沸腾 20% HCl 和 H_2SO_4 中，Fe^{3+}
对 B-2 合金耐蚀性的影响

　　硫酸中的 Cl^{-1} 将加速合金的腐蚀，其影响程度视合金而定，见图 2-5。

　　高浓度 H_2SO_4 对金属的腐蚀是属于强氧化性介质，高镍耐蚀合金的耐蚀性强烈受合金中的铬含量所制约，含 33% Cr 的合金 33 表现出优异的耐蚀性，见图 2-6。工厂试验表明，它在硫酸生产中的高浓度 H_2SO_4（98%）中具有可利用性。这个合金的优势在于它不存在使用高 Si 奥氏体不锈钢和超级铁素体不锈钢的各种技术障碍，如高 Si 不锈钢的焊接脆性和超级铁素体不锈钢的截面尺寸限制。

　　2.1.1.2　盐酸[1~5,7~13]

　　盐酸是具有强烈腐蚀性的还原酸之一，它对金属材料的腐蚀曾是耐蚀结构材料难于解决的重大技术难题。工业纯镍（200，201）和镍铜合金（蒙乃尔合金 400）在浓度

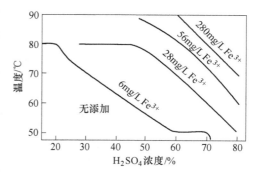

图 2-4　Fe^{3+} 对合金 33 在中等浓度 H_2SO_4
耐蚀性的有益影响
（3 片试样，168h 试验，线的左下方
腐蚀速度 <0.13mm/a）

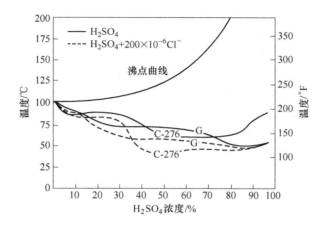

图 2-5　溶解 Cl^- 对高镍耐蚀合金在 H_2SO_4 中耐蚀性的影响

10%以下的室温无空气盐酸中的腐蚀速度小于 0.25mm/a，仅在浓度低于 0.5%的无氧化剂的盐酸中，它们可以使用到 200℃，然而当盐酸中存在 Fe^{3+}、Cu^{2+}、CrO_4^{2-} 和空气等氧化剂时，将极大加速这类合金的腐蚀，因此它们的使用范围极其有限。在镍基耐蚀合金中，仅有 Ni-Mo 合金（B-2、B-3、B-4）在无玷污的盐酸中具有最好的耐盐酸腐蚀性能，当盐酸中存在氧化性杂质玷污时将加速 Ni-Mo 合金的腐蚀，见图 2-3。Ni-Cr-Mo 耐蚀合金系列（C-276、C-22、686、625、59）在盐酸中的耐蚀性对氧化性杂

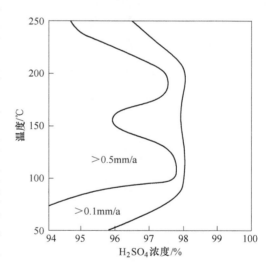

图 2-6　合金 33 在高浓度 H_2SO_4 中的等腐蚀图

质的存在不敏感，在高温稀盐酸中和室温全部浓度盐酸中具有适用的耐蚀性。在浓度大于 5%的盐酸中，含钼最高的 Ni-Cr-Mo 合金（C-276）仅能在 50℃以下使用。铁镍基耐蚀合金（Ni-Fe-Cr-Mo-Cu）不具备足够的耐盐酸腐蚀性能，仅在很稀的盐酸浓度的条件才能纳入考虑范围。图 2-7 给出了一些镍基和铁镍基耐蚀合金在纯 HCl 酸中的等腐蚀图。显然，B-2 合金具有最优异的耐盐酸的腐蚀性能，这个合金已成功应用于水解法生产盐酸的工艺装备。在此图中，B-2 合金存在两个等腐蚀曲线，一个是处于接近沸点的高温，另一个处于较低温度，主要原因是在高温，氧的溶解度低，因此具有低的腐蚀速度，

而在低温氧的溶解度较高从而加速了合金的腐蚀（见图2-3）。含Mo量较高的铁镍基耐蚀合金，在盐酸中较安全的使用温度为室温以下，仅在浓度小于5%的盐酸中可在较高温度使用，见图2-8。对合金59的研究指出，在盐酸中的耐蚀性低于合金C-276，说明合金中的钨对其耐盐酸腐蚀有益（图2-9）。若以腐蚀速度0.51mm/a为判据，一些含Cr、Mo的镍基和铁镍基耐蚀合金在盐酸中的等腐蚀图见图2-10。此图的数据再次说明采用高含量Cr、Mo复合合金

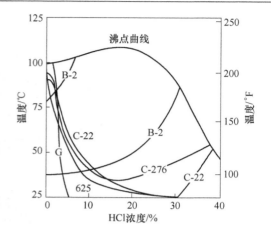

图 2-7　一些镍基和铁镍基耐蚀合金
在 HCl 中的等腐蚀图
（位于曲线上的腐蚀速度为0.13mm/a）

化的镍基耐蚀合金在盐酸中具有较好的耐蚀性，而铁镍基合金和不锈钢在盐酸中应用的局限性。

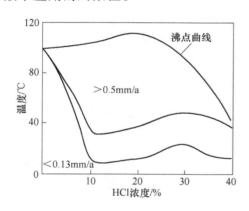

图 2-8　合金 31 在 HCl 中的腐蚀

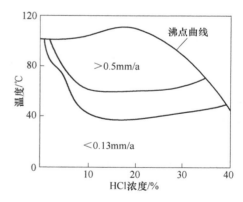

图 2-9　合金 59 在 HCl 中的腐蚀

2.1.1.3　HF 酸中[14~19]

HF 酸是广泛应用于化学加工的还原性无机酸，工业可应用的 HF 酸的浓度范围是30% ~70% HF 酸水溶液和无水 HF。尽管在化学分类上，HF 酸相对于盐酸和硫酸是弱酸，然而它的腐蚀性是极其强烈的，在众多镍基和铁镍基耐蚀合金中，含30% Cu 的蒙乃尔合金 400 表现最为突出，在120℃全部浓度的 HF 酸中均具有优异的耐蚀性，见图2-11 和表2-2。除蒙乃尔合金外，含 Cu 的高 Mo 含量 Ni-Cr-Mo 耐蚀合金也具有良好的耐沸腾 HF 酸腐蚀的性能，如图2-12 所示。

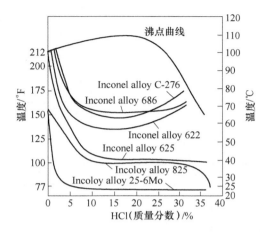

图 2-10　含 Cr、Mo 的镍基和铁镍基耐蚀合金在盐酸中的等腐蚀图
（线上的腐蚀速度为 0.51mm/a）

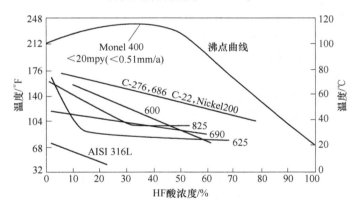

图 2-11　一些耐蚀合金在 HF 酸中的等腐蚀图
（线上的腐蚀速度为 0.51mm/a）

表 2-2　一些耐蚀合金在稀 HF 酸中的腐蚀（24h 试验）

合金牌号	腐蚀速度/mm·a⁻¹			
	2% HF		5% HF	
	70℃	沸　腾	70℃	沸　腾
C-276	0.24	0.076	0.25	0.1
C-22	0.23	0.94	0.34	0.84
625	0.5	—	0.4	—
C-4	0.43	—	0.38	—

合金牌号	腐蚀速度/mm·a⁻¹			
	2% HF		5% HF	
	70℃	沸 腾	70℃	沸 腾
200	—	—	0.46	—
600	—	—	0.23	—
B-2	—	—	0.38	—
G-3	—	—	0.5	—
G-30	0.25	—	0.76	—

氧化性介质溶解在 HF 酸溶液中将增加合金在该介质中的腐蚀，对 Monel 400 和 C-276 合金的试验结果列于表 2-3 和表 2-4。

一些试验指出，Monel 400 在高温（95℃）浓度≤0.5% HF 溶液中存在穿晶型应力腐蚀裂纹，这种裂纹敏感性与氧的存在与否无关，在液相中未出现这类裂纹。含少量铜的 16Cr-16Mo 镍基耐蚀合金在 40% HF 酸沸腾液中均存在应力腐蚀破裂倾向。然而只要控制使用条件，这两个合金均呈现出适宜的耐蚀性。在含 HF 酸工艺介质中的工厂试验结果表明，Monel 400 合金在各种 HF 酸介质中具有最佳耐蚀性，见表 2-5 和表 2-6。

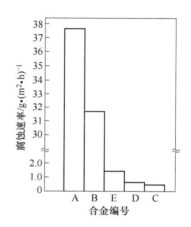

图 2-12 一些镍基耐蚀合金在 40% 沸腾 HF 酸中的耐蚀性

A—C-276；B—C-4；C—C-4 + Cu；D—Monel 400；E—Ni-4% Al

表 2-3 氧对 Monel 400 在 HF 酸溶液中腐蚀的影响

净化气体中的氧含量/×10⁻⁶	腐蚀速度/mm·a⁻¹			
	沸腾（121℃）38% HF		沸腾（108℃）48% HF	
	液 相	气 相	液 相	气 相
<5	0.24	0.17	0.28	0.076
<500	0.43	0.3	0.56	0.1
1500	0.79	1.24	0.7	0.61
2500	0.74	0.46	0.69	0.23
3500	0.86	1.37	0.86	0.74
4700	1.3	2.7	1.1	2.1
10000	1.2	0.64	1.2	1.9

表2-4 通空气对 C-276 和 Monel 400 合金在 70% HF 中腐蚀的影响

合金名称	腐蚀速度/mm·a⁻¹	
	通 氮	通 氧
C-276	0.008	0.94
Monel 400	0.013	0.58

表2-5 一些镍基耐蚀合金和不锈钢在工厂的 HF 酸溶液中的腐蚀试验结果

材 料	腐蚀速度/mm·a⁻¹	
	60%~65% HF 酸①	12% 含杂质 HF 酸②
400	0.56	0.30
200	>5.68,试样完全消失	0.10
600	3.81	0.23
304	>5.33,试样消失	—
316	>4.83,试样消失	17.8,试样消失
302	—	4.06,试样消失
软 钢	4.32	—

① 含有 15%~25% 氟硅酸,0.3%~1.25% H_2SO_4,0.01%~0.03% Fe,15~27℃。
② 含有 0.2% 的氟硅酸,1g/L Fe_2O_3 铁盐,9.8m/s 流速,83℃,7 天。

表2-6 一些镍基耐蚀合金和不锈钢在烷基化工厂的 HF 酸工艺介质中的腐蚀

试 验 条 件	腐蚀速度/mm·a⁻¹					
	400	200	600	316 不锈钢	304 不锈钢	302 不锈钢
预热器管道入口侧,79%~92% HF,0.8%~2.5% H_2O,余为异丁烷和酸性溶性油,≤57℃,平均49℃,111 天	0.08	0.03	0.02	—	—	—
预热器管道出口侧,液体成分同上,平均温度113℃,最高温度127℃,111 天	0.01	0.09	0.46	—	—	—
再生柱顶部,恰处于蒸汽出口下,90%~95% HF,5%~10% 异丁烷。酸相为90%~95% HF,0.5%~2.5% H_2O,1%~5% 油,平均温度135℃,最高温度149℃,压力为84.4~105Pa,40 天	0.01	0.33	0.02	—	—	—
再生柱顶部,93% HF 和异丁烷气,平均温度102℃,最高温度104℃,40 天	0.01	0.36	0.64	0.03	1.6,0.81mm 厚的试样点蚀穿孔	>2.79,0.81mm 厚的试样消失
再生柱底部,酸性焦油含有 1%~10% HF 和同等分的 H_2O,平均温度112℃,49 天	0.19	0.28	0.58	0.04	1.14	0.91
再生柱底部,介质为 85.2% HF,1.6% 水和油,在格板下方进行试验,每天供料 194 桶,平均温度104℃,最高温度121℃,45 天	0.18	0.46	0.64	—	0.28	—
脱水柱底部底板之下,供料为 89.3% HF 和 1.6% H_2O,供料速度为每天 15 桶,平均温度107℃,最高温度121℃,45 天	0.56	1.73	>3.3,试样消失	—	>3.05,试样消失	—

2.1.1.4　磷酸中[1~5,17~19]

磷酸是一种还原性无机酸，亦称非氧化性酸，它对材料的腐蚀性取决于磷酸的类型。火法磷酸和湿法磷酸是当前工业应用的两种磷酸，前者为不含杂质的纯磷酸作为试剂级磷酸应用，后者为含大量杂质（F^-、Cl^-、SO_4^{2-}、SiO_2）的磷酸主要应用于磷肥生产。就对材料的腐蚀而言，前者不如后者。在纯磷酸的腐蚀条件下，通常采用超级奥氏体不锈钢即可。湿法磷酸的杂质含量加剧了它的腐蚀破坏性，其使用的材料向铁镍基和镍基耐蚀合金过渡，工厂和试验室的试验结果表明，除在高温（>200℃）用氮净化的磷酸中，B-2 合金耐蚀性最佳外，其他试验条件的试验结果均表明，高铬含量并辅以钼合金化的镍基和铁镍基耐蚀合金是耐磷酸腐蚀的最适宜的结构材料。一些典型耐蚀合金在各种磷酸中的耐蚀性见表 2-7 ~ 表 2-11。合金 31 和 G-35 合金在磷酸中的耐蚀性再一次说明了高 Cr 含 Mo 的镍基耐蚀合金和铁镍基耐蚀合金在各种磷酸中的适用性，见表 2-12 ~ 表 2-14 和图 2-13。

表 2-7　几种合金在湿法磷酸中的腐蚀速率

介质条件	合金牌号	腐蚀速率/$g \cdot (m^2 \cdot h)^{-1}$
介质：70% H_3PO_4 +4% H_2SO_4 + 0.5% F^- +60×$10^{-6}Cl^-$ + 0.6% Fe^{3+} 温度：90℃ 时间：1 +3 +3 天	Fe-Ni 基新 2 号合金	0.136
	Sanicro-28	0.12
	00Cr20Ni25Mo4.5Cu（2RK65）	0.80
	00Cr20Ni34Mo2Cu3Nb（Capenter 20Cb-3）	6.2
	00Cr20Ni42Mo3Cu2（Incoloy 825）	6.7
	00Cr22Ni45Mo6.5Cu2Nb（Hastelloy G）	0.54
	0Cr16Ni65Mo16W4（Hastelloy C）	0.52

表 2-8　镍基和铁镍基耐蚀合金在纯磷酸中的腐蚀（280℃，试验前用氮净化）

合金牌号	腐蚀速度/$mm \cdot a^{-1}$	
	108% H_3PO_4	112% H_3PO_4
G-30	9.4	32.5
G-3	7.9	24.4
625	4.6	14.9
C-22	2.6	3.9
C-276	1.4	1.8
B-2	0.23	0.05

表 2-9　各种合金在试剂级 H_3PO_4 和湿法 H_3PO_4 中的腐蚀

合金牌号	腐蚀速度/$mm \cdot a^{-1}$		
	试剂级75% H_3PO_4，115℃	湿法 H_3PO_4（75% H_3PO_4，54% P_2O_5），115℃	
		矿源 A	矿源 B
316 不锈钢	0.76	29	1.7
825	—	14	0.64

续表2-9

合金牌号	腐蚀速度/mm·a^{-1}		
	试剂级75% H_3PO_4，115℃	湿法 H_3PO_4（75% H_3PO_4，54% P_2O_5），115℃	
		矿源A	矿源B
C-276	0.38	1.9	0.71
C-22	0.3	0.84	0.28
625	0.3	0.91	0.3
600	0.13	0.5	0.18
G-30	0.13	0.46	0.15

表2-10　一些耐蚀合金在湿法 H_3PO_4 蒸发器中的工厂腐蚀试验结果

试 验 条 件	合金牌号	腐蚀速度/mm·a^{-1}
53% H_3PO_4，1%~2% H_2SO_4， 1%~1.5%氟化物，120℃， 试验时间42天	20cb-3	0.12
	C	0.13
	825	0.16
	317	0.26
	400	0.64
	316	1.1
	600	>33，试样消失
	B	>33，试样消失

表2-11　一些镍基和铁镍基耐蚀合金在湿法磷酸中的耐蚀性（试验用酸取自工厂）

介 质 条 件	温度/℃	平均腐蚀速度/mm·a^{-1}					
		G-30	625	G-3	Sanicro-28	C-22	C-276
28% P_2O_5 + 2000×10^{-6} Cl$^-$	85	0.025	0.038	0.023	0.775	—	—
42% P_2O_5 + 2000×10^{-6} Cl$^-$	85	0.023	0.033	0.275	3.025	—	—
44% P_2O_5 + 0.5% HF	116	0.4	1.5	—	—	—	—
52% P_2O_5 + 2000×10^{-6} Cl$^-$	116	0.098	0.3	0.275	1.2	—	—
52% P_2O_5 + 2000×10^{-6} Cl$^-$	149	0.7	1.975	1.6	6.2	—	—
54% P_2O_5 + 2000×10^{-6} Cl$^-$	116	0.2	0.4	0.4	1.375	—	—
54% P_2O_5 + 2000×10^{-6} Cl$^-$	116	0.175	0.4	0.4	2.3	—	—
38% P_2O_5 + 2000×10^{-6} Cl$^-$	85	—	0.05	—	—	<0.03	0.30
38% P_2O_5 + 0.5% HF	85	—	0.21	—	—	0.18	1.1

表2-12　在湿法磷酸生产工艺介质中合金31的腐蚀性

试 验 介 质	温度/℃	腐蚀速度/mm·a^{-1}	
		合金31	Sanicro-28
52% P_2O_5 + 4.5% H_2SO_4 + 0.9% H_2SiF_6	80	0.02	0.0075
+ 1.5% Fe_2O_3 + 400×10^{-6} Cl$^-$	120	0.78	—
52% P_2O_5	116	0.08	1.2
30% P_2O_5 + 2.4% H_2SO_4 + 2.3% H_2SiF_6 + 1% Fe_2O_3 + 1000×10^{-6} Cl$^-$	80	0.015	—

续表 2-12

试　验　介　质	温度/℃	腐蚀速度/mm·a^{-1}	
		合金 31	Sanicro-28
54% P$_2$O$_5$	120	0.05	1.4
54% P$_2$O$_5$ + 2000 × 10^{-6}Cl$^-$	120	2.04	2.3
	100	1.3	—

表 2-13　合金 33 在磷酸中的腐蚀性

磷酸浓度/%	温度/℃	腐蚀速度/mm·a^{-1}			
		合金 33	G-30	Sanicro-28	Inconel 690
85	100	0.2	0.3	0.2	1.25
	154	1.075	1.33	1.4	—

表 2-14　镍基和铁镍基耐蚀合金在纯 H$_3$PO$_4$ 中的耐蚀性

H$_3$PO$_4$ 浓度/%	温度/℃	腐蚀速度/mm·a^{-1}						
		G-35	625	C-2000	G-30	C-276	C-4	C-22
50	沸腾	0.01	0.02	0.03	0.01	0.18		
60	沸腾	0.01	0.16	0.08	0.14	0.28		
70	沸腾	0.11	0.89	0.15	0.35	0.13		
80	沸腾	0.42	4.90	0.4	0.61	0.31		

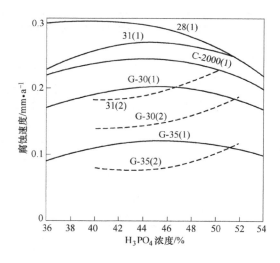

图 2-13　一些镍基耐蚀合金在 121℃ 湿法 H$_3$PO$_4$ 中的腐蚀

（1）—在 36%、48%、54% H$_3$PO$_4$ 中的试验数据；（2）—在 40%、48%、52% H$_3$PO$_4$ 中的试验数据

2.1.1.5　硝酸中[1~5,21~23]

镍基和铁镍基耐蚀合金在硝酸中的耐蚀性取决于合金的铬含量，合金中含铬量越高，其耐蚀性越好，一些耐蚀合金牌号在硝酸中的等腐蚀图见图 2-14。G-30

合金和 690 合金因合金的铬含量高而呈现出的耐蚀性最佳。图 2-15 给出了合金中的含铬量与耐硝酸腐蚀性能之间的关系，尽管不同时期的腐蚀速度绝对值不尽相同，但铬的影响规律是一致的。合金中的钼对其在硝酸中的耐蚀是有害的，但含钼量在 7% 以下未见明显影响。

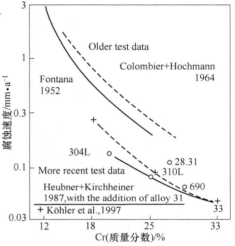

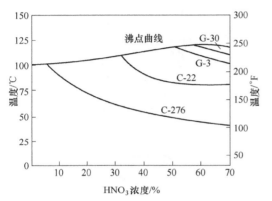

图 2-14　一些耐蚀合金在硝酸中的等腐蚀图
（线上的腐蚀速度为 0.13mm/a，Inconel 690
在所试验的全部 HNO₃ 浓度范围内，在沸腾
温度，其腐蚀速度约为 0.13mm/a）

图 2-15　在沸腾恒沸 HNO₃ 中
Cr 含量对合金耐蚀性的影响

　　浓硝酸（98%）具有极强的氧化性，单独靠铬的纯化膜已不能保证合金的耐浓硝酸腐蚀能力，含 4% Si 的高硅奥氏体不锈钢已在浓硝酸环境中得到成功应用。高硅镍基合金，只有单相 Ni-Si 固溶体合金（Ni-9.5Si-2.5Cu-3Mo-2.75Ti 铸造合金）在 80℃ 以下的 60% ~ 99% HNO₃ 中具有较好的耐蚀性，然而在稀 HNO₃ 中其腐蚀速度相当高，因此在浓硝酸的腐蚀环境中，倾向于使用价廉的高 Si 不锈钢。

　　2.1.1.6　在混酸中[1~5,24]

　　在化学加工中，常常遇到混酸介质，在混酸介质中耐蚀合金的腐蚀行为取决于混酸的类型，酸的浓度和溶液的温度。在两种还原酸的混合溶液中（H₂SO₄ + HCl）以 B-2 合金的耐蚀性为最好（图 2-16），在氧化性和还原性混酸溶液中，以含铬量

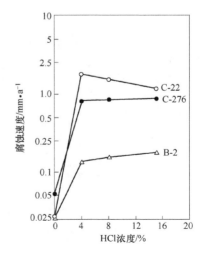

图 2-16　HCl 对镍基耐蚀合金在 80℃，
15% H₂SO₄ 中耐蚀性的影响

高的耐蚀合金耐蚀性为佳，分别见图 2-17 ~ 图 2-20 和表 2-15。

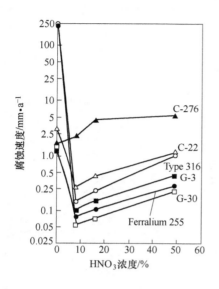

图 2-17　加入 HNO₃对一些耐蚀合金在沸腾
30% H₂SO₄中耐蚀性的影响

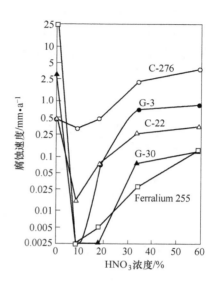

图 2-18　HNO₃ 的加入量对一些耐蚀材料
在 80℃、4% HCl 溶液中耐蚀性的影响

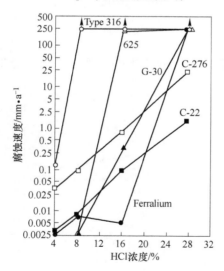

图 2-19　HCl 加入量对一些耐蚀材料在
52℃、9% HNO₃ 中耐蚀性的影响

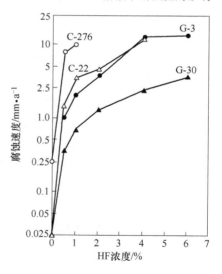

图 2-20　添加 HF 对一些耐蚀合金在 80℃、
20% HNO₃ 中耐蚀性的影响

2.1.1.7　有机酸中[1~5,25~28]

有机酸的腐蚀性不强，在甲酸、醋酸、丙酸中的腐蚀试验数据表明，在沸腾

溶液中，Ni200，Monel 400 以及含 Cr、Mo 的镍基和铁镍基耐蚀合金均呈现出优异的耐蚀性，相比之下，以 Mo 和 Cr 复合加入的镍基和铁镍基耐蚀合金的耐蚀为最佳。有机酸掺杂氧化剂将增加不含 Cr 合金的腐蚀。一些腐蚀试验数据汇总于表 2-16 ~ 表 2-18 和图 2-21。

表 2-15　一些耐蚀材料在 HNO$_3$ + HF 中的腐蚀（3 × 7 天试验）

材料名称	腐蚀速率/g · (m^2 · h)$^{-1}$					
	25℃，20% HNO$_3$			50℃，20% HNO$_3$		
	+ 3% HF	+ 5% HF	+ 7% HF	+ 3% HF	+ 5% HF	+ 7% HF
316Ti（0Cr17Ni12Mo2Ti）	3.33	6.20	5.68	17.3	24.4	33.5
Saniro-28	0.03	0.04	0.06	0.18	0.29	0.41
合金 33（00Cr33Ni31MoCuN）	0.01	0.01	0.02	0.08	0.11	0.17

表 2-16　耐蚀合金在有机酸中的腐蚀（沸腾，24h）

合金牌号	腐蚀速度/mm · a^{-1}			
	10% 醋酸	99% 醋酸	40% 甲酸	88% 甲酸
200	—	0.11	0.26 ~ 0.27	0.31 ~ 0.34
400	—	0.015	0.038 ~ 0.068	0.024 ~ 0.028
825	0.015 ~ 0.016	—	0.2	0.064 ~ 0.08
600	—	—	0.25	—
G	0.011 ~ 0.014	0.03	0.013	0.099 ~ 0.12
G-2	—	0.005	—	0.05 ~ 0.067
G-3	—	0.015	0.046 ~ 0.05	0.14 ~ 0.15
625	0.01 ~ 0.019	0.01	0.17 ~ 0.19	0.236 ~ 0.238
C-4	—	0.0005	0.07 ~ 0.076	0.05 ~ 0.076
C-276	0.011 ~ 0.0114	0.0076	0.07 ~ 0.074	0.043 ~ 0.048
C-22	—	—	—	0.023
B-2	0.011 ~ 0.013	0.03	0.008 ~ 0.01	0.00025 ~ 0.0041

表 2-17　氧化性离子对 Ni200 和 Monel 400 在沸腾醋酸中耐蚀性的影响

合金名称	醋酸浓度/%	腐蚀速度/mm · a^{-1}		
		无空气	通入空气	3800 × 10^{-6}Cu^{2+}[①]
200	100	0.036	0.025	0.81
400	100	0.0025	0.05	2.97
200	50	0.076	1.6	0.71
400	50	0.025	2.1	0.9

① 以醋酸盐的形式加入。

表 2-18　一些合金在丙酸中的腐蚀

合金名称	丙酸浓度/%	腐蚀速度/mm·a⁻¹		
		50℃	75℃	沸　腾
400	50	0.28	0.13	0.076
	80	0.4	0.15	0.25
	99	0.48	1.19	0.53
B	50	0.38	0.1	0.05
	80	0.61	0.3	0.13
	99	0.15	0.64	0.28
C	50	—	—	0.025
	80	—	—	0.025
	99	—	—	0.025

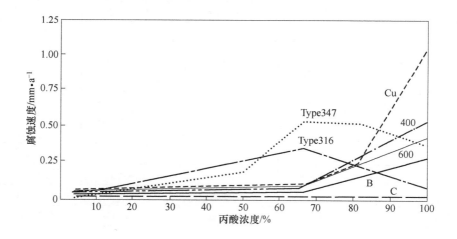

图 2-21　一些耐蚀材料在沸腾丙酸中的腐蚀

2.1.2　镍及其耐蚀合金在碱溶液中的腐蚀[1~5,29]

在苛性碱中，通用的奥氏体不锈钢仅能用于 100℃以下，浓度低于 50%介质中。镍及其耐蚀合金呈现出优异的耐苛性碱腐蚀的性能，合金的耐蚀性随其镍含量增加而提高。实践证明纯镍（200 和 201）在所有浓度的沸腾苛性介质具有极好的耐蚀性，甚至在熔融状态下的耐蚀性也极佳。当在高于 315℃服役时，要使用低碳镍（Ni201）以防止石墨化引起材料的脆性。此外，当碱溶液中掺杂氯酸盐、氯化物、硫化物时将引起腐蚀速度增加，同时纯镍在含氧的浓度较高 NH_4OH

中不耐蚀。在含有不利于纯镍耐蚀性的碱溶液中，含铬的耐蚀合金具有较理想的耐蚀性。在高浓度热碱中，含钼量高的 C-22 合金和 59 合金不具备适用的耐蚀性，在碱中的腐蚀数据见表 2-19 ~ 表 2-22 和图 2-22。

表 2-19　Ni200 和 Inconel 600 在沸腾 KOH 中的腐蚀

合　金	时间/d	腐蚀速度/mm·a^{-1}			
		KCl 饱和的 30% KOH，0.05% KClO$_3$		KCl 饱和的 47% KOH，0.078% KClO$_3$	
		液相	气相	液相	气相
Ni200	26	0.005	0.003	0.003	0.008
600	26	0.003	0.003	0.010	0.003

表 2-20　氯化物对 Ni200 和 Inconel 600 合金在 NaOH 蒸发条件下耐蚀性的影响

合　金	温度/℃	时间/h	腐蚀速度/mm·a^{-1}	
			不加氯酸盐	0.30% 氯酸盐
Ni200	182 ~ 499	24	0.038	6.60
600	182 ~ 499	24	0.056	9.65

表 2-21　Ni200 和镍基耐蚀合金在沸腾 NaOH 中的腐蚀

合　金	NaOH 浓度/%	时间/h	腐蚀速度/mm·a^{-1}
200	50	720	< 0.025
400	50	720	< 0.025
600	50	720	< 0.025
825	50	720	< 0.025
625	50	720	< 0.025
C-276	50	720	< 0.025
600	10	504	—
	20	504	—
600	30	504	< 0.025
	40	504	< 0.025
600	50	504	< 0.025
	60	504	0.10
600	70	504	0.07
	80	504	< 0.025

表 2-22　硫化物对 Ni200 在 NaOH 中耐蚀性的影响

介 质 条 件	温度/℃	时间/h	腐蚀速度/mm·a⁻¹
75% NaOH	121	20	0.025
75% NaOH	204	48	0.020
50%~75% NaOH，初始硫含量为 0.009%（按 H₂S 计算的）	108±5	19~22	0.04
75% 化学纯 NaOH	108±5	19~22	0.015
75% 化学纯 NaOH，0.75% 硫化钠	108±5	19~22	0.58
75% 化学纯 NaOH，0.75% 亚硫酸钠	108±5	19~22	0.13
75% 化学纯 NaOH，0.75% 硫代硫酸钠	108±5	19~22	0.20
75% 化学纯 NaOH，0.75% 硫酸钠	108±5	19~22	0.015

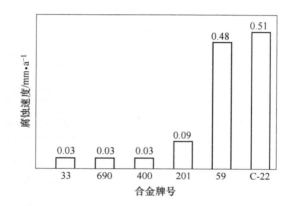

图 2-22　Ni201 和一些镍基耐蚀合金以及铁镍基
耐蚀合金在 170℃、70% NaOH 中的耐蚀性

2.1.3　在高温 F、Cl⁻、HCl、HF 和 BrF₅中镍及其耐蚀合金的腐蚀[1~5,30~35]

2.1.3.1　高温氟中

氟是具有最强负电性和最活跃的卤族元素，它的最强氧化势使它与所有普通元素形成化合物。这一特性决定了它在与金属接触时可以直接反应形成金属氟化物，这种氟化物保护膜的特性与该金属耐氟腐蚀性能直接相关。在低温氟中，Ni、Cu、Mg、Fe 可形成氟化物保护膜，因此具有适宜的耐氟性能。在高温氟中，Ni201 具有最好的耐蚀性。表 2-23 给出了一些金属材料在高温氟中的耐蚀性数据，可见 Ni201 和 Monel 400 合金在高温氟中的耐蚀性最佳，氧化铜、铁素体不锈钢、奥氏体不锈钢、Inconel 600、碳钢等，在 400℃的氟中不具备适用的耐蚀性。

表 2-23 一些耐蚀材料在高温氟中的耐蚀性

材　料	腐蚀速度/mm·a^{-1}					
	400℃	450℃	500℃	600℃	650℃	700℃
Ni201	0.21	0.56	1.55	8.84	4.89	10.4
400	0.15	0.46	0.61	18.3	24.4	>25.4
600	11.6	>25.4	18.9	>25.4	>25.4	>25.4
CuO$_2$	>25.4	—	>25.4	>25.4	—	>25.4
430 不锈钢	23.8	—	—	—	—	—
347 不锈钢	>25.4	—	—	—	—	—
309Cb 不锈钢	>25.4	—	—	—	—	—
310 不锈钢	>25.4	—	—	—	—	—
SAE1020(0.22% Si)	>25.4	>25.4	—	—	—	—

2.1.3.2 高温氟化氢中

HF 气体是某些化学加工常用的介质，在高温氟化氢中，Ni201、Monel 400、Inconel 600、C-276 和 00Cr16Ni65Mo2Ti 合金均具有适宜的耐蚀性，且已成功应用于实际工程，一些腐蚀试验数据见表 2-24 和表 2-25。

表 2-24 Ni200 和 Monel 400 在氟化氢和水蒸气混合气体中的腐蚀

材　料	腐蚀速度/mm·a^{-1}				
	550℃	600℃	650℃	700℃	750℃
Ni200	0.79	1.83	2.74	3.66	3.05
Monel 400	—	0.61	1.52	3.96	5.18

表 2-25 Ni200 和一些耐蚀合金在 500~600℃的氟化氢气体中的腐蚀[①]

材　料	时间/h	腐蚀速度/mm·a^{-1}	备　注
C-276	36	0.0075	虹彩无光锈膜
600	36	0.0175	虹彩无光锈膜
200	36	0.225	黑膜
201	36	0.35	黑膜
400	36	0.325	黏覆暗黑膜
K-500	36	0.4	黏覆暗黑膜
70/30Cu-Ni	36	0.4	黏覆暗黑膜

① 在 4lbf/in^2 下以 7lb/h 的 HF 通过氢氟化炉。

图 2-23~图 2-27 是一些耐蚀合金在高温 HF 气体中的腐蚀试验结果，显然在各种 HF 气体中，Monel 400，NS 3301(00Cr16Ni75Mo2Ti)，NS 3304(C-276) 三个合金耐蚀性最好。然而在 600℃以上的 HF 中，Monel 400 合金出现晶间腐蚀，相比之下，NS 3301 和 NS 3304 不存在晶间腐蚀问题。

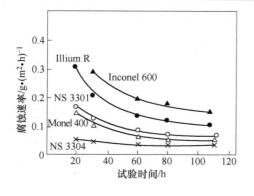

图 2-23   在 550℃ 无水 HF 中各种合金的腐蚀动力学曲线

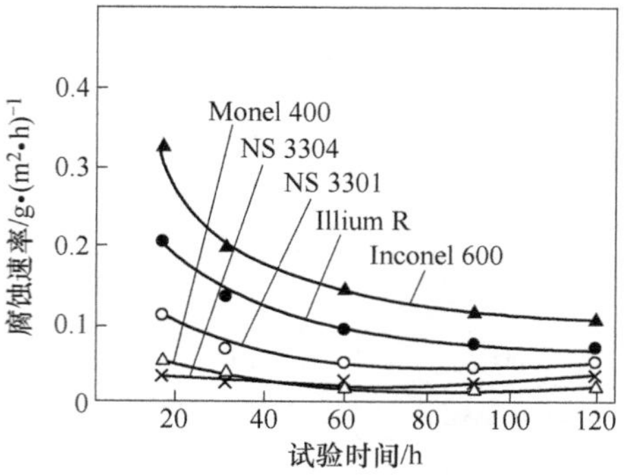

图 2-24   在 550℃ HF∶H₂O₍气₎ = 70∶30 的介质中各种合金的腐蚀动力学曲线

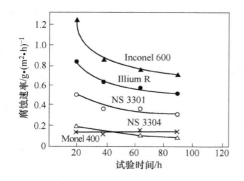

图 2-25   在 650℃ HF∶H₂O₍气₎ = 70∶30 的介质中各种合金的腐蚀动力学曲线

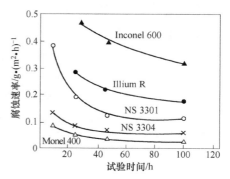

图 2-26   在 600℃ HF∶H₂O₍气₎ = 60∶40 的介质中各种合金的腐蚀动力学曲线

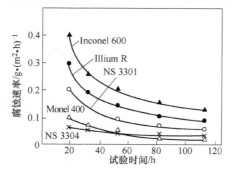

图 2-27   在 550℃含 1% 空气的 HF∶H₂O(气) = 70∶30 介质中
一些镍基耐蚀合金的腐蚀动力学曲线

注意：图 2-24 ~ 图 2-27 中，HF 与 H₂O₍气₎的比为质量比；含水 HF 与空气的比为体积比。

2.1.3.3 氯中

氯是一种强氧化剂，可与金属直接反应生成金属的氯化物，这种反应与温度相关，在低温下的反应速度缓慢，在高温下此反应加速，并存在一个临界温度，在临界温度以上，随温度的升高，这种反应速度急剧增加，其增加的幅度几乎成数量级，在高温氯中这些材料的使用温度决不能超过这个临界温度，表2-26为一些耐蚀材料的使用极限温度。

表2-26 一些金属材料在干氯中的耐蚀性

材　料	在干氯中短时间试验超过给定腐蚀速度的大致温度/℃			推荐的连续服役的上限温度/℃
	0.76mm/a	1.52mm/a	3.05mm/a	
Ni201	510	538	593	538
600	510	538	565	538
C-276	482	538	565	510
400	399	454	482	426
316 不锈钢	315	343	399	343
304 不锈钢	288	315	343	315
CuO_2	177	232	—	204
碳　钢	121	177	204	204
Al	121	149	149	121

2.1.3.4 高温 HCl 气体中

HCl 的特性与干 Cl 类似，也存在一个使金属材料腐蚀速度急剧增加的临界温度，一些腐蚀试验数据见表2-27～表2-29。综合这些腐蚀数据，可以认为在高温 HCl 气体中，纯镍和含4% Al 的 $NiAl_4$ 具有最好的耐蚀性。在这种高温气体中，Monel 400 和不锈钢不具备适用的耐蚀性。在使用高温 HCl 气体的化学加工过程中要避免 HCl 在设备或工艺管道中冷凝。否则将致使设备和管道材料遭到因 HCl 气体冷凝所形成 HCl 酸的严重腐蚀。

表2-27 一些金属材料在干 HCl 中的腐蚀

材　料	在干 HCl 中短时间试验的腐蚀速度超过给定腐蚀速度的大致温度/℃			推荐长期服役的上限温度/℃
	0.76mm/a	1.52mm/a	3.05mm/a	
Ni201	454	510	565	510
600	426	482	538	482
C-276	371	426	482	452
316 不锈钢	371	371	482	426
304 不锈钢	343	399	454	399
碳　钢	260	315	399	260
Monel 400	232	260	343	232
Cu	93	149	204	93

表 2-28　一些镍基合金和不锈钢在无水 HCl 中的腐蚀

材　料	温度/℃	时间/h	腐蚀速度/mm·a⁻¹
Ni201	498	50	0.08
600	498	500	0.08
304 不锈钢	498	500	0.26

表 2-29　镍基耐蚀合金在高温 HCl 气体中 96h 的腐蚀试验结果

材　　料	400℃		450℃	
	腐蚀速率/g·(m²·h)⁻¹	晶间腐蚀	腐蚀速率/g·(m²·h)⁻¹	晶间腐蚀
Ni200	0.097 ~ 0.152	无	0.109 ~ 0.249	有
高纯 Ni	0.075	无	0.129 ~ 0.343	有
400	0.370	—	1.372	无
NiAl₄ + Ce	0.063	无	0.111	无
NiAl₄	0.108	无	0.164	无
NS 3301	0.222	—	—	—
NS 1401	0.216	—	—	—

2.1.3.5　高温 BrF₅ 中

在高温 BrF_5 中，纯 Ni、Monel 400 和 $NiAl_4$ 的耐蚀性能基本一致，在 400℃的 BrF_5 中均无晶间腐蚀，试样仍保留金属光泽，其腐蚀速率均小于 $0.1g/(m^2 \cdot h)$，处于极耐蚀范围，一些试验数据列于表 2-30 中。

表 2-30　镍及其耐蚀合金在 BrF₅ 中的腐蚀

材　　料	腐蚀速率/g·(m²·h)⁻¹			备　注
	350℃，48h	350℃，96h	400℃，96h	
Ni200	0.0153	0.0107	0.044	无晶间腐蚀
高纯 Ni	0.0143	0.0112	0.073	无晶间腐蚀
Monel 400	0.0201	0.0139		无晶间腐蚀
NiAl₄ + Ce	0.0286	0.0164	0.096	无晶间腐蚀
NiAl₄		0.0165	0.127	无晶间腐蚀
NS 3301	0.160			无晶间腐蚀
NS 1401	0.520			无晶间腐蚀

2.2　晶间腐蚀[1~5,36~46]

晶间腐蚀是发生在金属材料晶粒之间狭窄区域的一种腐蚀，是局部腐蚀的一种类型。早期的镍基和铁镍基耐蚀合金几乎都遭到这种腐蚀。在 20 世纪中期，耐蚀合金的晶间腐蚀问题曾是研究的焦点，经过广泛深入的研究，对耐蚀合金的晶间腐蚀的成因、机理和解决措施取得了共识。一致认为耐蚀合金的晶间腐蚀是由于合金在有害碳化物和金属间相的析出温度受热析出了沿晶界的碳化物和金属间相所致，这些有害的析出相多半是富铬、富钼，它们的析出伴随着这些对合金耐蚀性有效元素在其周围附近贫化，形成了沿晶界狭窄的网状贫化区。在腐蚀环境中，这种贫化区的耐腐蚀性不足从而遭到优先腐蚀，最终构成晶间腐蚀，这是目前公认的敏化态合金晶间腐蚀的贫化理论。

碳化物和金属间相的析出是造成敏化态耐蚀合金晶间腐蚀的根本原因，防止这类有害析出或减轻由于有害析出所造成的有效元素的贫化程度就成为消除或减轻晶间腐蚀的技术措施。合金类型不同以及合金化程度的差别决定着敏化态合金析出种类和程度。有一些合金只析出碳化物，因此在合金成分设计时，采用降碳或加入稳定化元素的措施就可取得满意的结果，而对那些既有碳化物析出又对金属间相析出敏感的合金，除了降低合金的碳和加稳定元素外，必须在合金成分设计时，限制有利于金属间相析出的合金元素或者加入对金属间相析出有抑制作用的元素以期达到减少有害的金属析出或延长其析出孕育期，事实已经证明这些技术措施可以确保合金焊接件的耐晶间腐蚀性能。

耐蚀合金在敏化状态下的析出行为与合金系列以及合金化程度密切相关。有些合金仅析出碳化物；含铬、钼量高的一些合金不仅析出碳化物，同时也析出金属间化合物。因此为防止其焊接的晶间腐蚀问题应采取不尽相同的技术措施。

2.2.1 Ni-Cr 合金系

常用的 Ni-Cr 合金为应用较广泛的 Inconel 600，此合金的敏化温度范围很宽，在 300 ~ 850℃，因析出 $Cr_{23}C_6$ 和 Cr_7C_3 的铬碳化物而使合金存在晶间腐蚀倾向，图 2-28 为含碳量仅为 0.017% 的 Inconel 600 的晶间腐蚀与敏化温度、时间的关系图。可见最敏感的温度区间为 700 ~ 850℃，仅需几分钟敏化即可产生晶间腐蚀，在较低温度（300 ~ 350℃）延长敏化时间（约104h）也可导致合金的晶间腐蚀，此温度正处于压水堆蒸发器的运行温度，对于这类应用的合金必须妥善处理。图 2-28 的试验结果也表明 Inconel 600 对晶间腐蚀的敏感性高于 Incoloy 800 和 18-8 型奥氏体不锈钢，究其原因是碳在镍基合金中的固溶度较低所致，试验表明，在 650℃，碳在合金中的固溶度仅 0.01%，合金中过饱和的碳在敏化温度极易形成 $Cr_{23}C_6$ 和 Cr_7C_3 沿晶界沉淀带而导致沿晶界的贫铬区的形成，在 20 世纪后期的试验结果证实了敏化态 Inconel 600 合金贫铬区的存在，见图 2-29。由图可知，在 700℃敏化 0.5h，由于以 Cr_7C_3 为主导的碳化物沿晶界析出，形成了约 100nm 的

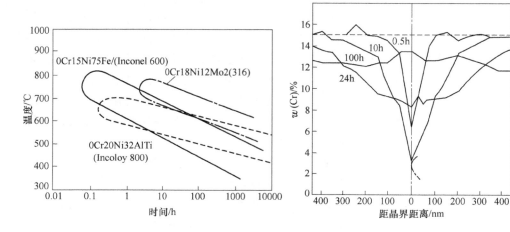

图 2-28　含 0.017% C 的 Inconel 600 合金的
TTS(H₂SO₄-CuSO₄-铜屑) 图

图 2-29　1100℃ 固溶后再经 700℃ 不同时间
敏化 Inconel 600 合金贫 Cr 区的 Cr 浓度

贫铬区，贫化区的铬浓度由 15% 降到 6%，敏化 10h 后贫铬区的铬浓度不足 4%，此后随敏化时间的延长，由于铬的背扩散，使贫化区的铬浓度得以逐渐恢复，100h 敏化贫铬区的铬浓度达到接近 13% 的水平，极大地提高了合金的耐晶间腐蚀能力，据此诞生了经 1100℃ 固溶后再经 700℃ 适宜保温时间的时效处理工艺，即脱敏处理工艺（desenstization' TTV），并已成功应用于 Inconel 600 和 Inconel 690 压水堆蒸发器传热管生产工艺中，为防止合金的晶间腐蚀和晶间型应力腐蚀提供了保障。

2.2.2　Ni-Mo 合金系

Ni-Mo 合金的典型代表为含 28% Mo 的 Hastelloy B，自 1929 年应用于工业以来，其焊件紧邻焊缝出现刀口腐蚀，在热影响区（HAZ）出现晶间腐蚀，这称为焊接劣化现象，严重影响合金的正常使用。为了恢复合金的耐蚀性，对焊件必须施以高温固溶处理，对于大型部件是不可能的。对于这种焊接劣化现象的深入研究指出，这个合金存在两个敏化区，即 1200 ~ 1300℃ 的高温敏化区和 600 ~ 900℃ 的中温敏化区，当合金一旦经过这两个敏化区时，不但产生晶间腐蚀并伴随着硬度增加。合金的敏化温度、敏化时间与伴随着晶间腐蚀、全面腐蚀和硬度之间的相互关系见图 2-30。深入研究表明，合金性能的变化与其在敏化过程的析出行为密切相关。在高于 1250℃ 的高温敏化区，其析出相由 Mo₂C、M₆C 碳化物和 σ 相构成，Mo₂C 居统治地位，这些相均具有较高的钼含量，它们沿晶界沉淀必然引起其附近区域的严重贫化，沿晶界钼的贫化区，是早期 Ni-Mo 合金（Hastelloy B）焊件刀口腐蚀的主因。在 500 ~ 900℃ 的中温区敏化，合金的析出相由

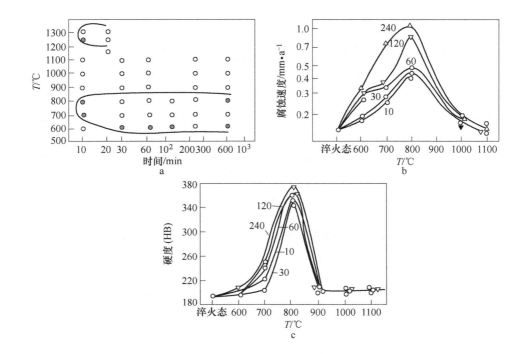

图 2-30　不同温度和时间二次加热（敏化）对 0Mo28Ni65Fe5 合金晶间腐蚀（a）、
耐蚀性（在 10% 沸腾 HCl 中）（b）和硬度（c）的影响

（图 b 和图 c 中曲线的数字为敏化时间，min）

M_6C、M_2C 等碳化物和 Ni_3Mo、Ni_4Mo 有序金属间相构成，在碳化物中 Mo_6C 占主导地位，在金属间相中，高于 850℃ 为 Ni_3Mo，在低温侧为 Ni_4Mo。这些高钼含量的碳化物和金属间相沿晶界析出所导致的贫钼通道是 Ni-Mo 合金焊件热影响区晶间腐蚀形成的根源。

为解决 Hastelloy B 合金的刀口腐蚀，在 1959 年曾出现含 1% V 的 Ni-Mo 合金牌号，即 Hastelloy B-282 和 Corronel 220，其耐刀口腐蚀能力确实优于 Hastelloy B 合金，但对这种腐蚀并非免疫，随后试验证实含 2% V 的 Ni-Mo 合金基体耐盐酸腐蚀性能下降，因此含 V 合金未得到广泛应用。在 20 世纪 70 年代诞生的低碳、低铁、低硅高纯的 Ni-Mo 合金 Hastelloy B-2，确实不存在晶间腐蚀和刀口腐蚀倾向，并成功应用实际工程中。然而这个高纯合金的热稳定性欠佳，对有序相 Ni_4Mo 析出敏感，不仅在热加工和焊接后产生裂纹和塑、韧性降低，而且耐蚀性也明显下降，为此以提高合金热稳定化为主攻目标，调整合金中的铬、铁含量而产生了新一代的 Ni-Mo 合金 Hastelloy B-3 和 Hastelloy B-4，详细技术数据将在 Ni-Mo 合金系中给出。

2.2.3　Ni-Cr-Mo 合金系

Ni-Cr-Mo 型耐蚀合金，既耐还原性介质腐蚀又耐氧化性介质腐蚀，是一类具有广泛适用性的耐蚀合金系统。这类合金中最具代表性并得到广泛应用的是 20 世纪 30 年代引入的含 16% Mo 的 Hastelloy C 合金和 20 世纪 60 年代引入的含 9% Mo 的 Inconel 625 合金。后者因含大量的铌，因此对晶间腐蚀不敏感，而前者因其热稳定性欠佳，当遭遇敏化或焊接时，将出现严重的晶间腐蚀。试验结果确认，Hastelloy C 合金存在两个对晶间腐蚀敏感的温度区间，即两个敏化区。低温敏化区为 700 ~ 800℃，最敏感的温度为 760℃，高温敏化区为 850 ~ 1100℃，最敏感的温度为 871℃，该合金的 TTS 曲线见图 2-31。这两个敏化区分别与以 M_6C 型为主的碳化物（含 M_2C、$M_{23}C_6$）和以 μ 相占主导地位的金属相（含 σ、ρ 相）析出温度相对应（图 2-32），这些析出相不是富钼和钨就是富铬，有的三者含量均相当高，它们沿晶界析出导致周围决定合金耐蚀性的 Cr、Mo、W 的贫化，在一些腐蚀环境中，由于贫化区遭到优先腐蚀而产生晶间腐蚀，此外，在一些强氧化环境中富 Mo 碳化物和富 Mo 金属间相的选择性溶解也是此类合金晶间腐蚀的又一诱因。

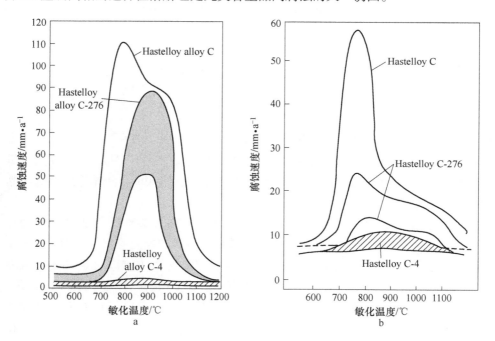

图 2-31　Hastelloy C 合金的敏化行为

a—在 120℃，50% H_2SO_4 +42g/L $Fe_2(SO_4)_3$；b—在沸腾 10% HCl 酸中

在确认高钼的 Ni-Cr-Mo 合金晶间腐蚀机理后，采用降低碳和降低硅的技术

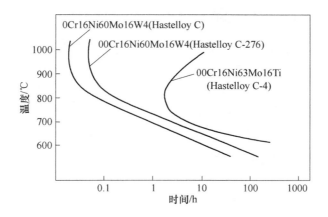

图 2-32 三种 Ni-Cr-Mo 合金 TTT(温度-时间-析出) 图

措施, 于是诞生了具有较 Hastelloy C 合金耐晶间腐蚀性能有所改善的第 2 代含 16% Mo 的 Ni-Cr-Mo 耐蚀合金, 由于此合金仅控制了 Hastelloy C 合金的碳和硅, 对于由碳化物析出所引起的晶间腐蚀是有效的, 然而金属间相析出所引起的晶间腐蚀尚未得到解决, 为此采用降低碳、硅、铁和去掉合金中钨的第三代合金 Hastelloy C-4 合金问世了, 至此 Hastelloy C 合金的晶间腐蚀问题得以解决, 见图 2-31。比较合金的第 2 相析出行为即温度、时间和析出相三者的关系, Hastelloy C-4 合金的热稳定性最好, 见图 2-32。由于 C-4 合金去除了原合金中的钨, 致使它的耐点蚀和缝隙腐蚀能力下降。

2.3 点腐蚀和缝隙腐蚀[1~5,47~49]

点腐蚀和缝隙腐蚀是经常遇到的局部腐蚀, 在点腐蚀和缝隙腐蚀环境确定后, 合金耐这种局部腐蚀的性能取决于合金成分, 其中铬、钼的作用最显著, 通常以合金的耐点蚀当量数来排列合金的耐蚀性。对于铁镍基和镍基耐蚀合金的耐点蚀当量数 (PREN) 的计算不同于不锈钢, 其计算公式为:

$$PREN = w(Cr) + 1.5w(Mo + W + Nb) + 30w(N)$$

PREN 数值越大, 合金的耐点腐蚀和耐缝隙腐蚀性能越好。

在试验室和实际环境的腐蚀试验也是用来评价合金耐这种腐蚀能力的有效方法。目前在酸性氯化物, 氧化性酸性氯化物中的临界点蚀温度 (CPT) 和临界缝隙腐蚀温度 (CCT) 的测定是应用比较广泛的评价方法。在海水中和在纸浆生产工艺介质中以及烟气脱硫的实际环境中的腐蚀试验更加直观地显示出合金的耐点蚀和缝隙腐蚀性能。不管那种试验方法, 其结果的绝对值可能有所不同, 但合金的耐蚀性排列顺序不会改变。

2.3.1　镍基和铁镍基耐蚀合金在酸性 $FeCl_3$ 中的耐点蚀和耐缝隙腐蚀性能

按 ASTM G-48 的 C 法和 D 法测定了一些耐蚀合金的临界点蚀温度（CPT）和临界缝隙温度（CCT），测定结果列于表 2-31。从这些数据可以看出临界点蚀温度和临界缝隙腐蚀温度均与合金的耐点蚀当量指数（PREN）密切相关，合金的 PREN 数值越大，其 CPT 和 CCT 也越高，表明合金的耐点蚀和耐缝隙腐蚀的能力极强，反之，表明合金的耐点蚀和缝隙腐蚀能力减弱。

表 2-31　一些耐蚀合金和超级奥氏体不锈钢的 CPT 和 CCT（ASTM G-48，C 法和 D 法）

合金牌号	PREN[①]	CPT（C 法）/℃	CCT（D 法）/℃
686	50.8	>85	>85
C-2000	47	>85	80
59	47	>85	>85
C-22	46.8	>85	>85
C-276	45.2	>85	45
G-35	45	>85	45
G-30	43.1	67.5	37.5
31	42.8	72.5	42.5
625	40.8	>85	40
25-6Mo	35.8	70	30
254SMO	35.3	60	30
33	34.9	85	40
28	31.5	45	17.5
825	26	30	5
316 不锈钢	20.4	20	<0
725	38.2	>85	35
718	31.2	45	5
925	26	30	<0

① $PREN = w(Cr) + 1.5w(Mo + W + Nb) + 30w(N)$。

2.3.2　镍基和铁镍基耐蚀合金在氧化性酸性氯化物溶液（Green Death 溶液）中的耐点蚀和耐缝隙腐蚀性能

在 Green Death 溶液（11.9% H_2SO_4 + 1.3% HCl + 1% $FeCl_3$ + 1% $CuCl_2$）中，一些高钼含量的 Ni-Cr-Mo 和 Ni-Cr-Mo-Cu 合金具有优良的耐点蚀和耐缝隙腐蚀性能。一些试验数据分别见表 2-32、图 2-33 和图 2-34。表 2-33 为堆焊层的数据。

表 2-32 镍基耐蚀合金在 Green Death[①]溶液中的 CPT 和 CCT

合金牌号	PREN[②]	CPT/℃	CCT/℃	缝隙腐蚀深度/mm
C-22	46.8	120	105	0.35
C-276	45.2	110	105	0.035
686	50.8	120	110	0.025

① Green Death 溶液成分：11.5% H_2SO_4 + 1.2% HCl 酸 + 1% $FeCl_3$ + 1% $CuCl_2$，>120℃溶液的化学性质遭到破坏。

② PREN = $w(Cr) + 1.5w(Mo + W + Nb) + 30w(N)$。

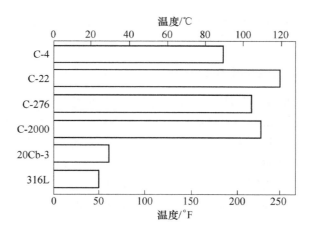

图 2-33 一些镍基耐蚀合金在 Green Death 溶液中临界点蚀温度

(11.9% H_2SO_4 + 1.3% HCl + 1% $FeCl_3$ + 1% $CuCl_2$)

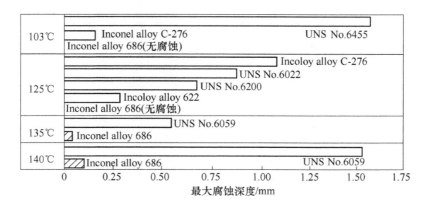

图 2-34 在不同温度的 Green Death 溶液中镍基耐蚀合金的耐缝隙腐蚀性能

(11.9% H_2SO_4 + 1.3% HCl + 1% $FeCl_3$ + 1% $CuCl_2$)

表 2-33　一些镍基耐蚀合金堆焊层在 Green Death 溶液中的 CPT

（11.9% H_2SO_4 + 1.3% HCl + 1% $CuCl_2$ + 1% $FeCl_3$）

焊接工艺	填充金属	第一层，CPT/℃			第二层，CPT/℃			第三层，CPT/℃		
GMAW	C-276	75	75	—	95	95	—	95	95	—
GMAW	C-22	75	70	—	100	100	—	100	100	—
GMAW	622	75	85	—	—	>100	—	>100	>100	—
GMAW	686	>100	>100	—	>100	>100	—	>100	>100	—
SAW	686	80	75	85	100	100	100	—	—	—
ESW	686	95	95	100	100	100	100	—	—	—

上述试验数据充分说明合金中的 Cr、Mo、W 等合金元素是决定合金耐点蚀和耐缝隙腐蚀的关键因素。

2.3.3　在海水中的耐缝隙腐蚀性能

镍基和铁镍基耐蚀合金是在海水中应用较广泛的耐蚀材料，在海水中，耐蚀合金的主要腐蚀破坏形式是缝隙腐蚀，在室温海水中一些耐蚀合金的耐缝隙腐蚀性能见表 2-34，耐缝隙腐蚀性能与合金耐点蚀当量指数的关系见图 2-35。对于镍基耐蚀合金，PREN >40 的材料在海水中具有很好的耐缝隙腐蚀性能，在很紧密的缝隙条件下，Inconel 625 合金和具有类似 PREN 的材料可遭到严重的缝隙腐蚀，而 PREN > 45 的几个合金却呈现优秀的耐缝隙腐蚀性能，如 Inconel 622（C-22）、C-276 和 Inconel 686。在海水冷却的板式换热应用条件下，这三个合金是最理想的材料。

表 2-34　镍基和铁镍基耐蚀合金在室温海水中的耐缝隙腐蚀性能

合金名称	PREN	缝隙类型	温　度	时间/d	最大腐蚀深度/mm
200	—	垫　片	室　温	30	1.6
600	16	垫　片	室　温	30	0.86
718	22.5	垫　片	室　温	30	0.41
718	22.5	PTFE[①]	室　温	180	0.82
825	26.0	垫　片	室　温	30	0.25
925	26.0	PTFE	室　温	180	2.90
25-6Mo	35.8	维尼龙套管	室　温	60	0.13
G-3	32.5	垫　片	室　温	30	0.07
625	40.8	MCA[②]	室　温	90	0
625	40.8	PTEF	室　温	180	0.11
725	40.8	垫　片	室　温	30	0

续表2-34

合金名称	PREN	缝隙类型	温　度	时间/d	最大腐蚀深度/mm
C-276	45.2	PCA③	室　温	60	0
C-276	45.2	PTEF	室　温	180	0.12
686	50.8	PCA	室　温	60	0
686	50.8	PTEF	室　温	180	0
400	—	PTEF	室　温	180	0.68
K-500	—	PTEF	室　温	180	1.24

① 表面磨光，用聚四氟乙烯构成缝隙。

② 表面抛光，Delrin 缝隙。

③ 表面抛光酸洗，复杂化的缝隙。

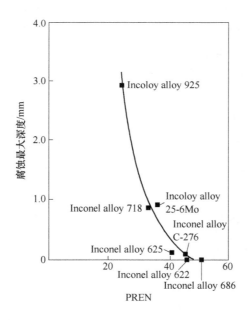

图 2-35　在 29℃ 的静态海水中经 180 天试验后的最大缝隙腐蚀深度与合金 PREN 的关系
$$(PREN = w(Cr) + 1.5w(Mo + W + Nb) + 30w(N))$$

2.4　应力腐蚀（SCC）[1~5,50~92]

　　镍基和铁镍基耐蚀合金，因其良好的耐应力腐蚀性能，良好的制造性能，良好的韧性以及对腐蚀环境的广泛适用性，已在一些危险的服役条件下得到成功应用。然而，在广泛的腐蚀环境中，这些合金对应力腐蚀破裂并非免疫，在腐蚀介质、合金的显微组织结构和应力条件的共同作用下，耐蚀合金将会出现

SCC，随着使用时间的延长，出现 SCC 的介质条件渐渐增多，已从 1950 年的
H_2O-HF、HF 酸扩展到近 20 种。主要是含卤族元素的水溶液、连多硫酸、酸
性油气井含 H_2S 和 CO_2 环境、高温高压水和苛性碱等。为克服在这些环境中镍
基和铁镍基耐蚀合金的 SCC 问题，开展了大量的研究工作并开发了一些耐 SCC
的材料。

2.4.1　影响合金耐 SCC 的合金成分因素[51~55,59,66~68,74,75]

2.4.1.1　Ni 含量的影响

在高温高浓度 $MgCl_2$ 和 NaCl 的水溶液中镍含量对 Ni-Fe-Cr 合金耐应力腐蚀
破裂性能影响示于图 2-36 ~ 图 2-38。在高温高压水中镍含量对 Ni-Fe-Cr 合金耐
SCC 性能的影响见图 2-39 和图 2-40。综合这些试验结果，可以看出，在沸腾高
浓度 $MgCl_2$ 和高温高浓度 NaCl 溶液中，对 SCC 免疫的镍含量分别为 ≥45% 和
≥35%；在高温高压水中，含约 35% Ni 的 Ni-Fe-Cr 合金具有最佳的耐 SCC 性能。
镍基和铁镍基耐蚀合金的镍含量恰好处于此范围内，成为具有优良耐 SCC 的
Ni-Cr 和 Ni-Fe-Cr 合金研发的基础。

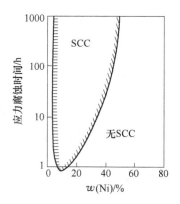

图 2-36　镍含量对 Ni-Fe-Cr 合金
（丝状样）在沸腾 42% $MgCl_2$ 溶液中
耐 SCC 性能的影响

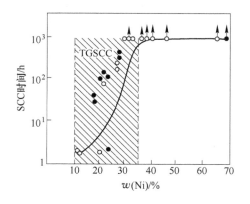

图 2-37　镍含量对 Ni-Fe-Cr 合金耐应力
腐蚀性能的影响
（合金为真空感应炉冶炼、42% 沸腾 $MgCl_2$ 溶液，
U 形试样，试验 1000h）
TGSCC—穿晶应力腐蚀断裂

在铁镍基耐 SCC 合金的合金化过程中，镍的另一重要作用是根据 Cr、Mo 等
元素的含量调整合金的镍含量，以确保合金的奥氏体组织和与有害金属间相析出
相关的热稳定性。

2.4.1.2　Cr 含量的影响

在耐应力腐蚀的 Ni-Cr 和 Ni-Fe-Cr 合金中，Cr 是决定合金 SCC 行为的关键合

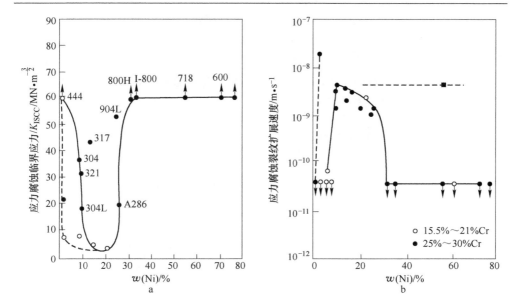

图 2-38 在 105℃，通气的 22% NaCl 中，镍含量对 Ni-Fe-Cr 合金应力腐蚀性能的影响

a—产生应力腐蚀的临界应力与镍含量的关系；b—应力腐蚀裂纹扩展速度与镍含量的关系

K_{ISCC}—应力腐蚀断裂临界强度因子

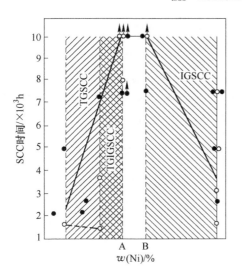

图 2-39 在含 $100 \times 10^{-6} Cl^-$ 和饱和[O]的
高温水中，Fe-20% Cr-Ni 合金的应力腐蚀性能

（双 U 形试样，水温 300～350℃）

TGSCC—穿晶应力腐蚀；IGSCC—晶间应力腐蚀；
AB—不产生应力腐蚀的镍区间；◢—未断裂

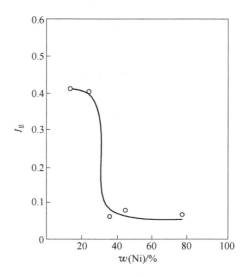

图 2-40 镍含量对 Ni-Fe-Cr20 合金耐
SCC 的影响

（300℃，$100 \times 10^{-6} Cl^-$，8×10^{-6} [O]，
应变速率 $\varepsilon = 4.2 \times 10^{-6}/s$，$I_g$ 为敏感指数
（应力腐蚀），合金中含铬约 20%）

金元素。Cr 对含 35% Ni 的 Fe-Ni 合金在高温高压水中 SCC 行为的影响见图 2-41
和图 2-42。25% Cr 成为铁镍基耐蚀合金耐 SCC 性能的门槛值，>25% Cr 的合金
具有最佳的耐应力腐蚀性能，含 25% Cr 合金耐 SCC 的突变性与其在腐蚀环境中
形成富 Cr 钝化膜和膜的结构由以铁为主的尖晶石结构转变成以铬为主的尖晶石
结构（Cr≥25%）密切相关。

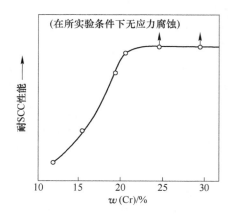

图 2-41   铬含量对 Fe-Cr-35% Ni 合金耐
高温水应力腐蚀性能的影响
（300℃，100×10⁻⁶Cl⁻，饱和氧，双 U 形试样）

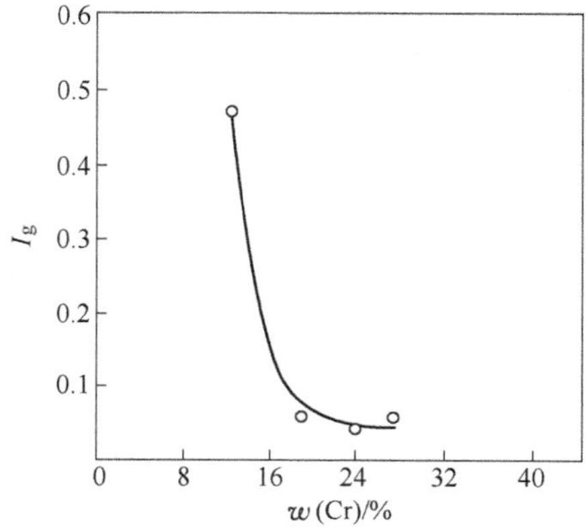

图 2-42   铬含量对 Ni35-Fe-Cr 奥氏体
合金耐 SCC 的影响
（300℃，100×10⁻⁶Cl⁻，8×10⁻⁶［O］，
应变速率 ε=4.2×10⁻⁶/s，合金中含镍约 35%）

    铬对镍基合金在高温高压水和 NaOH 水溶液中耐应力腐蚀性能的影响见图
2-43 和图 2-44。显然，只有铬含量达到 28% 的 Ni-Cr-Fe 合金才具有最好的耐应
力腐蚀性能。这一研究结果导致了 Inconel 690 合金的面世。

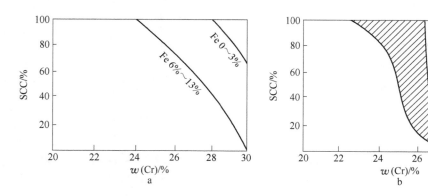

图 2-43   在高温水中，铬和铁含量对镍基合金耐应力腐蚀（SCC）的影响
a—310℃，除气、含铅的高温水；b—316℃，pH=10、［O］=100×10⁻⁶的高温水

2.4.2 影响合金耐 SCC 的显微组织因素[56,57,75,76]

镜基和铁镜基耐蚀合金，除了少数几个时效强化合金外，均属固溶强化的单一奥氏体合金，在材料生产厂均以固溶退火状态供货，合金的正常组织为均匀的奥氏体，但在随后的制造加工过程中难免经受二次受热，在某些受热过程中，将会析出碳化物和金属间化合物，这就构成对腐蚀敏感的敏化态的组织结构，这种组织结构对合金的耐 SCC 性能将产生不利影响。表 2-35 和表 2-36 分别为时效处理和敏化处理对 Inconel 718 和 Ni-Cr-Mo-W 合金耐应力腐蚀性能的影响。这些结果表明，固溶态合金的耐应力腐蚀性能最好。由表 2-36 的数据可知，M_6C 型碳化物的析出对高 Mo 的 Ni-Cr-Mo-W 合金的有害作用大于 μ 相。

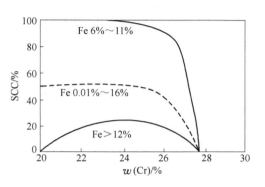

图 2-44　在 300℃、50% NaOH 水溶液中 Ni-Cr-Fe 合金的耐应力腐蚀（SCC）性能

表 2-35　沉淀硬化处理对 Inconel 718 合金在氯化物环境中 SCC 的影响

热处理制度	硬　度	破裂时间/h	
		177℃，20.4% $MgCl_2$	204℃，25% NaCl
工厂退火（MA）	80HRB	408，408，408	48，48，504
663℃×8h 时效	26HRC	72，144，240	48，48，48
MA+718℃×8h+621℃×8h	42HRC	72，72，144	48，48，48

表 2-36　敏化处理对 Ni-Cr-Mo-W 合金在沸腾 45% $MgCl_2$ 中 SCC 的影响

合金名称	C 的质量分数/%	Si 的质量分数/%	热处理	析出相	在 154℃
Hastelloy C	0.05	0.7	固溶退火	无	2407h，未裂
			704℃×1h	M_6C	107~552h，晶间裂纹
			870℃×1h	μ，M_6C	90h，晶间裂纹
			1038℃×1h	μ，M_6C	552~625h，晶间裂纹
C-276	0.01	0.01	704℃×1h	μ，少量 M_6C	6536h，未裂
			871℃×1h	μ，M_6C	905~2100h，晶间裂纹
			1038℃×1h	少量 μ 和 M_6C	6536h，未裂
	0.008	0.004	1149℃×1h	无	2847h，未裂
			704℃×1h	μ 和少量 M_6C	2252h，裂

合金名称	C 的质量分数/%	Si 的质量分数/%	热处理	析出相	在 154℃
C-276	0.008	0.004	871℃ ×1h	μ 和少量 M₆C	957h，晶间裂纹
			1038℃ ×1h	μ 和少量 M₆C	4539h，晶间裂纹
	0.004	0.01	工厂退火	无	2407h，未裂
			704℃ ×1h	μ	2407h，未裂
			871℃ ×1h	μ	2407h，未裂
			1038℃ ×1h	少量 μ	2407h，未裂

2.4.3 在卤族化合物环境中的 SCC[50~57,59,66~68,77]

在含氯化物、溴化物、碘化物、氟化物离子等卤族化合物水溶液中，镍基和铁镍基耐蚀合金遭到了应力腐蚀，应力腐蚀的产生与合金成分、组织状态以及介质条件（介质组成，温度）密切相关。表 2-37 给出了一些合金遭到应力腐蚀的环境条件。

表 2-37 引起耐蚀合金 SCC 的含卤族化合物的环境

合　　金	产生 SCC 的环境条件
800、825、718	沸腾（155℃），42% $MgCl_2$
800、825、G-3、X、C-276	230℃，20% $MgCl_2$
800、C-276	沸腾，85% ~89% $ZnCl_2$
825、G、G-3、C-276	205℃，47% $ZnBr_2$
400、600	285℃，海水
400、20	脱气的 230℃，Salton 海盐水
625、C-276	通气的 230℃，Salton 海盐水
825、G、G-3	230℃，通气的 NaCl、$CaCl_2$
825、G-3	25% NaCl + H_2S + CH_3COOH
400、X-750、600、K-500	50℃，HF + H_2SiF_6
804、825	300℃，H_2O + 100 × 10⁻⁶ Cl + 50 × 10⁻⁶ O_2
825、G-3	20℃，10% HCl + H_2S
825、625、C-276、718、G-3	205℃，1% HCl
B	230℃，1% HBr
B	205℃，1% HI
625、718、C-276、G、825	205℃，HAC + Cl⁻ + H_2S
B-2	175℃，HCl + H_2S

2.4.3.1 在氯化物水溶液中的 SCC

在沸腾 45% $MgCl_2$ 中，一些镍基和铁镍基耐蚀合金的耐应力腐蚀性能见表 2-38，在这种试验条件下，仅镍基耐蚀合金呈现出最佳耐应力腐蚀性能。温度升高超过临界破裂温度时，在 $MgCl_2$ 溶液中，镍基耐蚀合金同样会出现应力腐蚀（图 2-45）。钼的益处见图 2-46。

表 2-38 一些耐蚀材料在沸腾 45% $MgCl_2$ 中的耐应力腐蚀性能（U 形弯曲试样）

合 金	至裂纹出现的时间/h	合 金	至裂纹出现的时间/h
316L 奥氏体不锈钢	2	625	1008，未裂，无 SCC
254SMO	24	C-276	1000，未裂，无 SCC
20Cb-3	24	C-22	1000，未裂，无 SCC
28	36	G-35	1008，未裂，无 SCC
31	36	C-200	1008，未裂，无 SCC
G-30	168		

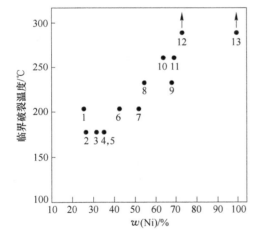

图 2-45 一些合金在 20.4% $MgCl_2$ 中
的临界破裂温度
（用氮脱气，两点弯曲试样）
1—M-53；2—904L；3—SAN 28；4—800；5—20Cb-3；
6—825；7—718；8—C-276；9—C-4；
10—B；11—B-2；12—600；13—200

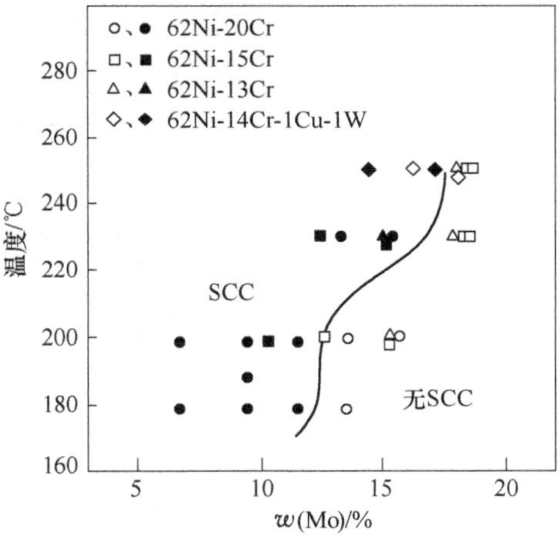

图 2-46 钼含量对 Ni-Cr-Mo 合金在 20%
$NaCl + 0.5\% CH_3COOH + 1.01 \times 10^6 Pa\ H_2S +$
$1.01 \times 10^6 Pa\ CO_2 + 1g/L\ S_8$ 溶液中 SCC
行为的影响

2.4.3.2 在溴化物水溶液中的 SCC

在阻燃化学加工过程和天然气和石油工业中会遇到含溴化物的腐蚀环境，由于专业性太强，可利用的数据不多，有限的数据表明，在 204℃，43% $CaBr_2$ 中铁镍基耐蚀合金和高钼的 Ni-Cr-Mo-W 耐蚀合金具有优异的耐 SCC 性能。而在 204℃，酸度较高的 4.7% ZnBr$_2$ 中，只有高铬的 Ni-Cr-Mo-W （C-22）合金耐 SCC 性能最佳（表 2-39）。

表 2-39   一些耐蚀材料在溴化物溶液中的 SCC[1]

合 金 名 称	至产生 SCC 的时间/月	
	4.7% ZnBr$_2$	43% CaBr$_2$
255（Fe-25Cr-5.5Ni-3Mo-2Cu-0.2N）双相不锈钢	1，1，2	4，4，4
825	1，1，2	>12，>12，>12
G-3	1，2，2	>12，>12，>12
C-276	1，1，2	>12，>12，>12
C-22	>12，>12，>12	>12，>12，>12

① 在标准试验周期未出现 SCC；试验溶液经脱气处理并用 1.01×10^5 Pa 氮再充气；试验材料为工厂退火状态，两点弯曲试验；介质温度为 204℃。

2.4.3.3   在碘化物水溶液中的 SCC

在醋酸生产中，采用 KI 作为醋酸生成的助催化剂，在 1% HI 中的应力腐蚀试验结果指出，仅工厂退火的 Ni-Mo 合金（B-2）遭到穿晶 SCC。所试验的其他合金来见 SCC，详见表 2-40。

表 2-40   一些耐蚀合金在 1% HI 中的 SCC[1]

合 金 名 称	至产生 SCC 的时间/h		
	177℃	204℃	232℃
B-2	168，168，366	48，168，168	48，48，48
200	NC，NC，NC	NC，NC，NC	NC，NC
400	NC，NC，NC	NC，NC，NC	NC，NC
600	NC，NC，NC	NC，NC	NC，NC，NC
825	NC，NC，NC	NC，NC，NC	NC，NC，NC
G-3	NC，NC，NC	NC，NC，NC	NC，NC，NC
C-276	NC，NC，NC	NC，NC，NC	NC，NC，NC

注：NC 为无 SCC。

① 两点弯曲试样，最长试验时间为 1000h。

2.4.3.4   在氟化物溶液中的 SCC

在烷基化，半导体蚀刻和有机氟化物生产中，其工艺介质均含有氟化物，长期实践证明，镍基耐蚀合金是适合这种环境的耐蚀结构材料。然而，在 HF 酸中大量使用的 Monel 400，其冷加工状态材料在 HF 酸中遭到应力腐蚀，这是最早的镍基合金的应力腐蚀事例，后经反复验证，产生应力腐蚀的环境为 HF 气相或气-液交界处。Ni-30Cu（Monel 400）对这种环境导致的 SCC 最敏感，此外介质中的氧化剂（CuF_2、$CuCl_2$）加速了 Monel 400 的 SCC。为了克服这种应力腐蚀引起的麻烦，对暴露于 HF 酸气相的设备或部件已使用 Inconel 600 合金。

2.4.4 在含硫类物质环境中的 SCC[1~5,60~65,69~82]

Cl^- + H_2S + CO_2 是油、气开采井下的介质环境，在这种环境下服役的材料，既需要耐此环境引起的应力腐蚀又要求具有较高的屈服强度（屈服强度水平在 758~1103MPa），井下部件或装备（如管件、壳（盒）体和阀门）主要使用固溶强化的镍基耐蚀合金，其屈服强度通过冷加工达到所要求的水平。对于需焊接和厚壁部件（如管件、安全阀、管道吊钩）难于进行低成本的均匀冷加工，则采用沉淀强化的镍基耐蚀合金制造。

Cl^- + H_2S + CO_2 + S 的腐蚀环境对固溶强化耐蚀合金的 SCC 的影响十分复杂，包括温度、pH 值，各个成分含量及交互作用等，概括起来是 Cl^-、H_2S、硫等加速了镍基合金的应力腐蚀，而 CO_2 稍具缓蚀作用；介质温度的提高和酸度增加（pH 值下降）增加了合金对 SCC 的敏感性。针对酸性气井的介质环境，在 20% NaCl + 0.5% CH_3COOH + 10atm H_2S + 10atm CO_2 + 1g/L S_8（1atm = 1.01 × 10^5Pa）中评价了镍基耐蚀合金的 SCC 行为，结果指出，不产生应力腐蚀的 Cr、Mo 含量与介质温度相关，在 180℃，对 62Ni-20Cr 的合金需加入大于 13% Mo 才能使合金不产生应力腐蚀；在 200℃，对于含 13% Cr、15% Cr、20% Cr 的镍基合金不产生应力腐蚀的 Mo 量分别是 15%、13% 和 14%，详见图 2-46，显然高钼含量的 Ni-Cr 合金具有优异的耐应力腐蚀性能。在这种酸性气井环境中，除应力腐蚀外，尚存在氢脆和因金属间相析出所构成的负面影响的冶金稳定性问题。因此在确定合金的适宜 Cr、Mo 含量时必须兼顾上述三个因素。基于 SCC（230℃，25% NaCl + 1MPa H_2S + 1MPa CO_2 + 1g/L S_8，336h，四点弯梁试验）和氢脆（25℃，5% NaCl + 0.5% CH_3COOH + 0.1MPa H_2S，720h，应力 = $R_{p0.2}$，与铁偶合，四点弯梁试验）以及利用 M_d 基本原理计算的合金热稳定性的综合数据，给出了镍基合金（55%~60% Ni）适宜的 Cr、Mo 含量范围（图 2-47）。图中线 1、线 2 和线 3 所构成的三角形区域是合金的含 Cr 量和含 Mo + 0.5W 量的可变动范围，当 Mo + 0.5W 小于 12% 时合金不具备耐 SCC 性能，线 2 和线 3 分别是氢脆和合金冶金稳定性的限制线。按此图，Hastelloy C-276、C-22、Inconel 686、Hastelloy C-2000 处于三角形所圈定成分之内。事实上，Hastelloy C-276 已成功用于酸性气井井下部件。

冷加工强化对固溶强化镍基合金在 Cl^- + H_2S + CO_2 + S 环境中耐 SCC 的影响取决于介质条件腐蚀的严苛性，温度的影响最明显，对 C-276 合金的试验结果见

表 2-41，在 177℃未产生 SCC，在 232℃却产生了应力腐蚀。

表 2-41　屈服强度对 C-276 合金耐硫化应力腐蚀破裂性能的影响[①]

$\dfrac{应力}{屈服应力} \times 100/\%$	屈服应力/MPa	至 SCC 时间/h	
		177℃	232℃
70	1069	>8600	528
70	1262	>8640	300
70	1317	>8640	144
90	1069	>8688	528
90	1262	>8688	312
90	1317	>8688	168

① C 形试样（pilger 冷加工 +204℃ ×200h 时效）；试验溶液为：5% NaCl + 0.1% CH_3COOH + 0.7MPa H_2S（室温）+1g/L S_8；">" 指在所标出的时间内未产生应力腐蚀裂纹。

在含 Cl^-、H_2S、CH_3COOH 的环境中，沉淀硬化型镍基合金的耐应力腐蚀性能与析出相的类型密切相关。对于沉淀硬化型合金，为获得所需的强度水平，沉淀硬化处理是必须实施的工艺手段，这种处理将导致这类合金的 γ'、γ'' 共格相和非共格相 σ、η、碳化物的析出，析出相类型和数量受合金成分、热处理温度和时间所制约。通常 σ、碳化物的析出有害于合金的耐应力腐蚀性能，γ'' 的析出未影响合金的耐应力腐蚀性能，$\gamma'' + \gamma'$ 和 γ' 析出的时效硬化耐蚀合金的耐应力腐蚀性能较退火态有较大程度下降。图 2-48 为 Incoloy 925 合金的 TTT（时间-温度-相变）图和慢速拉伸试验的 SSCC 的结果（硫化物诱发的 SCC），可见，730℃ 时效硬化处理 8h、24h，该合金出现 SSCC，

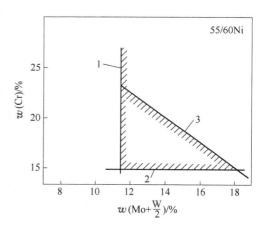

图 2-47　在 $H_2S + CO_2 + Cl^- + S$ 环境中使用的镍基（55% ~60% Ni）合金的 Cr、Mo 含量的适宜范围
1—SCC，230℃，1MPa H_2S +1MPa CO_2 +25% NaCl + 1g/L S_8，336h，四点弯梁试验；2—氢脆，25℃，5% NaCl + 0.5% CH_3COOH + 0.1MPa H_2S，720h，应力 = $R_{P0.2}$，与铁偶合，四点弯梁试验；3—基于 M_d 原理所计算合金的热稳定性

这证实了碳化物（M_7C_3-$M_{23}C_6$）、σ 相和 γ' 相的析出有害于合金的耐应力腐蚀性能，而高温析出的 σ 相和 η 相未呈现不良作用，多半是由于在高温利于扩散

使贫化区得到修复所致，与 Inconel 600 和 Inconel 690 的脱敏处理原理一致。表2-42 的数据说明了 γ″和 γ′析出对沉淀硬化镍基合金的硫化物诱发的应力腐蚀行为的影响，γ″的析出未呈现出不良影响，γ′和 γ″+ γ′析出的合金耐应力腐蚀性能受损，这一结果表明，在硫化物诱发应力腐蚀的环境中使用含铌合金是适宜的。

表2-42 γ′和 γ″沉淀对镍基合金 SCC 的影响[①]

合 金	室温屈服强度/MPa	（在 H₂S 中的破裂时间/在空气中的破裂时间）/h		
		149℃	177℃	204℃
Ni-23Cr-3.5Mo-4.7Nb（γ″合金）	896	16.7/16.8	16.3/16.9	4.0/17.0
Ni-19Cr-3Mo-0.9Ti-5.1Nb（γ′+ γ″合金）	931	6.3/17.7	6.9/17.2	—
Ni-22Cr-3Mo-2.6Ti（γ′合金）	690	4.5/19.6	4.4/18.2	—

① 试样热处理状态为 1149℃ 固溶 +699℃ ×20h AC；试验介质：25% NaCl + 0.5% CH₃COOH + 0.7MPa H₂S；应变速度：4×10^{-6}/s。

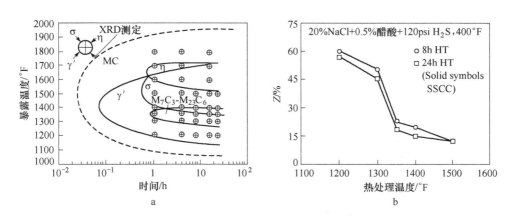

图2-48 925 合金（1010℃退火态）时间-温度-相转变图（a）和在 400℉，20% NaCl + 0.5% CH₃COOH + 120psi H₂S 中的慢速拉伸试验结果（b）

（试样状态：热轧 + 1010℃退火 + 时效热处理）

2.4.5 镍基和铁镍基耐蚀合金的苛性应力腐蚀[1~5,83~92]

在 NaOH 水溶液的苛性环境中，Ni-Cr 合金和 Ni-Fe-Cr 合金具有良好的耐应力腐蚀性能，在给定的介质条件下，合金的耐应力腐蚀行为受合金中的 Cr、Ni

含量和热处理状态所制约。图 2-49 和图 2-50 的试验结果表明，在压水堆含苛性钠的水质服役条件下，不锈钢和镍基耐蚀合金的耐应力腐蚀性能不仅受 Ni 含量的影响也受合金中 Cr 含量的影响，在奥氏体不锈钢中，含 Cr 为 25% 的 310 的耐应力腐蚀性能较含 Cr 为 18% 的奥氏体不锈钢急剧升高，相差达 2 个数量级水平，25% Cr 是一突变点；在镍基和铁镍基耐蚀合金中，含 30% Cr 的合金的耐应力腐蚀性能急剧升高，30% Cr 也成为突变点，总之，在奥氏体不锈钢和镍基和铁镍基耐蚀合金中，含 Cr 量大于 25% 的合金可使它们的耐苛性介质的应力腐蚀性能得到保证。介质通气与否，仅影响耐应力腐蚀性能的绝对值，Ni 和 Cr 的影响规律不变。

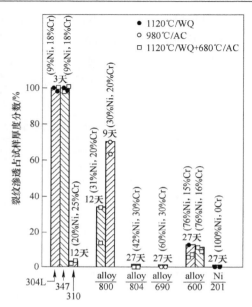

图 2-49　在充气的 300℃，50% NaOH 中一些耐蚀材料（U 形弯曲试样）的 SCC 行为

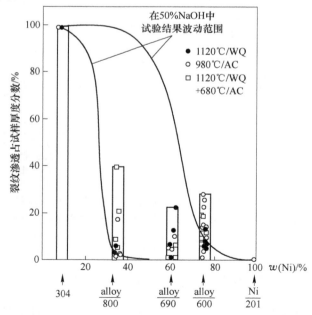

图 2-50　在脱气的 50% NaOH 中，一些材料（U 形弯曲试样）的苛性 SCC 行为

图 2-51 和图 2-52 的结果指出 700℃脱敏处理对 Inconel 600 和 Inconel 690 合金耐苛性 SCC 有益。一些试验结果指出，含钼合金在脱气的 50% NaOH 水溶液中应力腐蚀性能并未得到改善。

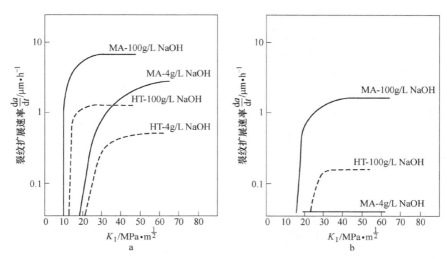

图 2-51　在脱气的 350℃ NaOH 溶液中，不同热处理条件的
Inconel 600(a) 和 Inconel 690(b) 合金的裂纹扩展速率
（断裂力学试样，MA 为固溶处理，HT 为固溶 + 700℃ × 16h 时效处理）

2.4.6　在高温纯水中的 SCC[1~5,66~68,74~82]

在 1960 年 H. Coriou 及其同事，首先公布了 Inconel 600 合金在脱气的高温纯水中产生晶间型应力腐蚀，其真实性虽遭到 20 多年的怀疑，最终随着这种腐蚀在核电厂压水堆蒸汽发生器运行一回路水质中不断出现，这种疑问被消除，Inconel 600 合金在高温水中的晶间型 SCC 被确认。目前对固溶强化合金（600）和沉淀强化合金（X-750 和 718）在高温水中的晶间型应力腐蚀敏感性已取得共识。

针对 600 合金的晶间应力腐蚀问题，就产生这一问题的材料因素进行了广泛深入地研究，集中于合金成分和组织结构两个方面。

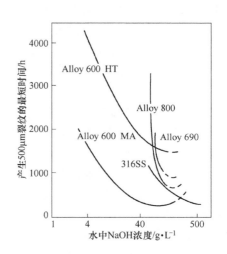

图 2-52　在 350℃脱气 NaOH 中几种合金的
耐应力腐蚀性能

MA—固溶处理；HT—固溶 + 700℃ × 16h 时效处理

在 Ni-Fe-Cr 合金中，低镍高铬合金 Incoloy 800 和 Inconel 690 合金对在高纯水中 600 合金产生的晶界型应力腐蚀不敏感，显示出合金中 Cr 对耐 IGSCC 的有效性，加之一些试验结果指出在氢化的 360℃ 的含氢的 H_3BO_3 + LiOH 溶液和 300℃ 含 Cl$^-$ 和［O］的高纯水中，随合金中铬含量的提高合金的耐 SCC 性能随之提高，分别见图 2-53 和图 2-42。中国的研究指出，在铁镍基合金中，25% Cr 使合金的耐 SCC 性能发生突变达到最佳水平，这一结果是 00Cr25Ni35AlTi 耐应力腐蚀合金得以发展的最基础的数据。

与热处理条件相关的合金显微组织对合金的应力腐蚀行为产生明显影响，Inconel 600 管材，在低于 950℃ 工厂退火的

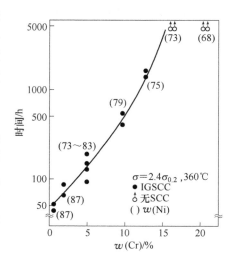

图 2-53　Cr 含量对固溶退火 Ni-Cr-Fe 合金在 360℃ 含氢 H_3BO_3 + LiOH 溶液中产生 SCC 时间的影响

条件下，合金具有大量晶内碳化物沉淀的细晶组织，在晶界上没有碳化物沉淀，这种组织在高温水中呈现出对晶间应力腐蚀的高度敏感性。高温退火，增加了晶粒尺寸，减少了晶内沉淀，诱发碳化物在晶界优先析出，这种显微组织，尽管对 SCC 不免疫，但耐晶间应力腐蚀性能明显提高。对固溶处理的合金再经 700℃ 几小时时效处理，在合金的晶界上出现不连续的 Cr_7C_3 沉淀，这种组织使合金更加耐晶间型应力腐蚀。这种处理的有效程度取决于固溶退火温度，合理的固溶处理应高于 1000℃ 以确保足够的碳溶解在固溶体中。700℃ 时效处理的时间应足够长（>15h）以便修复或部分修复沿晶界所形成的贫铬区，这种热处理制度，最终演变成 Inconel 600 和 Inconel 690 合金必须实施的脱敏处理的工艺措施。

迄今为止，在高温高压水中耐应力腐蚀性能优良的 00Cr25Ni35AlTi 和 Inconel 690 合金已成为压水堆核动力装置蒸发器传热管的首选材料。两个材料的共同特点是铬含量大于 25%。

除压水堆动力装置蒸发器传热管使用固溶强化合金外，燃料组件固定弹簧，反应堆堆芯用高强度钉销和螺栓需使用高强度材料，具有高强度并兼有适宜的在高温高压水中耐应力腐蚀性能的沉淀强化型镍基合金成为主要选择对象，Inconel X-750（0Cr15Ni70Ti3AlNb）和 Inconel 718（0Cr19Ni52Mo3Nb5AlTi）已在实际工程中得到应用，由于前者应用范围较广，应用量较大，所报道的应力腐蚀事故较多，经深入研究指出，通过采用提高合金的铬含量可以改善合金的耐应力腐蚀性能（图 2-54），单次时效处理的合金的耐高温水的应力腐蚀性能优于双时效处理。

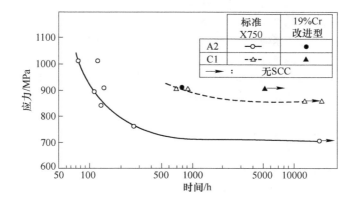

图 2-54   Cr 含量对 X-750 合金在 350℃，25～50mL H$_2$/kg H$_2$O(STP)的纯水中 SCC 的影响

A2—885℃×24h，AC+730℃×8h 以 14℃/h 炉冷至 620℃×8h，AC；

C1—1093℃×1h，AC+704℃×20h，AC；STP—标准温度和压力

参 考 文 献

［1］陆世英，康喜范. 镍基和铁镍基耐蚀合金. 北京：化学工业出版社，1987.

［2］康喜范. 镍基和铁镍基耐蚀合金//中国材料工程大典编委会. 中国材料工程大典，第 2
卷，钢铁材料工程（上），第 8 篇，北京：化学工业出版社，2003：487～647.

［3］Davis J R. ASM Specialty Handbook：Nickel，Cobalt，and Their Alloys. OH：ASM International
Materials Park，2000：127～158.

［4］Heubner V，KöhLer M. VDM Report No. 26：High-alloy materials for aggressive envionments.
Werdohl：ThyssenKrupp VDM GmbH，2002：1～17.

［5］Special Metals，High-Performance Alloys for Resistance to Agueous Carosion，Special metals
Corporation，2000［2013-09-09］. http//www. Specialmetals. com.

［6］Crum J R，Atkins M E. Mater. perform，1986，25(2)：27～32.

［7］Wemer H，Riedel G. Kirchheiner R. Materials and Corrosion，1998，49：1～6.

［8］Renner M H，Michalski-Vollmer D. Corrosion behaviou of alloy 33 in concentrated sulphuric
acid. Proc，stainless steel World 99 Conf.，Zutphen：KCI Publishing BV，1999：Book2，
443～452.

［9］Heubner U，Kirchhener R，Rockel M. Alloy 31，A New High-Alloyed Nicked-Chromium-Mo-
lybdenum Steel for Refinery Industry and Related Applications. Corrosion 91，Paper No. 321，
Houston：NACE，1991.

［10］Kirchheiner R，Kohler M，Heubner U. Nicrofer 5923hMo. Werkstoffe and Korrsion，1992，
43：388～398.

［11］Krupp VDM. Nicrofer 5923hMo-alloy59. WerdohL：Krupp VDM GmbH，2000：5.

［12］康喜范，张廷凯. 不锈耐蚀合金与锆合金. 北京：能源出版社，1983：56～59.

［13］　张廷凯，康喜范. 不锈耐蚀合金与锆合金. 北京：能源出版社，1983：25～29.

［14］　康喜范，张廷凯，郁龙寿，等. 不锈钢文集. 北京：钢铁研究总院，1985：92～103.

［15］　康喜范，张廷凯. 不锈钢文集. 北京：钢铁研究总院，1985：104～117.

［16］　康喜范，张廷凯，郁龙寿，等. 中国腐蚀与防护学报，1982，2(4):45～52.

［17］　HAYNES International, Hastelloy G-35 alloy, Kokomo（indiana）：HAYNES international, 2005［2013-06-24］. http：//www. haynasintl. com.

［18］　Schorr M. Stainless Steel World，1998，10(2):25～29.

［19］　Werner H，Kohler M. Wekstoffer and Korrosion，1999，50：339～343.

［20］　Kohler M，Heubner U，Eichenhofer K W，et al. Corrosion 97. Houston（Fexas）：NACE International，1997：Paper No. 115.

［21］　Kirchheiner R，Heubner U，Hofmann F. Corrosion 88. Houston（Texas）：NACE，1988，318.

［22］　Kohler E，Heubner U，Eichenhofer K W，et al. Stainless Steel World，1999，11（4）：38～49.

［23］　Miola C，Richter H. Werkstoffer and Korrosion，1992，43：396～401.

［24］　Sridihar N. Corrosion 86. Houston（Texas）：NEC，1986，182.

［25］　Graver D L. Ed，Corrosion Data Survey-Metals Selection. NACE，1985.

［26］　Elder G B. Process Industries Corrosion. NACE，1975：247.

［27］　Sridihar N. Corrosion 86. Houston（TX）：NACE，1986，182.

［28］　Scribner L A. Corrosion 2001. Houston（TX）：NACE International，2001，1343.

［29］　Gramberg U. Stainless Steel World，1996，8(5):24～29.

［30］　康喜范，王祖塘，陆世英. 不锈耐蚀合金和锆合金. 北京：能源出版社，1983：49～53.

［31］　康喜范，王祖塘，陆世英. 不锈耐蚀合金和锆合金. 北京：能源出版社，1983：54～56.

［32］　Meyer F H，et al. Corrosion，1959，15(4):18～20.

［33］　Weisert E D. Chemical Eng，1952，59(6):297～312.

［34］　Logue F L. Corrosion Resistance of Metals and alloys. New york，1963.

［35］　朱尔谨. 不锈耐蚀合金和锆合金. 北京：能源出版社，1983：81～84.

［36］　陆世英，康喜范. 镍基和铁镍基耐蚀合金. 北京：化学工业出版社，1989：132～152.

［37］　钢铁研究总院，新金属材料，1973，3：17～19.

［38］　Hodge F G，Kirchner R W. Corrosion 75. Toroto（Canada）：NACE，1975，60.

［39］　Leonad R B. Corrosion，1969，25(5):222～228.

［40］　Was G S，Tischner H H，Latanision R M. Matall. Trans. A，1981，12：1397.

［41］　Deshfield R L. Trans. ASM，1968，51：352.

［42］　Briant C L，O'Toole C S，Hall E L. Corrosion，1986，42：15.

［43］　Borello A，Casadio S，Salitelli A，et al. Corrosion，1981，37：498.

［44］　Raymond E L. Corrosion，1968，24：180.

［45］　Raghavan M，Berkowitz B J，Scanlon J C. Metall. Trans. A，1982，13：479.

［46］　Brooks C R，Spruiell J E，Stansbury E E. Int. Met. Rev.，1984，29：210.

［47］　Agarwal D C. Werkstoff and Korrosion，1977，48：542～548.

［48］　Haynes international，Hastelloy C-2000. Kokomo（Indiana）：Haynes international，2000.

［49］ Hibner E. Corrosion 86. Houston（TX）：NACE, 1986, 181.

［50］ Asphahani A I. Corrosion of Nickel-base alloys. Metals Handbook, 19th ed. V13, Corrosion, Metals Park, Ohio：ASM international, 1987：641～657.

［51］ Copson H R. Phisical Metallurgy of Stress Corrosion Fracture. Interscience, 1959：247.

［52］ Staehle R W, Royuela J J, Raredon T L, et al. Corrosion, 1970, 26：451.

［53］ Kolts J. Corrosion 82. Houston（TX）：NACE, 1982, 241.

［54］ Speidel M O. Metall. Trans. A, 1981, 12：779.

［55］ Herbsleb G, Corrosion Sci, 1980, 20：243.

［56］ Kolts J. Corrosion 86. Houston（TX）：NACE, 1986, 407.

［57］ Streicher M A. Corrosion, 1976, 32：76.

［58］ Kolts J. Corrosion 86. Houston（TX）：NACE, 1986, 323.

［59］ Fricke J. Corrosion 87, Houston（TX）：NACE, 1987, 300.

［60］ Kane R D. Int. Met. Rev, 1985, 30：291.

［61］ Matsushima I, et al. Corrosion 85. Houston（TX）：NACE, 1985, 233.

［62］ Asphahani A I. Corrosion 78. Houston（TX）：NACE, 1978, 42.

［63］ Ciaraldi S W. Corrosion 97. Houston（TX）：NACE, 1997, 284.

［64］ Asphahani A I. Corrosion, 1981, 37（6）:327.

［65］ Ikeda A, Ueda M, Tsuge H. Corrosion 89. Houston（TX）：NACE, 1989, 7.

［66］ 刘建章. 核结构材料. 北京：化学工业出版社, 2007：377～417.

［67］ 秦彩云, 张德康, 陆世英. 不锈钢文集. 北京：钢铁研究总院, 1985：84～91.

［68］ 陆世英, 王欣增, 李丕钟, 等. 不锈钢应力腐蚀事故分析与耐应力腐蚀不锈钢. 北京：原子能出版社, 1985：308～357.

［69］ Watkins M, Chaung H E, Vaughn G A. Corrosion 87. Houston（TX）：NACE, 1987, 283.

［70］ Wilhelm S M. Corrosion 88. Houston（TX）：NACE, 1988, 77.

［71］ Veda M, Tsuge H, Ikeda A. Corrosion 89. Houston（TX）, 1989, 8.

［72］ Veda M, Kudo T. Corrosion 91. Houston（TX）：NACE, 1991, 2.

［73］ Takeoka T, Ishizawa Y, et al. Corrosion 88. Houston（TX）：NACE, 1988, 73.

［74］ Ganesan P, Clatworthy E F, Harris J A. Corrosion 87. Houston（TX）：NACE, 1987, 286.

［75］ Igarashi M, Mukai S, Okada Y, et al. Corrosion 87, Houston（TX）：NACE, 1987, 287.

［76］ Ishizawa Y, et al. Corrosion 85. Houston（TX）：1985, 234.

［77］ Berge P, Donati J R. Nuel. Technal, 1981, 55：88～104.

［78］ Bandy R, Van Rooyen D, Corrosion, 1984, 40：425～430.

［79］ Copson H R, Economy G. Corrosion, 1968, 24：55～65.

［80］ Vermilyea D A. Corrosion, 1973, 29：442～448.

［81］ Andresen P L. Corrosion 84, Houston（TX）：NACE, 1984, 177.

［82］ Wilson I L, Mager T R. Corrosion, 1986, 42：351～361.

［83］ Berge P, Donati J R. Nucl. Energy, 1978, 17：291～299.

［84］ Berge P, Donati J R, Prieux B, et al. Corrosion, 1977, 33：425～435.

［85］ Theus G. Nucl. Technol, 1976, 28：388～397.

[86] Crum J R. Corrosion, 1982, 38: 40~45.

[87] Lee K H, Cragnolino G, Macdonal D D. Corrosion, 1985, 41: 540~553.

[88] Mignone A, Mciday M F, Borello A, Corrosion, 1990, 46: 57~65.

[89] Hickling H, Wieling N. Corrosion Sci, 1980, 20: 269~279.

[90] Sarver J M, Monter J V, Miglin B P. The Effect of Theronal Treatment on the mierostructure and SCC Behavior of Alloy 690. Proc. Fourth Int. Symp. Environmental Degragation of Materials in Nuclear Power Systems-Water Reaetor, D. Cubicciotti, Ed., NACE, 1990, 5: 47~63.

[91] Mellree A R, Michels H T. Corrosion, 1977, 33: 60.

[92] Sedriks A J, Schultz J W, Cordovi M A. Corrosion Engineering, 1979, 28: 82.

3 纯 镍

纯镍[1~4]是一种具有金属光泽的银白色过渡族金属，是在室温具有强铁磁性的元素之一（另外两个元素是铁和钴）。在低于熔点的整个温度范围内，镍的结晶结构是面心立方（fcc）、20℃时的格子常数是 0.35167nm。它的熔点和沸点分别是 1453℃ 和约 2730℃。

纯镍的相对原子质量为 58.6934，纯镍的密度在 25℃ 为 8.902g/cm³，在熔点液态镍的密度为 7.9g/cm³，随温度的提高呈线性下降，2500K 时的密度为 7.0g/cm³。

纯镍是一种多功能并极其重要的金属材料，因其良好的强度和塑韧性，广泛应用于工业中，除了与其他金属形成有价值的合金外，纯镍亦以其优良的特性单独用作耐蚀结构材料和功能材料。

实际上，以耐蚀结构材料应用的纯镍，是含碳的镍碳合金，常用的牌号为 Ni 200 和 Ni201。

3.1 镍碳二元相图

Ni-C 二元相图如图 3-1 所示。

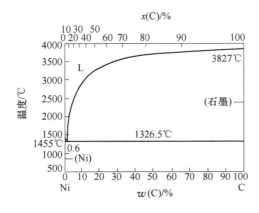

相	$w(C)/\%$	Pearson 符号	空间群
(Ni)	0 ~ 0.6①	cF4	Fm$\bar{3}$m
(C、石墨)	约 100	hP4	P6₃/mmc
亚稳相			
Ni₃C	—	oP16	Pnma

① 在 1314℃ 可达 $w(C) = 1.6\%$ 。

图 3-1 Ni-C 二元相图

3.2 热加工纯镍的性能

以耐蚀结构材料应用的热加工纯镍的常用牌号为 Ni200 和 Ni201，两者的区别在于后者碳含量较低。

3.2.1　Ni200 和 Ni201 的化学成分

Ni200 和 Ni201 的化学成分见表 3-1。

表 3-1　Ni200 和 Ni201 的化学成分（质量分数）　（%）

合金名称	C	Mn	Si	S	Cu	Ni-Co	Fe
Ni200	≤0.15	≤0.35	≤0.35	≤0.01	≤0.25	≥99	≤0.40
Ni201	≤0.02	≤0.35	≤0.35	≤0.01	≤0.25	≥99	≤0.40

3.2.2　室温力学性能

Ni200 和 Ni201 不同冶金产品在不同状态下的室温拉伸性能见表 3-2。Ni200 的强度高于 Ni201，而塑性相差不大。Ni200 棒材、板材和带材的室温力学性能与硬度的大致关系如图 3-2 所示，冲击吸收功、抗压强度、承载强度、剪切强度和疲劳强度数据分别见表 3-3 ~ 表 3-8。

表 3-2　Ni200、Ni201 冶金产品的室温力学性能

产品类型和状态	R_m/MPa		$R_{p0.2}$/MPa[①]		$A(50mm)$/%		HRB	
	Ni200	Ni201	Ni200	Ni201	Ni200	Ni201	Ni200	Ni201
棒材热轧态	415 ~ 585	345 ~ 415	105 ~ 310	70 ~ 170	55 ~ 35	60 ~ 40	45 ~ 80	75 ~ 100HB
冷拔态	450 ~ 760	415 ~ 690	275 ~ 690	240 ~ 620	35 ~ 10	35 ~ 10	75 ~ 98	125 ~ 200HB
退火态	380 ~ 620	345 ~ 415	105 ~ 210	70 ~ 170	55 ~ 40	60 ~ 40	45 ~ 70	75 ~ 100HB
中板热轧态	380 ~ 690	345 ~ 485	140 ~ 550	83 ~ 240	55 ~ 35	60 ~ 35	55 ~ 80	—
退火态	380 ~ 550	345 ~ 485	105 ~ 275	83 ~ 240	60 ~ 40	60 ~ 40	45 ~ 75	—
薄板硬化态	620 ~ 795	—	480 ~ 725	—	15 ~ 2	—	≥390	—
退火态	380 ~ 520	—	105 ~ 210	—	55 ~ 40	—	≤70	—
带材弹簧回火	620 ~ 895	—	480 ~ 795	—	15 ~ 2	—	≥95	—
退火态	380 ~ 520	—	105 ~ 210	—	55 ~ 40	—	≤64	—
管材消除应力	450 ~ 760	415 ~ 725	275 ~ 620	205 ~ 585	35 ~ 15	35 ~ 15	75 ~ 98	70 ~ 95
退火态	380 ~ 520	345 ~ 485	85 ~ 210	70 ~ 195	60 ~ 40	60 ~ 40	≤70	≥62
丝材冷拔退火	380 ~ 580	—	105 ~ 345	—	50 ~ 30	—	—	—
弹簧回火	860 ~ 1000	—	725 ~ 930	—	15 ~ 2	—	—	—

① $R_{p0.2}$—条件屈服强度，也称名义屈服强度，原符号为 $\sigma_{0.2}$，本书全书同。

3.2.3　低温性能

Ni200 的低温拉伸性能见表 3-9 和表 3-10。

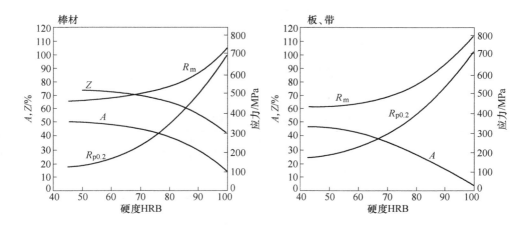

图 3-2 Ni200 的室温拉伸性与硬度之间的关系

表 3-3 Ni200 的室温冲击性能

状　态	硬度 HB	艾氏		夏比 V	夏比扭转		夏比拉伸		
		J	J·mm^{-2}	J	J	扭转度数/(°)	J	A(90mm)/%	Z/%
热轧态	107	163	1.95	271	39	103.5	132	20.6	83.1
冷加工 24%，消除应力	177	163	2.03	277	47	102	119	19.5	71.2
冷拔 732℃× 3h 退火	109	163	2.06	309	39	103	153	33.0	75.1

表 3-4 Ni200 的典型抗压强度

材料状态	$R_{p-0.2}$/MPa	R_m/MPa	$R_{p0.2}$/MPa	硬度 HB
热轧	159	490	165	107
冷拔 20%	400	600	427	177
退火态	179	503	186	109

表 3-5 Ni200 薄板的承载强度[①]

状　态	R_m/MPa	$R_{p0.2}$/MPa	承载强度/MPa		承载比	
			极限强度	屈服强度[②]	对 R_m	对 $R_{p0.2}$
软态	411	198	865	346	2.11	1.75
半硬态	470	383	1045	675	2.24	1.77
硬态	483	613	1234	920	1.81	1.50

① 1.57mm×31.8mm×68.5mm 板，板上开孔，孔中心与端部距离为 9.6mm。

② 板中孔的直径扩大 2%。

表 3-6　Ni200 棒的剪切强度

状　态	抗剪强度(双剪)/MPa	R_m/MPa	HRB
退火态	359	469	46
半硬态	400	545	90
全硬态	517	834	100

表 3-7　Ni200 铆钉丝的剪切强度[①]

项　目	软态/MPa	顶锻铆接体/MPa
剪切强度室温	283	310
315℃ × $\frac{1}{2}$h	292	293
430℃ × $\frac{1}{2}$h	234	255
540℃ × $\frac{1}{2}$h	183	197
430℃ × 24h	245	252
540℃ × 24h	186	200
R_m	448	507
$R_{p0.2}$	321	465

① 3.175mm 直径产生双倍剪切所需要的载荷。

表 3-8　Ni200 棒材的疲劳强度

循环次数	疲劳强度/MPa					
	冷拔棒			退火棒		
	空气	自来水	盐水[①]	空气	自来水	盐水
10^4	752	758	—	—	—	—
10^5	579	552	—	359	359	359
10^6	434	386	372	276	269	255
10^7	359	234	207	234	186	165
10^8	345	179	159	228	159	145
10^9	345	165	145	228	159	145

① Seven 河水（盐度相当于海水的三分之一）。

表 3-9　热轧态和冷拔态 Ni200 的低温拉伸性能

状　态	温度/℃	R_m/MPa	$R_{p0.2}$/MPa	A(50mm)/%	Z/%	HRB
热轧态	−190	710	—	51.0	—	—
	−180	676	193	—	—	—
	−80	527	190	—	—	—
	室　温	452	169	50.0	—	—

续表3-9

状 态	温度/℃	R_m/MPa	$R_{p0.2}$/MPa	$A(50mm)$/%	Z/%	HRB
冷拔态	−79	774	702	21.5	60.9	22
	室 温	713	672	16.3	66.9	19

表3-10 Ni200 退火棒材的低温拉伸性能

温度/℃	直径/mm	R_m/MPa	$R_{p0.2}$/MPa	A/%	Z/%
−255	25.4	—	—	—	—
	19.0	758	259	60	70
−185	25.4	690	197	53	75
	19.0	621	190	61	75
−130	25.4	569	186	46	78
	19.0	538	165	57	68
−75	25.4	524	186	43	72
	19.0	490	152	51	65
−20	25.4	483	169	44	75
	19.0	455	148	49	65
21	25.4	448	172	42	78
	19.0	441	145	48	66

Ni200 的低温韧性和低温疲劳行为如图 3-3 ~ 图 3-5 所示。

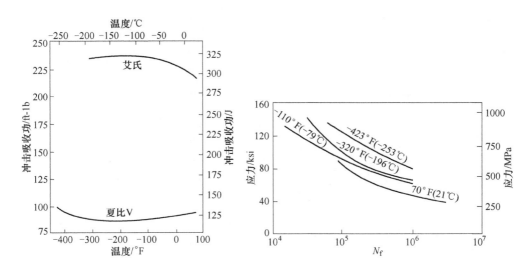

图 3-3 Ni200 棒的低温冲击吸收功

图 3-4 Ni200 退火薄板 (0.53mm)
的低温疲劳强度
(交变弯曲，材料的 R_m =425MPa)

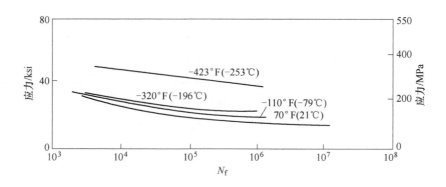

图 3-5   Ni200 退火薄板（0.53mm）的低温缺口疲劳强度
（交变弯曲，材料的 $R_m = 425MPa$，$K_t = 3.0$）

3.2.4   高温力学性能

退火的 Ni200 和 Ni201 的高温瞬时拉伸性能见表 3-11。Ni200 的强度高于 Ni201，两者塑性相近。370℃是两个合金强度下降的实变温度，高于此温度合金的强度下降较大。

表 3-11   退火的 Ni200 和 Ni201 的高温瞬时力学性能

温度/℃	R_m/MPa		$R_{p0.2}$/MPa		A/%	
	Ni200	Ni201	Ni200	Ni201	Ni200	Ni201
20	462	403	148	103	47.0	50
93	458	387	154	106	46.0	45
149	460	372	150	99	44.5	46
204	458	372	139	102	44.0	44
260	465	372	135	101	45.0	41
316	456	362	139	105	47.0	42
371	362	325	117	97	61.5	53
427	—	284	—	93	—	58
482	—	259	—	89	—	58
538	—	228	—	83	—	60
539	—	186	—	77	—	72
649	—	153	—	70	—	74

Ni200 和 Ni201 的蠕变强度和高温持久强度如图 3-6 ~ 图 3-8 所示。

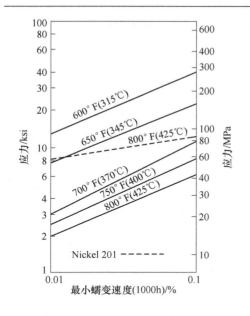

图 3-6 退火态 Ni200 的蠕变强度

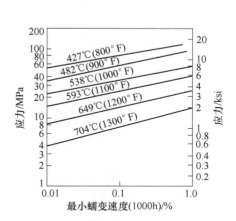

图 3-7 退火态 Ni201 的蠕变强度

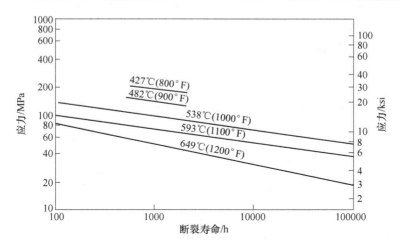

图 3-8 退火态 Ni201 的持久强度

3.2.5 Ni200 和 Ni201 的耐蚀性

3.2.5.1 大气中

在室内大气中，Ni200 和 Ni201 通常保持光亮的金属光泽，在室外大气中，因其表面生成一层薄的保护膜，腐蚀是缓慢的。然而在含 SO_2 工业大气中，随着 SO_2 含量的增加其腐蚀速度增加，在海洋和乡村大气中它们的腐蚀速度很慢。

Ni200 在美国的工业大气、乡村大气和海洋大气中的腐蚀数据列于表 3-12 和表 3-13。在 1957 个试样中，未发现点蚀。

表 3-12　Ni200 在工业大气和乡村大气中的腐蚀（自 1931 年开始，20 年）

地　　点	腐蚀速度/mm·a^{-1}
重轨铁路区工业大气（Altoona, Pa., USA）	0.0056
Urban 工业大气（纽约城）	0.0036
乡村大气（State College, Pa., USA）	0.0002
半乡村大气（phoenix, Ariz., USA）	0.0004

表 3-13　Ni200 在大气中暴露 2 年的腐蚀

地　　点	失重/g	腐蚀速度/mm·a^{-1}
东海岸海洋大气（Kure 海滨，N. C.）	0.23	0.0003
工业大气（Newark. N. J.）	1.50	0.0020
西海岸海洋大气（point Reyes. Calif.）	0.13	0.0002
乡村大气（State College. Pa.）	0.22	0.0003

3.2.5.2　水中

Ni200 具有良好的耐水介质腐蚀的性能，在不同类型的水中的腐蚀数据见表 3-14。

表 3-14　Ni200 在水中的腐蚀

水 的 类 型	腐蚀速度/mm·a^{-1}
蒸馏水	<0.0003
生活用热水，95℃	<0.0005
用 50% CO_2 和 50% 空气饱和的蒸馏水（71℃）	<0.005（偶尔）
	<0.025

在流动的海水中，甚至在高流速的海水中，Ni200 具有优异的耐蚀性，但在静止或流速很低的海水中，在污物或沉积物下面可出现严重的点腐蚀，在蒸汽热水系统中，Ni200 的初期腐蚀速度很高，随着时间的加长，因水中含有一定比例的 CO_2 和空气，Ni200 将生成一层保护膜其腐蚀速度降低。

3.2.5.3　酸性介质中

A　H_2SO_4 中

Ni200 在低温和中温的未通气的 H_2SO_4 中具有可使用的耐蚀性，一些试验室试验数据见表 3-15，随着温度的升高，Ni200 的腐蚀将加剧，它主要用于室温不通空气的硫酸溶液中，硫酸中的氧化性介质将加速其腐蚀。

表 3-15 Ni200 在硫酸中的腐蚀（试验室试验）速度

H_2SO_4（质量分数）/%	温度/℃	流速/m·min^{-3}	腐蚀速度/mm·a^{-1}	
			未通气	空气饱和
1	30	4.7	—	1.2
	78	4.7	—	2.79
2	21	—	0.051	
5	18	—	0.056	—
	30	49	0.23	1.55
	60	—	0.25	—
	60	4.7	—	2.2
	71	4.9	—	2.62
	77	—	0.53	—
	78	4.7	0.76	5.08
10	21	—	0.43	—
	60	4.7	—	2.3
77	—	0.30	—	—
80	—	—	—	3.05
20	21	—	0.10	—
25	82	7.9	—	2.1
48	70	—	0.46	—
50	30	4.9	—	0.41
70	38	4.7	0.74	—
93	30	4.7	—	0.25
	65	—	3.71	—
95	21	—	1.8	—

B HCl 酸中

Ni200 在盐酸中的腐蚀行为如图 3-9 所示。在室温下和质量分数直到 30% HCl 酸中 Ni200 可用，Ni200 之所以耐蚀是因为 Ni200 的腐蚀产物氯化镍在此质量分数范围内溶解度相当低，这种原因提醒使用者，在高流速的 HCl 酸中选用必须慎重。根据 Ni200 的腐蚀状况，在通空气的盐酸中，在室温以上使用，HCl 酸的浓度应限制在 3%～4% 以下。介质中，如果有氧化剂存在，即使数量很少也将加速 Ni200 的腐蚀。在 HCl 酸浓度低于 0.5% 时，在 150～205℃ 下使用，Ni200 呈现出满意的使用效果。

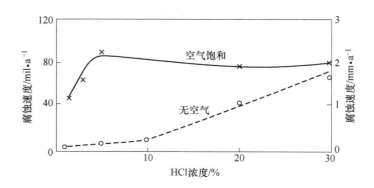

图 3-9　Ni200 在 30℃ HCl 酸中的腐蚀

C　HF 酸中

Ni200 在高温无水 HF 中具有优异耐蚀性。然而，在水溶液中其服役温度限制在 80℃ 以下。在室温下的 60% ~65% 工业级 HF 酸中已发现 Ni200 遭到了严重腐蚀。Ni200 在 HF 酸烷基化加工中的腐蚀数据见表 3-16。

表 3-16　Ni200 在 HF 酸烷基化加工中的工厂腐蚀试验结果

试 验 条 件	温度（平均~最大）/℃	腐蚀速度/mm·a⁻¹
预热器管道入口端，79% ~92% HF 酸 +0.8% ~2.5% H_2O；保持器、异丁烷，酸性可溶性油	50 ~55	0.03
预热器管道出口端，介质成分同上	115 ~125	0.09
再生塔顶部恰恰在蒸汽出口下部，90% ~95% HF 酸，5% ~10% 不溶物。酸性相成分；90% ~95% HF 酸，0.5 ~2.5% H_2O，1.0% ~5.0% 油，压力为 0.83 ~1.0MPa	135 ~150	0.33
再生塔顶部，93% HF 酸和异丁烷气	100 ~105	0.36
再生塔底部，酸性焦油含 1% ~10% HF 酸和等比例的水	120	0.28
再生塔底部筛板以下，85% HF 酸，1.6% H_2O 和油	105 ~120	0.46
脱氢塔底部，底板以下，89.3% HF 酸，1.6% H_2O	105 ~120	1.7
氢氟酸汽提塔顶部，上托盘上部，气体成分为 10% HF 酸和 90% 轻烃	45 ~65	0.02

D　磷酸中

Ni200 在纯的不含空气的磷酸中，仅可用于室温，在工业磷酸（湿法磷酸）

中，因含有氟化物和铁盐而加速了 Ni200 的腐蚀，它的使用受到限制。

E 硝酸中

硝酸是强氧化性酸，Ni200 不具备可用的耐蚀性，它仅可用于浓度小于 5%、室温下的硝酸中。

F 有机酸中

在不大量通气的所有浓度的有机酸中，Ni200 具有优异的耐蚀性，一些典型的腐蚀数据见表 3-17。

表 3-17 Ni200 在有机酸中的腐蚀

试 验 条 件		温度/℃	腐蚀速度/mm·a^{-1}
99% 醋酐，1% 醋酸，不含气体		155	0.005
60% 醋酐，40% 醋酸，不含气体		140	0.015
空气饱和的醋酸	0.10% 醋酸溶液	室 温	0.25
	5% 醋酸溶液	室 温	1.02
	85% 醋酸溶液	室 温	10.2
烯丁酸	液 相	110 ~ 130	0.91
	气 相	100 ~ 120	0.2
2% 丁酸液体		室 温	0.06
		70	0.14
在 2% 柠檬酸中的试验室试验		室 温	0.02
		70	0.14
在通气的 2% 柠檬酸中试验室试验		80	0.86
5% 柠檬酸试验室试验	浸 入	30	0.13
	通 气	30	0.38
	浸 入	60	0.51
58% 柠檬酸		沸 腾	0.43
在储槽中的 90% 甲酸	液 相	室 温	0.10
	气 相	室 温	0.18
90% 甲酸，不通气	液 相	100	0.45
	气 相	100	0.18
50% 羟基醋酸		30	0.008
			0.19
2% 乳酸			0.05
		70	0.09
在真空蒸发器中，10% ~22% 乳酸		55	1.3

试 验 条 件		温度/℃	腐蚀速度/mm·a⁻¹
85% 乳酸，试验室浸入试验			0.07
真空蒸发器，≤85% 乳酸	液　相	50 ~ 80	0.25
	气　相		0.28
再沸器，66% 丙酸，17% 异丁酸，17% η-丁酸液体		150	0.61
真空蒸发皿中，57% 酒石酸		55	0.19

3.2.5.4　盐中

表 3-18 给出了在各种盐中，Ni200 的腐蚀数据，在任何氯化物中，Ni200 未遇到应力腐蚀问题，在非氧化性卤族化合物中它具有优秀的耐蚀性，在氧化性的氯化物盐类中，例如 Fe、Cu、Hg 氯盐，Ni200 遭到严重腐蚀。在中性和碱性盐中，Ni200 具有良好的耐蚀性（表 3-19），在酸性盐中，其腐蚀性能数据变动幅度较大（表 3-20）。

表 3-18　**Ni200 在盐中的腐蚀**

试 验 条 件	温度/℃	腐蚀速度/mm·a⁻¹
在工厂中最大通气量的 72% ~ 100% 三氯化物和 0.28% 硫一氯化物中并含有一些水蒸气和冷凝盐	120 ~ 130	0.033
工厂试验，试样半浸于 37% 氯化锰中	100 ~ 110	0.76
在磷五氯化物盐中的试验室试验	75	0.005
	150	0.007
工厂试验，磷、盐酸盐、甲酚酸混合物并含有磷氯氧化物，试样挂在液相线上	80	0.43
蒸发器中，将氯化镁和氯化钾蒸发浓缩至 50% 氯化物	沸　腾	0.08
蒸馏器氯化锡原料，试样在液下	105 ~ 115	0.10

表 3-19　**Ni200 在中性和碱性盐中的腐蚀**

试 验 条 件	温度/℃	腐蚀速度/mm·a⁻¹
醋酸钴在蒸发器中	110	0.10
50% 硅酸钠溶液	110	0.0005
在浆槽中，pH = 9 ~ 10 的硫酸钠饱和溶液	75	0.020
45% 硫氢化钠溶液，在储槽中	50	0.003

表 3-20　Ni200 在酸性盐溶液中的腐蚀

试 验 条 件	温度/℃	腐蚀速度/mm·a^{-1}
25% 硫酸铝，静止浸入储槽溶液中	35	0.015
在蒸发器中，57% 浓硫酸铝溶液中	115	1.50
28%~40% 氯化铵溶液（蒸发器）	102	0.21
含 5% H_2SO_4 的硫酸铵饱和溶液（在结晶过程中的悬浮槽中）	41	0.076
含少量游离盐酸的氯化锰，浸在回流冷凝器的沸腾 11.5% 溶液中	101	0.22
在蒸发器中，硫酸锰浓缩溶液中（由密度为 1.250 浓缩至密度为 1.350）	115	0.074
在蒸发器中蒸发浓缩氯化锌溶液中，在真空（6.5~7.0kPa）下，由 7.9% 浓缩至 21%	40	1.12
在蒸发器中蒸发浓缩氯化锌溶液中，在真空（3.7~4.5kPa）下，由 21% 浓缩至 69%	115	1.02
硫酸锌，含有痕量硫酸，在蒸发盘处	110	0.64

3.2.5.5　氟和氯中

在室温氟气中，Ni200 将生成一层具有保护性的氟化物膜，它可以用于处理低温氟，并可达到满意的使用效果，在高温下 Ni201 较为理想。

在低温干氯气中，Ni200 具有有效的耐蚀性，在湿氯和湿氯化氢中，Ni200 的腐蚀行为类似于在盐酸中的腐蚀。业已发现，在 0.25% 湿态 HCl 的干氯和湿氯中，在 205℃ 时并未影响 Ni200 的腐蚀速度（0.008mm/a）。

溴是另一卤族元素，在室温在用硫酸干燥的商品溴中，Ni200 的腐蚀速度为 0.001mm/a，在用水饱和的溴中，它的腐蚀速度为 0.064mm/a，Ni200 是用于处理低温溴的良好结构材料。

Ni201 具有与 Ni200 相同的耐蚀性，一些腐蚀数据可参照 Ni200 的数据，与 Ni200 不同之处在于 Ni201 具有极低的碳含量，因此在高温未出现碳或石墨沉淀而引起的脆性，这是 Ni201 的突出优点。

Ni201 广泛应用于处理苛性苏打的介质环境中，图 3-10 给出了 Ni201 在 NaOH 中的等腐蚀图。仅在 75% 浓度以上的苛性苏打中，当温度接近于沸点时，其腐蚀速度开始超过 0.025mm/a，达到 0.13mm/a，在苛性苏打中，Ni201 的腐蚀速度很低，可归因为在金属表面上生成了一层氧化物保护膜。在不同浓度的 NaOH 中，Ni201 的腐蚀如图 3-11 所示。在沸腾温度，在金属表面生成了一薄层黑色氧化膜。碱中的氯化物和氧化性的硫化物将加速 Ni201 的腐蚀，在高温含硫的苛性介质中，应使用 Inconel 600（0Cr15Ni75Fe）合金，不宜使用 Ni201。

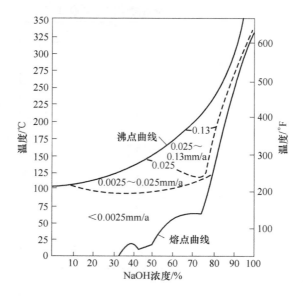

图 3-10　Ni201 在 NaOH 中的等腐蚀图

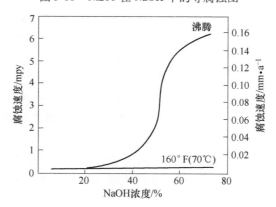

图 3-11　Ni201 在不同浓度的 NaOH 中的腐蚀速度

　　在干氟气中，Ni201 较其他商用金属和合金具有更加优秀的耐蚀性，在 450℃以下其腐蚀速度在 0.58mm/a 以下（表 3-21）。

表 3-21　Ni201 在干氟气中的腐蚀

温度/℃	腐蚀速度/mm·a^{-1}	温度/℃	腐蚀速度/mm·a^{-1}
400	0.21	600	8.84
450	0.579	650	4.88
500	1.55	700	10.4

在高温氯和氯化氢中，Ni201 和 Inconel 600 合金是最有价值的结构材料，其典型腐蚀数据见表 3-22。在干氯和干燥氯化氢中其使用温度上限分别为 540℃和 510℃。

表 3-22 Ni201 在干氯和干氯化氢中的腐蚀①

腐蚀速度/mm·a⁻¹	在给定腐蚀速度下的大约温度/℃	
	干 氯	干氯化氢
0.76	510	455
1.52	540	510
3.05	595	565
15.24	650	575
30.48	675	705

① 短时间试验的腐蚀速度超过此值。

在含湿气的氯化氢中，Ni201 也具有良好的耐蚀性且随试验时间的延长其腐蚀速度下降（表 3-23），在 20h 试验后，在湿态 HCl 中的腐蚀速度与在干 HCl 中一致。

表 3-23 Ni201 在 540℃湿氯化氢中的腐蚀（湿气含量大约为 0.25%）

试验时间/h	腐蚀速度/mm·a⁻¹	
	湿 HCl	干 HCl
4	3.05	—
8	1.78	—
20	0.71	0.94

在静止的 HF 中，Ni201 具有可用的耐蚀性，通气或氧化剂的存在将加速 Ni201 的腐蚀，在无水氟化氢气体中，Ni201 在 500～595℃ 的腐蚀速度为 0.91mm/a。

3.2.6 热加工、冷成型、热处理和焊接性能

（1）热加工。Ni200 和 Ni201 具有良好的热加工性能，其热加工温度范围为 650～1230℃。在低于 870℃热加工，金属将迅速硬化，热加工变得困难，因此最适宜的热加工温度范围为 870～1230℃。在加热过程中，应在还原性气氛中加热并避免使用含硫高的燃料，使用含硫小于 0.5% 的燃油和含硫小于 0.34g/m³ 的气体燃料，将可取得满意的效果。

（2）冷加工。Ni200 和 Ni201 具有良好的延展性，易于冷加工成型，其行为类似于软钢，其差别在于它具有较高的弹性极限，需较大的加工力。利用软化回火的材料可以易于进行各种冷成型操作。

（3）热处理。Ni200 和 Ni201 可以在再结晶温度以上的很宽的温度范围内进行退火，对于冷加工量大的材料，其退火温度可以低到 595～650℃，为了便于实际操作，退火温度通常在 705～925℃。过高的温度，Ni200 和 Ni201 的晶粒易于长大，将危害镍的性能。在箱式炉中退火，应使炉气保持在低硫气氛的状态下，冷却方式采用水冷。带、板、丝可在 H_2 或裂解氨的保护气氛下进行。

（4）焊接。Ni200 和 Ni201 可以用多种方法进行焊接。可采用 Pb 基和 Sn 基酸性药剂进行软钎焊；可用无磷银钎焊合金进行银钎焊，采用氟化物药剂和还原性火焰。

Ni200 和 Ni201 可采用金属弧焊接，手工电弧焊采用 141 镍焊条（Ni + 2.5% Ti）；钨基氩弧焊采用焊丝材料 Ni61（Ni + 2.5% Ti）。采用上述两种焊接材料可以进行 Ni200、Ni201 与钢对接。

3.2.7　Ni200 和 Ni201 的物理性能

Ni200 和 Ni201 的物理性能见表 3-24 和表 3-25。

表 3-24　Ni200 和 Ni201 的物理性能

牌　号	Ni200			Ni201
密度/g·cm^{-3}	8.89			8.89
熔点范围/℃	1435～1446			1435～1446
比热容/J·(kg·K)$^{-1}$	456			456
居里温度/℃	360			360
弹性模量温度/℃	E/GPa	G/GPa	μ/GPa	E/GPa
26	205	79.6	0.29	207
100	200	77.9	0.28	—
200	195	75.8	0.29	—
300	190	73.8	0.29	—
400	183	71.4	0.28	—
500	177	69.0	0.28	—

表 3-25　退火态 Ni200、Ni201 的热电性能

温度/℃	线胀系数/10^{-6}K^{-1}		热导率/W·(m·K)$^{-1}$		电阻率/μΩ·m	
	Ni200	Ni201	Ni200	Ni201	Ni200	Ni201
-200	10.1	—	—	—	—	—
-100	11.3	—	75.5	88.3	0.050	0.040
20	—	—	70.3	79.3	0.096	0.085

温度/℃	线胀系数/10⁻⁶K⁻¹		热导率/W·(m·K)⁻¹		电阻率/μΩ·m	
100	13.3	13.2	66.5	73.4	0.130	0.125
200	13.9	13.9	61.6	66.3	0.185	0.175
300	14.2	14.4	56.8	59.9	0.260	0.250
400	14.8	14.9	55.4	56.1	0.330	0.330
500	15.3	—	57.6	58.2	0.365	0.375
600	15.5	—	59.7	60.6	0.400	0.405
700	15.8	—	61.8	62.8	0.430	0.435
800	16.2	—	64.0	65.1	0.460	0.465
900	16.6	—	66.1	67.7	0.485	0.490
1000	16.9	—	68.2	69.9	0.510	0.515
1100	17.1	—	—	—	0.540	—

3.3 应用

Ni200 和 Ni201 主要应用于处理还原性卤族气体，碱溶液，非氧化性盐类，有机酸等设备和部件，在使用时其服役温度最好低于 315℃。在相关设备和部件设计时，推荐采用 ASME 规定的设计应力（表3-26）。

表3-26 Ni200 和 Ni201 的 ASME 设计应力

最高金属温度/℃	最大许用应力/MPa					
	除外径大于 127mm 管外所有类型退火材		热轧棒		热轧板	
	Ni200	Ni201[①]	Ni200	Ni201	Ni200	Ni201
38	69.0	55.2	69.0	46.2	91.7	55.2
93	69.0	53.1	69.0	44.1	91.7	53.1
149	69.0	51.7	69.0	43.4	91.7	51.7
204	69.0	51.7	69.0	42.7	91.7	51.7
260	69.0	51.7	65.5	42.7	86.2	51.7
316	69.0	51.7	57.2	42.7	79.3	51.7
343	—	51.7	—	42.7	—	51.7
371	—	51.0	—	42.7	—	51.0
399	—	50.3	—	41.4	—	50.3
427	—	49.6	—	40.7	—	496

最高金属温度 /℃	最大许用应力/MPa					
	除外径大于 127mm 管外所有类型退火材		热轧棒		热轧板	
	Ni200	Ni201①	Ni200	Ni201	Ni200	Ni201
454	—	40.0	—	40.0	—	40.0
482	—	31.0	—	33.1	—	31.0
510	—	25.5	—	25.5	—	25.5
538	—	20.7	—	20.7	—	20.7
566	—	16.5	—	16.5	—	16.5
593	—	13.8	—	13.8	—	13.8
621	—	10.3	—	10.3	—	10.3
649	—	8.3	—	8.3	—	8.3

① Ni201 为退火的管材（外径大于 127mm 除外）。

参 考 文 献

［1］康喜范. 镍基和铁镍基耐蚀合金//中国材料工程大典编委会，中国材料工程大典，第2卷，钢铁材料工程（上），第8篇，北京：化学工业出版社，2003：439~500.

［2］Davis J R. Nicked. Cobalt, and Their Alloys. OH：ASM International Materials Park，2000：1~22.

［3］VDM. high-alloy materials for aggressive environments. Werdohl（Germany）：ThyssenKrupp VDM GmbH，Keport No26，2002：12~14.

［4］Special metals Ca. high-Performance Alloys for Resistance to Agueous Corrosion. Special metals Co.，Publication number SMC-026，2000.

4   Ni-Al 耐蚀合金

杜拉镍 301 是一种加铝的低合金化的 Ni-Al 耐蚀合金[1,2]，与 Ni200 和 Ni201 之间的区别在于它具备时效硬化效应，可以通过热处理予以强化。

Ni-Al 二元相图及可能存在的相如图 4-1 所示。在少量铝存在的情况下的 Ni-Al 合金是一种具有面心立方结构的固溶体，在适宜温度下会析出 $Ni_3(Al,Ti)$，即 γ' 相使其强化。

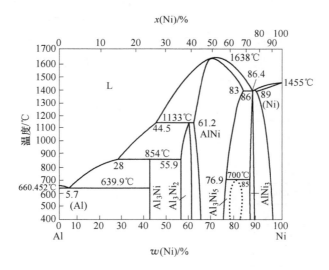

相	$w(Ni)/\%$	Pearson 符号	空间群
(Al)	0 ~ 0.24	cF4	$Fm\bar{3}m$
Al_3Ni	42	op16	Pnma
Al_3Ni_2	55.9 ~ 60.7	hP5	$P\bar{3}m1$
AlNi	61 ~ 83.0	cP2	$Pm\bar{3}m$
Al_3Ni_5	79 ~ 82	—	Cmmm
$AlNi_3$	85 ~ 87	cP4	$Pm\bar{3}m$
(Ni)	89.0 ~ 100	cF4	$Fm\bar{3}m$

图 4-1   Ni-Al 二元相图及相的结晶构造

4.1　杜拉镍 301 的化学成分

杜拉镍 301 的化学成分见表 4-1。

表 4-1　杜拉镍的化学成分（质量分数）　　　　（％）

C	Si	Mn	S	Ni	Al	Ti	Fe	Cu
≤0.30	≤1.00	≤0.50	≤0.01	≥93	4.00～4.75	0.25～1.00	≤0.60	≤0.25

4.2　杜拉镍 301 的性能

4.2.1　室温力学性能

杜拉镍 301 的室温拉伸性能见表 4-2。在退火状态下，不同类型的冶金产品具有相同的强度水平和塑性指标。时效和冷加工使其强度明显提高而塑性水平相应下降。时效处理制度与室温力学性能之间的关系见表 4-3。由数据可知，热轧棒材和退火带材经时效后，其抗拉强度可提高 400MPa 以上，时效时间大约为 2～4h。大冷轧量的带材，时效不仅提高强度而且可较大幅度地提高塑性。

表 4-2　杜拉镍 301 的室温力学性能

产品类型和状态	R_m/MPa	$R_{p0.2}$/MPa	A/%	硬度	
				HB	洛氏
棒材热轧态	630～900	240～620	55～30	140～240	75HRB～22HRC
热轧＋时效	1100～1380	795～1035	30～15	300～375	32～42HRC
冷　拔	760～1035	415～900	35～15	185～300	95HRB～40HRC
冷拔＋时效	1170～1450	860～1210	25～15	300～380	32～42HRC
退火态	620～830	205～415	55～35	135～185	75～90HRB
退火＋时效	1035～1310	760～965	30～20	285～360	30～40HRC
带材退火态	620～830	240～415	50～30	—	≤90HRB
退火＋时效	1100～1310	—	25～10	—	30～40HRC
半硬态	900～1070	—	15～3	—	25～34HRC
半硬态＋时效	1170～1450	—	20～7	—	33～42HRC
弹　簧	1070～1310	—	10～2	—	30～40HRC
弹簧＋时效	1240～1585	—	15～5	—	36～46HRC
丝材退火态	620～900	—	50～25	—	—
退火＋时效	1100～1310	—	25～10	—	—
弹　簧	1100～1380	—	5～2	—	—
弹簧＋时效	1380～1655	—	10～5	—	—

表 4-3 时效处理对杜拉镍 301 室温力学性能的影响

材料类型	热处理		R_m/MPa	$R_{p0.2}$/MPa	A/%	硬度 HRC
	温度/℃	时间/h				
热轧棒	室温	0	703	276	47	0
	595	2	1076	703	34	25
		4	1131	745	32	28
		8	1158	779	31	30
退火带	室温	0	717	324	42	4
	595	2	1096	724	33	30
		4	1131	772	30	32
		8	1158	786	28	32
带，冷轧 10%	室温	0	814	641	27	21
	595	2	1179	855	24	34
		4	1193	883	23	34
		8	1186	896	23	35
	540	2	1145	821	26	33
		4	1165	841	27	34
		8	1227	889	23	35
带，冷轧 20%	室温	0	910	821	16	26
	595	2	1255	1007	19	37
		4	1269	1020	19	37
		8	1269	1034	18	37
	540	2	1255	979	21	36
		4	1276	993	20	37
		8	1310	1027	20	38
带，冷轧 40%	室温	0	1062	1027	5	31
	595	2	1393	1227	15	40
		4	1372	1220	15	40
		8	1345	1193	14	39
	540	2	1365	1179	15	40
		4	1413	1227	15	41
		8	1441	1255	14	42
带，冷轧 50%	室温	0	1089	1055	4	33
	595	2	1434	1282	14	41
		4	1407	1262	14	41
		8	1365	1241	12	40
	540	2	1434	1289	14	42
		4	1448	1303	13	42
		8	1476	1317	13	42

不同状态的杜拉镍 301 的硬度与拉伸性能的大致关系如图 4-2 ~ 图 4-5 所示。

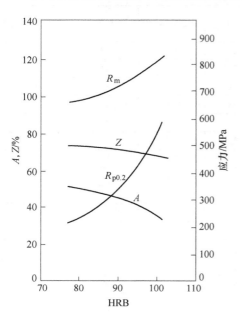

图 4-2　热轧和退火的杜拉镍 301 的
硬度与拉伸性能的大致关系

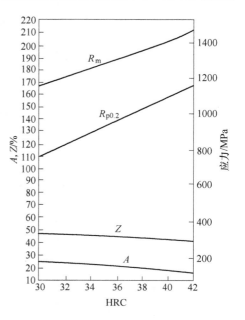

图 4-3　时效硬化的杜拉镍 301 的
硬度与拉伸性能的大致关系

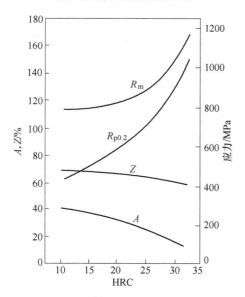

图 4-4　杜拉镍 301 冷拔棒材的
硬度与拉伸性能的关系

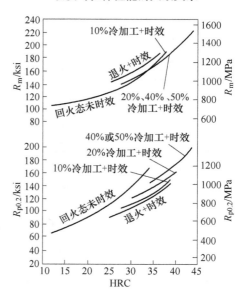

图 4-5　冷加工杜拉镍 301 的
硬度与拉伸性能的关系

杜拉镍 301 的压缩强度、弹簧丝的强度以及室温疲劳性能见表4-4～表4-6。

表 4-4   杜拉镍 301 的压缩强度

状　态	R_m/MPa	$R_{p0.2}$/MPa	$R_{p-0.2}$/MPa
热轧态	751	340	362
时效态[①]	1272	907	948
冷拔 + 时效[①]	1350	1065	1045

① 595℃ ×16h 以 18℃/h 的速度炉冷至 480℃后空冷。

表 4-5   杜拉镍 301 弹簧丝的强度（60%～70%）冷拔

合金丝直径/mm	R_m/MPa	
	冷　拔	冷拔 + 时效
≤1.44	≥1175	≥1415
≥1.44～≤5.82	≥1150	≥1380
>5.82～≤7.92	≥1070	≥1310

表 4-6   杜拉镍 301 旋转梁试验的疲劳强度

状　态	疲劳强度/MPa	R_m/MPa	疲劳强度/抗拉强度
冷　拔	319×10^8	831	0.38
冷拔 + 时效[①]	382×10^8	1270	0.30
热　轧	295×10^8	715	0.41
热轧 + 时效[①]	350×10^8	1215	0.29
热轧 + 退火[②]	310×10^8	695	0.45
热轧 + 退火 + 时效[①]	335×10^8	1115	0.30

① 试样为抛光棒，595 ×16h 炉冷至 540℃ ×6h 空冷。

② 试样为抛光棒，940℃ ×15min，水冷。

4.2.2　高温力学性能

时效硬化的杜拉镍 301 的高温瞬时拉伸性能如图 4-6 所示。400℃时材料的强度明显下降，538～704℃，材料的塑性最差。

4.2.3　耐蚀性

杜拉镍 301 的耐蚀性基本上与 Ni200 相同，它在氟化物玻璃中具有优异的耐蚀性，但在氟中，尤其是高温氟中耐蚀性不良，应谨慎使用。

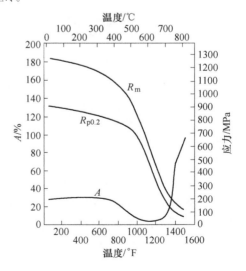

图 4-6　杜拉镍 301 时效状态的高温力学性能

4.2.4   热加工、冷成型、热处理和焊接性能

4.2.4.1   热加工

适宜的热加工温度范围为 1040 ~ 1230℃，可在 870℃进行终加工。为了获得细晶组织，锻造的再加热温度应为 1180℃，并留有 30% 的变形量进行最终锻造加工。热加工后的材料应水冷以避免因析出而使材料过度硬化和出现裂纹。

4.2.4.2   冷成型

退火材料可以采用常规的冷成型方法进行冷加工。其冷成型性能基本上与 Ni200 相同，但杜拉镍 301 具有较高的基体硬度，因此所需的变形力稍高于 Ni200。此材料的中等硬化速度和相当高的塑性使它可在无损伤的情况下施以大塑性变形加工。冷加工和冷加工 + 时效可显著提高材料的强度。图 4-7 为冷加工和冷加工 + 时效处理对杜拉镍 301 强度和硬度的影响。可根据实际需求选择适宜的冷加工变形量和时效热处理工艺。

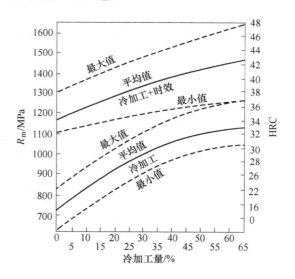

图 4-7   冷加工和冷加工时效对杜拉镍 301 的强度和硬度的影响

4.2.4.3   热处理

A   退火

退火可使加工硬化材料软化，该材料的退火温度、时间与软化效果之间的关系如图 4-8 所示。随退火温度的提高所需时间随之减少，通常保温 1 ~ 5min 即可获得理想的软化效果，冷却方式以水冷为宜。中间退火一般在 870 ~ 980℃ 之间进行，保温时间为 1 ~ 5min。过长时间将引起晶粒长大。

B   时效硬化

退火材料（135 ~ 185HB，75 ~ 95HRB）的时效硬化处理可采用两种时效硬

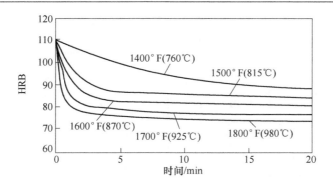

图 4-8　杜拉镍 301 的退火软化曲线

化处理工艺。

（1）连续时效硬化处理：（580～595）℃×16h 以 <18℃/h 的速度炉冷至 480℃，炉冷、空冷或淬火。

（2）阶梯时效硬化处理：（580～595）℃×16h→540℃×（4～6）h→480℃×（4～6）h。

1）中等冷加工材料（185～250HB，8～25HRC）：阶梯时效硬化处理同退火材，只是保温时间减少至 8h。

2）完全硬化的冷加工材（260～350HB，26～38HRC）：除保温时间减少至 6h 外，其他工艺参数同中等冷加工材料。

4.2.4.4　焊接

杜拉镍 301 在使用时很少需要焊接，如果需要焊接，可在退火条件下进行，使用含质量分数为 2.5% Ti 的 Ni61 焊丝。焊件应在 810～870℃进行 15～30min 的消除应力处理，为避免应变时效裂纹，应快速加热至消除应力温度。为增加强度，焊接件可以进行时效强化处理。此合金亦可进行电阻焊和钎焊。

4.2.5　物理性能

杜拉镍 301 的物理性能见表 4-7～表 4-10。

表 4-7　杜拉镍 301 的一些物理常数

参　数	数　值	参　数		数　值
密度/g·cm^{-3}	8.19	时效硬化材		95
熔点范围/℃	1400～1440	弹性模量	E	207
比热容/J·(kg·K)$^{-1}$	435	/GPa	G	76
居里温度/℃		泊松比 μ[①]		0.31
退火材	15～50			

①泊松比 $\mu = \dfrac{E-2G}{2G}$。

表 4-8　　冷拔杜拉镍 301 棒动态弹性模量与温度的关系

温度/℃	弹性模量 E/GPa	温度/℃	弹性模量 E/GPa
27	207	370	191
93	205	425	188
150	203	480	184
205	200	540	181
260	197	595	179
315	194		

表 4-9　　杜拉镍 301 的室温磁导率

材料类型和状态	μ_{max}	μ			
		24kA/m	16kA/m	8kA/m	4kA/m
退火带	在 0.0025T 时，250	3.65	4.28	5.93	8.44
815~870℃时效带	在 0.0315T 时，527	7.46	10.58	18.63	32.8
595℃×10h 炉冷棒材	在 0.0475T 时，105	6.90	9.45	16.85	30.0

表 4-10　　时效硬化态杜拉镍 301 的热导率，线胀系数和电阻率

温度/℃	线胀系数/$10^{-6}K^{-1}$	热导率/$W \cdot (m \cdot K)^{-1}$	电阻率/$\mu\Omega \cdot m$	温度/℃	线胀系数/$10^{-6}K^{-1}$	热导率/$W \cdot (m \cdot K)^{-1}$	电阻率/$\mu\Omega \cdot m$
20	—	23.8	0.424	600	15.0	39.8	0.588
100	13.0	25.5	0.467	700	15.5	42.4	0.602
200	13.7	28.3	0.499	800	15.8	45.1	0.617
300	14.0	31.4	0.527	900	16.6	47.7	0.635
400	14.3	34.3	0.554	1000	—	49.8	0.653
500	14.7	37.1	0.575	1100	—	51.8	0.672

4.3　应用

　　杜拉镍 301 主要应用于既要求具有纯镍的耐蚀性又要求比较高的强度的环境，例如膜片、弹簧、夹片、挤压塑料的压力部件、氟化物玻璃生产的模具等。

参 考 文 献

[1] 康喜范. 镍基和铁镍基耐蚀合金//中国材料工程大典编委会，中国材料工程大典，第 2 卷，钢铁材料工程（上），第 8 篇，北京：化学工业出版社，2003：439~520.

[2] Davis J R, Nicked. eobalt, and Their alloys. OH：ASM International materials Park, 2000：1~22.

5   Ni-Cu 耐蚀合金

由 Ni-Cu 二元相图（图 5-1）可知，在高温下镍和铜可以以任何比例互溶并且在冷却过程中形成固溶体。作为耐蚀结构材料广泛应用的 Ni-Cu 合金是一类含铜 28% ~ 32%（质量分数）的 Ni-Cu 耐蚀合金[1~8]。为赋予此类合金以易切削性、抗氧化性以及时效硬化特性，在此基础上派生出一系列 Ni-Cu 耐蚀合金（表 5-1）。Ni70Cu30 合金具有面心立方结构，不能通过热处理进行强化，只能通过冷加工方式进行强化，含铝的 Ni-Cu 合金，可通过时效硬化处理使之析出 Ni_3Al（γ'）达到强化目的。

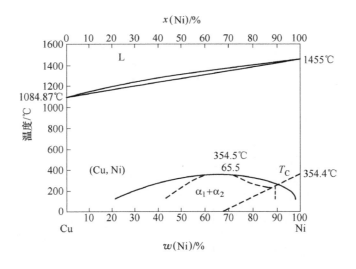

图 5-1   Ni-Cu 二元相图

5.1   铜对镍耐蚀性的影响

5.1.1   铜对镍电化学行为的影响

铜对镍电化学行为的影响如图 5-2 和图 5-3 所示，铜的加入，引起腐蚀电位向贵方向变动；钝化活化转变范围变宽；初始钝化的临界电流密度增加；维持钝化的电流密度（ρ_3）显著增加；钝化区变宽。

表 5-1　镍铜耐蚀合金化学成分(质量分数)　　(%)

化学成分标号	相应国内牌号	相当的国际上的常用牌号	Ni	Cu	Fe	Mn	C	Al	Si	Ti	其他
Ni68Cu28Fe	Mcu-28-1.5-1.8	Monel 400 DIN 17743 WNr. 2.4360	≥63	28~34	1~2.5	≤1.25	≤0.16	≤0.5	≤0.5	—	S≤0.02
Ni68Cu28Fe	Mcu-28-1.5-1.8	Monel 400 ASTM B127 和 B163	63~67	其余	≤2.5	≤1.25	≤0.30		≤0.5	—	S≤0.024
Ni68Cu28Fe	Mcu-28-1.5-1.8	Monel 400 ASTM B164 和 B165	63~67	其余	≤2.5	≤2.0	≤0.30		≤0.5	—	S≤0.024
Ni68Cu28Fe	Mcu-28-1.5-1.8	Monel 400 B. S. 3076. 3072	≥63	28~34	≤2.5	≤2.0	≤0.30	≤0.5	≤0.5	—	S≤0.02
Ni28Cu28S		Monel R-405 ASTM164(K1.B)	63~67	其余	≤2.5	≤2.0	≤0.3		≤0.5		S 0.025~0.060
Ni68Cu28Al	Ni68Cu28Al	Monel K-500 DIN 17743 WNr. 2.4374	≥63	27~34	0.5~2.5	≤1.5	≤0.25	2~4	≤1.0	0.3~1.0	S≤0.01
Ni68Cu28Al	Ni68Cu28Al	Monel K-500	63~67	其余	≤2.0	≤1.5	≤0.25	2/4	≤1.0	0.25~1.0	Mg 0.08~0.12
Ni68Cu28Si1	—	B. S. 3071:1959NA1 GNiCu30Si1	其余	28~32	≤3.0	0.5~1.5	0.1~0.3		0.5~1.5	0.25~1.0	S≤0.05
Ni68Cu28Si3	—	B. S. 3071:1959NA2 GNiCu30Si3	其余	28~32	≤3.0	0.5~1.5	≤0.15		2.5~3.0		S≤0.05 Mg 0.08~0.12
Ni68Cu28Si4	—	B. S. 3071:1959NA3 GNiCu30Si4	其余	28~32	≤3.0	0.5~1.5	≤0.15		3.5~4.5		S≤0.05 Mg 0.08~0.12
Ni68Cu28SiNb		GNiCu30Si1.5Nb	≥60	26~33	≤3.5	≤1.5	≤0.30	≤0.50	1.0~2.0		Nb 1.0~3.0

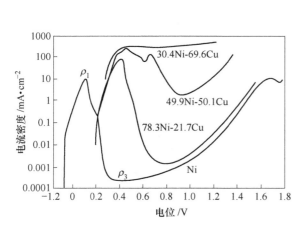 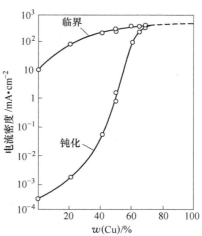

图 5-2 Ni-Cu 和 Ni 在 25℃脱气的 0.5mol/L
H₂SO₄ 中的恒电位阳极极化曲线
（参比电极 Ag/AgCl₂，标准 H₂标度）

图 5-3 Ni-Cu 合金在 25℃，脱气的
0.5mol/L H₂SO₄中的临界钝化
电流密度和维钝电流密度

含大于 30% Ni 的镍铜合金，合金的纯化膜的结构类似于纯镍，并连续存在，随 Ni 含量的继续增加，合金的钝化特性变得越加显著，临界纯化电流密度（ρ_1）明显下降。镍铜合金的临界纯化电流密度较纯镍高，在临界钝化电流密度处的临界电位较贵，一般认为，这与铜的加入增加了合金对 OH（或氧）的亲和力有关。亲和力的增加，为达到使 OH 逸出电位需要比较大的电流密度。

5.1.2 铜对镍耐蚀性的影响

铜对镍合金化，通常提高镍在还原性介质中的耐蚀性，而降低其在氧化性介质中的耐蚀性和在空气中的抗氧化性。而影响程度与铜含量、介质条件相关。

图 5-4 和图 5-5 为铜对镍耐均匀腐蚀性能的影响。由图可知，在通气的室温 3.6%HCl、室温 8.2% H₂SO₄ 和室温 8.4% H₃SO₄ 中，随镍中铜含量的增加，合金的腐蚀速度下降，即耐蚀性提高，在铜含量（质量分数）为 30% 的合金中，Ni-Cu 合金的腐蚀速度最低，此后随铜含量的增加对耐蚀性不产生明显影响，基本上保持在一个稳定的腐蚀速度值。在室温通气的 10.5% HCl 和 5.24% HCl 中，当铜含量≤3.5% 左右时，铜对镍的耐蚀性影响不显著，铜含量为 30% 的 Ni-Cu 合金的耐蚀性处于最佳状态，再继续提高铜含量，合金的耐蚀性显著降低。在室温 4% NaCl 通气的溶液中，最合适的铜含量为 20%，在 HF 酸和流动的海水中铜含量为 30% ~35% 的合金腐蚀速度最低。

铜对镍在空气中的抗氧化性能的影响如图 5-6 所示，在铜含量低于 30% 的范

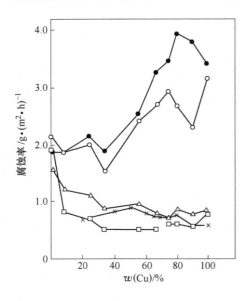

图 5-4　在酸介质中铜对镍耐蚀性的影响
●—在 10.5% HCl 中,充入空气,室温,8h 试验;
○—在 5.24% HCl 中,充入空气,室温,8h 试验;
×—在 3.6% HCl 中,充入空气,25℃,3~4h 试验;
△—在 8.2% H_2SO_4 中,充入空气,室温,8h 试验;
□—在 8.4% H_3PO_4 中,充入空气,室温,8h 试验

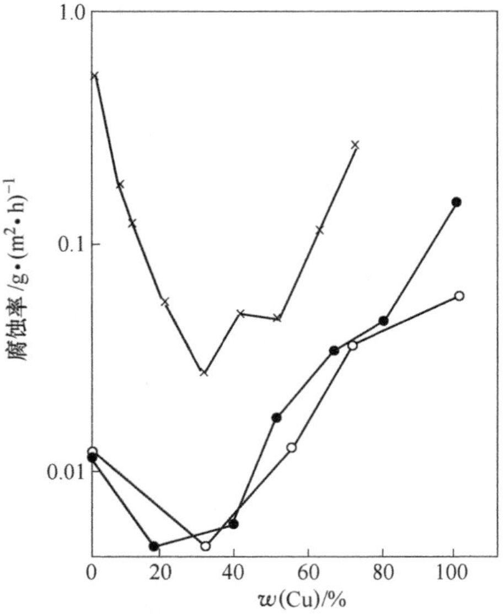

图 5-5　在一些介质中铜含量对镍耐蚀性的影响
●—在 4% NaCl 溶液中,充入空气,25℃,试验 3 天;
○—在流动海水中,流速 0.46~0.91m/s,试验 427 天;
×—在 80% HF 中,含 H_2O 0.5%~1.0%,4% 焦油,其余
为中间有机聚合物,未充入空气,130~145℃,102 天试验

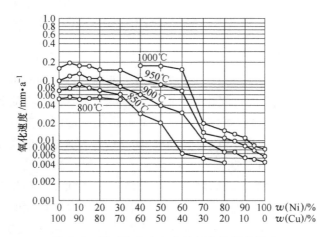

图 5-6　铜对镍在空气中抗氧化性能的影响

围内对其抗氧化性能的影响幅度较小,当铜含量超过此值后,随铜含量的增加,Ni-Cu 合金的抗氧化性能急剧恶化。

　　在含氟化物的应力腐蚀环境中,在铜含量低于 30% 的范围内,随铜含量的增加耐 SCC 性能下降，在铜含量为 30% 时，达到最低点，此后随铜含量的增加耐 SCC 性能得到改善（图 5-7）。

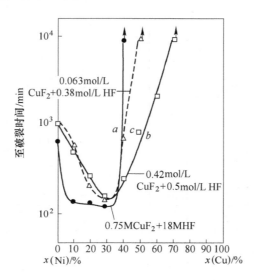

图 5-7　铜对镍在 HF 酸 + CuF$_2$ 溶液中应力腐蚀行为的影响

（23℃，施加应力为 % R_m）

5.2　常用镍铜耐蚀合金的组织、性能和应用

5.2.1　Ni68Cu28Fe（Monel 400）

Ni68Cu28Fe 是最早应用于工业的镍基耐蚀合金，由于其良好的综合性能，其使用量最大，应用范围最广，并取得了良好的使用效果，成为不可缺少的耐蚀结构材料。为了赋予它一些特殊性能，在此基础上又派生出多种合金牌号，就耐蚀性而言它们之间没有明显差别。

5.2.1.1　化学成分和组织特点

Ni68Cu28Fe 的化学成分见表 5-1。它主要由 Ni、约 30% Cu（质量分数）、1% ~2% Fe（质量分数）和少量碳所组成。其组织结构为具有面心立方结构的单相奥氏体固溶体，由于镍和铜可以以任何比例互溶，没有金属间相析出，在一定的受热条件下有碳化物存在。

5.2.1.2　Ni68Cu28Fe 的室温力学性能

不同类型的冶金产品在不同状态下的室温拉伸性能见表 5-2，板、带材的冷加工硬化倾向见表 5-3，棒材、锻件和板、带材的拉伸性能与合金硬度的关系分别绘于图 5-8 和图 5-9。

表 5-2　　Ni68Cu28Fe 合金的室温力学性能

材料及状态		R_m/MPa	$R_{p0.2}$/MPa	A/%	硬　度	
					HB	HRB
棒　材	退火态	516~620	170~345	60~35	110~149	60~80
	热加工态（≤54mm 型材）	551~757	275~690	60~30	140~241	75~100
	热加工态（≥54mm 型材）	516~689	205~380	50~30	130~184	72~90
	冷拔态，应力消除处理后	578~827	380~690	40~22	160~225	85~20HRC
中厚板	热轧态	516~655	275~515	45~30	125~215	70~96
	热轧并退火态	482~585	195~345	50~35	110~140	60~76
薄　板	退火态	482~585	170~310	50~35	—	≤73①
	冷轧、硬态	689~827	620~755	15~2	—	≤93①
冷轧带	退火态	517~585	170~310	55~35	—	≤68
	回火态	689~964	620~895	15~2	—	≥98①
管材（无缝）	冷拔＋退火态	516~585	170~310	50~35	—	≤75①
	冷拔＋应力消除态	585~827	380~690	35~15	—	85~100
	热交换器管、退火态	516~585	195~310	50~35	—	≤75①
	热交换器管、应力消除态	585~723	380~620	35~20	—	85~97①
	退火态	<585	205~310	45~30	—	≤73①
	半硬化态	585~723	380~550	30~10	—	75~87①
	全硬化态	757~895	620~755	10~3	—	95~27HRC
冷拔丝	退火态	482~654	205~380	45~25	—	—
	$\frac{1}{4}$硬化态	665~825	450~655	25~15	—	—
	半硬化态	755~930	585~825	18~8	—	—
	$\frac{3}{4}$硬化态	861~1035	690~930	8~5	—	—
	全硬化态	1000~1240	830~1170	5~2	—	—

① 由于产品尺寸不同，硬度有一波动范围。

表 5-3　　冷轧 Ni68Cu28Fe 合金板、带的硬度

状　态	硬度 HRB	
	薄　板	带　材
深拔和旋压	≤76	≤76
退火态	≤73	≤68
表面硬化态	—	68~73
1/4 硬化态	73~83	73~83
半硬化态	82~90	82~90
3/4 硬化态	—	89~94
全硬化态	≥93	93~98
弹　簧	—	≥98

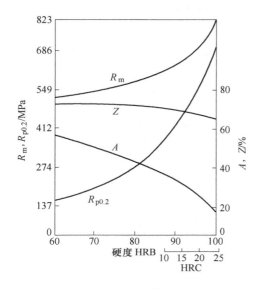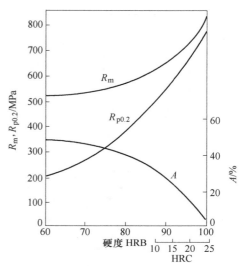

图 5-8　Ni68Cu28Fe 合金热轧和冷拔棒材、　　　图 5-9　Ni68Cu28Fe 合金板、带材的
锻件室温抗拉强度、塑性和硬度的关系　　　　　　室温强度、塑性与硬度的关系

Ni68Cu28Fe 合金的室温抗压强度，扭转性能、承载强度（Bearing Strength）和剪切强度分别列入表 5-4 ~ 表 5-7。

表 5-4　Ni68Cu28Fe 合金的压缩和拉伸性能

状　态	压　缩		拉　伸			
	$\sigma_{-0.01}$/MPa	$R_{p-0.2}$/MPa	R_m/MPa	$\sigma_{0.01}$/MPa	$R_{p0.2}$/MPa	A/%
热轧态	226	260	576	254	281	59.5
冷拔 + 274℃ 消除应力	398	555	665	515	597	27.0
冷拔 + 788℃ ×3h，炉冷退火	130	192	535	192	226	44.0

表 5-5　Ni68Cu28Fe 合金的室温扭转性能

材料类型和状态	直径/mm	抗拉性能		抗扭性能		比　值		
		R_m/MPa	$R_{p0.2}$/MPa	破断强度/MPa	比例极限/MPa	扭转破裂强度/R_m	扭转比例极限/R_m	扭转比例极限/扭转破裂强度
丝材冷拔75%	3.8	1077	—	755	466	0.700	0.433	0.618
冷拔75% + 消除应力	3.8	1098	—	1720	446	0.656	0.404	0.619
棒　材	25.4	590	260	453	158	0.768	0.267	0.349
热轧态	25.4	789	734	494	322	0.626	0.408	0.653
冷拔20%	38	775	700	487	309	0.628	0.398	0.634

表 5-6　Ni68Cu28Fe 合金的承载程度

状　态	拉伸性能			承载强度		承载强度 $R_{p0.2}$/MPa	承载强度 R_m/MPa
	R_m/MPa	$R_{p0.2}$/MPa	A/%	屈服强度[①]/MPa	断裂强度[②]/MPa		
退火态	480	187	42.5	398	995	2.13	2.07
半硬态	520	386	32.0	673	1139	1.75	2.19
全硬态	808	755	5.0	1111	1451	1.47	1.79

① 板中的孔直径扩大 2%。

② 板子撕开。

表 5-7　Ni68Cu28Fe 合金的抗剪强度（室温双剪切）

状　态	厚度/mm	抗剪强度/MPa	R_m/MPa	硬度 HRB	抗剪强度/R_m
热轧退火	1.07	334	500	65	0.67
冷轧退火	0.74	340	527	60	0.65

　　冲击性能见表 5-8 ~ 表 5-10。合金的室温疲劳性能和弹簧的特性见表 5-11 ~ 表 5-13。

表 5-8　Ni68Cu28Fe 合金的冲击吸收功

状　态	冲击吸收功/J	
	艾　氏	夏比 U 形缺口
热轧态	135 ~ 162	298
锻　态	101 ~ 155	—
冷拔态	101 ~ 155	203
退火态	121 ~ 162	291

表 5-9　Ni68Cu28Fe 棒的拉伸冲击性能

状　态	冲击性能			拉伸性能				
	A_K/J	A(90mm)/%	Z/%	R_m/MPa	$R_{p0.2}$/MPa	A(50mm)/%	Z/%	HB
冷拔 24%，消除应力	130	15.0	63.7	667	594	27.0	66.4	199
退火（788℃ × 3h）	174	29.0	68.0	537	229	44.0	65.9	123

表 5-10　Ni68Cu28Fe 夏比扭转冲击试验结果

状　态	韧　性		扭转角度/(°)	硬度 HB
	冲击吸收功/J	冲击韧度/J·cm²		
热轧态	46	145	101.5	145
冷拔 25%，消除应力	53	165	98.0	199
788℃退火	40	125	102.0	123

表 5-11 Ni68Cu28Fe 合金薄板和带材的室温疲劳强度[①]

材料状态	疲劳强度/MPa	抗拉强度/MPa	疲劳强度/抗拉强度
退火态	145	515	0.28
$\frac{1}{4}$硬化态	169	527	0.32
$\frac{1}{2}$硬化态	196	580	0.34
全硬状态	269	868	0.31
全硬化态 + 应力平衡处理（274℃ ×3h）	282	916	0.31

① 试样为轧制表面，试验在室温下空气中进行。

表 5-12 Ni68Cu28Fe 合金棒材的室温疲劳强度

状 态	疲劳强度/MPa	抗拉强度/MPa	疲劳强度/抗拉强度
退火态	231	565	0.41
热轧态	289	606	0.48
冷拔态	279	723	0.39
冷拔，应力平衡态[①]	303	717	0.42
冷拔，应力消除态[②]	255	665	0.38

① 274℃/3h 处理。

② 538℃/3h 处理。

表 5-13 Ni68Cu28Fe 合金弹簧的性能

冷缠后的热处理情况	R_m/MPa	抗扭强度/MPa	抗扭比例极限/MPa
冷缠后	1080	759	468
冷缠后 + 应力平衡处理[①]	1205	758	421
冷缠后 +302℃ 处理	1150	723	446

① 应力平衡处理为 273℃ ×3h。

5.2.1.3 Ni68Cu28Fe 合金的低温力学性能

不同状态的 Ni68Cu28Fe 合金的低温力学性能见表 5-14，低温冲击性能见表 5-15 和表 5-16。

由合金的低温冲击性能数据可知，甚至在液氮、液氦温度，合金的冲击性能也未见脆性断裂，不存在塑-脆转变现象。

表 5-14 Ni68Cu28Fe 合金的低温力学性能

试验状态	温度/℃	力 学 性 能			
		R_m/MPa	$R_{p0.2}$/MPa	A/%	Z/%
冷拔态	室温	715	645	19.0	71.0
	-79	810	685	21.8	70.2
锻 态	室温①	710	645	17.3	72.5
	21.1	635	460	31.0	72.7
	-183	885	630	44.5	71.8
	-253	980	665	38.5	61.0
退火态	21.1	540	215	51.5	75.0
	-183	795	340	49.5	73.0

① 试验前先在 -79℃ 保持数小时，然后在室温下试验。

表 5-15 Ni68Cu28Fe 合金的低温夏比冲击性能

状 态	冲击吸收功/J			
	24℃	-30℃	-80℃	-190℃
热轧态	297	—	289	266
冷拔退火态	293	287	297	287
焊态	106	—	—	99

表 5-16 热轧 Ni68Cu28Fe 合金中厚板的低温冲击吸收功

温度/℃	缺口形式	方 向	冲击吸收功/J
-252①	V 形	纵 向	191～297
-252①	V 形	横 向	164～298
-252①	钥匙孔形	纵 向	110～118
-252①	钥匙孔形	横 向	98～102
-262②	V 形	纵 向	未断
-262②	V 形	横 向	232～262
-262②	钥匙孔形	纵 向	167～198
-262②	钥匙孔形	横 向	123～157

① 在液氢 5 次试验的平均值。

② 在液氢 4 次试验的平均值。

5.2.1.4 Ni68Cu28Fe 合金的高温力学性能

退火态的 Ni68Cu28Fe 合金的高温瞬时力学性能如图 5-10 所示。

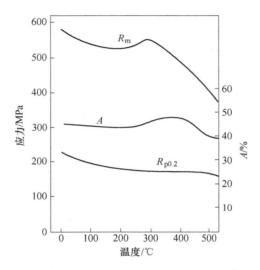

图 5-10 退火态 Ni68Cu28Fe 合金的瞬时高温力学性能

不同状态 Ni68Cu28Fe 合金的蠕变性能如图 5-11 ~ 图 5-13 所示，持久强度如图 5-14 和图 5-15 所示。

Ni68Cu28Fe 的高温松弛性能如图 5-16 所示。

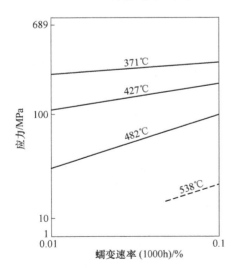

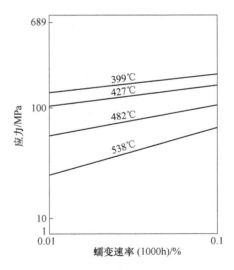

图 5-11 Ni68Cu28Fe 热轧合金的蠕变性能

图 5-12 Ni68Cu28Fe 冷拔退火合金 （816℃×3h 处理）的蠕变性能

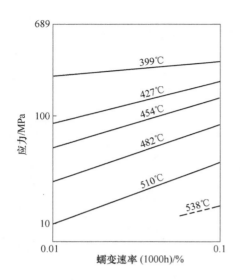

图 5-13　20% 冷拔并经应力消除处理
的 Ni68Cu28Fe 合金的蠕变性能
（538℃ ×8h 处理）

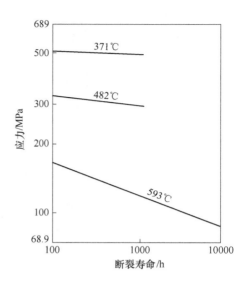

图 5-14　冷拔退火处理的 Ni68Cu28Fe
合金的持久性能
（816℃ ×30min）

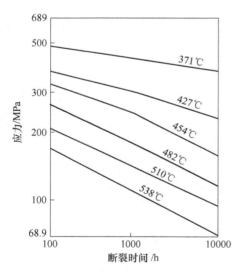

图 5-15　冷拔并消除应力的 Ni68Cu28Fe
合金的持久强度
（538℃ ×8h 处理）

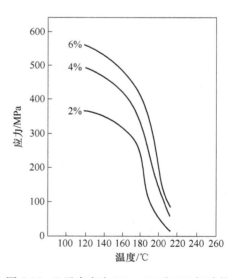

图 5-16　7 天内产生 2% 、4% 和 6% 松弛的
Ni68Cu28Fe 合金所需的应力

5.2.1.5　耐蚀性

Ni68Cu28Fe 合金具有良好的耐蚀性，在还原性介质中较纯镍耐蚀，在氧化性介质中较铜耐蚀。由于此合金为单相奥氏体固溶合金，因此，不存在复相合金

由于不同相之间的电偶反应所引起的腐蚀。

A 全面腐蚀

a 大气腐蚀

在大气中，Ni68Cu28Fe 合金具有极高的耐蚀性，属极耐蚀的合金。图 5-17 为在美国不同地区的大气条件下，放置 20 年的试验结果。在海洋大气中 20 年的试验结果表明 Ni68Cu28Fe 也呈现出极好的耐蚀性。在美国北卡州 Kure Beach 距大洋 24.4m，20 年的暴露试验，平均腐蚀速度小于 0.00025mm/a。与其他合金对比数据见表 5-17。

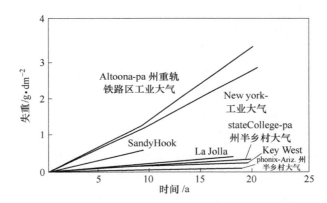

图 5-17 Ni68Cu28Fe 在美国不同地区不同大气条件下 20 年的腐蚀试验结果

表 5-17 Ni68Cu28Fe 合金在海洋大气中的腐蚀[①]

合 金	平均失重/mg·dm^{-2}	平均腐蚀速度[①]/mm·a^{-1}
Ni200	486.6	<0.0025
0Cr20Ni32AlTi（800 合金）	279	<0.0025
0Cr15Ni75Fe（600 合金）	19.7	<0.0025
Ni68Cu28Fe（Monel 400）	644.7	<0.0025
0Cr21Ni42Mo8Ti（825 合金）	8.7	<0.0025

① 挂片地点：美国 NC 州，Kure 海滨，距海洋 24.4m，Ni200 和 600 合金未见点蚀，其余合金 4 个最深蚀点平均深度 <0.025mm。

b 水腐蚀

在水中，具有良好耐均匀腐蚀的合金的最主要的问题是产生点蚀和应力腐蚀，例如不锈钢和铝合金，尽管它们具有良好的耐均匀腐蚀性能，但在水中的点腐蚀和应力腐蚀常常伴随而生，因此在选择时必须十分小心和慎重。而 Ni68Cu28Fe 合金，不仅具有良好的耐水环境的均匀腐蚀，而且很少出现点蚀和应力腐蚀。

（1）淡水。在淡水和蒸馏水中，Ni68Cu28Fe 合金具有极佳的耐蚀性，在最严苛的温度、流速和通入空气的条件下，其腐蚀速度通常 <0.025mm/a。在酸性含氧化性盐类的矿山水中，合金的腐蚀将变得严重，但仍属于耐蚀材料之列。

（2）高纯水。在压水堆一回路加压水中，此合金的腐蚀速度较 0Cr15Ni75Fe（Inconel 600）合金和 0Cr18Ni11N6 合金高 2～3 倍，但并未超出应用的允许量。

（3）蒸汽。在蒸汽/热水共存的系统中，例如在冷凝器中，如果二氧化碳和空气（非冷凝物）以一定比例存在于蒸汽中，此合金将会出现明显腐蚀。例如：在 71℃ 蒸汽冷凝条件下，当气相中含有 70% CO_2 和 30% 空气时，在短期试验中，Ni68Cu28Fe 的腐蚀速度高达 1.5mm/a。当气相中的 CO_2 和空气为其他比例时，腐蚀速度较低。供水脱气或排除非冷凝气体将防止这种腐蚀。

（4）盐水。在海水和半咸水中，在高流速的条件下，Ni68Cu28Fe 提供了优秀的使用性能。在空蚀—磨蚀的工况条件下，此合金呈现优异的服役性能。因此在盐水环境中，它可以制造螺旋桨和轴，泵轴、叶轮和冷凝器传热管。此合金的另一重要用途是制造海洋采油平台飞溅区防海水腐蚀的结构部件。在强烈搅动和通空气的海水中其腐蚀速度不会超过 0.025mm/a，但在静止的海水中，Ni68Cu28Fe 合金易产生点蚀，但它的扩展速度却很慢，几年后其深度也不会超过 1.3mm。在静止的海水中 3 年的试验结果见表 5-18。

表 5-18   Ni68Cu28Fe 在静止海水中 3 年暴露试验的结果

合金牌号	最大点蚀深度/mm	合金牌号	最大点蚀深度/mm
Ni68Cu28Fe(Monel 400)	1.067	0Cr21Ni58Mo9Nb(Inconel 625)	不存在
Ni68Cu28Al(Monel K-500)	0.864	0Cr17Ni12Mo2(AISI 316)	1.57
0Cr21Ni42Mo3Ti(Incoloy 825)	0.025		

c   气体腐蚀

Ni68Cu28Fe 合金在室温干燥气体中是耐蚀的，但在含有明显数量水的氯、溴、氮氧化物，氨和二氧化硫气体中不耐蚀。

（1）空气。Ni68Cu28Fe 合金在空气和氧中的抗氧化能力低于纯镍，在空气中连续工作的最高温度约为 600℃。

（2）高温蒸汽。在此介质中，合金的使用温度应 ≤485℃，在高流速的蒸汽中，合金具有良好的耐冲蚀性能。在遭受应力的 Ni68Cu28Fe 合金中在高于 455℃ 的蒸汽中将会产生晶间脆化，在 474℃ 和 500℃ 最为严重。这是此合金上限使用温度不能超过 485℃ 的基本原因。在 150～250℃ 无氧存在的蒸汽中，经 1000～1500h 试验，合金的腐蚀速度小于 0.025mm/a。

（3）氨。在 585℃ 以下的无水氨和氮化条件下，Ni68Cu28Fe 具有良好的耐蚀性。在合成氨厂转化器催化装置中经 3.3 年的试验结果指出，在 490～550℃，排出气体成分为 60% H_2、20% N_2、12% 氨、8% Ar（体积分数）的环境中，合金不腐蚀或只有较少的腐蚀。在类似气体成分的 690℃ 下暴露 4 个月的试验指出，Ni68Cu28Fe 合金遭到了严重腐蚀。在氨氧化工艺中的空气和氨的混合气体中，Ni68Cu28Fe 合金未遇到腐蚀问题，该合金在氨氧化设备中作为气体过滤器材料已获得成功使用。

（4）硫。Ni68Cu28Fe 合金，由于富镍又不含抗氧化性的合金元素，在熔融硫和含硫介质中，在一定的温度条件下易形成低熔点硫化镍而遭到腐蚀破坏。在还原性硫和硫化物（液态硫和蒸气、硫化氢）中，其使用温度限于 320℃ 以下；在氧化性硫化物中（SO_2）其使用温度不能超过 370℃。

（5）湿态硫化氢。湿态硫化氢具有中等腐蚀性，较不含水的硫化氢腐蚀性强烈，在不断吹入硫化氢的 66℃ 水中，合金的腐蚀速度达到 0.75mm/a。

（6）氯和氯化氢。氯化氢较氯的腐蚀性严重，Ni68Cu28Fe 合金，在具有相同腐蚀速度的前提下，在氯化氢中的使用温度低于在氯中的使用温度（表5-19）。此合金已成功地应用于氯反应釜和槽车的浮阀，氯气管线的孔板和氯分配器中的各种部件。在低于露点的湿氯和湿氯化氢和冷凝条件下，介质的浸蚀性十分强烈，此合金将遭到严重腐蚀。

表 5-19　Ni68Cu28Fe 合金在氯和氯化氢中的腐蚀

介　质	短期试验超过下述腐蚀速度(mm/a)的温度/℃					建议使用温度/℃
	0.75	1.5	3.0	15	30	
干氯气	399	538	593	649	677	427
干氯化氢气	232	260	343	482	566	232

（7）氟和氟化氢。Ni68Cu28Fe 合金在高温氟和 UF_6 中具有良好的耐蚀性，在低于 550℃ 使用是耐蚀的，长期使用结果表明，即使在 400℃ 的氟中，此合金也将产生沿晶腐蚀，冷弯后会出现沿晶断裂。UF_6 的腐蚀性不及氟，在 816℃ 的 UF_6 中，Ni200 的腐蚀速度仅为在 700℃ 氟中的三分之一。Ni68Cu28Fe 在不同氟中的腐蚀数据见表5-20，由于试验条件的差异，其数据不完全一致。

表 5-20　Ni68Cu28Fe 在氟气中的腐蚀

介质条件		在下述温度(℃)下的腐蚀速度/mm·a^{-1}															
		27	200	204	250	300	350	370	400	450	500	538	550	600	650	700	750
流动氟气	5h	0.06	—	0.012		—	0.05					0.76					
	24h	0.013	—	0.012		—	0.04					0.29					
	120h	0.005		0.002		—	0.03					0.18					
氟气 4h		—					—	0.15	0.46	0.61				18.29	24.38	45.78	
99.5%纯氟 4~6h														0.866	1.04	—	73.66

表 5-21 给出了 Ni68Cu28Fe 在不同状态的 HF 气体中的耐蚀性，HF 较纯氟对合金的腐蚀轻得多，氧的存在加速了合金的腐蚀，含水 HF 气体且又有冷凝条件存在时将加速合金的进一步腐蚀，因此在这种严苛腐蚀的 HF 气体中，不推荐使用 Ni68Cu28Fe 合金，在 HF 气体中的最高使用温度为 500 ~ 650℃，视介质条件的变化而波动，通常在 500℃ 以下的温度使用是安全的。在含水蒸气的 HF 气体中，合金的耐蚀性如图 5-18 和图 5-19 所示。

表 5-21   在 HF 气中 Ni68Cu28Fe 合金的耐蚀性   （mm/a）

介 质	试验温度/℃								
	40	100	300	500	550	600	650	700	750
干 HF				0.90		0.75			0.90
含 0.5% ~3% HF	0.04	0.01	0.04	0.98	—	—	—	—	—
温 HF	—	—	—	—	0.78	18	2.7	3.6	0
无水 HF	—	—	—	1.2	1.2	1.8	—	—	—
HF				—	(550 ~660℃)				
					0.34	—	—	—	

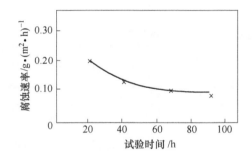

图 5-18   Ni68Cu28Fe 合金在
HF：H$_2$O = 70：30 的 500℃ 气体中
其腐蚀率随试验时间的变化

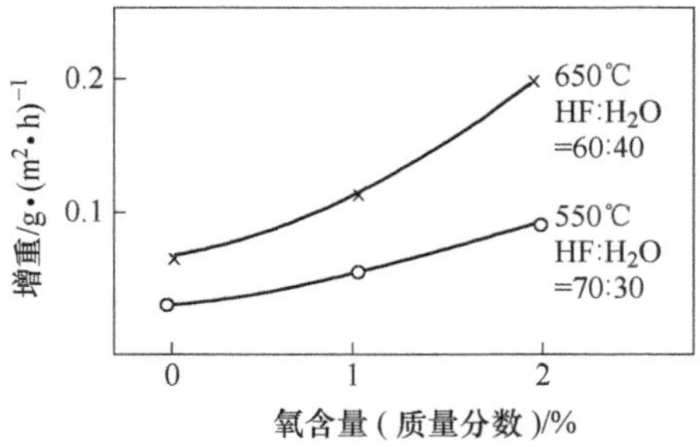

图 5-19   在 HF 气体中氧含量对 Ni68Cu28Fe
合金耐蚀性的影响

（8）碘。在碘蒸气中 Ni68Cu28Fe 的腐蚀见表 5-22。

表 5-22   Ni68Cu28Fe 合金在碘蒸气中的腐蚀（400mmHg 压力，试验时间 24h）

合 金	腐蚀速度/mm·a^{-1}	
	300℃	450℃
Ni200	0.27	1.22
Ni201	0.52	0.76
Ni68Cu28Fe	0.55	2.53

注：1mmHg = 133.322Pa。

在这种环境下使用，其使用温度不宜超过 300℃。

d Ni68Cu28Fe 合金在酸中的腐蚀

（1）硫酸中。Ni68Cu28Fe 合金在各种硫酸中的耐蚀性见图 5-20 ~ 图 5-22 和表 5-23。硫酸浓度、温度以及充空气与否均是影响合金耐蚀性的重要因素。在不含空气（氧）的 30℃的硫酸中，在浓度≤85% 时，合金是耐蚀的，当浓度超过 85% 时，因酸中氧的溶解量增加，H⁺浓度降低，合金的耐蚀性急剧降低，提高酸的温度和通入空气都将加速合金的腐蚀，在通空气的条件下，温度的影响尤其显著，在60℃和95℃不含空气的硫酸中，合金耐蚀的极限质量分数≤65%；在沸腾温度，其耐蚀的硫酸质量分数限于15%以下。

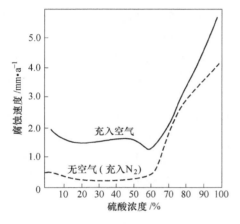

图 5-20　在 95℃ H₂SO₄ 中，Ni68Cu28Fe
合金的腐蚀速度
（流速 5m/min）

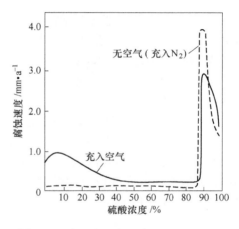

图 5-21　在 30℃ H₂SO₄ 中，Ni68Cu28Fe
合金的腐蚀速度
（流速 5.2m/min）

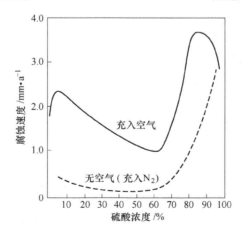

图 5-22　在 60℃ H₂SO₄ 中，Ni68Cu28Fe 合金的腐蚀速度
（流速 5.2m/min）

表 5-23　在沸腾 H_2SO_4 中，Ni68Cu28Fe 合金的腐蚀试验结果

H_2SO_4 浓度 /%	沸腾温度 /℃	试验时间 /h	腐蚀速度 /mm·a⁻¹	H_2SO_4 浓度 /%	沸腾温度 /℃	试验时间 /h	腐蚀速度 /mm·a⁻¹
5	101.0	23	1.02	50	122.0	20	195.0
10	102.5	23	0.72	75	182.0	20	690.0
19	103.5	23	22.5	96	293.0	3	990.0

硫酸的流速增加，尤其是在介质中存在悬浮固体颗粒时，将加速合金腐蚀，在使用中应予以避免。

（2）亚硫酸中。亚硫酸常常引起 Ni68Cu28Fe 合金的严重腐蚀，因此此合金不能用于亚硫酸盐造纸纸浆工业中的处理亚硫酸和亚硫酸氢钙的设备和构件。然而在稀亚硫酸溶液中，Ni68Cu28Fe 却具有良好的耐蚀性，例如在用后的蒸煮液中或在纸浆中，此合金呈现出满意的耐蚀性，已成功用于亚硫酸盐纸浆工厂的清洗器、增厚器和滤网。

（3）氢氟酸中。Ni68Cu28Fe 是可以用于处理 HF 酸的少数几个金属材料之一。图 5-23 是此合金在 HF 酸中的等腐蚀图。在不含空气的 HF 酸中，Ni68Cu28Fe 合金在直到沸点的任何浓度的 HF 酸中均具有可用的耐蚀性。合金在 HF 酸环境下的不同部位对它的耐蚀性有明显的影响，在液相中腐蚀速度最低，在气相中最高（图 5-24）。

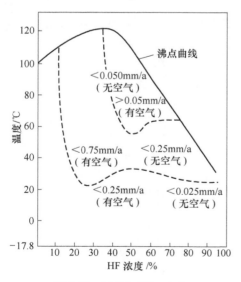

图 5-23　Ni68Cu28Fe 合金
在 HF 酸中的等腐蚀图

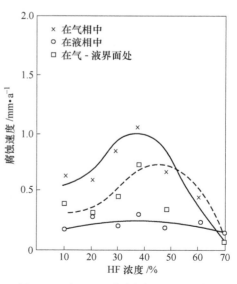

图 5-24　在 60℃ 不同浓度的 HF 酸中，
Ni68Cu28Fe 合金在酸环境下，
在气相中、在气-液界面处的腐蚀速度

在不同浓度的 HF 酸中，流速和温度对 Ni68Cu28Fe 合金耐蚀性的影响见表 5-24 和表 5-25。在沸腾温度无氧 HF 酸中 Ni68Cu28Fe 合金的耐蚀性与浓度的关系如图 5-25 所示。由上述数据可知，在常压无氧的 HF 酸中(30% HF 酸除外)，Ni68Cu28Fe 合金是耐蚀的（年腐蚀率 ≤ 1.0mm 为标准）。在含氧的 HF 酸中随氧含量的提高合金的耐蚀性下降，合金在通空气的 HF 酸中的腐蚀较在不通气的 HF 酸中的腐蚀速度要提高 5～200 倍。使用不同氧含量的氮净化 HF 酸的腐蚀试验结果见表 5-26 和表 5-27。

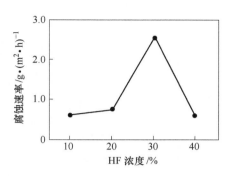

图 5-25　Ni68Cu28Fe 合金在 HF 酸（沸腾温度,无氧条件下）中的耐蚀性

表 5-24　Ni68Cu28Fe 合金在试剂级 HF 酸中的腐蚀（流速 1.28～2.23m/min）

HF 酸浓度/%	腐蚀速度/mm·a^{-1}			
	空气饱和[1]		N$_2$净化[2]	
	30℃	80℃	30℃	80℃
25	0.94	0.28	0.005	0.061
50	0.20	0.99	<0.0025	0.013

[1] 试验时间24h。

[2] 试验时间48h。

表 5-25　Ni68Cu28Fe 合金在 HF 酸中的耐蚀性

HF 酸/%	温度/℃	试验时间/d	腐蚀速度/mm·a^{-1}				备注
			Ni68Cu28Fe	Ni68Cu28Fe(铸造)	Ni68Cu28Si2	Ni68Cu28Si4	
10	21.1	—	2.7				①
10	58	0.8	2.4				①
25	30	6	0.06	0.18	0.12	0.06	②
25	30	1	11.1	5.7	5.7	2.7	③
25	80	6	0.72	0.39	0.12	0.06	②
25	80	1	3.3	6.0	6.6	6.3	③
35	117	6	0.33				②
48	20	—	1.2				①
48	115	8	0.27				④

HF 酸/%	温度/℃	试验时间/d	腐蚀速度/mm·a⁻¹				备注
			Ni68Cu28Fe	Ni68Cu28Fe(铸造)	Ni68Cu28Si2	Ni68Cu28Si4	
50	30	6	0.03	0.15	0.06	0.12	②
50	30	1	2.4	1.8	2.1	0.9	③
50	80	6	0.18	0.66	0.27	0.60	②
50	80	1	11.7	11.1	13.2	13.8	③
60	室温	2	4.5				①
70	21.1	8	0.03				④
70	50	4	1.26				④
70	115	8	5.1				④
93	21.1	8	0.9				④
98	115	8	0.6				④
100	38	—	0.27				④
100	150	8	0.27				④

① 在开口容器内。

② 无空气，浸入闭口容器内。

③ 有饱和空气，浸入闭口容器内。

④ 在闭口容器内。

表 5-26　净化用氮中氧含量对 Ni68Cu28Fe 合金耐蚀性的影响　　（mm/a）

净化用氮气中的氧含量（体积分数）/%	38% HF，沸腾		48% HF，沸腾	
	液　相	气　相	液　相	气　相
<5	0.237	0.171	0.282	0.061
<500	0.420	0.30	0.54	0.096
<1000	0.240	0.279	0.45	0.84
1500	0.780	1.23	0.69	0.600
<2000	0.540	0.600	0.204	0.069
2500	0.720	0.450	0.66	0.225
3500	0.840	1.350	0.84	0.720
4700	1.32	2.67	1.08	2.07
10000	1.14	0.63	1.20	1.26

表 5-27　氧和 SO_2 共存时对 Ni68Cu28Fe 合金耐 HF 酸的影响　　（mm/a）

试　验　条　件		试样位置		
		液相	相界面	气相
70% HF，60℃，用含氧1%的氮气净化		0.549	0.582	0.774
50% HF，60℃	用含氧 $<1000 \times 10^{-6}$ 的氮净化	0.453	—	0.117
	用含氧1%的氮净化	0.939	—	1.386
	用含氧1% +1.5% SO_2 的氮净化	1.149	—	0.576
60% HF，60℃	用含氧 $<1000 \times 10^{-6}$ 的氮净化	0.120	—	0.057
	用含氧1%的氮净化	0.408	—	0.450
	用含氧1% +1.5% SO_2 的氮净化	0.438	—	0.495

在 HF 酸的环境中，当 Ni68Cu28Fe 合金与银、铂、镁、石墨等接触时将加速合金的腐蚀，一些数据见表 5-28 和表 5-29。

表 5-28　Ni68Cu28Fe 合金与其他金属和非金属的接触腐蚀

HF浓度/%	材　料	实验时间/d	用含氧气≤ 1000×10^{-6} 的氮气净化		用含氧1%的氮气净化		用空气净化	
			液相	气相	液相	气相	液相	气相
50	Ni68Cu28Fe	35	0.453	0.117	0.939	1.386	1.257	1.593
		120	0.399	0.129	D	D	—	
	Ni68Cu28Fe 与石墨接触	35		1.308	2.166	D		
		120	D	D				
	Ni68Cu28Fe 与 Ag 接触	35		1.209	1.608	1.464		
		120		0.828	D			
	Ni68Cu28Fe 与 Mg 接触	35		0.720	1.788	0.792		
		120		D	D			
	Ni68Cu28Fe 与 Pt 接触	35						
		120				1.452		
65	Ni68Cu28Fe	35	0.120	0.570	0.408	0.450	0.591	0.564
		120	0.213	0.120	0.486	D		
	Ni68Cu28Fe 与石墨接触	35			0.105	0.798	1.650	
		120			D	D		
	Ni68Cu28Fe 与 Ag 接触	35			3.03	0.591	0.984	
		120			0.159	D		
	Ni68Cu28Fe 与 Mg 接触	35			0.750	0.387	0.960	
		120						
	Ni68Cu28Fe 与 Pt 接触	35			0.507	0.603	—	
		120				0.993		

注：D 代表试样已完全穿透或有时已破碎。

表 5-29　Ni68Cu28Fe 合金在 70%HF 酸中的接触腐蚀　　（mm/a）

材　料	实验时间/d	用含氧气≤1000×10⁻⁶的氮气净化		用含氧气1%的氮气净化		用空气净化	
		液相	气相	液相	气相	液相	气相
Ni68Cu28Fe	35	0.039	0.024	0.069	0.048	0.096	0.189
	120	0.057	0.033	0.072	0.042	0.059	0.099
	240	0.063	0.048	0.081	0.069	0.159(a)	
Ni68Cu28Fe 与石墨接触	35	0.168	0.075	0.174	0.072	0.102(a)	0.060
	120	0.144	0.111	0.147	0.144		0.273①
	240	0.6	0.063	0.175	0.141		
Ni68Cu28Fe 与石墨颗粒接触	35	0.063	0.069	0.117	0.186	0.438	0.057
	120	0.078	0.102	0.102	0.168		
	240	0.093	0.75	0.105	0.123		
Ni68Cu28Fe	35	0.135	0.051	0.543	0.774	0.197	1.044
	120	0.237	0.108	—		0.579	D
Ni68Cu28Fe 与石墨接触	35					0.285	1.308
	120					0.666	D
Ni68Cu28Fe 与石墨颗粒接触	35	0.111	0.051			0.774	D
	120	0.501	D			D	D

注：a 试样已完全穿透或已经破碎；

① 被石墨遮盖的表面上产生了局部腐蚀。

在工厂的实际 HF 酸工艺环境中 Ni68Cu28Fe 合金的腐蚀见表 5-30。

表 5-30　Ni68Cu28Fe 合金在工厂 HF 酸环境中的腐蚀

试　验　条　件	温度/℃	腐蚀速度/mm·a⁻¹
无水 HF	500	1.22
	550	1.22
	600	1.83
60%HF 酸在贮槽中稀释至40%，试样浸入溶液中	室温	0.076
60%~65%工业 HF 酸+1.5%~2.5%H₂SiF₆+0.3%~1.25%H₂SO₄+0.01%~0.03%Fe，试样浸入贮槽的溶液中	16~27	0.56
12%HF 酸+0.2%H₂SiF₆+1g/L 铁盐，试样浸在用水吸收工艺过程氟的水溶液中，流速 0.98m/min	83	0.30

（4）氟硅酸（H_2SiF_6）中。H_2SiF_6 对 Ni68Cu28Fe 合金的腐蚀类似于 HF 酸，在 H_2SiF_6 中的腐蚀试验结果见表 5-31。氧的存在将加速合金的腐蚀，此外可引起合金的应力腐蚀破裂。

表5-31 Ni68Cu28Fe合金在 H_2SiF_6 中的腐蚀

酸浓度/%		温度/℃	腐蚀速度/ mm·a^{-1}
H_2SiF_6	HF		
10	0	24	0.092
10	30	24	0.060
20	0	24	0.055
20	30	24	0.055
35.2	0	24	0.0375
22	0	80	0.375
22	2	80	0.225
30	0	24	0.0275

（5）盐酸（HCl）中。盐酸是一种腐蚀性十分强烈的还原性酸，此合金仅适用于处理浓度低于3%～4%的室温以上温度的盐酸，例如可处理50℃、2%的HCl酸和82℃、1%的HCl酸。Ni68Cu28Fe 在 HCl 酸中的一些腐蚀数据见表5-32和图5-26～图5-28，由这些数据可知，温度升高和氧化剂的存在将使腐蚀加剧。在沸腾温度，即使浓度很低，此合金也不具备适用的耐蚀性。因此，Ni68Cu28Fe合金仅能适用于室温、浓度 <15% 的 HCl 酸和高于室温浓度 <5% 的 HCl 酸。

表5-32 Ni68Cu28Fe 在沸腾静止不通气的 HCl 酸中的腐蚀（10天试验）

HCl 酸浓度/%	腐蚀速度/ mm·a^{-1}	HCl 酸浓度/%	腐蚀速度/ mm·a^{-1}
0.5	0.74	5.0	1.12
1.0	1.07		

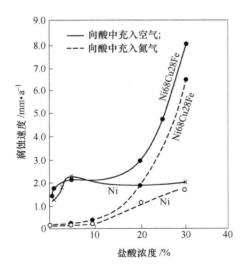

图 5-26 Ni 和 Ni68Cu28Fe 合金
在 30℃盐酸中的耐蚀性

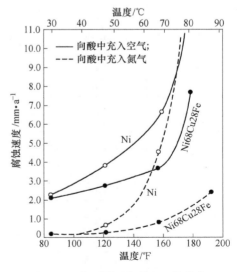

图 5-27 在不同温度的 5% 盐酸中，
Ni 和 Ni68Cu28Fe 合金的耐蚀性

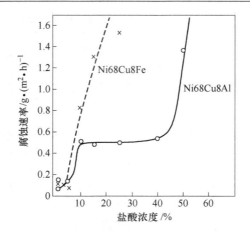

图 5-28　　在沸腾盐酸中，Ni68Cu28Fe 和 Ni68Cu28Al 合金的耐蚀性

（6）磷酸中。在不含氧和氧化剂的磷酸中，Ni68Cu28Fe 合金在 ≤105℃是耐蚀的，在 50℃ 和 105℃ 的磷酸中，合金的腐蚀速度分别为 ≤0.05mm/a 和 ≤0.25mm/a。通入空气或酸中含有氧化剂将使合金的腐蚀速度急剧增加。在湿法磷酸中，因酸中含有 Cl^-、F^-、SO_4^{2-}、Fe^{3+}，此合金的腐蚀速度太高，不具备使用的可能性。表 5-33 为 Ni68Cu28Fe 合金在试剂级和火法磷酸中的耐蚀性。

表 5-33　　Ni68Cu28Fe 合金在试剂级和火法磷酸中的耐蚀性

酸浓度/%	温度/℃	试验时间/d	腐蚀速度/mm·a^{-1}	
			未充空气	充入空气
3.2	25	49	0.04	—
3.2	100	0.2	1.25	—
10.0	101	4	0.25	—
25.5	95	1	0.10	1.21
50.0	110	4	0.10	
78~85	25	—	0.0025	—
78~85	49	—	0.025	—
78~85	105	—	0.226	—
85	55	—	0.015	—
85	75	—	0.11	—
85	100	—	0.23	—
85	98	4	0.025	—
85	98	5	—	0.56
85	124	6	0.25	11.18
85	160（沸）	1	115	—
117	60	6	0.084	<0.25
117	240~255	—	极大	—

（7）有机酸中。Ni68Cu28Fe合金在醋酸中的耐蚀性见图5-29和表5-34。在不通气的醋酸中，合金的腐蚀速度不大于0.10mm/a。在通气的醋酸中，其腐蚀速度为0.20~0.75mm/a。浓度为50%时，腐蚀最强烈。在沸腾温度下不通气的醋酸浓度对合金的耐蚀性影响不明显。在通气的醋酸中，随溶液浓度的提高合金的腐蚀明显加速。

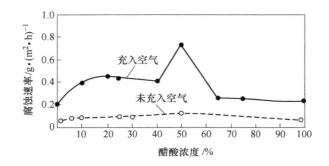

图5-29　Ni68Cu28Fe合金在30℃醋酸中的耐蚀性

（充入空气试验时间24h，流速4.87m/min，未充入空气试验时间72h）

表5-34　在未充空气的沸腾醋酸中Ni68Cu28Fe合金的腐蚀性

醋酸浓度/%	腐蚀速度/mm·a^{-1}	
	气　相	液　相
5	0.0325	0.033
50	0.0112	0.053
98	0.041	0.048
99.9	0.051	0.157

注：试验20h。

在其他有机酸中，Ni68Cu28Fe合金具有适宜的耐蚀性（表5-35），甲酸具有更强的腐蚀性。在果汁中，合金的耐蚀性极好（表5-36）。

表5-35　在一些有机酸中Ni68Cu28Fe合金的耐蚀性

介　质	腐蚀速度/mm·a^{-1}	
	室　温	60℃
酒石酸	0.030	0.046
草　酸	0.015	0.203
柠檬酸	0.0381	0.188
甲　酸	0.086	0.584

表 5-36　在各种果汁中 Ni68Cu28Fe 合金的耐蚀性

介　质	试验条件	腐蚀速度/mm·a^{-1}
番茄汁	室温下充入空气	0.0762
	室温下未充空气	0.00076
	77℃充入空气	0.185
	91℃充入空气	0.279
柠檬汁	室温下充入空气	0.254
	室温下未充空气	0.0127
	沸　腾	0.0178
梨　汁	室温下充入空气	0.129
	室温下未充空气	0.0178
	82℃充入空气	0.762
	71~79℃真空	0.635
葡萄汁	室温下充入空气	0.117
	室温下未充空气	0.0533
	沸　腾	0.007

　　e　Ni68Cu28Fe 合金在碱中的腐蚀

　　在 NaOH 中，当浓度≤75%，温度≤135℃时，合金的耐蚀性与纯镍相当。表 5-37 为 Ni68Cu28Fe 合金在 NaOH 中的腐蚀试验结果。此合金在 NaOH 中呈现出良好的耐蚀效果。与纯镍比较，在高浓度、高温的 NaOH 中，该合金的耐蚀性不如纯镍。在高浓度或熔融 NaOH 中，受拉应力的合金还将产生应力腐蚀破裂，为避免这种腐蚀，需进行消除应力退火。

表 5-37　Ni68Cu28Fe 合金和纯 Ni 在 NaOH 中的耐蚀性

浓度/%	温度/℃	是否充入空气	是否搅动	试验时间/d	腐蚀速度/mm·a^{-1}	
					纯 Ni	Ni68Cu28Fe
4	30	未充	未搅动	1~2	0.0013	0.004
4	30	充	空气搅动	1~2	0.0013	0.005
14	88	未充	未搅动	90	0.0005	0.0013
30~35	81	未充	未搅动	16	0.0022	0.0005
50	55~61	未充	充满容器	135	0.0005	0.005
72	121	充	充满容器	119	0.0025	0.008
73	95~100	未充	—	111	0.0033	0.004
73	104~116	未充	充满容器	126	0.0005	0.0025
74	130	—	—	7~9	0.0178	0.010
60~纯 NaOH	150~260	未充	未搅动	2	0.0099	0.340

KOH 与 NaOH 的腐蚀行为相似，Ni68Cu28Fe 合金在 KOH 中的腐蚀与在 NaOH 中基本相同。

在 NH_4OH 中，此合金的耐蚀性优于纯镍，但也仅允许在很稀（3% 以下）的条件下使用。一些腐蚀试验数据见表 5-38。

表 5-38　Ni68Cu28Fe 合金在 NH_4OH 中的腐蚀

NH_3（质量分数）/%	温　度	腐蚀速度/mm·a^{-1}
2.7	室　温	0
3.6	室　温	1.78
5.5	室　温	7.57
8.2	室　温	8.05
11.1	室　温	8.30
18.3	室　温	5.87
25.8	室　温	0.91

注：试验时间：20h；搅动速度：113m/min。

f　Ni68Cu28Fe 合金在盐中的腐蚀

在中性和苛性盐中（氯盐、硫化物盐、硝酸盐、醋酸盐和碳酸盐）Ni68Cu28Fe 合金具有极佳的耐蚀性，在热浓溶液中其腐蚀速度通常低于 0.025mm/a。表 5-39 为 Ni68Cu28Fe 合金在各种中性和苛性盐类中的耐蚀性。

表 5-39　在中性与苛性盐中纯 Ni 与 Ni68Cu28Fe 合金的耐蚀性

介　质	试　验　条　件	腐蚀速度/mm·a^{-1}	
		纯 Ni	Ni68Cu28Fe
$CaCl_2$	在蒸发器浓缩溶液中，≤35%，160℃，22 天	0.0076	0.0076
LiCl	在蒸发器浓缩溶液中，≤30%，116℃，40 天	0.0127	0.0127
KCl	在 30% KCl + 0.2% KOH 中，60℃，183 天	0.003	—
NaCl	与水蒸气和空气混合的饱和溶液中，93℃	0.053	0.066
Na_2SiO_3	在蒸发器浓缩溶液中，≤50%，110℃，42 天	0.0005	0.0008
Na_2SO_4	在饱和溶液中，pH9~10，77℃，48 天	0.020	—
NaSH	在 45% 溶液中，50℃，367 天	0.015	0.010
$NaNO_3$	在 27% 溶液中，50℃，136h	—	0.005

在酸性盐中（硫酸铝、硫酸铵、氯化铵和氯化锌），在不通气的非氧化酸性盐中，合金具有适用的耐蚀性，在沸腾、浓溶液中，Ni68Cu28Fe 合金的腐蚀速度≤0.50mm/a。此合金在酸性盐中的工厂试验结果见表 5-40。

表 5-40   Ni68Cu28Fe 合金在酸性盐中的腐蚀

腐蚀介质	试 验 条 件	腐蚀速度/mm · a^{-1}	
		Ni200	Ni68Cu28Fe
硫酸铝	静止浸入25%溶液中，35℃，112 天	0.015	0.04
硫酸铝	115℃，57% 蒸发浓缩溶液中，44 天	1.50	0.41
氯化铵	102℃，28% ~40% 溶液，蒸发器中，32 天	0.21	0.30
硫酸铵 + 硫酸	含5% H_2SO_4 饱和溶液，40℃，结晶槽中，33 天	0.075	0.075
氯化锰 + 游离 HCl	浸入11.5% 沸腾溶液中，具有回流冷凝装置中，101℃，48h	0.22	—
硫酸锰	113℃，密度 1.25 ~1.35，蒸发器中，11 天	0.074	0.12
氯化锌	38℃，真空浓缩 （7.9% ~21%） 210 天	0.12	0.11
氯化锌	115℃，真空浓缩（21% ~69%），90 天	1.01	0.41
硫酸锌	含痕量 H_2SO_4 的饱和溶液，在蒸发皿中，107℃，35 天，强力搅拌	0.64	0.51

在氧化性酸性盐中 ［$FeCl_3$、$Fe_2(SO_4)_3$、氯化锌、氯化汞］，Ni68Cu28Fe 合金不具备可用的耐蚀性，在氧化性苛性盐中，Ni68Cu28Fe 合金的耐蚀性并不理想，一般限于在稀溶液中使用 ［可利用的氯 < 500×10^{-6} （质量分数）］，次氯酸钠对 Ni68Cu28Fe 合金的腐蚀见表 5-41，硅酸钠和磷酸三钠具有明显的缓蚀作用。

表 5-41   Ni68Cu28Fe 合金在 40℃ 次氯酸钠中的腐蚀 （16h 试验）

溶液成分/g · L^{-1}			腐蚀速度/ mm · a^{-1}	最大点蚀深度/mm
可利用的氯	硅酸钠	磷酸三钠		
6.5	—	—	2.88	0.28
6.5	0.5	—	0.46	0.127
6.5	—	0.5	0.21	0.152
6.5	2.0	—	0.05	0.178
6.5	—	2.0	0.086	0.127
3.3	—	—	1.02	0.178
3.3	0.5	—	0.025	—
3.3	—	0.5	0.11	0.076
0.1	—	—	0.096	0.076
0.1	0.5	—	0.0076	—
0.1	—	0.5	0.033	—

在熔盐和液体金属中，Ni68Cu28Fe 合金在一定温度范围内具有良好的耐蚀性。在熔融 NaOH 中，当温度 ≤500℃ 时，其耐蚀性与纯镍相当。在高温、高浓度的 NaOH 中，在高应力存在时，该合金将会产生应力腐蚀破裂，在 ≤600℃ 的盐浴热处理熔盐中 ［$(Na,K)NO_3$、氯化物盐、碳酸盐］，合金的耐蚀性与纯镍相似。在 816℃ 的 43KF-44.5LiF-10.9NaF-1.1UF$_4$ 混合氟化物中，未见合金的明显腐

蚀，而在700℃的76LiF-24UF$_4$中，Ni68Cu28Fe合金的腐蚀速度达到4mm/a以上。

在温度≤600℃熔融Na和NaK液体金属中，该合金具有良好的耐蚀性，在300℃的NaK中未见腐蚀，但在300℃液态金属Li中，合金的耐蚀性不佳，Li容器出现脆裂。Ni68Cu28Fe合金不适于在液态金属Bi、Pb、Sn、Al、Zn中使用。

B 应力腐蚀

a 氟化物中的应力腐蚀

在静拉伸应力作用下，在HF酸气相中，无论是冷拔还是退火的Ni68Cu28Fe合金均可出现应力腐蚀断裂（表5-42）。实际应用中，在质量分数为24%～25%的HF酸中曾出现宽度达0.5mm的应力腐蚀裂纹。使用3～5个月的输送24%～25% HF的管道出现晶间型应力腐蚀。

表5-42 在HF酸气相中，Ni68Cu28Fe合金U形试样的应力腐蚀

合 金	试验状态	试验数量	首先观察到应力腐蚀裂纹的时间/d
Ni68Cu28Fe	退 火	23	4～15
Ni68Cu28Fe	冷 拔	2	6～15
Ni68Cu28Fe	焊 接	17	4～14
Ni68Cu28Si	冷 拔	1	15

在HF + CuF$_2$的介质中，Ni68Cu28Fe合金的应力腐蚀行为如图5-30所示。施加应力的水平、温度、CuF$_2$和HF酸的浓度均构成影响合金耐应力腐蚀性能的重

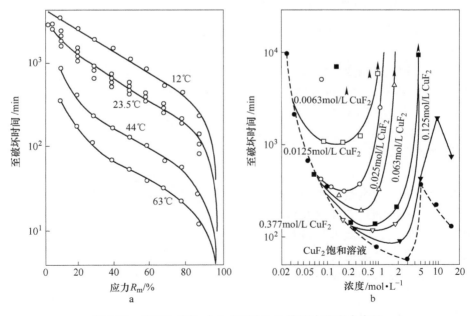

图5-30 Ni68Cu28Fe合金在HF-CuF$_2$溶液中的应力腐蚀

a—0.063mol/L CuF$_2$，0.38mol/L HF；b—23℃，HF + CuF$_2$溶液，应力 = 0.9R_m

要因素，在一定的介质条件下，增加施加应力水平将加速合金的应力腐蚀破裂。随介质 CuF_2 数量的增加，合金的耐应力腐蚀敏感性增加，HF 酸浓度在 2~4mol/L 时，合金的耐应力腐蚀性能最差。随介质温度的提高，合金的耐应力腐蚀性能下降。在慢速拉伸应力腐蚀试验中，已注意到破裂与点蚀无关，在低应变和低应变速度下，观察到晶间裂纹，在高应变和高应变速度下，观察到穿晶裂纹。

    b   苛性碱中的应力腐蚀

    在 300℃ NaOH 和 KOH 中 Ni68Cu28Fe 合金的应力腐蚀性能见表 5-43。退火处理可显著改善或消除合金的应力腐蚀倾向。

表 5-43   在 300℃NaOH 和 KOH 中 Ni68Cu28Fe 合金和纯 Ni 的应力腐蚀性能

材　料	热处理条件	材料的屈服应力 /MPa	外加应力 /MPa	应力腐蚀情况	
				NaOH	KOH
Ni68Cu28Fe	冷拔态	665	503	4（IG）	2（NI）
	850℃ × $\frac{1}{4}$h，水冷	195	156	4	5
	540℃ × $\frac{1}{2}$h，消除应力	365	315	0（IG）	0（IG）
	950℃ × $\frac{1}{2}$h，退火	173	126	5	5

    注：0—试样断裂；1—肉眼可见的粗裂纹；2—肉眼可见的细裂纹；4—显微镜下窄裂纹；5—无裂纹；
    （IG）—晶间裂纹；（NI）—裂纹很短，穿晶或沿晶未定。

5.2.1.6   热加工、冷加工、热处理和焊接性能

    A   热加工

Ni68Cu28Fe 高温变形抗力小，易于热加工和热成型。合金的热加工温度范围为 650~1170℃，对于苛刻的变形条件，最好在 927~1177℃ 之间实施变形操作。轻微变形可在 649℃ 下进行。采用较低温度热加工，可获得高的强度和微细的晶粒。

    B   冷加工

Ni68Cu28Fe 合金是一种奥氏体合金，具有高的塑、韧性以及低的冷加工硬化倾向，因此极易冷加工变形和冷成型。合金的冷加工硬化稍高于碳钢，较 18Cr-8Ni 奥氏体不锈钢低（图 5-31）。

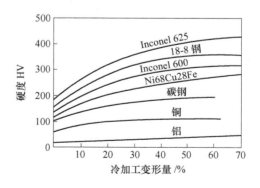

图 5-31   冷加工对 Ni68Cu28Fe 合金硬度的影响

    C   热处理

合金的固溶（退火）处理温度为 871~982℃。

消除应力处理一般选择在 538 ~ 566℃之间进行，既可消除残余应力又不使合金发生再结晶。为提高合金的耐应力腐蚀性能，亦可在 538 ~649℃之间进行消除应力处理。为了获得理想的性能和细小的晶粒，固溶温度不宜太高（图 5-32）。

固溶（退火）温度一般选择为 871 ~ 982℃。通常，在敞开式炉中，在（871 ~ 982）℃ ×（2 ~10）min，在箱式炉中，在（760 ~815）℃ ×（1 ~3）h 进行固溶退火，可获得最佳效果。保温时间的长短取决于材料的截面尺寸和冷加工程度。

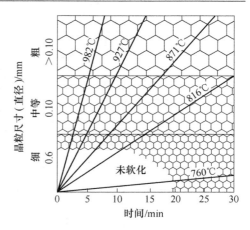

图 5-32 热处理温度、时间对 Ni68Cu28Fe 合金晶粒尺寸的影响

D 焊接

Ni68Cu28Fe 合金焊接性能良好，不同的焊接方法可采用不同的相匹配的焊接材料。例如：

（1）TIG 和 MIG 焊接，可用 Monel 60 焊丝；

（2）手工电弧焊，使用 Monel 190 焊条；

（3）埋弧焊，使用 Monel 60 充填金属和 Incofax 5 埋弧焊剂；

（4）与非合金钢或低合金钢对接焊，可使用 Monel 190 焊条。

5.2.1.7 物理性能

Ni68Cu28Fe 合金的物理性能见表 5-44 和表 5-45。

表 5-44 Ni68Cu28Fe 合金的物理常数

密度/g·cm⁻³	熔点/℃	弹性模量/MPa			泊松比	居里点/℃
		拉	压	扭		
8.83	1293 ~1349	179 140	179 140	65 455	0.32	-6.7 ~10

表 5-45 Ni68Cu28Fe 合金的热导率、线胀系数、比热容和电阻率

温度/℃	平均线胀系数/10⁻⁶K⁻¹	热导率/W·(m·K)⁻¹	比热容/kJ·(kg·K)⁻¹	电阻率/μΩ·m
-196	—	—	—	0.34
-184	10.98	16.272	0.209	
-129	11.52	18.72	0.327	
-73	12.06	20.016	0.368	
21.1	—	21.744	0.427	0.51

温度/℃	平均线胀系数/$10^{-6}K^{-1}$	热导率/$W \cdot (m \cdot K)^{-1}$	比热容/$kJ \cdot (kg \cdot K)^{-1}$	电阻率/$\mu\Omega \cdot m$
93.0	13.86	24.048	0.440	0.53
204	15.48	27.792	0.461	0.56
316	15.84	30.96	0.477	0.57
427	16.02	34.272	—	0.59
538	16.38	38.016	—	0.61
649	16.74	41.328	—	0.63
760	17.28	44.784	—	0.65
871	17.64	48.24	—	0.67
982	18.0	51.84	—	0.69
1093	18.54	—	—	0.71

5.2.1.8　应用

Ni68Cu28Fe 是一种用途广泛和用量较大的镍基耐蚀合金，主要用于解决还原性腐蚀介质引起腐蚀的设备和部件，尤其适用于含氟化物的还原性腐蚀环境中。它成功用于化学和石油化工和海洋开发中，用于制造各种换热设备、锅炉给水加热器、石油和化工等化学加工中的管线、容器、塔、槽、反应釜、泵、阀、轴、紧固件以及弹性部件和固定装置等。

5.2.2　Ni68Cu28Al（Monel K-500）

Ni68Cu28Al 合金与上述 Ni68Cu28Fe 合金比较，除具有相同的耐蚀性外，它还具有时效硬化反应特性，可通过适当的热处理，使合金基体上沉淀出弥散的 Ni_3（Al、Ti）金属间化合物，使合金获得更高的强度和硬度。

5.2.2.1　化学成分和组织特点

Ni68Cu28Al 合金的化学成分见表 5-1，它与 Ni68Cu28Fe 合金的最大差别是此合金含有质量分数为 2.3% ~ 3.15% 的 Al 和 0.30% ~ 1.00% 的 Ti。不同国家的类似牌号，Al 和 Ti 加入量略有差别。合金的组织，除在适当的热处理条件下，其组织由奥氏体基体和弥散的 Ni_3（Al、Ti）组成外，与 Ni68Cu28Fe 基本一致。

5.2.2.2　室温力学性能

A　拉伸性能

Ni68Cu28Al 合金不同类型材料在不同状态下的室温力学性能见表 5-46。室温力学性能与硬度间的关系如图 5-33 ~ 图 5-35 所示。与 Ni68Cu28Fe 合金比较，此合金的强度提高，塑性稍有降低，合金的缺口拉伸性能见表 5-47。

表 5-46 Ni68Cu28Al 合金的室温力学性能

试验用合金的品种和条件		R_m/MPa	$R_{p0.2}/MPa$	$A/\%$	硬 度	
					HB	HRB，HRC
棒 材	热加工态	620~1070	275~760	20~45	140~315	75HRB~35HRC
	热加工+时效	965~1310	690~1035	20~30	265~346	27~38HRC
	热加工+退火	620~760	275~415	25~45	140~185	75~90HRB
	热加工+退火+时效	895~1135	585~825	20~35	250~315	24~35HRC
	冷拔态	690~965	480~860	13~35	175~260	88HRB~26HRC
	冷拔+时效	930~1275	655~1100	15~30	255~370	25~41HRC
	冷拔+退火	620~760	275~415	25~50	140~185	75~90HRB
	冷拔+退火+时效	895~1310	585~825	20~30	250~315	24~35HRC
薄 板	冷轧+退火	620~725	275~450	25~45	—	≤85HRB
带 材	冷轧退火	620~725	275~450	25~45	—	≤85HRB
	退火+时效	898~1170	620~825	15~25	—	≥24HRC
	弹簧回火	1000~1135	895~1100	3~8	—	≥25HRC
	弹簧回火+时效	1170~1515	895~1345	5~10	—	≥34HRC
无缝管材	冷拔+退火	620~760	275~450	25~45		≤90HRB
	冷拔+退火+时效	895~1240	585~825	15~30		24~36HRC
	冷拔态	760~1100	585~965	2~15		95HRB~32HRC
	冷拔+时效	965~1515	690~1380	3~25		27~40HRC
中厚板材	热加工态	620~930	275~760	20~45	140~260	75HRB~26HRC
	热加工+时效	965~1240	690~930	20~30	265~337	27~37HRC
丝 材	退火态	550~760	240~450	20~40	—	—
	退火+时效	825~1035	620~760	15~30	—	—
	弹簧回火态	1000~1310	895~1240	2~5	—	—
	弹簧回火+时效	1100~1380	965~1310	3~8	—	—

表 5-47 Ni68Cu28Al 合金缺口试样的拉伸性能

试样状况	$R_{p0.2}/MPa$	R_m（有缺口样）/MPa	R_m/MPa	R_m（有缺口）/R_m	$A/\%$	$Z/\%$	硬度 HRC
66.7mm 棒材，冷拔+退火+时效	670	1280	1050	1.22	25	43	28
92mm 棒材，热轧+时效	820	1460	1135	1.28	22	45.2	32
76.2mm 棒材，冷拔+时效	840	1480	1110	1.34	22	43.2	29

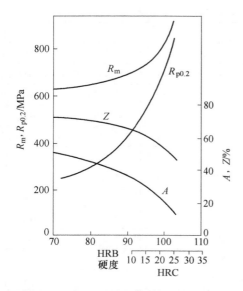

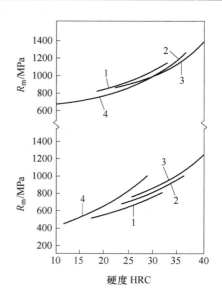

图 5-33   Ni68Cu28Al 合金热加工棒材、锻件和
　　　冷拔棒材的强度与硬度的关系

图 5-34   Ni68Cu28Al 合金带材和薄板的
　　　力学性能与硬度的关系

1—退火；2—10% 变形、热处理；3—20% 、
40% 和 50% 变形，热处理；4—全部回火

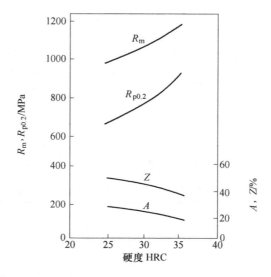

图 5-35   Ni68Cu28Al 合金时效硬化棒材和锻件的强度与硬度的关系

B   抗压强度

Ni68Cu28Al 合金的抗压强度见表 5-48。

表 5-48 Ni68Cu28Al 合金的抗压强度

状 态	R_m/MPa	$R_{p0.2}$/MPa	A/%	$R_{p-0.2}$/MPa	$\sigma_{-0.1}$/MPa	硬度 HB
热轧态	690	324	425	276	234	165
时效硬化	1041	765	30.0	834	662	300

C 疲劳强度

不同状态和不同表面状况的 Ni68Cu28Al 合金的疲劳强度见表 5-49 和表 5-50。

表 5-49 Ni68Cu28Al 合金的室温疲劳强度 (10^8)

条 件		疲劳强度/MPa	R_m/MPa	疲劳强度/抗拉强度
棒材	退 火	260	605	0.43
	热 轧	300	680	0.43
	热轧 + 时效	350	1070	0.33
	冷 拔	310	825	0.37
	冷拔 + 时效	325	1170	0.28
带 材	退 火	185	605	0.31
	带状弹簧，时效	255	1055	0.24

表 5-50 不同表面状况的 Ni68Cu28Al 合金的疲劳性能 (10^8)

试样状态	表面情况	R_m/MPa	疲劳强度/MPa	疲劳强度/抗拉强度
热轧 + 时效	抛光	1180	345	0.29
	氧化	1185	270	0.23
冷拔 + 时效	抛光	1200	390	0.33
	氧化	1155	270	0.24

D 冲击性能

Ni68Cu28Al 合金的室温冲击性能见表 5-51 ~ 表 5-53。

表 5-51 热轧 Ni68Cu28Al 合金热轧棒材的冲击性能

棒材直径/mm	$R_{p0.2}$/MPa	夏比 V 形缺口冲击吸收功/J	棒材直径/mm	$R_{p0.2}$/MPa	夏比 V 形缺口冲击吸收功/J
32.0	670	372	22.2	755	310
32.0	640	496	25.4	765	261

表 5-52 冷拔 Ni68Cu28Al 合金棒材的冲击性能

棒材直径/mm	$R_{p0.2}$/MPa	夏比 V 形缺口冲击吸收功/J
32.0	635	525
20.6	710	301
17.4	760	272

表 5-53　　不同状态的 Ni68Cu28Al 合金的冲击吸收功

试　样　状　态	试验方法	夏比钥匙孔缺口试样冲击吸收功/J
热加工态	纵　　向	510
	横　　向	351
热加工态 + 退火	纵　　向	369
	横　　向	330
热加工态 + 时效	纵　　向	172
	横　　向	158
热加工态 + 时效	纵　　向	262
	横　　向	138
热加工态 + 退火 + 时效	纵　　向	276
	横　　向	152
冷拔态	纵　　向	276
冷拔态 + 退火	纵　　向	620
冷拔态 + 时效	纵　　向	179
冷拔态 + 时效	纵　　向	138
冷拔态 + 退火 + 时效	纵　　向	317

5.2.2.3　低温力学性能

此合金具有良好的低温力学性能，尤其是低温塑韧性优良，在 -196℃ 其断裂也呈现为塑性断裂，一些低温数据如图 5-36 ~ 图 5-38 和表 5-54 所示。

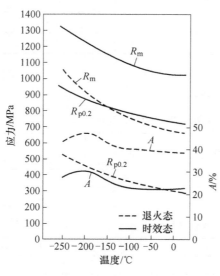

图 5-36　Ni68Cu28Al 合金的低温力学性能
（1.6mm 薄板）

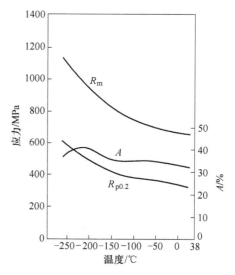

图 5-37　焊接并经焊后退火热处理的
Ni68Cu28Al 合金的低温力学性能

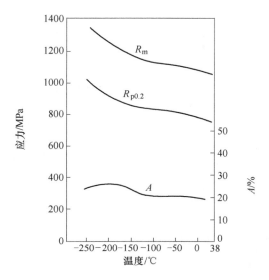

图 5-38　焊接并焊后时效的 Ni68Cu28Al 合金的低温力学性能

表 5-54　Ni68Cu28Al 合金的低温冲击吸收功（夏比 V 形缺口）

试验温度/℃	冲击吸收功/J	试验温度/℃	冲击吸收功/J
室温	255	−196	214
−79	234		

5.2.2.4　高温力学性能

合金的高温瞬时拉伸性能如图 5-39 ~ 图 5-41 所示。

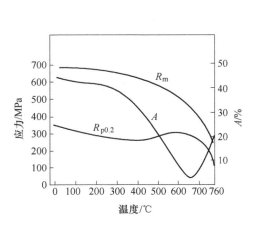

图 5-39　热轧态 Ni68Cu28Al 合金的
高温力学性能

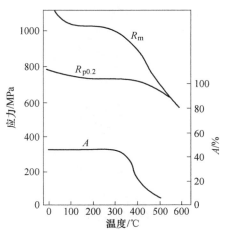

图 5-40　热加工 + 时效 Ni68Cu28Al
合金的高温力学性能

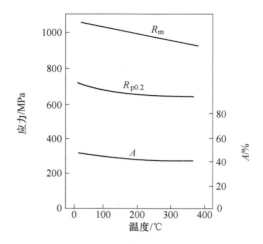

图 5-41　退火 + 时效 Ni68Cu28Al 合金的高温力学性能

不同状态的 Ni68Cu28Al 合金的高温硬度见表 5-55。

表 5-55　不同状态的 Ni68Cu28Al 合金的高温硬度　(HB)

状　　态	21.1℃	371℃	427℃	482℃	538℃	593℃
热加工态	241	223	207	201	170	179
热加工 + 时效态	331	311	302	293	255	229

蠕变和持久性能如图 5-42 和图 5-43 所示。

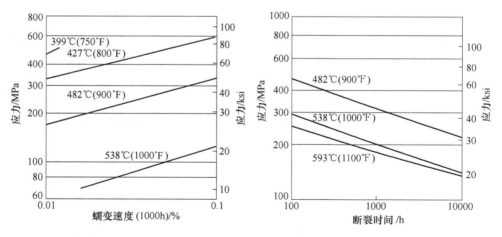

图 5-42　冷拔 + 时效 Ni68Cu28Al　　　　图 5-43　热加工 + 时效 Ni68Cu28Al
　　　合金的蠕变性能　　　　　　　　　　　　　合金的持久强度

5.2.2.5　耐蚀性

在固溶状态下，Ni68Cu28Al 合金的耐蚀性与 Ni68Cu28Fe 合金基本相同，

Ni68Cu28Fe 合金的耐蚀性数据完全适用于 Ni68Cu28Al 合金。然而，在时效状态下，其耐蚀性有所下降。此合金与 Ni68Cu28Fe 完全一样，在 HF 酸气相中或在含 CuF₂ 的 HF 酸中对应力腐蚀较为敏感。在流动海水中腐蚀速度很高，在静止或流速慢的海水中，由于污垢或海生物附着于合金表面会引起点蚀，但扩展缓慢。

5.2.2.6 热加工、冷加工、热处理和焊接性能

A 热加工

适宜的热加工和热成型温度为 871 ~ 1149℃。大变形量的热加工宜在 1038 ~ 1149℃的温度区间进行。为获得细小晶粒锻件，其加工温度以 1093℃为宜，并应具有大于30%的变形量。

B 冷加工

合金的冷加工和冷成形应在退火状态下进行，尽管此材料具有较大的变形抗力，但因其塑形良好，冷加工不会遇到任何困难。冷加工使材料强化，再施以时效处理，可获得更高的强度。

C 热处理

合金的固溶退火温度为 793 ~ 871℃，可获得良好的综合性能。对于需要时效硬化处理的部件，对于热加工产品推荐的退火温度为 982℃，冷加工产品为 1038℃。在 982℃以上温度，合金的晶粒易于长大，应尽量缩短加热时间。

时效硬化处理根据不同类型的材料采用不同的工艺（表 5-56）。

表 5-56　Ni68Cu28Al 合金时效硬化处理工艺

材料类型和状态	时效硬化处理工艺
锻后淬火或退火锻件，退火或热轧棒，大规格冷拔棒(≥38mm)，供软化回火的丝和带(148 ~ 180HB)	(593 ~ 605)℃×16h，以 3.8 ~ 9.6℃/h 冷至482℃，水冷或空冷
冷拔棒，半硬态带（175 ~ 250HB）等中等硬度冷加工合金	(593 ~ 677)℃×8h，以不大于 3.8 ~ 9.6℃/h 的冷却速度冷至482℃
弹性部件用带、丝或经大加工量的冷加工材（260 ~ 325HB）	(527 ~ 538)℃×6h，以低于 3.8 ~ 9.6℃/h 冷却速度冷至482℃

D 焊接

此合金可采用工业常用的各种焊接方法进行焊接，焊接应在退火状态下进行，匹配焊接材料视焊接方法不同而进行不同的选择。

（1）TIG 法和 MIG 法，使用 Monel 64 焊丝；

（2）手工电弧焊，采用 Monel 134 焊条；

（3）如果对焊件进行时效处理，处理前必须对焊件进行消除应力处理。

5.2.2.7 物理性能

Ni68Cu28Al 合金的物理性能如表 5-57 和表 5-58 所示。

表 5-57　Ni68Cu28Al 合金的物理性能

相对密度	熔点/℃	弹性模量/MPa		泊松比
		拉	扭	
8.46	1316~1349	180	65	0.32

表 5-58　Ni68Cu28Al 合金的热导率、比热容、电阻率等性能

温度/℃	线胀系数/10^{-6}K^{-1}	热导率/W·(m·K)^{-1}	比热容/J·(kg·K)^{-1}	电阻率/μΩ·m
-196	11.6	—	—	0.56
-157	11.7	12.384	29.7	—
-129	12.24	13.248	32.2	—
-73	12.96	14.832	34.4	—
21.1	—	17.424	41.9	0.61
93.0	13.68	19.584	44.8	0.62
204	14.58	22.464	47.7	0.63
316	14.94	25.632	49.0	0.64
427	15.3	28.512	50.2	0.65
538	15.66	31.68	52.3	0.65
649	16.38	34.56	55.3	0.66
760	16.74	37.728	59.0	0.66
871	17.28	40.608	65.7	0.68
982	—	43.488	77.9	0.69

5.2.2.8　应用

本合金的应用领域与 Ni68Cu28Fe 合金相同，但此合金的强度和硬度高，在强度和硬度要求较高、Ni68Cu28Fe 合金不能满足的条件下，以选用此合金为宜。它主要用于泵轴和叶轮、输送器刮刀、油井钻环、弹性部件和阀垫等。

参 考 文 献

[1] 陆世英，康喜范. 镍基和铁镍基耐蚀合金. 北京；化学工业出版社，1989：10~60.
[2] 康喜范. 镍基和铁镍基耐蚀合金//中国材料工程大典编委会，中国材料工程大典，第2卷，钢铁材料工程（上），第8篇，北京：化学工业出版社，2003：505~523.
[3] Friend W Z. Corrosion of Nickel an Nickel Base alloys. N. Y：John Wiley and Sons，1980：93~123.
[4] Monel Alloys. Huntington Alloys, Inc. , Third Edition, 1978.
[5] Monel-Nickel-Coppers. The International Nickel Co. of Canada, Limited，1969.
[6] Copson H R. Cheng C F. Corrosion, 1956, 12：71t.
[7] Graf L. Wittich W. Werkstof und Korrosion, 1966，5：385.
[8] Everhart L G. Price C E. ASTM, STP1000R, 1990.

6 Ni-Cr 耐蚀合金

铬的加入可改善镍在氧化性介质中的耐蚀性，包括氧化性酸（HNO_3、H_2CrO_4、H_3PO_4），氧化性酸性盐，氧化性碱性盐等。当合金含有 10% 以上的铬时，镍铬合金的耐蚀性、抗氧化性得以明显改善。在不同环境中，改善镍铬合金耐蚀性的临界铬含量有所不同，为达到不同的耐蚀目标，形成了一系列的镍铬耐蚀合金[1~30]。由 Ni-Cr 二元相图（图 6-1）可知，若保持 Ni-Cr 合金为单一奥氏体组织，Ni-Cr 合金中的铬含量 $w(Cr)$ 可达 47%。当 $w(Cr) > 47\%$ 时，合金将具有 γ + α 双相结构。当前工业上应用的 Ni-Cr 耐蚀合金的最高铬含量 $w(Cr)$ 达到 50%，再高的铬含量已不属于镍基合金的范畴。为了减少或抑制富铬碳化物的析出和提高合金的强度、耐磨蚀性以及抗氧化性，某些合金含有不同数量的 Al、Ti、Nb 等元素。在不改变合金基本耐蚀性的前提下，为降低成本，一些牌号含有质量分数为 3% ~ 20% 的 Fe。常用的 Ni-Cr 耐蚀合金的牌号及化学成分见表 6-1。

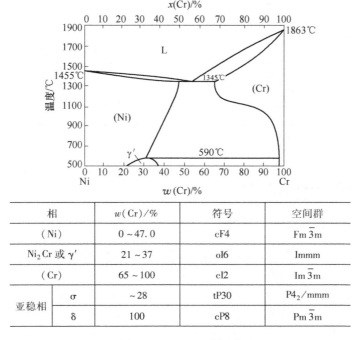

相		$w(Cr)/\%$	符号	空间群
（Ni）		0 ~ 47.0	cF4	Fm $\bar{3}$ m
Ni_2Cr 或 γ′		21 ~ 37	oI6	Immm
（Cr）		65 ~ 100	cI2	Im $\bar{3}$ m
亚稳相	σ	~ 28	tP30	$P4_2/mmm$
	δ	100	cP8	Pm $\bar{3}$ m

图 6-1 Ni-Cr 二元相图

表 6-1　常见镍铬耐蚀合金的化学成分（质量分数）　　　　（%）

化学成分标号	相应的国内牌号 GB	相应的国际上常用的牌号	Ni	Cr	Fe	Mn	Si	C	S	P	其　他
0Cr15Ni75Fe	NS 3102	Inconel 600④ UNS No. 6600	基	14~17	6~10	≤1.0	≤0.50	≤0.10	≤0.015	≤0.03	Co≤0.04
0Cr23Ni63Fe14Al	NS 3103	Inconel 601 UNS No. 6601	58~63	21~25	余	≤1.0	≤0.5	≤0.10	≤0.015	≤0.03	Al1.0~1.7
0Cr15Ni70Ti3AlNb		Inconel X-750 UNS No. 7750	基	14~17	5~9	≤1.0	≤0.5	≤0.10	≤0.010	≤0.02	Al0.4~1.0 Ti2.25~2.75 Nb0.70~1.20
0Cr20Ni65Ti3AlNb	NS 4101	—	基	19~21	余	≤1.0	≤0.5	≤0.10	≤0.010	≤0.02	Al0.4~1.0 Ti2.25~2.75 Nb0.70~1.20
0Cr30Ni70	NS 3101	ЗИ442	基	28~31	≤1.0	≤1.2	≤0.5	≤0.05	≤0.02	≤0.02	Al≤0.30
00Cr30Ni60Fe10	NS 3105	Inconel 690 UNS No. 6690	基	27~31	7~11	≤0.5	≤0.5	≤0.05	≤0.015	≤0.02	Cu≤0.50
0Cr35Ni65	NS 3104	Corronel 230	基	34~36	≤0.10	≤0.30	≤0.50	≤0.10	≤0.02	≤0.02	Al≤0.25
0Cr40Ni60			基	38~42	≤1.0	≤0.30	≤0.50	≤0.10	≤0.02	≤0.02	
0Cr50Ni50		Inconel 671③ IN-657① IN-589②	基	48~52	≤1.0	≤0.30	≤0.50	≤0.10	≤0.02	≤0.02	Nb1.4~1.7① Zn~1.5② Ti~1.5③

①、②、③ 0Cr50Ni50 的三种牌号；

④ 用于原子能工程。

6.1　铬对镍耐蚀性的影响[1~5]

6.1.1　铬对镍电化学行为的影响

图 6-2 为铬对镍的恒电位阳极极化曲线的影响。随着铬含量的提高，合金的临界钝化电流和维钝电流降低，钝化区变宽，预示着镍的耐蚀性得以提高，33% Cr 的合金处于最佳状态。$w(Cr)=51\%$ 的合金，尽管临界钝化电流最小，维钝电流远高于含 $w(Cr)=33\%$ 的合金。图 6-3 和图 6-4 的结果进一步说明，当合金在铬含量达一定数量后，在稀 H_2SO_4 中便易产生活化-钝化反应，使合金易于钝化，腐蚀将被减缓或抑制。

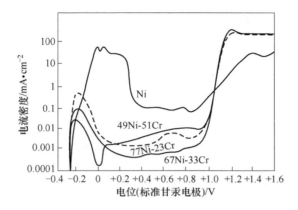

图 6-2　在 H$_2$ 饱和的 25℃5NH$_2$SO$_4$ 中，Ni 和 Ni-Cr 合金的恒电位阳极极化曲线

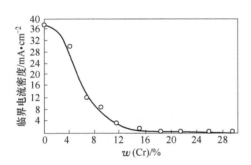

图 6-3　Cr 含量对镍铬合金钝态电流密度的影响
（0.55mol/L H$_2$SO$_4$，25℃，充入氮气）

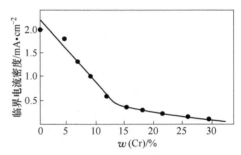

图 6-4　Cr 含量对镍铬合金钝态电流密度的影响
（0.005mol/L H$_2$SO$_4$，25℃，充入氮气）

6.1.2　铬对镍在氧化性酸介质中耐蚀性的影响

铬对镍在氧化性硝酸、硫酸介质中耐蚀的影响如图 6-5 所示。少量铬的加入对镍耐蚀性的影响很小，w(Cr)=5%～9%合金的耐蚀性反而下降。此后，随铬含量增加，合金的耐蚀性便急剧增加，引起耐蚀性突变的临界铬含量视介质条件差别而不同。在达到临界铬含量以后再增加铬含量已无明显效果。

6.1.3　铬对镍在强氧化性硝酸中耐蚀性的影响

在强氧化性硝酸中，随合金中铬含量的提高耐蚀性增加，含质量分数为35%～45% Cr 的 Ni-Cr 合金的耐蚀性达到最理想状态，此后再增加铬含量对耐蚀性已不产生明显的改善效果，在某些条件下合金的耐蚀性反而变坏（图 6-6 和图6-7），含质量分数为 35% Cr 合金具有最低的敏化敏感性（图 6-8）。

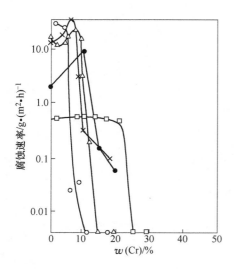

图 6-5　在一些氧化性酸介质中 Cr 含量
对镍耐蚀性的影响

●—室温，10% HNO_3，24h；△—25℃，1mol/L

HNO_3，24h；□—25℃，1.1mol/L HNO_3，

充入空气，4 天；×—30℃，5% H_2SO_4，

1h；○—25℃，0.5mol/L H_2SO_4 +25g/L

$Fe_2SO_4 \cdot 9H_2O$，充入空气

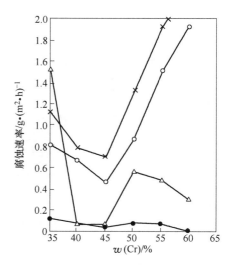

图 6-6　在一些强氧化性酸中，
Cr 含量对镍耐蚀性的影响

●—沸腾 70% HNO_3，48h；○—沸腾 98%

HNO_3，24h；△—沸腾混酸

(60% H_2SO_4 +20% HNO_3 +20% H_2O)，4h；

×—50℃铬酸，72h

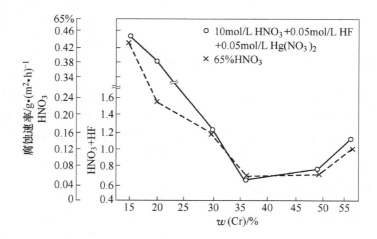

图 6-7　不同 Cr 含量的 Ni-Cr 合金在 65% HNO_3 和

HNO_3 + HF 混酸中，沸腾温度下的耐蚀性

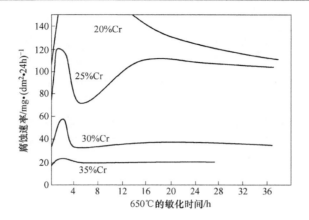

图 6-8　650℃敏化时间对 Ni-Cr 合金在沸腾 70% 硝酸中耐蚀性的影响

6.1.4　铬对镍在高温气体中耐蚀性的影响

　　铬显著改善镍的抗高温硫腐蚀的性能，影响镍的抗硫化性能的主导因素是铬的加入量和温度，图 6-9 为在 500~900℃ 1 个大气压硫蒸气中，Ni-Cr 合金的硫化反应速度与合金中铬含量的关系，显然，含质量分数大于 20% Cr 合金的抗硫化性能将明显改善，质量分数为 50% Cr 的合金达最佳状态。

　　在 H_2S 和 SO_2 中，铬亦显著改善镍铬合金的耐蚀性，图 6-10 给出了在 900℃

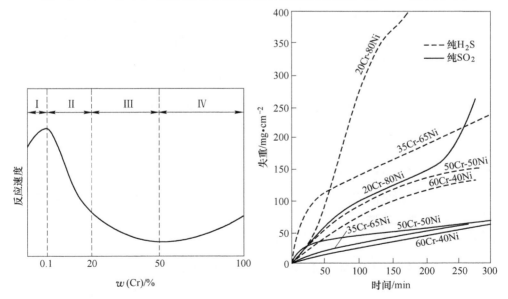

图 6-9　Cr 对镍抗硫化速度的影响　　　　　图 6-10　Ni-Cr 合金在 900℃
　　　　　　　　　　　　　　　　　　　　　　　　　H_2S 和 SO_2 中的耐蚀性

H_2S 和 SO_2 环境中，Ni-Cr 合金的耐蚀性与合金中铬含量的关系。在高温 SO_2 中，因其氧化性使合金生成一层氧化膜阻碍了硫的进一步进入，SO_2 对合金的腐蚀性不如还原性 H_2S 强烈。在 SO_2 中，含质量分数为 35% Cr 的镍铬合金具有最好的耐蚀性，超过 50Cr-50Ni 合金。在 H_2S 中，则 50Cr-50Ni 合金的耐蚀性最好。

铬含量对 Ni-Cr 合金高温抗氧化性能的影响如图 6-11 所示。就抗氧化性能而言，合金中的铬 $w(Cr)$ 达到 20% 即可获得明显效果，随后再提高铬含量，尽管其耐蚀性仍可改善，但已不明显，其抗氧化性能基本处于同一水平。

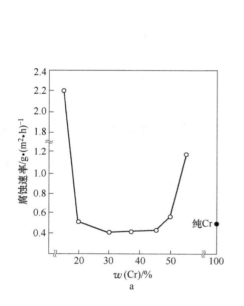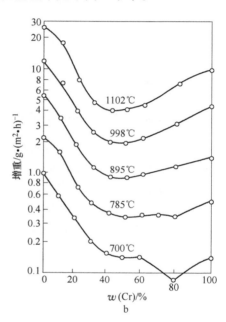

图 6-11　铬含量对 Ni-Cr 合金高温抗氧化性能的影响

a—1150℃, 150h; b—700～1102℃

6.1.5　铬对 Ni-Cr 合金应力腐蚀行为的影响

随合金中铬含量的提高，在易产生应力腐蚀的环境中的耐应力腐蚀性能随之提高，在压水型反应性（PWR）一回路水质条件下尤其显著，含 30% Cr 的合金耐应力腐蚀性能最佳，试验数据如图 2-41～图 2-44 所示。

6.2　常用镍铬耐蚀合金的组织、性能和应用

常用 Ni-Cr 耐蚀合金除 0Cr50Ni50 合金外，在固溶状态均呈奥氏体组织，其主要使用性能为耐蚀性，为提高抗氧化性能和强度，某些牌号加入 Al、Nb 和 Ti。Nb 和 Ti 除具有时效强化作用外，尚可固定合金中的碳，因此降低了合金的敏化

敏感性，具有改善合金耐晶间腐蚀的性能。

6.2.1 0Cr15Ni75Fe(Inconel 600，NS 3102)[1~5,8~21]

0Cr15Ni75Fe 是早期开发和应用的 Ni-Cr 耐蚀合金，自 1931 年问世以来，因其兼有耐蚀、耐热和抗硫化性能以及良好的工艺性能，广泛应用于各工业部门。此合金成分简单易于生产，价格低廉，往往成为一些工业部门的首选材料。

6.2.1.1 化学成分和组织特点

0Cr15Ni75Fe 合金的化学成分见表 6-1。在固溶退火状态下，此合金具有单一的稳定奥氏体组织结构，在中温（550~950℃）范围内停留或经过焊接循环，在合金基体上和沿奥氏体晶界会有 Cr_7C_3（≥891℃）和 $Cr_{23}C_6$ 等富铬碳化物析出，这些富 Cr 型碳化物的析出是导致合金晶间腐蚀的根源。

6.2.1.2 室温力学性能

A 室温拉伸性能

不同状态下各类材料的室温力学性能见表 6-2。不同类型材料的室温力学性能和热处理制度之间的关系见表 6-3～表 6-7。

表 6-2 0Cr15Ni75Fe 合金的室温力学性能

材料品种及状态		R_m/MPa	$R_{p0.2}$/MPa	A/%	硬　度
棒　材	冷拔退火	550~690	175~345	55~35	65~85HRB
	冷拔态	720~1035	550~860	30~10	90HRB~30HRC
	热加工退火态	550~690	205~345	55~35	68~85HRB
	热加工态	585~825	240~620	50~30	75~95HRB
板　材	热轧退火态	550~725	205~345	55~35	65~85HRB
	热轧态	585~760	240~450	50~30	80~95HRB
薄　板	冷轧退火态	550~690	205~310	55~35	≤88HRB
	冷轧硬化态	825~1035	620~860	15~2	≥24HRC
带　材	冷轧退火态	550~690	205~310	55~35	≤84HRB
	冷轧回火态	1000~1170	825~1100	10~2	≥34HRC
管　材	热轧态	515~690	175~345	55~35	
	热轧退火态	515~690	175~345	55~35	—
	冷拔退火态	550~690	175~345	55~35	—
丝　材	冷拔退火态	550~825	240~515	45~20	≤88HRB
	冷拔回火态	725~930	480~725	35~15	
	弹簧回火态	1170~1515	1035~1445	5~2	

表 6-3　热轧棒材的室温力学性能与热处理制度之间的关系

热处理制度	R_m/MPa	$R_{p0.2}$/MPa	A/%	Z/%	HRB
热轧态	669	305	46.0	68.0	86
871℃×1h，空冷	656	282	44.0	66.0	85
927℃×1h，空冷	656	281	45.0	46.5	84
982℃×1h，空冷	620	209	49.0	69.5	75
1037℃×1h，空冷	593	140	55.0	71.5	70
1093℃×1h，空冷	592	166	55.0	71.5	70
1149℃×1h，空冷	580	165	57.5	69.5	69

表 6-4　热处理对锻造棒材室温力学性能的影响

热处理制度	R_m/MPa	$R_{p0.2}$/MPa	A/%	HRB
锻态①	679	398	35	91
704℃×1h，空冷	689	418	34	92
760℃×1h，空冷	669	391	31	89
816℃×1h，空冷	676	391	33	91
871℃×1h，空冷	700	425	32	93
927℃×1h，空冷	703	285	39	88

① 终锻温度为 871℃，变形量为 31%。

表 6-5　热处理对热轧板室温力学性能的影响

热处理制度	R_m/MPa	$R_{p0.2}$/MPa	A/%	Z/%	HRB
热轧态	679	344	42.0	55.5	87
871℃×1h，空冷	672	329	40.0	55.0	87
927℃×1h，空冷	676	339	40.5	58.0	84
982℃×1h，空冷	634	198	49.0	63.0	75
1037℃×1h，空冷	624	189	51.0	65.0	73
1093℃×1h，空冷	616	183	52.5	66.5	72
1149℃×1h，空冷	580	161	58.0	65.0	68

表 6-6　热处理对冷拔棒材室温力学性能的影响

热处理制度	R_m/MPa	$R_{p0.2}$/MPa	A/%	Z/%	硬　度
冷拔态	847	813	16.0	55	28HRC
649℃×1h，空冷	919	775	20.0	51	23HRC
704℃×1h，空冷	1015	686	22.0	52	99HRB
760℃×1h，空冷	812	620	23.5	53	97HRB
816℃×1h，空冷	682	274	42.0	61	76HRB
870℃×1h，空冷	681	272	43.0	63	77HRB

表 6-7　热处理对冷拔管（$\phi16 \times 2mm$）室温力学性能的影响

热处理制度	R_m/MPa	$R_{p0.2}$/MPa	A/%	硬　度
冷拔态	988	911	8.0	34HRC
649℃ ×1h，空冷	984	851	17.5	32HRC
704℃ ×1h，空冷	902	742	18.0	30HRC
760℃ ×1h，空冷	707	285	41.0	88HRB
816℃ ×1h，空冷	688	272	42.0	83HRB
871℃ ×1h，空冷	689	278	43.0	83HRB

B　室温抗压强度

0Cr15Ni75Fe 合金的抗压强度见表 6-8。

表 6-8　0Cr15Ni75Fe 合金的室温抗压强度

材 料 状 态	拉伸屈服强度/MPa		抗压屈服强度/MPa	
	$\sigma_{0.02}$	$R_{p0.2}$	$\sigma_{-0.02}$	$R_{p-0.2}$
热轧退火	268	303	276	309
冷拔消除应力（760℃ ×1h）	552	619	513	605
挤压管	174	212	192	224

C　室温抗剪强度

0Cr15Ni75Fe 合金的室温抗剪强度见表 6-9。

表 6-9　0Cr15Ni75Fe 冷轧薄板和带的抗剪强度

状　态	抗剪强度/MPa	R_m/MPa	硬　度
退火态	417	583	71HRB
半硬态	454	678	98HRB
全硬态	562	1045	31HRC

D　抗扭强度

冷拔应力平衡棒材的抗扭强度见表 6-10。

表 6-10　应力平衡冷拔棒材的抗扭强度

直径/mm	扭 转 性 能			拉 伸 性 能		
	屈服强度/MPa	Johnson 近似弹性极限/MPa	扭转角/(°)·cm^{-1}	R_m/MPa	$R_{p0.2}$/MPa	A/%
25.4	342	372	11.9	717	569	25
38	415	481	—	756	657	22

E　弹簧性能

0Cr15Ni75Fe 合金螺旋弹簧的性能见表 6-11。冷缠弹簧的松弛性能受加工程度和材料晶粒尺寸的影响，经应力平衡处理（427～482℃保温 1h）的弹簧具有最大的抗松弛性能。在温度为 400℃以下，0Cr15Ni75Fe 合金弹簧具有良好的弹性。

表 6-11　0Cr15Ni75Fe 合金冷缠弹簧[①]的室温性能

缠后热处理	R_m/MPa	抗扭强度/MPa	扭转比例极限/MPa	弹簧的疲劳强度[②]/MPa		
				10^6	10^7	10^8
冷拔态	1180	789	508	—	—	—
204℃×1h	1246	816	807	—	—	189
316℃×1h	1310	830	501	309	226	206
427℃×1h	1331	830	492	—	—	213
482℃×1h	1324	844	453	343	240	220
538℃×1h	1303	816	419	—	—	206

① ϕ3.76mm 回火弹簧丝（65%变形量）。

② 包括曲率矫正因素，初始应力 68.6MPa。

F　室温冲击性能

0Cr15Ni75Fe 合金棒材的室温冲击性能见表 6-12，无论在什么状态下，此合金均具有很高冲击性能，表现出良好的韧性。

表 6-12　0Cr15Ni75Fe 合金棒材的室温冲击吸收功

试验状态	冲击吸收功/J	
	艾氏	夏比 U 形缺口
冷拔	>165	310
冷拔 + 退火	95～135	205
热轧	>165	310
热轧 + 退火	13～165	—

G　疲劳性能

合金的室温疲劳强度见表 6-13 和表 6-14。晶粒度对疲劳行为的影响如图6-12和图 6-13 所示，这些数据表明晶粒度对低周疲劳未产生明显影响，而对疲劳强度却有明显影响，细晶粒合金具有较高的疲劳强度。

表 6-13　0Cr15Ni75Fe 合金的室温疲劳强度

状态	疲劳强度（10^8）/MPa	R_m/MPa
退火	268	585～785
热轧	279	600～890
冷拔	310	775～1390
冷拔 + 应力平衡态（274℃×3h）	362	835～1190

表 6-14　0Cr15Ni75Fe 锻件的室温低周疲劳（675 周/h）

材料状态	在下述循环次数下产生断裂的交变应变/mm·mm^{-1}		
	1000 周	10000 周	50000 周
锻态	±0.0125	±0.0050	±0.0035
760℃×4h 消除应力	±0.0125	±0.0047	±0.0027

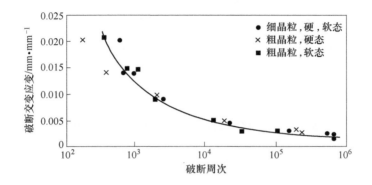

图 6-12　0Cr15Ni75Fe 合金锻件的低周疲劳

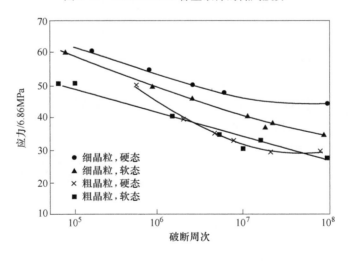

图 6-13　0Cr15Ni75Fe 合金旋转梁疲劳强度

6.2.1.3　低温力学性能

0Cr15Ni75Fe 合金，因其为奥氏体组织，其低温力学性能良好，尽管强度稍有增加，但合金的低温塑性未发生明显变化，低温冲击性能和室温冲击性能未发生变化，此合金具有良好的低温韧性，其低温力学性能见图 6-14 和表 6-15。

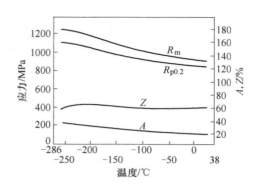

图 6-14　0Cr15Ni75Fe 合金冷拔棒材的低温力学性能

表 6-15　0Cr15Ni75Fe 合金板材的低温冲击吸收功

温度/℃	冲击吸收功（夏比钥匙孔）/J	
	纵　向	横　向
21	84	86
−79	91	89
−196	83	82

6.2.1.4　高温力学性能

不同类型和不同状态的 0Cr15Ni75Fe 合金的高温瞬时力学性能如图 6-15 ~ 图 6-17 所示，高温硬度如图 6-18 所示。

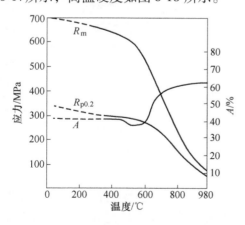

图 6-15　0Cr15Ni75Fe 合金热轧中厚板材
退火态的高温瞬时力学性能

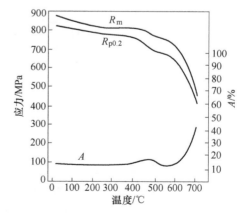

图 6-16　0Cr15Ni75Fe 合金
冷拔棒材的高温瞬时力学性能

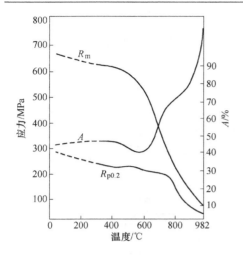

图 6-17 0Cr15Ni75Fe 合金热轧板材
退火态的高温瞬时力学性能

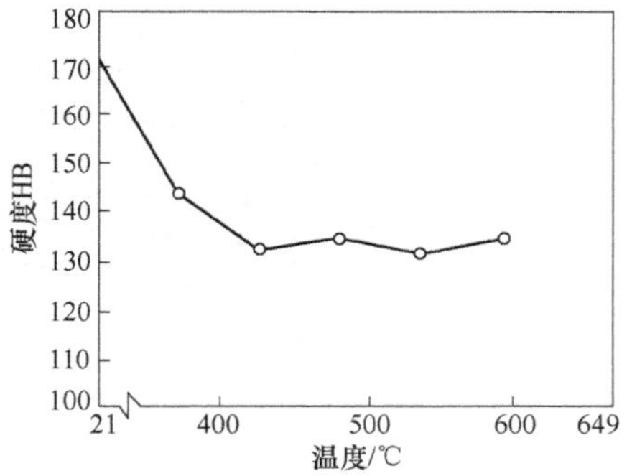

图 6-18 0Cr15Ni75Fe 合金
热轧材的高温硬度

A 高温疲劳

0Cr15Ni75Fe 合金的高温疲劳强度和高温低周疲劳性能见图 6-19 和表 6-16。

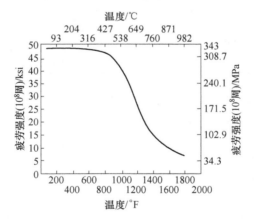

图 6-19 冷拔退火棒材高温旋转梁疲劳强度

（试样的室温性能为 $R_m = 727\text{MPa}$，$R_{p0.2} = 356\text{MPa}$，$A = 39\%$，$Z = 68.6\%$）

表 6-16 0Cr15Ni75Fe 合金退火棒材的高温低周疲劳（550 周/h）

温度/℃	引起破断的交变应变/mm·mm⁻¹		
	10000 周	50000 周	100000 周
24	± 0.0036	± 0.0021	± 0.0018
93	± 0.0043	± 0.0021	± 0.0018
204	± 0.0058	± 0.0026	± 0.0020
316	± 0.0052	± 0.0023	± 0.0018

B 持久和蠕变

0Cr15Ni75Fe 合金热轧板的持久和蠕变性能如图 6-20 所示。不同状态的 0Cr15Ni75Fe 合金的持久和蠕变数据分别见表6-17 和表6-18。

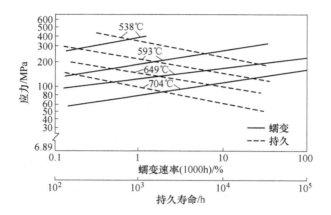

图 6-20   0Cr15Ni75Fe 合金热轧板材的高温蠕变和持久性能

表 6-17   0Cr15Ni75Fe 合金的蠕变性能

温度/℃	产生下列蠕变速度时的应力/MPa			
	0.01%/1000h		0.1%/1000h	
	冷拔，954℃×3h 空冷	1121℃×2h 空冷	冷拔，954℃×3h 空冷	1121℃×2h 空冷
427	206	—	274	—
482	123	—	192	—
538	42	—	85.7	—
593	23	—	46.6	—
649	15	—	—	—
704	9.6	27	—	34.3
760	6.7	24	—	—
816	4.5	19.2	—	22
871	3.1	11.7	6.0	13.7
927	—	5.6	—	7.5
982	2.3	2.4	3.8	3.8
1093	1.1	1.1	1.9	1.9
1149	0.7	0.7	1.2	1.2

表 6-18　0Cr15Ni75Fe 合金的持久强度

状　态	温度/℃	在下列时间断裂的应力/MPa				
		10h	100h	1000h	10000h	100000h[①]
冷拔，954℃×3h 空冷退火	538	507.6	343	233	157.8[①]	110
	649	233	158	99.5	64.5[①]	41.2
	760	89	57.6	38.4	24.7[①]	16.5
	871	51	33	20.6	13[①]	8.2
	982	30	19	12.3	7.9	5
	1093	14	9.6	6.3[①]	4.3[①]	2.9
热轧，899℃×2h 退火	732	137	92.6	63	43.9[①]	30
	871	55.6	36.3	24[①]	15[①]	10.3
	982	30	19.2	12.3	7.9	5
	1093	14	9.6	6.3[①]	4.3[①]	2.7
1121℃×2h 空冷固溶处理	732	130	96	67.2	48[①]	34.3
	816	79	55	38.4	27.4[①]	19.2
	871	55	36.4	24[①]	15.8[①]	10.3
	982	30	19	12.3	7.9	5
	1093	14	9.6	6.3[①]	4.3[①]	2.7
	1149	11	7.5	—	—	—

① 外推值。

C　高温冲击性能

0Cr15Ni75Fe 合金具有良好的高温冲击性能见表 6-19。

表 6-19　0Cr15Ni75Fe 合金的高温冲击吸收功（夏比 V 形试样）

温度/℃	冲击吸收功/J	
	退火态	冷拔态
21.0	243	154
427.0	253	114
538.0	217	117
649.0	217	141
760.0	208	221

6.2.1.5　0Cr15Ni75Fe 合金的耐蚀性

A　全面腐蚀

a　大气中

在城市大气、乡村大气和工业大气中，0Cr15Ni75Fe 合金具有极佳的耐蚀性。在海洋大气中，美国南卡州 Kure 海滨大气 15 年的挂片结果指出，此合金的腐蚀速度低于 0.00025mm/a，未见强度和塑韧性损失。

b　水介质中

在各种水介质中，0Cr15Ni75Fe 合金的耐蚀性极佳。在静止或流速低的海水中可能遭受到严重的点蚀和缝隙腐蚀，在低速海水中不宜使用此合金。

c　碱类中

在大多数 NaOH 溶液中，0Cr15Ni75Fe 合金具有与纯镍、Ni68Cu28Fe 合金相同的耐蚀性。在沸腾 NaOH 溶液中，0Cr15Ni75Fe 合金的耐蚀性见表 6-20 和图 6-21。

表 6-20　0Cr15Ni75Fe 在沸腾 NaOH 溶液中的腐蚀（试验时间：21 天）

NaOH(质量分数)/%	腐蚀速度/mm · a^{-1}	NaOH(质量分数)/%	腐蚀速度/mm · a^{-1}
10	0	50	0.0043
20	0.00025	60	0.105
30	0.0033	70	0.069
40	0.0022	80	0.0045

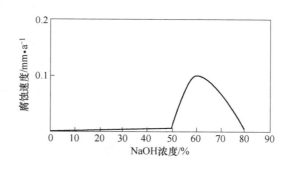

图 6-21　0Cr15Ni75Fe 合金在沸腾 NaOH 中的耐蚀性

此合金在最严苛的沸腾 60% NaOH 中的腐蚀速度仅为 0.105mm/a，呈现出极好的耐蚀性。此合金在碱性化合物中也极耐蚀，在 170℃，50% Na_2SO_4 中，它的腐蚀速度也仅为 0.1mm/a。在氢氧化铵中，合金的耐蚀性也十分突出，在 26% NH_3，14% CO_2 和水的介质中，（氨气提塔环境）80℃，65 天试验结果指出，0Cr15Ni75Fe 合金的腐蚀速度仅为 0.1mm/a。

d　盐类中

在中性和碱性盐中（氯化钠、碳酸钠、硫酸钠、醋酸钠），0Cr15Ni75Fe 合金具有良好的耐蚀性，即使在热溶液中，合金的腐蚀速度通常小于 0.025mm/a。但此合金在中性 NaCl 中，不能完全免除点蚀等局部腐蚀，在使用时应谨慎。

在大多数酸性盐中，此合金的耐蚀性也极好，一些数据见表 6-21。但在氯化锰、氯化锌中的耐均匀腐蚀性能不理想。

表 6-21　0Cr15Ni75Fe 合金在酸性盐溶液中的腐蚀

介　质	试　验　条　件	腐蚀速度 /mm·a^{-1}	最大点蚀深度 /mm
氯化铝	50℃，26% AlCl$_3$·6H$_2$O，浸在溶液中 499h，搅拌	0.038	0.08
氯化铵	在蒸发器中，由 28% 浓缩至 40%，102℃，32 天	0.013	0.15
硫酸铵 + 硫酸	含硫酸铵结晶的饱和溶液 +5% H$_2$SO$_4$，38~47℃，33 天	0.023	—
硫酸锰	在蒸发器中，由相对密度为 1.25 浓缩至 1.35，113℃，11 天	0.254	0.08
氯化镁	浸在带回流冷凝器的 42% 溶液。141℃，751h	0.0025	—
氯化锰	浸在浓缩至 3.7% 的蒸发皿中，104℃，19 天	0.711	—
氯化锌	在蒸发器中，在沸腾温度由 30% 浓缩至 70%，30 天	0.61	—
氯化锌	在蒸发皿中，含痕量硫酸的饱和溶液中，107℃，35 天，强烈搅动	0.56	—

　　0Cr15Ni75Fe 合金在次氯酸盐（例如次氯酸钠和次氯酸钾）中，易产生点蚀，仅可应用于很稀的溶液中（可利用氯的量小于 500×10^{-6}（质量分数）），但硅酸钠和磷酸三钠具有明显的缓蚀效果，一些试验数据见表 6-22。

表 6-22　0Cr15Ni75Fe 合金在次氯酸钠中的腐蚀（40℃，16h 试验）

溶液成分/g·L^{-1}			腐蚀速度/mm·a^{-1}	最大点蚀深度/mm
可用氯	硅酸钠	磷酸三钠		
6.5	—		0.29	0.69
6.5	0.5		0.06	0.56
6.5		0.5	0.06	0.43
6.5	2.0		0.025	0.20
6.5	—	2.0	0.03	0.30
3.3	—		0.12	0.81
3.3	0.5		0.03	0.20
3.3		0.5	0.025	0.18
0.1	—		0.05	0.15
0.1	0.5		0.0018	0.08
0.1		0.5	0.0018	—

　　e　酸类中

　　（1）硫酸中。0Cr15Ni75Fe 合金在室温不通空气的浓度小于 60% 的硫酸中具有适用的耐蚀性（表 6-23 和表 6-24），其腐蚀速度约为 0.13mm/a。通气将加速合金的腐蚀。提高温度，合金的腐蚀速度急剧增加。在热硫酸中，仅能在稀硫酸中使用。氧化性盐类对合金在中温硫酸中具有缓蚀作用。在高浓度硫酸（98%）或发烟硫酸中，0Cr15Ni75Fe 合金在室温具有可用的耐蚀性，例如在 21℃，103% 发烟硫酸（13% 游离 SO$_3$）中，合金的腐蚀速度仅为 0.05mm/a。

表 6-23　0Cr15Ni75Fe 合金在不同状态硫酸溶液中的腐蚀

H₂SO₄ 浓度 /%	温度/℃	时间/h	流速/m·min⁻¹	腐蚀速度/mm·a⁻¹	
				未通气	空气饱和
0.16	100	—	—	0.09	
1	30	120	0.47		1.24
1	78	22	0.47	—	2.79
5	19	100	—	0.06	
5	30	20	0.47	0.23	
5	30	23	0.49	—	1.98
5	60	100	—	0.25	
5	80	20	0.49	0.75	3.81
10	室温	24	—	0.11	
70	30	20	0.47	0.17	
93	30	20	0.47	6.86	0.25

表 6-24　0Cr15Ni75Fe 合金在硫酸中的腐蚀速度

H₂SO₄ 浓度/%	腐蚀速度/mm·a⁻¹		H₂SO₄ 浓度/%	腐蚀速度/mm·a⁻¹	
	室温	沸腾温度		室温	沸腾温度
10	0.081	3.429	60	0.048	—
20	0.051	4.724	70	0.058	—
30	0.064	5.486	80	0.566	—
40	0.046	17.79	90	0.188	—
50	0.041	—			

（2）HCl 酸和 HF 酸中。在 HCl 酸和 HF 酸中，0Cr15Ni75Fe 合金仅能用于低温和浓度很低的酸中，其腐蚀数据见图 6-22、图 6-23 和表 6-25。

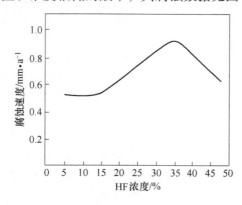

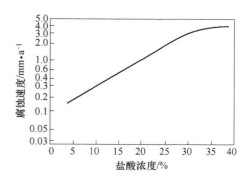

图 6-22　0Cr15Ni75Fe 合金
在 75℃氢氟酸中的耐蚀性

图 6-23　0Cr15Ni75Fe 合金
在室温盐酸中的耐蚀性

表 6-25 0Cr15Ni75Fe 合金在盐酸中的腐蚀速度

酸浓度/%	温度/℃	试验时间/h	充气情况	流速/m·min^{-1}	腐蚀速度/mm·a^{-1}
5	30	20	充 H$_2$	5.1	0.33
5	30	20	充空气	5.1	2.46
5.9	30	120	充空气	0	1.14
5.9	80	120	充空气	0	18.03
5	85	20	充 H$_2$	5.1	40.38
5	85	20	充空气	5.1	48.53

（3）磷酸中。在室温的各种浓度的 H$_3$PO$_4$ 中，合金的腐蚀速度不超过 0.05mm/a。在湿法磷酸和过磷酸中，此合金的耐蚀性不佳。表 6-26 给出了 0Cr15Ni75Fe 合金在各种磷酸中的腐蚀试验结果。

表 6-26 0Cr15Ni75Fe 合金在磷酸中的腐蚀

H$_3$PO$_4$ 浓度/%	温度/℃	时间/h	试 验 条 件	腐蚀速度/mm·a^{-1}
10	101	96	试剂级 H$_3$PO$_4$，试验室试验	0.025
38	52	240	湿法磷酸，储槽	0.18
50	110	96	试剂级 H$_3$PO$_4$，试验室试验	4.47
57	室温	648	火法磷酸，储槽	0.018
57	105	48	火法磷酸，试验室试验	16.26
70	24	7440	火法磷酸，储槽	0.005
75	50	1440	火法磷酸，储槽	0.15
75	50	1440	火法磷酸，储槽	0.15
75	70	936	火法磷酸，搅动	0.69
75[①]	75	48	试剂级 H$_3$PO$_4$，试验室试验通气	1.32
74	116	120	湿法磷酸，储槽	17.01
85	55	72	试剂级磷酸，试验室试验	0.02
85	75	72	试剂级磷酸，试验室试验	0.80
85	98	96	试剂级磷酸，试验室试验	1.17
82~87	100	120	火法磷酸，储槽，通气	5.11
85	160	24	试剂级磷酸，试验室试验	3.70
116	120	48	火法磷酸，工厂试验	0.025

① 铸造 Cr-Ni 合金。

（4）硝酸中。硝酸是强氧化性腐蚀介质，在低浓度（＜20%）下，因 0Cr15Ni75Fe 合金的低铬含量，不足以使其钝化，不具备可用的耐蚀性，仅在低温酸浓度大于 20% 的条件下，此合金才具有可用的耐蚀性（表 6-27）。

表 6-27　　0Cr15Ni75Fe 合金在硝酸中的耐蚀性

HNO$_3$ 浓度/%	温度/℃	时间/h	流速/m·min^{-1}	通　气	腐蚀速度/mm·a^{-1}
5	30	24	0.49	空气饱和	0.15
5	30	24	0.49	H$_2$ 饱和	1.65
15	30	20	0.49	空气饱和	0.61
15	30	20	0.49	H$_2$ 饱和	2.54
25	30	24	0.49	空气饱和	0.045
25	30	24	0.49	H$_2$ 饱和	0.03
35	30	24	0.49	空气饱和	0.06
45	30	48	0.49	未通气[①]	0.02
55	30	48	0.49	未通气[①]	0.02
65	30	24	0.49	未通气[①]	0.074

① 溶液暴露于大气中，溶液未鼓泡。

（5）有机酸中。0Cr15Ni75Fe 合金在低于 100℃ 的各种浓度的醋酸中具有良好的耐蚀性（表 6-28）。在其他有机酸中，0Cr15Ni75Fe 合金的耐蚀性与在醋酸中基本相同，但在不通气的甲酸和顺丁二烯酸中，100℃ 的腐蚀速度已超过 0.5mm/a，显得过高，因此不宜在过高的温度下使用。

表 6-28　　0Cr15Ni75Fe 合金在醋酸和甲酸中的腐蚀

酸浓度/%	温度/℃	时间/h	试　验　条　件	腐蚀速度/mm·a^{-1}
醋酸 0.5	室温	70	通过对流通入一些空气	0.055
醋酸 0.5	70	100	通过对流通入一些空气	0.10
醋酸 2.0	室温	70	通过对流通入一些空气	0.055
醋酸 2.0	70	100	通过对流通入一些空气	0.11
醋酸 2.0	沸腾	68	回流冷凝	0.005
醋酸 5	30	51	通　气	0.02
醋酸 10	30	120	空气饱和，流速 4.9mm/min	0.02
醋酸 10	沸腾	168	回流冷凝	0.33
醋酸 50	102	96	—	1.24
醋酸 99.6	118	96	—	0.56
甲酸 2	150	648	含 1.5% 甲醛	0.075
甲酸 10	101	96	—	0.89
甲酸 50	102	96	—	1.55
甲酸 90	25	336	储槽，液相	0.10
甲酸 90	25	144	储槽，气相	0.15
甲酸 90	100	182	静止，液相	0.5
甲酸 90	100	628	静止，气相	3.3

f　卤族气体、卤族氢化物气体中

（1）氯中。在高温氯中，0Cr15Ni75Fe 合金的耐蚀性类似于纯镍，耐蚀温度可达 650℃。在 HCl 气体中的耐蚀性与在氯中类似。短时间试验结果如图 6-24 和

图 6-25 所示。随着时间的增长，由于形成一层具有保护性镍的氯化物膜，腐蚀将减缓。

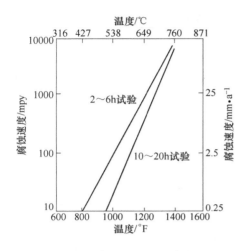

图 6-24　0Cr15Ni75Fe 合金　　　　　图 6-25　0Cr15Ni75Fe 合金在高温
在高温干氯中的腐蚀　　　　　　　　　HCl 中短时（2h）试验结果

（2）氟中。在高温氟中，合金的耐蚀性不如纯镍，一般认为是由于铬的氟化物挥发所致，在 400℃的氟中，0Cr15Ni75Fe 合金腐蚀严重，一般在 200℃以下是安全的，合金在高温氟中的短时腐蚀试验结果见表 6-29。

表 6-29　0Cr15Ni75Fe 合金在高温氟中的腐蚀

温度/℃	试验时间/h	腐蚀速度/mm·a^{-1}
205	5	0.015
370	5	1.98
400	4 ~6	11.58
450	4 ~6	29.26
500	4 ~6	18.89
538	5	87.78
550	5	81.38[1]
593	93	57.91
600	4 ~6	50.90
650	4 ~6	39.62
700	5.6	155.45
750	4.6	650.50

① X 射线检验在此温度形成的膜，Cr 的贫化达 91%。

（3）氟化氢中。在高温氟化氢中，实际应用表明，在 700℃的 HF 中，此合金是耐蚀的，在干法生产 UF$_4$ 工艺过程中已获得成功应用（485 ~595℃）。一些试验结果见图 6-26 和表 6-30。延长试验时间，合金的腐蚀速度下降明显。各种试验表明，在 550℃以下的 HF 中使用，此合金是安全的。

表 6-30　0Cr15Ni75Fe 合金在高温 HF 中的腐蚀

温度/℃	试验时间/h	腐蚀速度/mm·a^{-1}
500	4 ~ 6	1.52
600	4 ~ 6	1.52
500 ~ 600	36	0.018

　　g　空气和过热蒸汽

0Cr15Ni75Fe 合金在空气和过热蒸汽中的抗氧化性能如图 6-27 和图 6-28 所示。

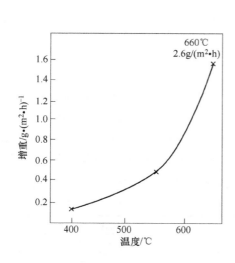

图 6-26　0Cr15Ni75Fe 合金在不同
温度下的 HF 气中的耐蚀性

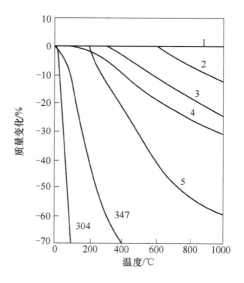

图 6-27　在 981℃时，0Cr15Ni75Fe
合金的抗氧化（不脱皮）性能
1—0Cr15Ni75Fe，Cr20Ni80，Cr15Ni60；
2—Cr25Ni20；3—Cr20Ni25；4—Cr20Ni18；
5—Cr19Ni14；304—0Cr18Ni10；
347—0Cr18Ni12Nb

　　B　晶间腐蚀

　　镍基合金在较低温度下，碳在合金中的固溶度很高，试验表明，在 650℃时碳在 0Cr15Ni75Fe 合金中的固溶度低于质量分数 0.01%，因此在经历 550 ~ 850℃中温敏化，合金中呈过饱和的碳将以 $Cr_{23}C_6$ 和 Cr_7C_3 等碳化物的形式沿晶界沉淀，产生贫 Cr 区，使其在一些介质中具有晶间腐蚀倾向。通常，0Cr15Ni75Fe 合金的晶间腐蚀敏感性高于 18-8 和 18-12-Mo 型奥氏体不锈钢。图 6-29 是含碳 $w(C)$ 为 0.017% 的 0Cr15Ni75Fe 合金在 $H_2SO_4 + CuSO_4 + Cu$ 屑中的晶间腐蚀敏感

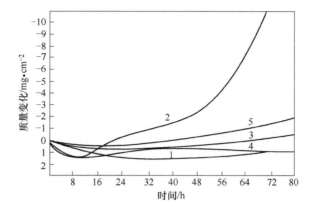

图 6-28　0Cr15Ni75Fe 合金在流动过热蒸汽中的质量变化

1—0Cr15Ni75Fe；2—29Ni-20Cr-45Fe-2Mo-3Cu-0.8Nb；

3—51Ni-22Cr-18Fe-9Mo 铸造合金；4—35Ni-25Cr-40Fe 铸造合金；

5—45Ni-25Cr-21Fe-3Mo-3W

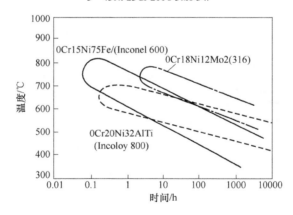

图 6-29　0Cr15Ni75Fe 合金（C 含量为 0.017%）合金的

晶间腐蚀倾向性与加热温度和加热时间的关系

性与敏化温度和敏化时间的关系。由图可知，在较低温度（300～350℃）下长期（10^4h 以上）服役，此合金也有产生晶间腐蚀的危险。可采用将合金中碳降至更低（$w(C) < 0.01\%$）或加入稳定化元素的技术途径减轻或抑制合金的晶间腐蚀，产生晶间腐蚀的根源是 Cr 的贫化，试验室已验证了此合金贫 Cr 区的存在（图 1-2），贫 Cr 区的 $w(Cr)$ 已降低到 4%。

C　应力腐蚀

大量试验和实践已证实，在含 OH^- 的高浓度氯化物、苛性溶液中以及在含微量氯化物和氧的热水、高温水中，Ni 对提高 Ni-Cr-Fe 合金的耐应力腐蚀性能是有效的。因此具有高镍含量的 0Cr15Ni75Fe 合金的耐应力腐蚀性能是优良的。但是，在实际服役过程中发现，0Cr15Ni75Fe 合金对应力腐蚀不仅不 "免役"，而且在某些条件下，例如在高温（250~350℃）高压水和蒸汽中，此合金具有相当高的应力腐蚀敏感性。0Cr15Ni75Fe 合金的应力腐蚀行为与介质条件和合金的状态相关。

　　a　苛性介质中的应力腐蚀

　　0Cr15Ni75Fe 合金在苛性介质中的应力腐蚀见表 6-31 和图 6-30 ~ 图 6-34。显然 0Cr15Ni75Fe 合金在苛性介质中的应力腐蚀行为受介质浓度、脱气与否以及合金的热处理所制约。中温时效处理可显著提高合金的耐应力腐蚀性能，但不能从根本上消除合金在苛性介质中的应力腐蚀敏感性。

表 6-31　0Cr15Ni75Fe 合金 U 形弯曲试样在 NaOH、KOH 中的应力腐蚀[①]（7 天试验）

温度/℃	过压气体 （1MPa）	介　质	在下列浓度下的 SCC		
			10%	50%	90%
200	空　气	NaOH	无 SCC	无 SCC	—
250	空　气	NaOH	—	—	SCC
300	空　气	NaOH	无 SCC	SCC	SCC
200	Ar	NaOH	无 SCC	无 SCC	—
250	Ar	NaOH	—	—	无 SCC
300	Ar	NaOH	无 SCC	无 SCC	无 SCC
200	空　气	KOH	无 SCC	轻微晶间渗透	—
250	空　气	KOH	—	—	SCC
300	空　气	KOH	无 SCC	无 SCC	SCC

注：SCC—应力腐蚀破裂。

① 在无空气和 Ar 气再供给静态高压釜中进行。

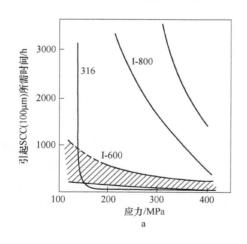 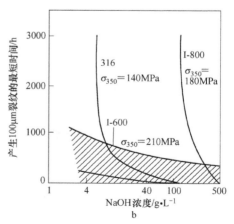

图 6-30　0Cr15Ni75Fe 合金在 350℃脱气的 NaOH 溶液中的应力腐蚀

a—在 350℃，100g/L NaOH 条件下，应力的影响；

b—在 350℃，脱气 NaOH，应力 =0.8$R_{p0.2}$ 条件下，NaOH 浓度的影响

I-600—0Cr15Ni75Fe 合金；I-800—0Cr20Ni32AlTi 合金；316—0Cr17Ni12Mo2 合金

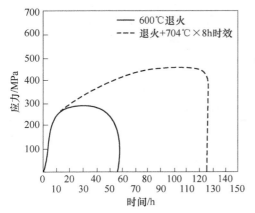

图 6-31　在 316℃10% 脱气的 NaOH 中，
0Cr15Ni75Fe 合金恒应变速率
应力腐蚀试验结果
（形变速率 1×10^{-6}/s）

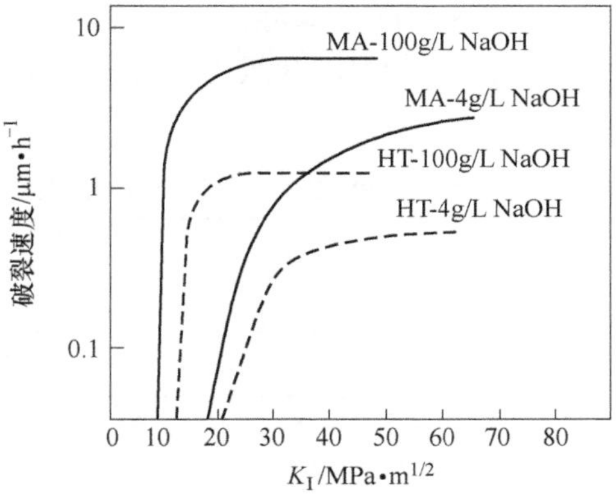

图 6-32　应力强度因子对 0Cr15Ni75Fe 合金
在 350℃ 脱气的 NaOH 中破裂速度的影响
（WOL 试样，楔形块加载）
MA—软化退火；HT—700℃×16h 热处理

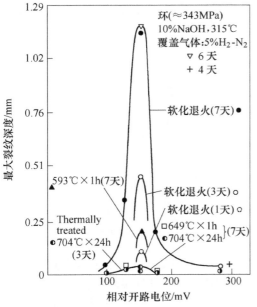

图 6-33　不同状态的 0Cr15Ni75Fe 合金的
试样电位与在 315℃10% NaOH 中
的最大裂纹深度之间的关系
OCP—开路电位

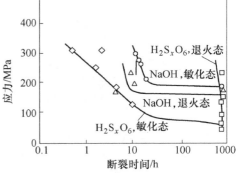

图 6-34　在 NaOH 和 H$_2$S$_x$O$_6$ 中，
时效处理对 0Cr15Ni75Fe 合金
耐应力腐蚀性能的影响

b 水介质中的应力腐蚀

0Cr15Ni75Fe 合金在高温高压水中的应力腐蚀行为取决于合金成分，热处理状态以及介质的温度和氯化物及氧的溶解量。一些试验数据见表 6-32 和图6-35 ~ 图6-37。

表 6-32 热处理对 0Cr15Ni75Fe 合金(w(C) = 0.04%)耐应力腐蚀性能的影响[①]

固溶温度/℃	产生应力腐蚀试样数/试验后检查试样数	
	固溶态	固溶 + 敏化态
700	0/3	0/3
816	0/3	0/3
871	1/4	0/3
927	4/4	0/3
982	4/4	0/3
1038	4/4	0/3
1093	4/4	2/3

① 试验介质：343℃ 动态高纯水（质量分数）：Cl$^-$ < 0.05 × 10^{-6}，[O] 为 0；SiO$_2$ < 0.002 × 10^{-6}，Fe < 10 × 10^{-9}；试验时间：18252h；试样类型：U 形。

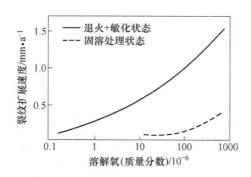

图 6-35 在 316℃，pH = 10 的水中，
溶解氧对 0Cr15Ni75Fe 合金
应力腐蚀裂纹扩展速度的影响

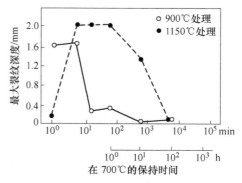

图 6-36 不同退火温度下，在 700℃ 的
保持时间对含碳 0.026% 的 Cr15Ni75Fe
合金耐应力腐蚀性能的影响

（300℃，含 Cl$^-$ 500 × 10^{-6} 和饱和氧的高温水；
试验1000h，双 U 形试样）

D 点腐蚀

0Cr15Ni75Fe 合金中 Cr 含量较低并不含 Mo，因此耐点蚀性能不好，在易产生点蚀的环境中不宜使用。例如，在流动和喷淋的海水中，此合金耐蚀性较好，

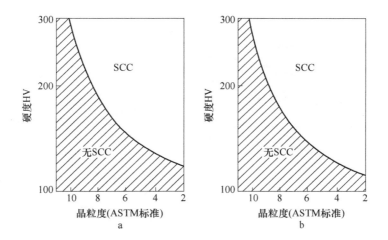

图 6-37 合金的晶粒度和硬度对 Cr15Ni75Fe 应力腐蚀性能的影响

(100×10^{-6} Cl⁻ 高温水，SCC 为应力腐蚀破裂)

a—固溶处理；b—敏化处理

但在静止或流速慢的海水中易遭到点腐。

6.2.1.6 热加工、冷加工、热处理和焊接性能

A 热加工

0Cr15Ni75Fe 易于热加工，其热加工温度范围为 871~1232℃，大变形量热加工时的适宜温度为 1038~1232℃，终加工温度应大于 870℃。由于此合金存在一个 650~870℃ 的热脆性区，因此，热加工时应避开此区间。在热加工加热时应避免使用含硫高的燃料。

B 冷加工

合金的冷加工性能类似于 Cr-Ni 奥氏体不锈钢，冷加工变形可使合金强化，但加工硬化速度低于 Cr-Ni 奥氏体不锈钢（图 6-38）。

C 热处理

合金的固溶处理温度为 1093~1149℃，此种处理可使合金中的碳化物得到完全溶解，此种状态的合金具有最佳的耐均匀腐蚀性能和良好的高温蠕变、持久性能。为得到微细晶粒组织，以期达到高强度、耐疲劳、耐腐蚀的综合性能，对于室温或较低温度使用的 0Cr15Ni75Fe 合金，可选用较低的热处理温度。为了提高在高温高压水和苛性介质中的应力腐蚀性能，建议在固溶处理后再施以(700~750)℃×15h 的时效处理（脱敏处理）。

消除应力退火以 870℃ 加热为宜（图 6-39）。

D 焊接

0Cr15Ni75Fe 合金易于焊接，可采用常用的焊接方法进行同类材料或异类材

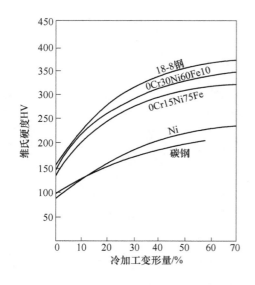

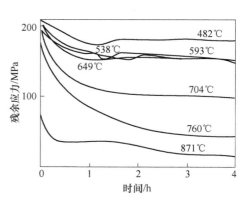

图 6-38　0Cr15Ni75Fe 合金的冷作硬化倾向　　图 6-39　0Cr15Ni75Fe 合金（经 20% 冷拔的
棒材）消除残余应力的温度和时间曲线

料的焊接。手工电弧焊使用 Inconel 182 和 132 焊条。MIG 焊接和 TIG 焊接，可用
Inconel 162 焊丝。

6.2.1.7　物理性能

0Cr15Ni75Fe 合金的物理性能见表 6-33 和表 6-34。

表 6-33　0Cr15Ni75Fe 合金的物理常数（室温，21℃）

| 密度 /g·cm⁻³ | 熔点/℃ | 比热容 /J·(kg·K)⁻¹ | 弹性模量/MPa | | 电阻率 /μΩ·m | 热导率 /W·(m·K)⁻¹ | 泊松比 |
			拉	扭			
8.43	1354~1413	443	206	75.7	1.03	—	0.29

表 6-34　0Cr15Ni75Fe 合金的动态弹性模量

温度/℃	21	540	650	760	870
弹性模量/GPa	214	184	176	168	157

6.2.1.8　应用

此合金广泛用于化学加工领域，例如核燃料和石油化工、食品加工等工业部
门。用以制造加热器、换热器、蒸发器、蒸馏釜、蒸馏塔、脂肪酸处理用冷凝
器、处理松香亭酸用设备。亦可应用于热处理设备和核燃料生产设备以及核动力
工业。

6.2.2 0Cr23Ni63Fe14Al 合金(Inconel 601, NS 3103)[1~4,6,9~11]

6.2.2.1 化学成分和组织特点

0Cr23Ni63Fe14Al 合金的化学成分见表 6-1。合金中铬含量较高，远远超过 0Cr15Ni75Fe 合金，决定了此合金在氧化性腐蚀介质中具有较高的耐蚀能力。此外，在铬含量较高的同时还含有铝，因此，它的抗氧化和抗硫化性能亦很优异。在固溶状态下，合金具有稳定的奥氏体组织，在基体上分布有弥散的碳化物和氮化物。

6.2.2.2 室温力学性能

A 室温拉伸性能

0Cr23Ni63Fe14Al 合金的室温力学性能见表 6-35。

表 6-35 不同产品和状态的 0Cr23Ni63Fe14Al 合金的室温力学性能

合金品种和试验状态		R_m/MPa	$R_{p0.2}$/MPa	A/%	HRB
棒 材	热加工态	585~825	240~690	61~15	65~95
	固溶态	550~790	205~415	70~40	60~80
中 厚	板材固溶态	550~690	205~310	65~45	60~75
薄 板	冷轧态	790~1310	690~1025	20~2	—
	固溶态	585~690	205~345	55~35	65~80
带 材	冷轧态	790~1310	690~1205	20~2	—
	固溶态	585~690	205~345	55~35	65~80
管 材	冷拔 + 固溶态	550~760	205~415	65~35	70~95
丝 材	冷拔态	825~1415	690~1345	20~3	—
	固溶态	620~790	240~480	45~35	—

B 室温冲击性能

不同热处理状态的 0Cr23Ni63Fe14Al 合金的室温冲击性能见表 6-36 和表 6-37。由这些表中数据可知，中温长期时效，合金仍具有高的冲击吸收功，无脆性倾向，表明此合金具有良好的组织热稳定性。

表 6-36 0Cr23Ni63Fe14Al 合金的冲击性能和拉伸性能

状 态	热轧棒尺寸/mm	V 形缺口冲击吸收功/J	R_m/MPa	$R_{p0.2}$/MPa	A/%
1150℃加热 1h，空冷	19	184	703	248	49
	16	176	703	239	50
980℃加热 1h，空冷	19	134	793	452	41
	16	140	772	455	41

表 6-37　中温时效对 0Cr23Ni63Fe14Al 合金冲击性能的影响

时效温度/℃	时效时间/h	冲击吸收功/J	时效温度/℃	时效时间/h	冲击吸收功/J
27	—	244	650	100	126
540	100	117	650	300	122
540	400	121	650	1000	127
540	1000	121	700	100	129
590	100	119	760	146	142
590	300	125	820	159	159
590	1000	126	870	103	159

C　疲劳性能

0Cr23Ni63Fe14Al 合金的室温旋转疲劳和悬臂梁疲劳性能如图 6-40 和图 6-41 所示。

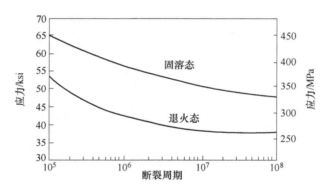

图 6-40　0Cr23Ni63Fe14Al 合金的室温旋转疲劳性能

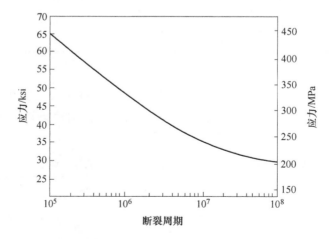

图 6-41　0Cr23Ni63Fe14Al 合金的室温悬臂梁疲劳性能

（冷轧板 1040℃ 固溶处理）

6.2.2.3 高温力学性能

0Cr23Ni63Fe14Al 合金的高温瞬时力学性能如图 6-42 所示。

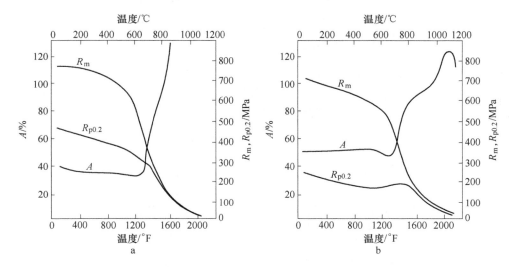

图 6-42 不同固溶处理状态 0Cr23Ni63Fe14Al 合金
棒材（φ16mm）的高温瞬时力学性能
a—980℃固溶处理；b—1150℃固溶处理

0Cr23Ni63Fe14Al 合金的高温蠕变和持久性能分别如图 6-43 和图 6-44 所示。

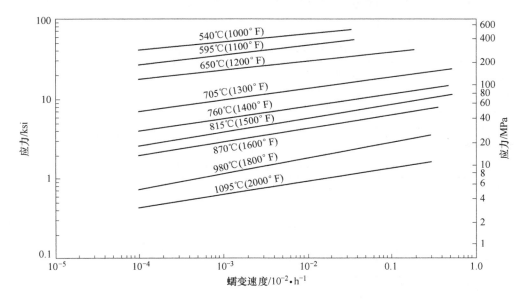

图 6-43 1150℃固溶处理后 0Cr23Ni63Fe14Al 合金的高温蠕变性能

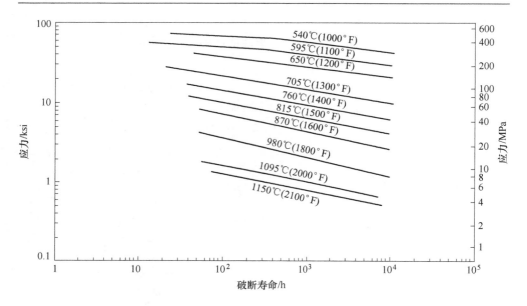

图 6-44　1150℃固溶处理后 0Cr23Ni63Fe14Al 合金的持久强度

6.2.2.4　耐蚀性

A　全面腐蚀

在酸、碱、盐中的耐均匀腐蚀性能与 0Cr15Ni75Fe 合金相近，在强氧化性腐蚀介质中，此合金的耐腐蚀性较 0Cr15Ni75Fe 合金为好。一些典型腐蚀数据见表 6-38~表6-40 和图 6-45。

表 6-38　0Cr23Ni63Fe14Al 合金在沸腾 HNO₃中的试验结果

酸浓度/%	腐蚀速度/mm·a⁻¹	酸浓度/%	腐蚀速度/mm·a⁻¹
5	0.002	40	0.046
10	0.005	50	0.061
20	0.018	60	0.130
30	0.030	70	0.193

表 6-39　0Cr23Ni63Fe14Al 合金在 NaOH 中的试验结果

NaOH 浓度/%	温度/℃	腐蚀速度/mm·a⁻¹	NaOH 浓度/%	温度/℃	腐蚀速度/mm·a⁻¹
10	80	<0.002	50	80	0.002
10	沸腾	<0.002	50	沸腾	<0.002
20	80	<0.002	60	80	0.008
20	沸腾	0.005	60	沸腾	<0.002
30	80	0.005	70	80	0.018
30	沸腾	0.018	70	沸腾	0.005
40	80	0.010	98	熔融	0.075
40	沸腾	<0.002			

表 6-40　在各种介质中 0Cr23Ni63Fe14Al 合金的耐蚀性

介 质		试验时间/d	腐蚀速度/mm·a⁻¹
醋酸 10%		7	<0.002
醋酸 10% + NaCl 0.5%		30	0.554
醋酸 10% + H_2SO_4 0.5%		7	1.161
矾 5%		7	0.726
硫酸铝 5%		7	<0.002
氯化铝 5%		30	0.002
氢氧化铝	5%	7	无
	10%	7	无
氯化钡 10%		30	0.002
氯化钙 5%		30	0.002
铬酸 5%		7	0.091
柠檬酸 10%		7	<0.002
硫酸铜 10%		7	无
氯化铁 5%		7	8.99
乳酸 10%		7	0.925
甲 醇		7	无
草 酸	5%	7	0.605
	10%	7	1.326
亚硫酸钠 5%		7	<0.002
铁氰化钾 5%		7	无
碳酸钠 10%		7	无
氯化钠	10%	30	0.005
	20%	30	0.008
次氯酸钠	1%	7	0.089(产生点蚀)
	5%	7	0.175(产生点蚀)
硫酸钠	5%	7	无
	10%	7	<0.002
氯化锌 10%		7	0.002
酒石酸 20%		7	0.554

注：在 80℃下的腐蚀速度。

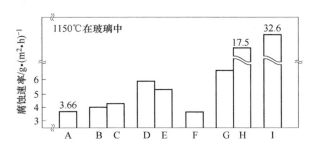

图 6-45　在 1150℃熔融玻璃中，0Cr23Ni63Fe14Al 合金的耐蚀性并与其他合金相比较的结果
A—0Cr23Ni63Fe14Al；B—0Cr30Ni70Al；C—0Cr50Ni50Al；D—0Cr20Ni78AlTi；
E—0Cr20Ni75Fe；F—0Cr35Ni65Al；G—0Cr15Ni85；H—0Cr25Ni20Nb；I—0Cr18Ni10

B　应力腐蚀

因合金的高镍含量和相对高的铬含量，赋予了此合金良好的耐氯化物和氢氧化物的应力腐蚀性能，表 6-41 给出此合金在一些典型引起应力腐蚀介质中的耐应力腐蚀性能。

表 6-41　0Cr23Ni63Fe14Al 合金的耐应力腐蚀性能

介　　质	温度/℃	材料状态	结　　果
45% MgCl₂	154	冷轧态① 退火态②	30 天无应力腐蚀 30 天无应力腐蚀
10% NaOH	106	① ②	30 天无应力腐蚀 30 天无应力腐蚀
5% NaOH	150	① ②	30 天无应力腐蚀 30 天无应力腐蚀
70% NaOH	184	① ②	30 天无应力腐蚀 30 天无应力腐蚀
98% NaOH	320	①	2 天内产生应力腐蚀
Hg	21	① ②	30 天无应力腐蚀 30 天无应力腐蚀

① 冷轧态进行试验。

② 1120℃ 水冷态进行试验。

6.2.2.5　抗氧化性

0Cr23Ni63Fe14Al 合金具有优异的抗氧化性能，这是此合金最突出的特征性能，在不同温度的抗氧化性能试验结果如图 6-46 ~ 图 6-48 所示。显然，0Cr23Ni63Fe14Al 合金的抗氧化能力远远优于 0Cr15Ni75Fe 合金和 0Cr20Ni32Fe 合金。即使在 1206℃，此合金仍具有良好的抗氧化性能，这与此合金在高温下能够形成非常致密且黏附性良好的氧化膜相关。

6.2.2.6　抗硫化性能

在 600 ~ 750℃ 的 1.5% H₂S + 98.5% H₂ 的高温气体中，此合金的抗硫化性能优于 Cr25Ni20 奥氏体钢（图 6-48）。

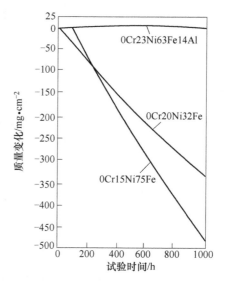

图 6-46　在 1095℃ 进行抗氧化试验的结果
（在空气中，加热 15min，冷却 5min，反复试验）

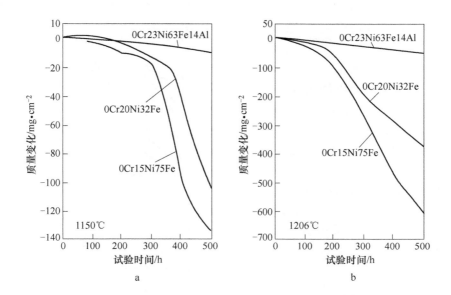

图 6-47 0Cr23Ni63Fe14Al 合金在 1150℃和 1206℃的抗氧化性能

（在每一温度加热 50h，然后空冷至室温，进行反复试验）

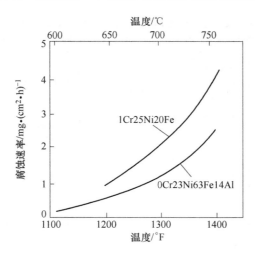

图 6-48 在 1.5% H₂S + 98.5% H₂气中的抗硫化试验结果

6.2.2.7 热加工、冷加工、热处理和焊接性能

A 热加工

0Cr23Ni63Fe14Al 合金具有良好的热加工性能，其热加工变形温度范围为 870 ~ 1230℃。当进行大变形量热加工时，应在 1040 ~ 1230℃的温度范围进行。此合

金在650～871℃之间存在一低塑性区，因此不宜在此温度进行热加工操作。

B 冷加工

此合金易于冷加工成型，在固溶状态下进行冷加工可获得最佳效果，冷加工可使合金强化，其强化效果高于0Cr15Ni75Fe合金但不及18Cr-8Ni奥氏体不锈钢（图6-49）。

C 热处理

0Cr23Ni63Fe14Al合金的适宜热处理工艺为1100～1150℃加热保温后急冷；在某些条件亦可采用980℃温度加热保温后空冷。

D 焊接

此合金易于焊接，对于不同使用条件，推荐采用表6-42列出的焊接工艺和焊接材料。

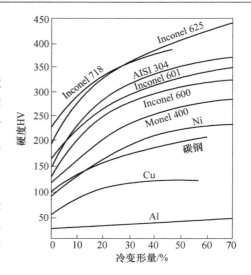

图6-49 0Cr23Ni63Fe14Al合金的加工硬化曲线及与其他材料的比较

Inconel 601—0Cr23Ni63Fe14Al；

Inconel 600—0Cr15Ni75Fe

表6-42 0Cr23Ni63Fe14Al合金的焊接条件选择

使用环境	氩弧焊填充金属	钨极氩弧焊	金属极氩弧焊	埋弧焊
温度≤595℃	INCO-WELDA 焊条 Inconel 172 焊条 Inconel 182 焊条	Inconel 601 焊丝 Inconel 82 焊丝	Inconel 82 焊丝	Inconel 82 焊丝
温度≤980℃	INCO-WELDA 焊条 Inconel 132 焊条	Inconel 601 焊丝 Inconel 82 焊丝	Inconel 82 焊丝	Inconel 82 焊丝
温度 980～1150℃	Inconel 112 焊条	Inconel 601 焊丝 Inconel 625 焊丝	Inconel 625 焊丝	Inconel 625 焊丝
温度 1150～1260℃，在≤1260℃下，有 H_2S 或有 SO_2 存在条件下	—	Inconel 601 焊丝 Inconel 601 焊丝	—	—

6.2.2.8 物理性能

0Cr23Ni63Fe14Al合金的物理性能见表6-43。

表6-43 0Cr23Ni65Fe14Al合金的物理性能

密度 /g·cm^{-3}	熔点 /℃	比热容 /J·(kg·K)$^{-1}$	电阻率 /μΩ·m			热导率 /W·(m·K)$^{-1}$			平均线胀系数 /10^{-6}K^{-1}		
		21℃	20℃	100℃	300℃	20℃	100℃	300℃	20℃	100℃	300℃
8.11	1308～1368	448	1.180	1.192	1.220	11.2	12.7	16.0	—	13.75	14.58

6.2.2.9 应用

0Cr23Ni63Fe14Al 合金主要应用于加热设备、化学工业、环境污染控制、航空、航天以及动力工业。例如制造热处理（退火、渗碳、氮化）设备和部件；各种工业炉用辐射管、套筒、火焰屏蔽、燃气喷嘴、电加热元件、电阻丝套管；化学工业用冷凝器管、硝酸生产中的设备部件；玻璃工业耐热耐蚀部件等。

6.2.3 0Cr20Ni65Ti3AlNb(NS 4101)[1,3,22]

0Cr20Ni65Ti3AlNb 是 20 世纪 60 年代在 1Cr15Ni70Ti3AlNb（Inconel X-750）基础上提高合金中的铬含量而发展起来的一种沉淀硬化型镍基耐蚀合金。其特点是在氧化性介质中具有良好耐蚀性的同时，由于时效硬化处理还可提合金硬度，从而获得良好的耐磨蚀性能。

6.2.3.1 化学成分和组织特点

0Cr20Ni65Ti3AlNb 合金的化学成分见表 6-1。此合金除铬含量高于 Inconel X-750 外，其他成分基本相同。合金中含有较高的 Ti、Al 和 Nb，在恰当的热处理过程中，可形成 $Ni_3(Al、Ti)-\gamma'$ 相金属间化合物，与此同时将有 $M_{23}C_6$ 等碳化物析出。0Cr20Ni65Ti3AlNb 合金在固溶态的组织为含有少量碳化物和氮化物的单相奥氏体组织；时效状态则为在奥氏体基体和晶界上分布着大量 γ' 相和碳化物的组织。

6.2.3.2 室温力学性能

0Cr20Ni65Ti3AlNb 合金不同热处理状态的室温力学性能见表 6-44。时效处理可明显提高合金的强度和硬度，同时尚保留了相当高的塑韧性。

表 6-44 0Cr20Ni65Ti3AlNb 合金的室温力学性能

冶炼方法	热处理工艺	R_m/MPa	$R_{p0.2}$/MPa	A/%	Z/%	硬度	冲击韧度 /J·cm⁻²
真空+电渣	1080~1100℃ 40min 水冷	759.0~792.1	377.9~470.4	50~62	62~68	170~197HB	≥367
真空+电渣	970℃退火	994.7~1127.0	543.9~696.2	27~35	44.5~54		—
真空	1080℃固溶+750℃，8h+620℃，8h	1244.6~1245.0	—	29.7~33.2	45.9~47.0	39HRC	≥111

6.2.3.3 高温力学性能

高温瞬时力学性能见表 6-45，真空+电渣冶炼可明显提高合金在 900℃ 的塑性。

表 6-45　　0Cr20Ni65Ti3AlNb 合金的高温瞬时力学性能

试验温度 /℃	R_m/MPa		$R_{p0.2}$/MPa		A/%	
	真空冶炼	真空+电渣	真空冶炼	真空+电渣	真空冶炼	真空+电渣
800	641.9~642.5	—	2.0~2.4	—	7.8~8.6	—
850	504.7~550.6	—	2.4~4.0	—	8.2~9.6	—
900	342.4~350.6	235.2~245.0	8.0~8.8	18.5~19.0	12.0~14.2	29.0~31.0
950	195.3~206.0	—	15.2~21.2	—	21.5~26.0	—
1000	—	98.0~120.0	—	55.5~92.5	—	94.0~97.5
1050	63.7~64.0	74.2~88.2	114.7~117.3	93.0~102.4	—	95~96.6
1100	46.0~47.0	68.6~73.5	136~174.2	90.0~99.5	—	90.0~94.0
1150	34.2~35.0	53.5~59.8	102.1~113.5	75~107.5	—	87.0~89.0

注：试样在 1080℃进行固溶处理。

6.2.3.4　耐蚀性

　　0Cr20Ni65Ti3AlNb 合金在还原性介质中的耐蚀性与 0Cr15Ni75Fe 合金相似，可利用 0Cr15Ni75Fe 合金的相应腐蚀数据。在氧化性酸性介质（HNO$_3$）中，其耐蚀性得以提高，在不同温度和不同浓度的硝酸中，不同冶炼方法和热处理条件的 0Cr20Ni65Ti3AlNb 合金的耐硝酸腐蚀性能如图 6-50 和图 6-51 所示。在 40℃、80℃的 25% HNO$_3$ 中，0Cr20Ni65Ti3AlNb 合金与其他合金耐蚀性的比较如图 6-52 和图 6-53 所示。合金在其他几种介质中的耐蚀性见表 6-46。

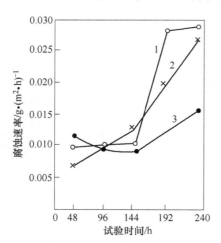

图 6-50　不同冶炼方法对合金耐蚀性的影响
（80℃，25% HNO$_3$）
1—非真空冶炼；2—真空冶炼；
3—非真空+电渣冶炼

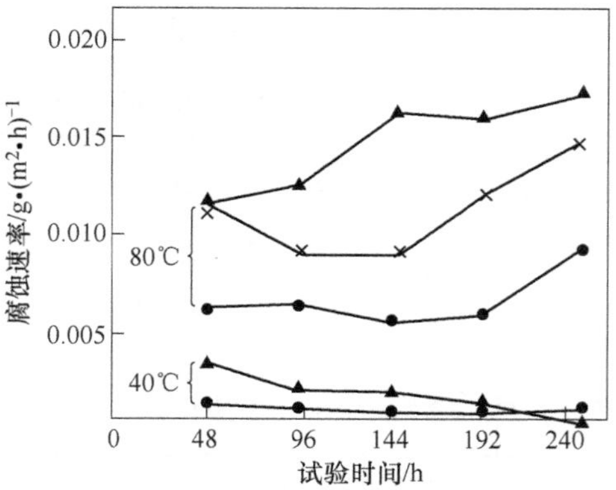

图 6-51　不同时效处理对合金耐蚀性的影响
（●、×均为750℃时效8h，介质为25% HNO$_3$
▲为750℃×8h+620℃×8h 双时效，介质为4.57mol/L
HNO$_3$+0.008mol/L FeSO$_4$+0.008mol/L Na$_2$SO$_4$）

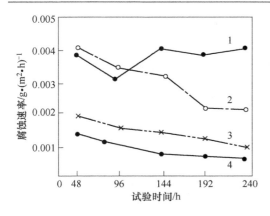

图 6-52　0Cr20Ni65Ti3AlNb 在 40℃25% HNO₃
中的耐蚀性并与其他合金的比较
1—9Cr18；2—17-7PH；3—0Cr20Ni35Ti3AlNb；
4—0Cr20Ni65Ti3AlNb

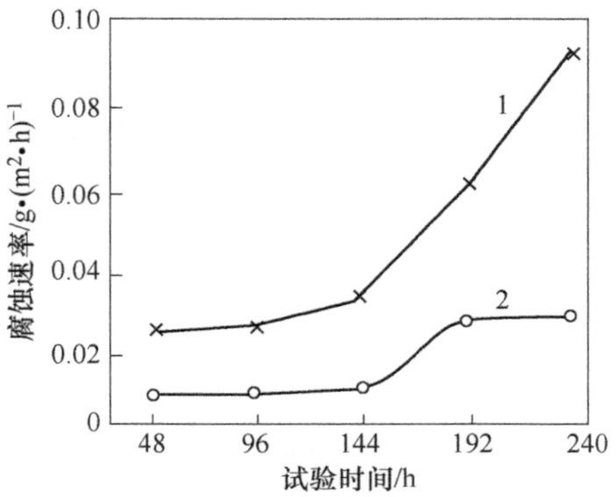

图 6-53　0Cr20Ni65Ti3AlNb 合金
与 Inconel X-750 合金耐蚀性比较
（80℃，25% HNO₃）
1—Inconel X-750；2—0Cr20Ni65Ti3AlNb

表 6-46　0Cr20Ni65Ti3AlNb 合金的耐蚀性

试 验 介 质	温度/℃	时间/h	腐蚀速率/g·(m²·h)⁻¹
5% NaOH + 0.05% KMO₄	95	9	0
3% HNO₃ + 0.2% H₂CrO₄ + 0.21% HF	95	9	0.26
4.75mol/L HNO₃ + 0.008mol/L Na₂SO₄ + 0.007mol/L FeSO₄	80	240	0.0097
4.57mol/L HNO₃ + 0.008mol/L Na₂SO₄ + 0.007mol/L FeSO₄	40	240	0.0004

　　上述试验结果表明，在所试验条件下，此合金的耐蚀性优于 9Cr18，17-7PH
和 Inconel X-750。

6.2.3.5　热加工、冷加工、热处理和焊接性能

（1）热加工。0Cr20Ni65Ti3AlNb 合金的热加工性能良好，但变形温度范围
较窄，最佳热变形温度范围为 950～1100℃，于 1180℃加热，此合金有过热倾
向，热加工时易开裂。

（2）冷加工。此合金的冷加工性能良好，可进行冷轧、冷拔、冷冲压等冷
加工操作，冷加工过程中的中间退火温度以 1050～1100℃为宜。

（3）热处理。根据使用要求，0Cr20Ni65Ti3AlNb 合金可采用固溶、退火、
固溶＋单时效和固溶＋双时效处理。固溶处理温度为 1050～1150℃；固溶＋单时
效处理为 1050～1150℃固溶＋750℃×8h 时效；固溶＋双时效处理为 1050～
1150℃固溶＋750℃×8h＋650℃×8h。时效处理后合金的硬度可达 40HRC。

（4）焊接。0Cr20Ni65Ti3AlNb 合金可焊性良好，可采用 TIG、MIG、等离子
焊、电子束等通用焊接方法进行焊接，无特殊困难，但焊前必须进行固溶处理，
如果对时效态合金进行焊接并在时效状态下使用，焊后部件需要重新进行固溶处
理和时效处理。

6.2.3.6 物理性能

合金的物理性能见表 6-47。

表 6-47 0Cr20Ni65Ti3AlNb 合金的物理性能

密度 /g·cm⁻³	熔点/℃	弹性模量 /MPa	热导率/W·(m·K)⁻¹			线胀系数/10⁻⁶K⁻¹		
			48℃	316℃	427℃	100℃	200℃	300℃
8.3	1395 ~ 1425	23324	10.1	15.6	17.4	13.1	13.4	13.9

6.2.3.7 应用

0Cr20Ni65Ti3AlNb 合金主要用于具有磨蚀条件的强氧化性硝酸介质中，例如制造存在稀硝酸腐蚀并有振动、撞击条件的计量泵截止球阀。在硝酸温度 ≤60℃，质量分数为 25%，球阀以每分钟 100 次振动、撞击条件下，此合金经数年使用，效果良好，计量准确。

6.2.4 0Cr15Ni70Ti3AlNb(Inconel X-750)[4,9,25,26]

0Cr15Ni70Ti3AlNb 系一种耐腐蚀，抗氧化和高强度的沉淀硬化型热强镍基合金。此合金通常用于深冷至 650℃ 之间。根据此合金的高强度和在高温水中的耐蚀性以及其辐照稳定性等特点，国内外的轻水（压水、沸水）核反应堆核电厂均选用此钢制作堆内的一些构件。

6.2.4.1 化学成分和组织特点

美国和法国用于反应堆工程的 0Cr15Ni70Ti3AlNb 合金的化学成分见表 6-48。

表 6-48 0Cr15Ni70Ti3AlNb 合金的化学成分   (%)

牌　号	C	Mn	Si	Cr	Ni	Fe	Nb
0Cr15Ni70Ti3AlNb Inconel X-750 （美国）	≤0.08	≤0.1	≤0.5	14/17	基	5/9	0.7 ~ 1.2
NC15FeTNbA （法国）	≤0.08	≤1.0	≤0.5	14/17	≥70.0	5.0/9.0	Nb + Ta 0.7 ~ 1.2

牌　号	Ti	Al	S	P	Cu	Co
0Cr15Ni70Ti3AlNb Inconel X-750 （美国）	2.25/2.75	0.40/1.0	≤0.010	≤0.010	≤0.5	≤1.0
NC15FeTNbA （法国）	2.25/2.75	0.40/1.0	≤0.010	≤0.010	≤0.3	≤0.20

0Cr15Ni70Ti3AlNb 合金在固溶态为纯奥氏体组织，但经不同温度时效后会有 γ′ 金属间相和 $M_{23}C_6$ 碳化物等析出。

6.2.4.2 力学性能

0Cr15Ni70Ti3AlNb 合金可生产的品种很多，由于热处理制度的不同，其力学性能也有所不同。本节主要介绍轻水反应堆在 ≤350℃ 以下所用的 0Cr15Ni70Ti3AlNb 棒材和锻件的性能。

　　在不高于 593℃ 以下使用的 0Cr15Ni70Ti3AlNb 棒材和锻件的力学性能见表 6-49、表 6-50 和图 6-54 ~ 图 6-57。

表 6-49　0Cr15Ni70Ti3AlNb 合金的室温力学性能

材料尺寸/mm	热处理制度	力 学 性 能			
		R_m/MPa	$R_{p0.2}$/MPa	A/%	Z/%
≤100	885℃ ×24h + 705℃ ×20h	≥1132.0	≥920.0	≥20	≥25
≥100		≥1097.0	≥686	≥15	≥17
<62.5	980℃ ×1h 固溶 + 730℃ ×8h	≥1166.0	≥788	≥18	≥18
62.5 ~ 100	炉冷到 620℃ + 620℃ ×18h 空冷	≥1166.0	≥788	≥15	≥15

表 6-50　0Cr15Ni70Ti3AlNb 合金的高温力学性能

材料尺寸/mm	热处理制度	温度/℃	力 学 性 能			
			R_m/MPa	$R_{p0.2}$/MPa	A/%	Z/%
16	885℃ ×24h 空冷 + 705℃ ×20h 空冷	315	1149.0	802.0	23.0	35.0
		425	1128.0	785.0	24.0	39.0
		535	1111.0	751.0	20.0	25.0
25	980℃ 空冷 + 760℃ 炉冷到 620℃ + 620℃ ×6h 沉淀硬化处理	315	1228.0	915.6	24.5	36.5
		425	1199.0	909.0	24.5	37.5
		535	1175.0	889.0	16.0	26.0
		650	978.0	827	6.0	9.5
25	980℃ ×1h 固溶处理	200	1142.0	779.0	29.0	40.0
		315	1087.4	691.0	30.5	37.0
		425	1077.4	684.0	31.0	42.0

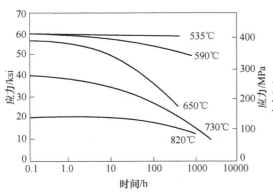

图 6-54　合金棒材经 885℃ ×24h + 705℃ ×20h 处理后的高温松弛性能

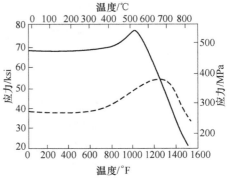

图 6-55　合金棒材的疲劳强度（10^8 循环）旋转梁式疲劳试验

——细晶粒(8 级), 885℃ ×24h + 705℃ ×20h;

----粗晶粒（2 级）, 1150℃ ×2h + 845℃ ×24h + 705℃ ×20h

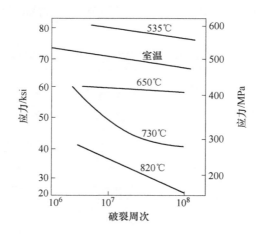

图 6-56　合金热轧棒材的室温和高温疲劳强度
（885℃ ×24h + 705℃ ×20h 处理）

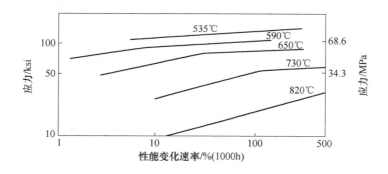

图 6-57　合金热轧棒材的高温蠕变性能
（885℃ ×24h + 705℃ ×20h 处理）

6.2.4.3　耐蚀性

在压水和沸水动力堆一回路水介质中，0Cr15Ni70Ti3AlNb 合金的耐全面腐蚀性能与 18-8Cr-Ni 不锈钢和 0Cr15Ni75Fe 合金相近，腐蚀率一般在 ≤10mg/（dm² · 月）。在其他介质中，此合金的耐腐蚀性也与 0Cr15Ni75Fe 合金相似。

20 世纪 80 年代初，由于轻水动力堆用 0Cr15Ni70Ti3AlNb 合金的部件也出现了晶间型应力腐蚀断裂，进而引起了人们对此合金耐应力腐蚀性能的重视并进行了大量的研究。研究结果表明，0Cr15Ni70Ti3AlNb 的应力腐蚀敏感性与合金的热处理工艺、试验条件等密切相关。图 6-58 和表 6-51 的结果指出，0Cr15Ni70Ti3AlNb 合金经不同热处理后，$M_{23}C_6$ 型碳化物沿晶界析出是否与基体共格对合金的耐应力腐蚀性能具有重大影响。

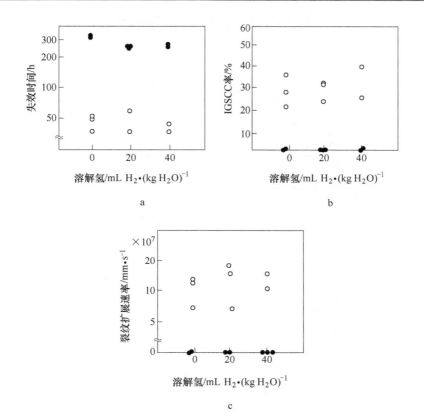

图中标记	热处理制度	碳化物分布特点
○	982℃×1h 空冷 + 718℃×16h 空冷	不连续的非共格碳化物
●	1080℃×1h 空冷 + 715℃×16h 空冷	半连续的共格碳化物

图 6-58　在模拟压水堆一回路水介质中，溶解氢（H_2）

对 0Cr15Ni70Ti3AlNb 合金耐应力腐蚀性能的影响

（慢形变试验，形变速率 $4 \times 10^{-7}/s$，介质为 360℃一回路水）

a—断裂时间；b—晶间腐蚀断裂面积；c—裂纹扩展速率

表 6-51　热处理对 0Cr15Ni70Ti3AlNb 合金耐应力腐蚀性能的影响

固溶处理制度	时效处理制度	M$_{23}$C$_6$ 不连续的 非共格	不连续的 共格	半连续的 非共格	半连续的 共格A型	半连续的 共格B型	其他析出物 不连续的 非共格	其他析出物 共格
900℃×1h AC	732℃×8h→FC→621℃×8h AC						C	
900℃×1h AC	715℃×16h AC	C					C	
	732℃×16h AC						C, C	
982℃×1h AC	719℃×16h AC		C					
	732℃×8h→FC→621℃×8h AC	C					C, C	
	760℃×16h AC						C	
	316℃×16h AC						C, C	
	843℃×16h AC							
	816℃×24h AC+704℃×20h AC						C, C	
1065℃×1h AC	719℃×16h AC+732℃×16h				C, C	NC		
	760℃×16h AC		C					
	816℃×16h AC		C					
	843℃×16h AC						C	
	816℃×24h AC+704℃×24h AC	C		C				
	843℃×24h AC+704℃×20h AC						C, C	
1080℃×1h AC	719℃×16h AC					NC		
	719℃×16h AC					NC		
1093℃×1h AC	704℃×20h AC					NC		
	719℃×16h AC				C, C			
1100℃×1h AC	719℃×26h AC					NC		
	816℃×16h AC		C					
	843℃×16h AC		C					
1149℃×1h AC	719℃×24h AC			C,C		NC		
	816℃×24h AC+704℃×20h AC		C					
955℃×1h WC	719℃×16h AC	C						
982℃×1h WC	719℃×16h AC		C					
1020℃×1h WC	719℃×16h AC				C			
1040℃×1h WC	719℃×16h AC				C	NC		
1065℃×1h WC	704℃×1h AC					NC		
	719℃×16h AC					NC, NC		

续表 6-51

固溶处理制度	时效处理制度	M₂₃C₆					其他析出物	
		不连续的		半连续的			不连续的	
		非共格	共格	非共格	共格A型	共格B型	非共格	共格
1080℃×1h WC	675℃×16h AC				C	NC		
	704℃×1h AC					NC		
	719℃×16h AC				NC，NC	NC，NC		
	719℃×16h WC					NC，NC		
	732℃×16h AC					NC		
	760℃×16h AC					NC		
1100℃×1h WC	704℃×1h AC					NC		
	719℃×16h WC					NC		
	732℃×16h AC					NC		
	816℃×24h AC+704℃×24h AC	C						
1149℃×1h WC	719℃×16h AC					NC		
	719℃×16h AC				C			

注：1. FC—炉冷；AC—空冷；WC—水冷；

　　2. C—有应力腐蚀；NC—无应力腐蚀；

　　3. 试验条件：U 形样；介质：320~360℃高温水；[O]<5×10⁻⁹，[H]为30cm³ NTP/kg H₂O；pH=7±0.2；HPO₃为(500±50)×10⁻⁶；LiOH为(1.5~3)×10⁻⁶。

6.2.4.4 其他性能

A 冷、热加工性能

0Cr15Ni70Ti3AlNb 合金适宜的热变形温度为 950~1205℃。大变形量必须在 1040℃以上进行。为满足技术条件的要求，在低于 1090℃以下时的变形量应达到约 20%。

0Cr15Ni70Ti3AlNb 合金的冷加工性良好。由于它比较容易加工硬化（见图 6-59），与 18-8 型 Cr-Ni 不锈钢相似，所以必须及时固溶处理以防止冷加工开裂。

B 热处理工艺

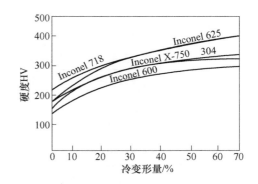

图 6-59　0Cr15Ni70Ti3AlNb 合金的加工硬化行为
Inconel 600—0Cr15Ni75Fe；304—0Cr18Ni9
Inconel 718—0Cr20Ni55Mo3Nb5Ti；
Inconel 625—0Cr20Ni60 Mo8Nb3Ti

根据用途和对性能的不同要求，此合金的热处理工艺也有所不同。对于工作温度在 600℃以上长期使用的设备、部件，一般是经 1150℃固溶，再经 845℃稳定化，最后再进行 705℃的时效处理。而对在 600℃以下工作的设备和部件，则可在冷、热加工或在固溶处理后直接进行时效处理。

　　C　焊接性能

　　对 0Cr15Ni70Ti3AlNb 合金，建议采用钨极氩弧焊、电子束焊、等离子焊等焊接方法进行焊接。采用钨极氩弧焊时可使用 Inconel 69 填丝。焊接板材的力学性能如图 6-60 所示。

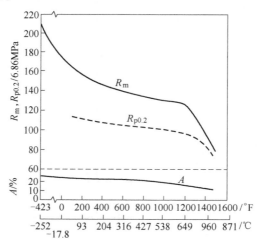

图 6-60　采用 Inconel 69 填丝，钨极氩弧焊，合金的力学性能

（18mm 厚板材，焊后 1050℃ ×1h 空冷 +705℃ ×20h 处理）

6.2.4.5　物理性能

0Cr15Ni70Ti3AlNb 合金的物理性能见表 6-52。

表 6-52　0Cr15Ni70Ti3AlNb 合金的物理性能

项　　目	试验温度/℉（℃）	性能数据	项　　目	试验温度/℉（℃）	性能数据
密度/g·cm⁻³	室　温	8.24	热导率 /W·(m·℃)⁻¹	600（316）	16.22
比热容/J·(kg·℃)⁻¹	室　温	4.48		1000（538）	19.34
热导率/W·(m·℃)⁻¹	室　温	12.35	线胀系数 /μm·(m·℃)⁻¹	200（93）	9.02
	200（93）	13.24		600（316）	12.80
	400（204）	14.00		1000（518）	14.40

6.2.4.6　应用

　　由于 0Cr15Ni70Ti3AlNb 具有良好的力学性能、耐腐蚀性能和抗氧化性能，因此，在轻水（压水、沸水）核反应堆中主要用作压力壳密封环（锻件）、螺栓、弹簧、定位销等部件。我国的小型和大型压水动力堆也均采用此合金制造这些构件。此合金作为热强合金广泛用于火箭发动机构件；燃气轮机的转子叶轮、叶片和螺栓等紧固件；还可用于从 0℃ 以下到 650℃ 工作的弹簧等部件。

6.2.5　0Cr30Ni60Fe10（Inconel 690，NS 3105）[1~3,7~11,28~30]

0Cr30Ni60Fe10 是一种在压水堆（PWR）核电站蒸发器传热管服役条件下，具有优异耐应力腐蚀性能的新一代耐蚀合金。此合金的发展可追溯到 Inconel 600 合金传热管应力腐蚀破裂频现时期，当时为提高 Inconel 600 合金在反应堆蒸发器服役条件下的耐应力腐蚀性能，研究了 Cr、Fe 对 Ni-Cr 合金耐应力腐蚀性能的影响，结果指出提高 Cr 含量和维持恰当的 Fe 含量可有效改善合金的耐应力腐蚀性能，1972 年公布了合金的成分，随后经反复验证以及冶金生产工艺因素对合金耐应力腐蚀性能影响工程前期研究工作的完成，1982 年正式用于制造蒸发器 U 形管，积 30 年的实践，确立了 Inconel 690 合金在此应用领域的主导地位。

6.2.5.1　化学成分和组织特点

0Cr30Ni60Fe10 合金的化学成分见表 6-1。此合金的铬含量 $w(Cr)$ 尽管高达 30%，仍处于 Ni-Cr-Fe 三元相图的 γ 相区，是一种纯奥氏体单相合金，它不存在 α′ 脆性相沉淀。当合金中碳含量足够高时（大于碳在合金中的溶解度），经中温时效或敏化处理，合金中将有碳化物析出。

6.2.5.2　室温力学性能

0Cr30Ni60Fe10 合金的室温力学性能见表 6-53。合金的室温力学性能，视产品类型、规格和状态而有所不同。合金室温力学性能与热处理温度的关系如图 6-61 所示。中温长时间时效，对合金的室温力学性能未见明显影响，无脆化倾向（表 6-54）。

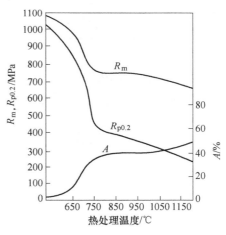

图 6-61　热处理温度（加热后水冷）对 0Cr30Ni60Fe10 合金力学性能的影响

表 6-53　0Cr30Ni60Fe10 合金的室温力学性能

产品类型和状态	尺寸/mm	R_m/MPa	$R_{p0.2}$/MPa	A/%	硬度 HRB
管材（冷拔）	ϕ12.7×1.27	758	461	39	—
	ϕ19×1.65	700	379	46	—
	ϕ88.9×5.49	648	282	52	—
管材（退火）	—	731	365	41	97
扁钢（热轧）	13×51	703	352	46	—
棒材（热轧）	ϕ51	690	334	50	—
	ϕ16	738	372	44	—

产品类型和状态	尺寸/mm	R_m/MPa	$R_{p0.2}$/MPa	A/%	硬度 HRB
棒材（退火）	—	710	317	49	90
带材（冷轧）	3.81	724	348	41	—
带材（退火）	—	758	372	40	88
中板（热轧）	—	765	483	36	95

表 6-54　中温（566~760℃）时效对 0Cr30Ni60Fe10 合金力学性能的影响

状　态	R_m/MPa	$R_{p0.2}$/MPa	室温冲击性能 （夏比 V 形缺口）/J	A/%
固　溶	714	283	190	48
固溶 +566℃ ×12000h 时效	727	334	164	44
固溶 +593℃ ×13248h 时效	727	314	170	44
固溶 +649℃ ×12000h 时效	748	318	172	41
固溶 +760℃ ×12000h 时效	714	321	184	46

6.2.5.3　高温力学性能

图 6-62 为 0Cr30Ni60Fe10 合金的瞬时高温力学性能，当温度高于 600℃ 时，随着温度的提高，强度下降，塑性上升。900℃ 时，合金的塑性达最高值。

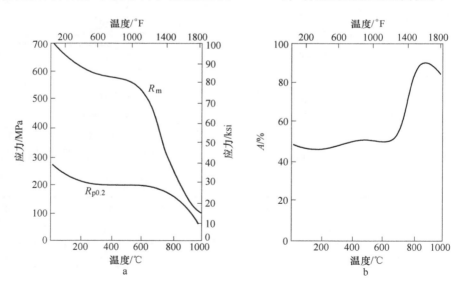

图 6-62　0Cr30Ni60Fe10 合金（1095℃ ×1h 水冷）的高温瞬时力学性能

6.2.5.4　耐蚀性

A　全面腐蚀

合金中的高铬含量，使其在氧化性腐蚀介质中具有极高的耐均匀腐蚀性能，

在有机酸和 HNO_3 + HF 酸混合介质中也呈现出良好的耐蚀性，见表 6-55。在 HNO_3、H_2SO_4 和 HCl 强腐蚀性酸中的试验结果指出，在 HNO_3 中可用于浓度 < 20%、沸腾温度和 80℃ 以及浓度 < 80% 的高温溶液中；在 H_2SO_4 中可用于室温所有浓度；在 HCl 中可用于室温、浓度 ≤15% 的溶液。在 316℃ 模拟反应堆一回路水中，此合金呈现出优于 0Cr15Ni75Fe（Inconel 600）合金和 0Cr20Ni32Fe（Incoloy 800）合金的耐蚀性（图 6-63）。

表 6-55　0Cr30Ni60Fe10 合金的耐蚀性

介　质	温度/℃	腐蚀速度 /mm·a^{-1}	介　质	温度/℃	腐蚀速度 /mm·a^{-1}
10% 醋酸	80	< 0.03	10% 草酸	80	< 0.03
10% 醋酸 + 0.5% 硫酸	80	< 0.03	6% 亚硫酸	80	1.14
5% 铬酸	80	< 0.13	10% 酒石酸	25	< 0.03
10% 柠檬酸	80	< 0.03	10% HNO_3 + 3% HF 酸	60	0.15
10% 乳酸	80	< 0.03	15% HNO_3 + 3% HF 酸	60	0.25
5% 草酸	80	< 0.03	20% HNO_3 + 2% HF 酸	60	0.15

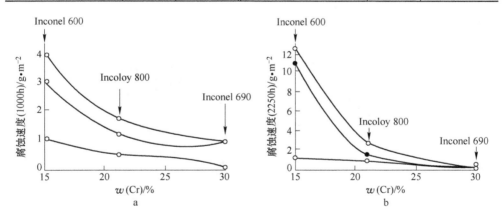

图 6-63　在 316℃ 高温动水（流速 5.5m/s）中的耐蚀性

a—在含氨水中；b—在含硼水中

Inconel 600—0Cr15Ni75Fe；Incoloy 800—0Cr20Ni32Fe；Inconel 690—0Cr30Ni60Fe10

B　晶间腐蚀

晶间腐蚀行为是对于经过焊接或经历中温受热过程的部件十分重要的性能。在众多检验晶间腐蚀的试验方法中，65% 沸腾 HNO_3 法，既可腐蚀贫 Cr 区又可腐蚀碳化物和 σ 相，对于高铬合金是一种较为适宜方法。采用此方法对 0Cr30Ni60Fe10 合金的研究表明，含质量分数为 0.05% C 的合金在中温短暂停留就可产生晶间腐蚀，如图 6-64 所示。

合金中的碳是影响其晶间腐蚀行为的关键，碳含量对经 1150℃ 固溶处理再经

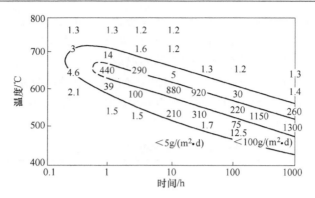

图 6-64　在 65% 沸腾 HNO₃ 中，0Cr30Ni60Fe10 合金的 TTS 曲线

（含 C 0.05%，试样先经 1150℃ 固溶）

不同敏化处理的合金晶间腐蚀行为的影响如图 6-65 所示。碳含量和固溶处理温度的影响如图 6-66 所示。对于高温固溶处理的材料，只有当合金中的碳含量 $w(C) \leq 0.020\%$ 时才可避免晶间腐蚀。当降低固溶处理温度时，对合金中的碳含量似乎不必进行更严格限制。

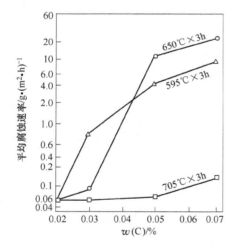

图 6-65　碳含量和不同温度敏化对
0Cr30Ni60Fe10 合金晶间腐蚀的影响
（65% 沸腾 HNO₃）

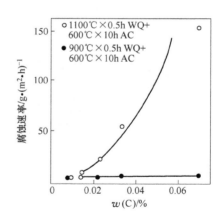

图 6-66　碳含量和固溶处理温度对
0Cr30Ni60Fe10 合金耐晶间腐蚀性能的影响
WQ—水冷；AC—空冷

C　应力腐蚀

0Cr30Ni60Fe10 合金具有优异的耐应力腐蚀性能。

在 154℃ 沸腾 MgCl₂ 中，此合金处于免役区（图 6-67）。

在高温苛性水溶液和高温水中，0Cr30Ni60Fe 合金的耐应力腐蚀性能与其他材料的比较试验结果见图 6-68 ~ 图 6-71 和表 6-56。

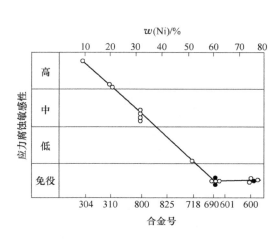

图 6-67 在沸腾 154℃ MgCl₂ 中，不同镍含量的
不锈钢和 Ni-Cr-Fe 合金的应力腐蚀敏感性
304—0Cr18Ni10；310—0Cr20Ni25；
800—0Cr20Ni32Fe；825—0Cr22Ni42Mo3Cu2Ti；
718—0Cr19Ni52Mo3AlTiNb；690—0Cr30Ni60Fe10；
601—0Cr25Ni60Fe14Al；600—0Cr15Ni75Fe

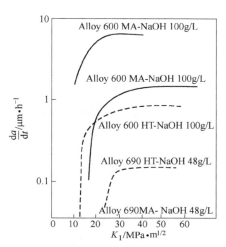

图 6-68 在脱气 350℃ NaOH 溶液中，
断裂力学试样应力腐蚀试验结果
Alloy 600—0Cr15Ni75Fe 合金；
Alloy 690—0Cr30Ni60Fe10 合金；
MA—固溶处理；
HT—固溶 +700℃ ×16h 敏化

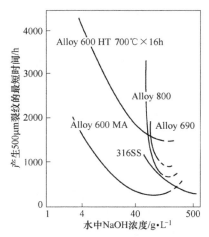

图 6-69 在 350℃ 脱气 NaOH 中，
几种合金耐应力腐蚀性能比较
（C 形试样，应力 σₛ）
316SS—0Cr18Ni14Mo2 不锈钢；
Alloy 800—0Cr20Ni32Fe；Alloy 600—0Cr15Ni75Fe；
Alloy 690—0Cr30Ni60Fe10；
MA—固溶处理；HT—固溶 +700℃ ×16h 时效

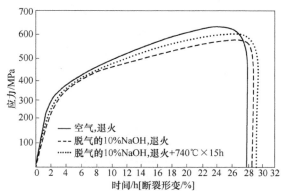

图 6-70 在 288℃ 10% NaOH 中不同
热处理的 0Cr30Ni60Fe10 合金
恒应变速率应力腐蚀试验结果

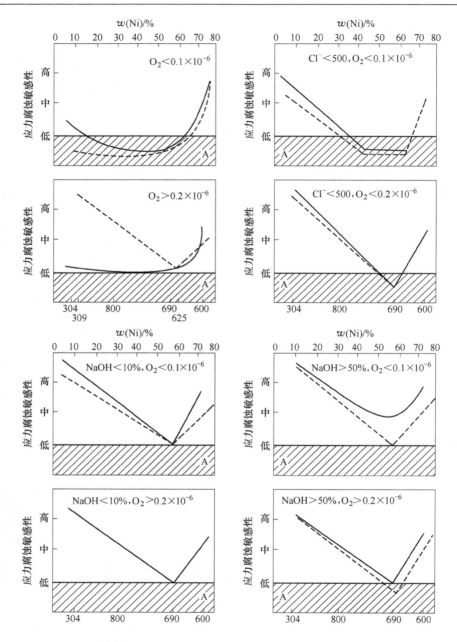

图 6-71   0Cr30Ni60Fe10 合金的耐应力腐蚀性能与 Ni 含量不同的其他材料的比较

（温度 280～350℃）

304—0Cr18Ni10；309—0Cr25Ni13；800—0Cr20Ni32Fe；

600—0Cr15Ni75Fe；625—0Cr20Ni60Mo9Nb4；690—0Cr30Ni60Fe10；

A—完全耐应力腐蚀；——固溶态；－－－敏化态

表 6-56　在各种高温水介质中 0Cr30Ni60Fe10 合金的耐应力腐蚀性能（管材试样）

序号	介　质	温度/℃	应力	试验时间/h	AISI304		Incoloy 800		Inconel 690		Inconel 600	
					M	S	M	S	M	S	M	S
1	PO_4^{2-}→AVT 水	332	① 2400MPa ② 1.3σ_y	22000	○	○	○	○	○	○	○	○
2	$100×10^{-6}Cl^-$ + 含 O_2 水	332	0.9σ_y	10578	○	○	○	○	○	○	○	○
3	10% NaOH	332	0.9~1.1σ_y	5592	○	○	○	○	○	○	×	×
4	PbO + H_2O	332	0.9σ_y	29500	○	○	○	○	○	○	×	×
5	Hg + AVT H_2O	327	0.9σ_y	8439	○	○	○	○	○	○	○	○
6a	50% KOH + NaOH	327	1.1σ_y	2200	×	—	○	—	○	—	—	—
6b	50% KOH + NaOH	327	1.1σ_y	4400	×	—	×	—	○	—	○	—
7a	6 介质 + 污垢	327	1.1σ_y	2200	×	—	○	—	○	—	—	—
7b	6 介质 + 污垢	327	1.1σ_y	4400	×	—	○	—	○	—	○	—
8a	6 介质 + SiO_2	327	1.1σ_y	2200	×	—	○	—	○	—	—	—
8b	6 介质 + SiO_2	327	1.1σ_y	4400	×	—	×	—	○	—	○	—
9a	6 介质 + PbO	327	1.1σ_y	2200	×	—	○	—	×	—	—	—
9b	6 介质 + PbO	327	1.1σ_y	4400	×	—	○	—	○	—	○	—
10	6 介质 + Cl^-	327	1.1σ_y	4400	×	—	○	—	○	—	×	—
11	6 介质 + As	327	1.1σ_y	4400	×	—	○	—	○	—	○	—
12	6 介质 + B	327	1.1σ_y	4400	×	—	○	—	×	—	○	—
13	6 介质 + Cu/Cu_2O	327	1.1σ_y	4400	×	—	○	—	○	—	○	—
14	6 介质 + F^-	327	1.1σ_y	4400	×	—	○	—	○	—	○	—
15	6 介质 + 方钠石	327	1.1σ_y	4400	×	—	○	—	○	—	○	—
16	6 介质 + Zn	327	1.1σ_y	4400	×	—	○	—	○	—	×	—
17	6 介质 + Cr_2O_3	327	1.1σ_y	4400	×	—	○	—	○	—	×	—
18	6 介质 + $NaNO_3$	327	1.1σ_y	4400	×	—	○	—	○	—	×	—

注：×—出现应力腐蚀；○—无应力腐蚀；AISI304—0Cr18Ni10；Incoloy 800—0Cr20Ni32Fe；
　　Inconel 600—0Cr15Ni75Fe；Inconel 690—0Cr30Ni60Fe10；M—软化固溶态；S—敏化处理态；
　　AVT—全挥发处理

在连多硫酸中，经固溶处理和 316℃ × (100~1000) h 时效的 0Cr30Ni60Fe10
合金 U 形样，720h 试验后出现应力腐蚀断裂。

综上所述，0Cr30Ni60Fe10 合金，在许多环境中确实表现出优异的耐应力腐
蚀破裂性能，但在某些条件下此合金对应力腐蚀也是敏感的。例如在 300℃ 含
NaOH 的水溶液中，在 327~332℃ 含 0.5% Pb 的 50% (NaOH + KOH) 高温水溶液
中，固溶 + 40% 冷轧合金产生应力腐蚀断裂。在不含氧的 50% NaOH 的高温水
中，0Cr30Ni60Fe10 合金的耐应力腐蚀性能不如 0Cr15Ni75Fe 合金。

6.2.5.5　热加工、冷加工、热处理和焊接性能

A　热加工

0Cr30Ni60Fe10 合金的热加工变形温度范围为 1040~1230℃，最低的热变形
温度不低于 870℃。

B　冷加工

此合金的冷加工性能基本与 0Cr15Ni75Fe 合金相同，随冷变形量的增加，合金的强度随之提高而塑性有所下降，加工硬化倾向高于 0Cr15Ni75Fe 合金而低于 18Cr-18Ni 奥氏体不锈钢，冷加工对合金室温力学性能的影响如图 6-72 所示。

C　热处理

经固溶处理后的合金具有较理想的综合性能，固溶处理温度为 1040 ~ 1100℃，较理想的温度为 1040℃。对于供压水核反应堆蒸发器传热管使用的管材，为了获得更好的耐氯化物和苛性介质的应力腐蚀性能，管材的最终热处理建议采用固溶 + 时效处理工艺，时效温度为 700℃，热处理与合金耐应力腐蚀间的关系如图 6-73 所示。

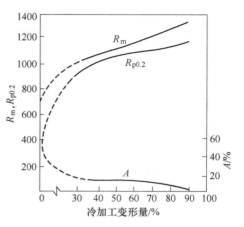

图 6-72　冷加工对 0Cr30Ni60Fe10 合金 12.7mm 热轧板（1205℃固溶处理）室温力学性能的影响

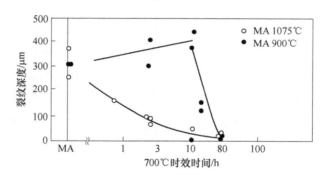

图 6-73　在脱气 325℃ 10% NaOH 中，热处理对 0Cr30Ni60Fe10 合金（$w(C) = 0.02\%$）耐应力腐蚀性能的影响

（U 形样，试验 500h）

MA—固溶处理

D　焊接

0Cr30Ni60Fe10 合金具有良好的焊接性能，手工电弧焊采用 1Cr15Ni65Mn7Nb2 焊条；气体保护焊的焊丝为 1Cr20Ni67Mn3Nb2。当此合金焊接后在 HNO_3 + HF 酸环境服役时，其焊接材料宜使用 1Cr21Ni65Mn9Nb 焊条，焊接规范和工艺与其他镍铬铁耐蚀合金相同。

6.2.5.6　物理性能

0Cr30Ni60Fe10 合金的物理性能见表 6-57。合金的熔点范围为 1343 ~ 1377℃。

表 6-57　0Cr30Ni60Fe10 合金的物理性能

温度/℃	密度 /g·cm⁻³	弹性模量(拉) /GPa	比热容 /J·(kg·K)⁻¹	线胀系数① /10⁻⁶K⁻¹	热导率 /W·(m·K)⁻¹	电阻率 /μΩ·m
26	8.14	210	450	—	13.9	1.15
93	—	206	—	13.5	15.0	—
204	—	—	—	—	17.0	—
316	—	201	—	15.3	18.8	1.20
427	—	198	—	—	20.5	1.20
538	—	—	—	—	22.8	—
649	—	—	—	16.2	24.2	—
760	—	—	—	—	26.0	—
871	—	—	—	—	27.0	—
982	—	—	—	17.6	29.5	—
1093	—	—	—	—	31.2	—
1204	—	—	—	—	32.8	—

① 21℃至给定温度。

6.2.5.7　应用

此合金主要应用于压水堆核电站蒸发器传热管，以解决 0Cr15Ni75Fe 合金和 0Cr20Ni32Fe 合金等材料出现的应力腐蚀破裂问题。由于合金耐氧化性酸性介质的腐蚀能力，它亦可用于处理硝酸、硝酸 + 氢氟酸等化工设备和部件，例如容器、塔、槽和管道等。

6.2.6　0Cr35Ni65Al(Corronel 230,NS 3104)[1,3,23,24,27]

0Cr35Ni65Al 是铬含量较高的一种可热变形的 Ni-Cr 耐蚀合金，其性能特点是耐硝酸 + 氢氟酸和耐含 S、V 的高温气体和燃料灰的腐蚀。

6.2.6.1　化学成分和组织特点

0Cr35Ni65Al 合金的化学成分见表 6-1。此合金在固溶状态下的组织为单相奥氏体组织，热处理无相变发生，因此不能通过热处理强化，只可采用冷变形的工艺方法予以强化。

6.2.6.2　室温力学性能

合金的室温力学性能见表 6-58。

表 6-58　0Cr35Ni65Al 合金的室温力学性能

合　金	品　种	R_m/MPa	$R_{p0.2}$/MPa	A/%	a_K/J·cm⁻²
0Cr35Ni65Al	φ30mm 棒材	704, 709, 713	304, 298, 300	50.8, 50.6, 50.3	≥255 (16mm 板材)
	5mm 板材	612, 619, 637	257, —, —	58.7, 53.8, 50.0	
	φ3.2mm 棒材	790, 785, 785	—, —, —	40.5, 41.1, 39.4	
	φ25×2.5mm 棒材	649, 627, —	—, —, —	55.7, 56.4, —	

6.2.6.3　耐蚀性

在沸腾温度的 65% HNO₃ 和 10mol/L HNO₃ + 0.05mol/LHF + 0.05mol/L Hg(NO₃)₂中，含质量分数为 35% ~ 50% Cr 的 Ni-Cr 合金具有相同的耐蚀性 （图 6-7）。由于 0Cr35Ni65Al 合金在 98% 发烟硝酸中也具有良好的耐蚀性，因此它可用于解决目前不锈钢无法同时既耐稀 HNO₃，又耐浓硝酸 （发烟硝酸） 腐蚀的难题。

表 6-59 和表 6-60 给出了 0Cr35Ni65Al 合金在一些介质中的耐蚀性。

表 6-59　0Cr35Ni65Al 合金在沸腾介质中的腐蚀

序号	介 质 条 件	腐蚀速率/g·(m²·h)⁻¹			备 注
		48h	96h	240h	
1	65% HNO₃		0.0531		
2	98% HNO₃		0.3474		
3	10mol HNO₃ + 0.05mol Hg(NO₃)₂ + 0.05mol HF	0.82	0.71	0.623	液相
4	10mol HNO₃ + 0.05mol Hg(NO₃)₂ + 0.05mol HF	0.73	0.64	0.544	气相
5	10mol HNO₃ + 0.05mol Hg(NO₃)₂ + 0.05mol HF	0.99	0.97	0.641	相界面
6	12mol HNO₃ + 0.04mol Hg(NO₃)₂ + 0.04mol HF	0.926	—	—	母材
7	12mol HNO₃ + 0.04mol Hg(NO₃)₂ + 0.04mol HF	0.925	0.882	—	焊件
8	12mol HNO₃ + 0.04mol Hg(NO₃)₂ + 0.04mol HF	0.182	—	—	加入 0.04molAl(NO₃)₃
9	12mol HNO₃ + 0.04mol Hg(NO₃)₂ + 0.04mol HF	0.50	—	—	未加 HF 酸
10	12mol HNO₃	0.51			
11	8mol HNO₃	—	0.014	—	
12	13mol HNO₃	—	0.036	—	
13	15mol HNO₃	0.056	0.053	—	
14	15mol HNO₃	—	0.067	(144h)0.044	焊件
15	15mol HNO₃	0.063	0.044	0.040	焊件
16	23.5mol HNO₃	0.347	—	—	
17	23.5mol HNO₃			0.091	现场挂片结果,45℃,2760h
18	12mol HNO₃ + 0.3mol HF	—	—	1.65	

表 6-60　0Cr35Ni65Al 合金在不同温度的 HNO₃ 中的耐蚀性

介 质 成 分	腐蚀速度/mm·a⁻¹						
	40℃	60℃	70℃	80℃	120℃	140℃	160℃
40% HNO₃	—	—	—	—	0.025	0.178	0.51
55% HNO₃	0.025	0.025	—	0.025			
95% HNO₃		0.125					
55% HNO₃ + 0.4g/L HF	0.050	0.125		0.20			
55% HNO₃ + 1.8g/L HF	0.23	0.46	—	0.61			
55% HNO₃ + 3% HF			0.25				

在 H₂S 和 SO₂ 等高温气体中的腐蚀试验表明，在 Ni-Cr 合金中，低钒、钠的

环境中 0Cr35Ni65Al 合金的耐蚀性最好，优于 50Cr-50Ni 合金（图 6-10）。

在含燃料灰的高温气体中的热腐蚀结果表明，在 950℃ 以下，低钒、钠的环境中，0Cr35Ni65Al 合金具有与 0Cr50Ni50 合金相当的耐蚀性，一些试验数据如图 6-74 ~ 图 6-77 所示。

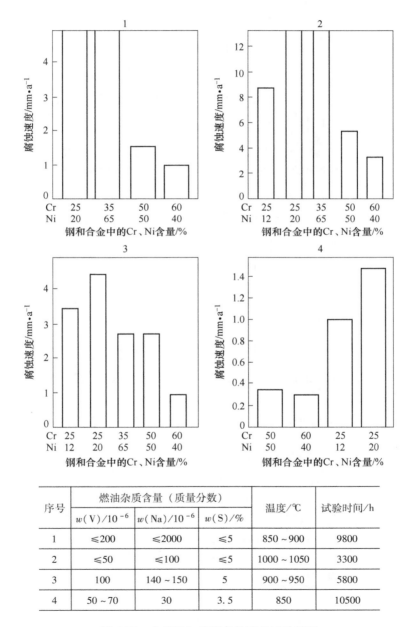

序号	燃油杂质含量（质量分数）			温度/℃	试验时间/h
	$w(V)/10^{-6}$	$w(Na)/10^{-6}$	$w(S)/\%$		
1	≤200	≤2000	≤5	850 ~ 900	9800
2	≤50	≤100	≤5	1000 ~ 1050	3300
3	100	140 ~ 150	5	900 ~ 950	5800
4	50 ~ 70	30	3.5	850	10500

图 6-74　在炼油加热器条件下的试验结果

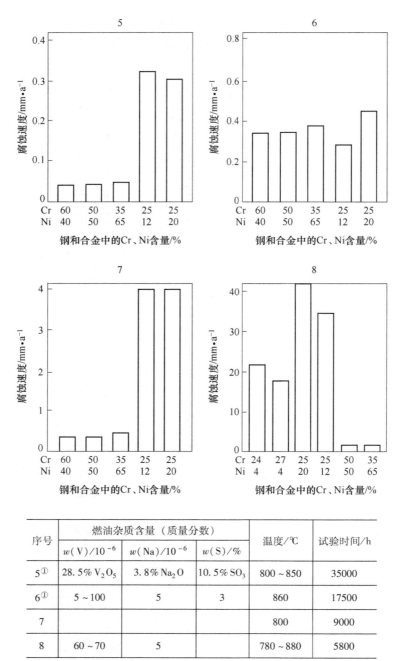

序号	燃油杂质含量（质量分数）			温度/℃	试验时间/h
	$w(V)/10^{-6}$	$w(Na)/10^{-6}$	$w(S)/\%$		
5①	28.5% V_2O_5	3.8% Na_2O	10.5% SO_3	800~850	35000
6①	5~100	5	3	860	17500
7				800	9000
8	60~70	5		780~880	5800

① 燃灰杂质。

图 6-75　炼油加热器条件下试验结果

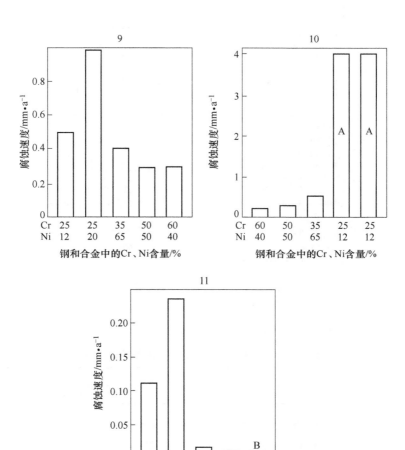

序号	燃油杂质含量（质量分数）			温度/℃	试验时间/h
	$w(V)/10^{-6}$	$w(Na)/10^{-6}$	$w(S)/\%$		
9	100	30 ~ 40	3.0	850 ~ 900	11942
10	4.8% ~ 36.7% V_2O_5	4.7% ~ 15.3% Na_2SO_4		800	1500
11	5 ~ 10	25 ~ 30	3.35	700 ~ 800	7344

图 6-76　炼油加热器条件下的试验结果

A—试样完全穿透；B—有局部腐蚀

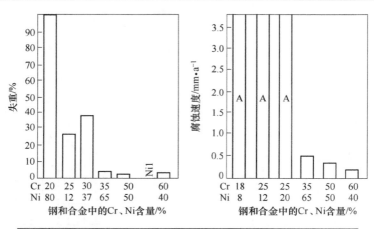

序号	燃油灰中杂质含量（质量分数）	温度/℃	试验时间/h
1	V 55 × 10⁻⁶，Na 68 × 10⁻⁶，S 3.3%	845	5000
2	V₂O₅ 5.38%，Na₂SO₄ 5.15%	700	5000

图 6-77　发电厂锅炉的试验结果

A—试样完全穿透

合金的抗氧化性能见表 6-61。

表 6-61　0Cr50Ni50 合金 1150℃时的抗氧化性

试验时间/h	5	15	30	50	100	150
增重/g·(m²·h)⁻¹	2.81	1.56	1.03	0.73	0.53	0.43

6.2.6.4　热加工、冷加工、热处理和焊接性能

（1）热加工。0Cr35Ni65Al 合金的热加工温度范围为 1050 ~ 1200℃，与 0Cr30Ni60Fe10 无明显差别。

（2）冷加工。此合金易于冷加工，可顺利生产板、丝、带等冷加工产品。

（3）热处理。固溶处理温度为 1050 ~ 1150℃，在固溶状态下，0Cr35Ni65Al 合金具有最佳综合性能。

（4）焊接。0Cr35Ni65Al 合金是可焊的，其特点基本上与 0Cr30Ni60Fe10 合金相同。

6.2.6.5　物理性能

0Cr35Ni65Al 合金的物理性能见表 6-62。

表 6-62　0Cr35Ni65Al 和 0Cr50Ni50 合金的物理常数

合　　金	熔点/℃	密度/g·cm⁻³	比热容/J·(kg·K)⁻¹		
			20℃	100℃	300℃
0Cr35Ni65Al	—	8.08	—	—	—
0Cr50Ni50	1304	7.96	452	473	528

合　金	热导率/W·(m·K)⁻¹			电阻率/μΩ·m			线胀系数/10⁻⁶K⁻¹		
	24℃	100℃	300℃	20℃	100℃	300℃	20~100℃	20~300℃	20~500℃
0Cr35Ni65Al	12.5	—	—	18	—	—	—	12.5	—
0Cr50Ni50	12.7	14.2	17.9	0.981	1.003	1.061	10.7	12.6	13.4

6.2.6.6　应用

0Cr35Ni65Al 合金主要应用于核燃料后处理工业，用其处理 HNO_3 和 HNO_3 + HF 等强腐蚀性介质，例如核燃料溶解器、槽、反应釜和管道等。亦可用于耐蚀并要求无磁的设备或部件。

参 考 文 献

［1］陆世英，康喜范. 镍基和铁镍基合金. 北京：化学工业出版社，1989：61~124.

［2］刘建章. 核结构材料. 北京：化学工业出版社，2007：377~432.

［3］康喜范. 镍基和铁镍基耐蚀合金. 中国材料工程大典编委会，中国材料工程大典，第 2 卷，钢铁材料工程（上），第 8 篇. 北京，化学工业出版社，2003：524~551.

［4］Friend W Z. Corrosion of Nickel cmd Nickel Base Alloys, N. Y: John wiley and Rons, 1980.

［5］Inconel 600. Hantinton alloys, Second Edition, 1978.

［6］Inconel 601. Hantinton alloys, Second Edition, 1978.

［7］Inconel 690. Hantinton alloys, 1980.

［8］Gomez D, et al. Comosion, 1999(3):248~257.

［9］Danis J R. Nickel, Cobalt, and their alloys. OH：ASM International Materials Park, 2000：14~186.

［10］Special Metals Co. , high-performance Alloys for Agueoas Corrosion. Special Metals Co. , 2000：1~41.

［11］Thyssen Krupp VDM, high-alloy materials for aggressire enuironments. Werdohl（Germany）：Thyssenkrupp VDM Gm6H, 2002：VDM Report No. 26.

［12］Was G S, Tischner H H, Latanision R M. Metall. Trans. A. 1981, 1：1397.

［13］Herbslab G. Corrosion Sci. 1980, 20：243.

［14］Newman R C, Roberge R, Banday R. Corrosion, 1983：336~390.

［15］Newman R C, Roberge R, Banday R. Corrosion, 1983, 39：391~398.

［16］Bandy R, Rooyen D V. Corrosion, 1984, 40：425~430.

［17］Totsuka N, Luaska E, Cragnolind G, et al. Scr, Metall, 1986, 20：1035~1040.

［18］Berge P, Donati J R. Nuol. Energg, 1978, 17：291~299.

［19］Berge P, etd. , Corrosion, 1977, 33：425~435.

［20］Pessal N, Airey G P, Lingenfelter B P. Corrosion, 1979, 35：100~107.

［21］康喜范，王祖塘，陆世英. 不锈耐蚀合金与锆合金. 北京：能源出版社，1983：49~54.

［22］张建凯. 不锈耐蚀合金与铁合金. 北京：能源出版社，1983：63~66.

［23］董秀哲，张建凯. 不锈耐蚀合金与锆合金. 北京：能源出版社，1983：38～74.

［24］徐德荣，江拥辉. 不锈耐蚀合金与锆合金. 北京：能源出版社，1983：74～77.

［25］Inconelx-750. Inco. Alloys International，1994.

［26］Wilson I L，Mager T R. Corrosion，1986，42：332～261.

［27］Inco，high-chromium Cr-Ni Alloys to Resist Residual fuel Ash Corrosion. Inco Databooks，1975.

［28］Berge P，Donati J R. Nucl，Technol，1981，55：88～104.

［29］G-P. Yu，H-C. Yao，Corrosion，1990，46：391～402.

［30］Yonezawa T，Onimura K. Effeet of chemicil Composition and Microstructure on stress Cornsion Craeking Resistance of Nickel Base Alloys∥EPRE，EPER Meeting on Intergranular stress Corrosion Cracking Machonisms，washington(DC)：1987：April27-May1.

7 Ni-Mo 耐蚀合金

Ni-Mo 耐蚀合金[1~13]的突出特点是耐盐酸腐蚀，同时在一些非氧化性的 H_2SO_4、H_3PO_4 和 HF 酸中也具有良好的耐蚀性，此类合金是解决盐酸腐蚀问题的极其重要的金属材料。

7.1 Ni-Mo 二元相图和中间相

图 7-1 是 Ni-Mo 系相图的富 Ni 部分，由此图可知，在 Ni-Mo 合金的富 Ni 部分，此类合金存在着 α、β、γ、δ 相。Mo 在 Ni 中的溶解度大约为 39.3%。

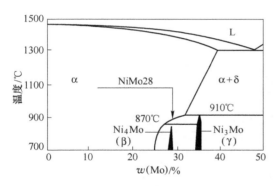

相	$w(Mo)/\%$	Pearson 符号	空间群
(α)	0 ~ 38①	cF4	Fm3m
$Ni_4Mo(β)$	29.0	tI10	I4/m
$Ni_3Mo(γ)$	35.3	oP8	Pmnn
NiMo(δ)	63.9 ~ 65.7②	oP112	$P2_12_12_1$
(Mo)	98.9 ~ 100②	cI2	Im3m
亚稳相			
Ni_2Mo	—	oI6	—
Ni_3Mo	—	tI8	I4/mmm
Ni_4Mo	—	TI10,cF4	—
$Ni_{17}Mo_5$	—	—	—

① 在 1317℃；② 在 1362℃。

图 7-1 Ni-Mo 二元相图（富 Ni 部分）及相

α—具有面心立方的 NiMo 固溶体；β—有序体心四方 Ni_4Mo；

γ—有序简单正交 Ni_3Mo；δ—有序简单正交富 Mo 的 NiMo 相

在 Ni-Mo 二元系中，钼含量（质量分数）≤20% 的 Ni-Mo 合金具有面心立方的 α 相的单相结构，加热和冷却均无相变过程。含质量分数为 28% Mo 的工业用 Ni-Mo 合金，在固溶退火和淬火条件下，Ni-28Mo 合金的组织为具有面心立方过饱和的 α 相固溶体，在加热和冷却过程中或在中温、高温（450 ~ 900℃）时效，在 870℃ 和 910℃ 通过包晶反应分别生成 $Ni_4Mo(β)$ 和 $Ni_3Mo(γ)$。Ni_4Mo 的晶体结构与无序的 α 相极其相近，因此 Ni_4Mo 可通过 FCC 的 α 相的简单原子再排列直接生成。Ni_4Mo 是一种塑性很低的相，它的析出将严重影响合金力学性能和耐蚀性，$Ni_4Mo(β)$ 的力学性能见表 7-1。

表 7-1　　Ni-28Mo 合金基体 α 相（FCC）和 Ni₄Mo 的室温力学性能

性　能	硬度 HV	A/%	A_{KV}/J
Ni-28Mo 基体 α 相	195	>40	>200
β 相（Ni₄Mo）	365 ±25	<1	<20

关于 γ 相对 Ni-Mo 合金性能的影响尚未进行深入研究。在 Ni-28Mo 合金中不会出现 δ 相。

7.2　钼和铁、铬对 Ni-Mo 合金性能的影响

7.2.1　钼对镍性能的影响

钼对镍在硫酸、盐酸等酸性介质中电化学行为的影响如图 7-2 ~ 图 7-5 所示。向镍中加入钼，使合金的电化学行为变化有利于合金在盐酸和硫酸中的耐蚀性。实际腐蚀试验结果证实，随着钼含量的增加，其耐蚀性提高（图 7-6 ~ 图 7-9）。

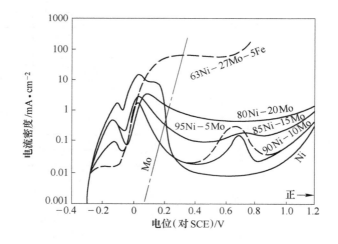

图 7-2　在 0.5mol/L H₂SO₄ 中 Mo 含量对镍阳极极化曲线的影响

（25℃，充气）

由腐蚀实验结果可知，在盐酸介质中，当合金中的 Mo 含量（质量分数）超过 15% 时，合金的耐蚀性才呈现出明显改善，当 Mo 含量达到 30% 时，其耐蚀性处于最佳状态，充入空气，加速了合金的腐蚀。

7.2.2　铁、铬对 Ni-Mo 合金性能的影响

为了降低 Ni-Mo 合金的成本和改善 Ni-Mo 合金的塑韧性，深入研究了铁和铬

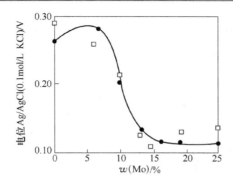

图 7-3 充入氮气后 Mo 对镍电位的影响

●—充入氮气的 0.005mol/L H_2SO_4；□—充入氮气的 0.01mol/L $HClO_4$

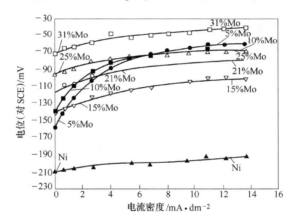

图 7-4 在 30℃，充气的 5% 盐酸中 Mo 含量对镍的阳极极化曲线的影响

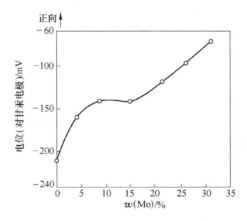

图 7-5 在 5% 盐酸中 Mo 对镍电位的影响

（30℃，充入空气）

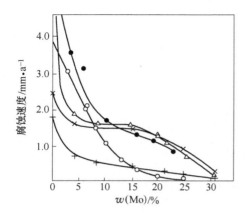

图 7-6　Mo 对镍耐蚀性的影响

●—10% HCl，70℃ 充入空气；△—5% HCl，
50℃ 充入空气；○—10% HCl，70℃ 充入氮气；
+ —5% HCl，50℃ 充入氮气

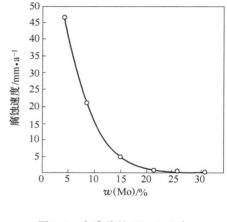

图 7-7　在沸腾的 10% HCl 中，
Mo 对镍耐蚀性的影响

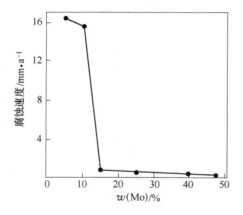

图 7-8　在 70℃ 10% HCl 中，
Mo 对镍耐蚀性的影响

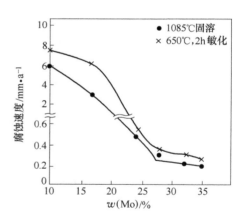

图 7-9　在 100℃ 20% HCl 中，
Mo 对镍耐蚀性的影响

在 Ni-Mo 合金中的作用。图 7-10 示出了铁对不同钼含量的 Ni-Mo 合金在盐酸中腐蚀电位的影响，随着铁含量的增加此电位向负方向变动，$w(\text{Mo}) = 30\%$ 的合金尤其显著。

铁对固溶态 Ni-Mo 合金在盐酸中耐蚀性的影响如图 7-11 所示。在硫酸中 Fe 对于 Ni-20Mo 合金耐蚀性的影响如图 7-12 所示。在盐酸中，对于 Mo 含量 $w(\text{Mo})$ 为 30% 的 Ni-Mo 合金，质量分数小于 10% 的铁对固溶态合金的耐蚀性未见影响。在时效状态下，Fe 抑制了 β 相的形成减少了合金的硬化效果，然而过高的铁含量却有利于富 Mo 的 γ 相的形成而产生贫 Mo 区，有损于合金的耐蚀性（图 7-13）。

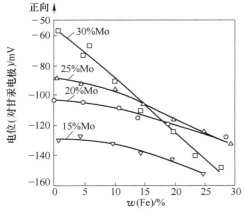

图 7-10 在未充空气的盐酸中，Fe 含量
对不同 Mo 含量的镍钼合金电位的影响
（5% HCl，24℃）

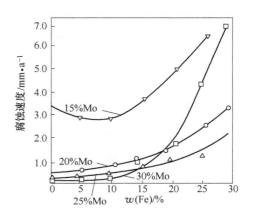

图 7-11 在 5% HCl 沸腾温度下，
Fe 含量对镍钼合金耐腐蚀性的影响

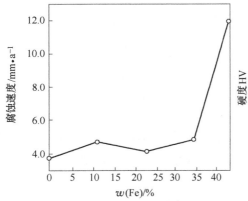

图 7-12 Fe 含量对镍钼合金[w(Mo) =
20%]耐蚀性的影响
（10% H_2SO_4，70℃）

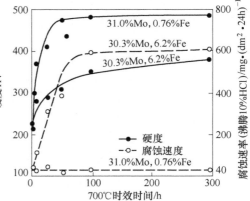

图 7-13 700℃时效对 w(Mo) = 30% 的
Ni-Mo-Fe 合金硬度和耐蚀性的影响

研究结果表明，对于传统的 0Mo28Ni65Fe5（Hastelloy B）合金，质量分数为
4% 的 Fe 可抑制硬而脆的 Ni_4Mo 相的析出，对提高合金的塑韧性和耐蚀性有利。
而对于低碳、低硅和质量分数为低于 2% Fe 的 Hastelloy B-2 合金，适当控制铁含
量和铬含量可以改善合金的塑韧性和耐蚀性。Fe + Cr 量对 Hastelloy B-2 合金时效
冲击性能的影响如图 7-14 所示。随铁含量的增加压抑了 β 相的析出，从而提高

了合金的韧性。在固溶状态下，合金的冲击吸收功大于 200J，时效后合金冲击性
能明显降低，随着铁含量的增加，曲线明显向右移动，铁含量 $w(\text{Fe})$ 为 5.86%
的 Ni-Mo 合金即使在 650℃、700℃、750℃、800℃ 经 8h 时效，其冲击吸收功仍
在 140J 以上，在抑制 β 相的析出方面，适量的铁具有明显效果。

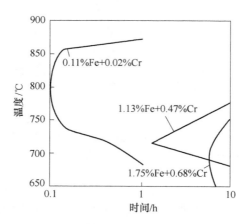

试验合金成分（质量分数）　　　　　　　　　　　　　　　（%）

序　号	Mo	Fe	Cr	Mn	Si	Al	C
1	28.15	0.11	0.02	0.12	0.02	0.40	0.002
2	27.6	1.13	0.47	0.42	0.01	0.30	0.003
3	26.6	1.75	0.68	0.68	0.01	0.24	0.003
4	26.9	3.17	1.42	0.61	0.03	0.26	0.006
5	26.9	3.23	0.72	0.61	0.03	0.27	0.006
6	26.9	5.86	0.78	0.60	0.03	0.28	0.006

图 7-14　不同 Fe + Cr 含量（质量分数）的 Ni-Mo 合金的冲击吸收功曲线
［时间-温度-冲击吸收功（100J）］

　　Fe + Cr 含量对 Ni-Mo 合金（成分见图 7-14）耐蚀性的影响见表 7-2～表 7-4。
这些试验结果表明，足够的 Fe + Cr 含量，对提高 Ni-Mo 合金时效态的塑性和改
善合金的耐蚀性十分有效，由此可降低或抑制在设备制造过程中出现裂纹和使用
期间产生 SCC 的危险性。

表 7-2　Fe + Cr 含量对 Ni-28Mo 合金耐均匀腐蚀和 HAZ 晶间渗入行为的影响

牌　号[①]	腐蚀速度/mm·a^{-1}[②]		焊件 HAZ 晶间渗入深度[③]/μm
	10% 沸腾盐酸，24h	20% 沸腾盐酸，24h	（20% 盐酸，149℃，100h）
1	0.29	0.58	10～60
2	0.31	未确定	10～80

牌 号[1]	腐蚀速度/mm·a^{-1}[2]		焊件 HAZ 晶间渗入深度[3]/μm
	10% 沸腾盐酸, 24h	20% 沸腾盐酸, 24h	(20% 盐酸, 149℃, 100h)
3	0.37	0.60	10 ~ 100
4	0.25	0.56	0 ~ 160
5	0.24	0.46	60 ~ 170
6	0.38	0.58	60 ~ 120

① 合金的化学成分见图 7-14。

② 所有牌号的晶界渗入深度 <50μm。

③ 可接受的允许值 ≤175μm。

表 7-3　Fe + Cr 含量（质量分数）对 Ni-28Mo 合金在沸腾 10% 盐酸中 TTS 行为的影响

时效温度/℃	腐蚀速度/mm·a^{-1}					
	1.75% Fe + 0.68% Cr			3.17% Fe + 1.42% Cr		
	0.5h	1h	8h	0.5h	1h	8h
600	0.32	0.29	0.39	0.18	0.33	0.31
650	0.33	0.38	0.33	0.27	0.37	0.31
700	0.35	0.36	0.87[1]	0.24	0.32	0.26
750	0.33	0.35	0.39	0.25	0.35	0.29
800	0.32	0.31	0.33	0.34	0.29	0.25
850	0.30	0.27	0.34	0.21	0.24	0.18
退火态	0.37			0.21		

① 晶间渗入深度 >50μm，其余均 <25μm。

表 7-4　Fe + Cr 含量（质量分数）对 Ni-Mo 合金 SCC 性能的影响[1]

牌号[2]	$w(Fe)$/%	$w(Cr)$/%	断裂时间/h		
			固溶态	700℃ ×1h	700℃ ×5h
1	0.08	≤0.01	>100	3	2
2	1.13	≤0.47	>100	3	3
3	1.75	0.68	>100	45	3
4	3.17	1.42	>100	>100	>100
5	3.23	0.72	>100	>100	>100
6	5.86	0.78	>100	>100	>100

① 试验在 10% 沸腾 H_2SO_4 中，按 ASTM G-30 执行。

② 化学成分见图 7-14。

7.3　常用镍钼耐蚀合金的组织、性能和应用

作为耐蚀结构材料而使用的 Ni-Mo 合金，在 20 世纪初期，主要有两个工业牌号，一种是 Ni-Mo-Fe 合金，即 0Mo20Ni60Fe20（Hastelloy A），另一种是 0Mo28Ni65Fe5（Hastelloy B），因前者只能解决低于 70℃ 的盐酸腐蚀问题，其应用范围受到限制，自 20 世纪 60 年代以来已很少使用，而后者因其优异的耐蚀性能，成为应用广泛的 Ni-Mo 耐蚀合金。0Mo28Ni65Fe5 合金诞生于 20 世纪 20 年代，在长期使用过程中曾出现某些性能的不足，为改进这些性能，至今已发展到 4 代合金。第二代合金为低碳、低硅、低铁的 Hastelloy B-2，此种改进解决了 Ni-Mo 合金的晶间腐蚀问题和热影响区的腐蚀弊病，然而此合金存在时效脆性和在制造过程中出现裂纹，为解决未曾预料的缺陷，基于对这种脆性和裂纹出现的本质研究相继开发了控制 Fe + Cr 含量的第三代合金（Hastelloy B-3）和第四代合金（Hastelloy B-4）。控制适宜的 Fe + Cr 含量可抑制有害的 β 相（Ni_4Mo）的析出，从而改善了低铁合金的时效态塑性和耐 SCC 性能。为解决烟气脱硫装置在几乎无氧还原酸腐蚀条件下 Ni-Cr-Mo 耐蚀合金的腐蚀问题，于 1996 年德国研发了一种 Hastelloy B-10 合金。Ni-Mo 合金的发展历程和化学成分见表 7-5 和表 7-6。

表 7-5　Ni-Mo 合金的发展历程

合金牌号	年　份	特　点	效果和问题
0Mo28Ni65Fe5（Hasdtelloy B）	1920	耐沸腾盐酸腐蚀	存在晶间腐蚀倾向和 HAZ 腐蚀
00Mo28Ni69Fe2（Hastelloy B-2）	1970	降低 C、Si、Fe 含量	改善耐晶间腐蚀性能 时效态塑性降低 耐 SCC 性能不足
00Mo29Ni62FeCr（Hastelloy B-3）	1990	控制 Fe + Cr 含量、加入 W、Nb、Ti、Al	解决了 B-2 合金时效塑性下降问题，并提高了耐 SCC 性能
00Mo29Ni65FeCr（Hastelloy B-4）	1990	较 B-3 合金 Fe 含量提高并去除 Mn、Ti、Nb	

表 7-6　Ni-Mo 合金的化学成分（质量分数）　　　　　　（%）

合金名称	C	Si	Mn	Ni	Cr
0Mo28Ni65Fe5，NS 3201，Hastelloy B，UNS N10001	≤0.12	≤1.0	≤1.0	余量	≤1.0
00Mo28Ni65Fe2，NS 3202，Hastelloy B-2，UNS N10665	≤0.02	≤0.10	≤1.0	余量	≤1.0
00Mo28Ni65Fe2Cr2，NS 3203，Hastelloy B-3，UNS N10675	≤0.01	≤0.10	≤3.0	余量	1.0~3.0

合 金 名 称	C	Si	Mn	Ni	Cr
00Mo28Ni65Fe4Cr，NS 3204，Hastelloy B-4，UNS N10629	≤0.01	≤0.05	≤1.5	余量	0.5~1.5
00Mo24Ni60Fe8Cr8，Hastelloy B-10，Nimofer6224，2.4710	≤0.01	≤0.01	≤1.5	余量	8

合 金 名 称	Fe	Mo	Nb	Ti	Al	V
0Mo28Ni65Fe5，NS 3201，Hastelloy B，UNS N10001	≤6.0	26.0~33.0	—	—	—	≤0.6
00Mo28Ni65Fe2，NS 3202，Hastelloy B-2，UNS N10665	≤2.0	26.0~30.0	—	—	—	—
00Mo28Ni65Fe2Cr2，NS 3203，Hastelloy B-3，UNS N10675	1.0~3.0	27.0~32.0	≤0.20	≤0.20	≤0.50	—
00Mo28Ni65Fe4Cr，NS 3204，Hastelloy B-4，UNS N10629	1.0~6.0	26.0~30.0	—	—	0.1~0.5	—
00Mo24Ni60Fe8Cr8，Hastelloy B-10，Nimofer6224，2.4710	6	24	—	—	—	—

7.3.1 0Mo28Ni65Fe（Hastelloy B，NS 3201）

7.3.1.1 化学成分和组织特点

0Mo28Ni65Fe5 合金的化学成分见表 7-6。此合金在固溶状态下为具有面心立方结晶构造的 α 相组织。在中温时效或自高温慢冷通过 450~900℃ 区间，可生成 β、γ 金属间相和碳化物沉淀（M_6C、Mo_2C）。

7.3.1.2 室温力学性能

0Mo28Ni65Fe 合金的室温力学性能见表 7-7。

表 7-7　0Mo28Ni65Fe 合金的室温力学性能

品　种	R_m/MPa	$R_{p0.2}$/MPa	A/%	硬度 HRB
棒材，30mm，固溶态	871.22	382.2	45.0	95
板材，3mm，固溶态	902.6	388.0	50.0	92
带材，0.5mm，固溶态	1000.6	—	37.0	212HV
薄带，0.25mm，冷轧态	1774.0	—	9.2	—

7.3.1.3 高温力学性能

0Mo28Ni65Fe5 合金高温瞬时抗拉伸性能见表 7-8。合金在 700~800℃ 之间的塑性明显较低，这与在此温度中间相的析出有关。

表 7-8　0Mo28Ni65Fe5 合金的高温瞬时力学性能

试验温度/℃	R_m/MPa	A/%
24	846.72	50.8
700	539.00	17.8 17.6
800	417.48	12.0 13.2
950	269.50	24.8 25.4
1050	166.60	39.4 34.6
1100	109.10	63.2 49.9
1150	88.20	44.0 62.0
1200	64.68	87.4 77.6

7.3.1.4　耐蚀性

A　全面腐蚀

a　大气

0Mo28Ni65Fe5 合金在所有大气条件下（包括海洋大气和工业大气）均具有良好的耐蚀性，其耐蚀性与纯镍相当。表 7-9 给出了在大气中经 12 年和 23 年的试验结果。在海洋大气中，合金的腐蚀速度仅为工业大气中的 1/7，点蚀深度稍深。

表 7-9　0Mo28Ni65Fe5 合金大气腐蚀实验结果

试验条件	试验时间/a	腐 蚀 速 度			
		mm/a	点蚀最大深度/mm	mm/a	点蚀最大深度/mm
工业大气	12	0.0030	0.047	0.0033	0.05
工业大气	23	0.0025	R	0.0030	R
海洋大气	15	0.0004	0.125	—	—

注：R—表面变粗糙。

b　水介质

在天然水和高纯水中，合金的耐蚀性极佳。例如，在河水、井水等天然水中，腐蚀速度≤0.025mm/a；在海水中，当处于静止或流速较慢的状态下，合金的耐均匀腐蚀性能较纯镍稍低，耐点蚀和缝隙腐蚀性能却优于纯镍。

c　酸性介质

在还原性酸性介质中，此合金具有良好的适用耐蚀性，氧化剂的存在将加速合金的腐蚀。

（1）H_2SO_4。Ni-Mo 耐蚀合金（包括 0Mo28Ni65Fe5 合金）在不充空气的和非氧化性的硫酸中，其耐蚀性是非常好的，可应用的浓度、温度范围相当宽。例如，在 100℃以下所有浓度的 H_2SO_4 中，0Mo28Ni65Fe5 合金的腐蚀速度小于 0.125mm/a；在 115℃以下任何浓度的 H_2SO_4 中均≤5mm/a；在沸腾温度以下的 H_2SO_4 中，0Mo28Ni65Fe5 合金的耐 H_2SO_4 腐蚀的浓度可达 60%；浓度再高，由于 H_2SO_4 本身的高氧化性，0Mo28Ni65Fe5 合金要受到严重腐蚀；在稀 H_2SO_4 中，0Mo28Ni65Fe5 合金的耐蚀性随充入空气量的增加而降低，且当 H_2SO_4 浓度在 5%～10%时最为明显。图 7-15 和表 7-10 是一些试验结果。

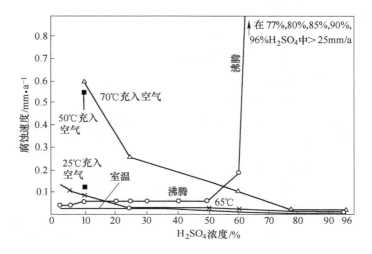

图 7-15　在 H_2SO_4 中，0Mo28Ni65Fe5 合金的耐蚀性

表 7-10　0Mo28Ni65Fe5 合金在 H_2SO_4 中的耐蚀性

H_2SO_4 浓度/%	腐蚀速度/mm·a^{-1}		
	室　温	65℃	沸　腾
2	0.0254	0.1270	0.0254
5	0.0254	0.1026	0.0254
10	0.0254	0.0762	0.0508
25	0.0254	0.0254	0.0508
50	0.0102	0.0254	0.0508
60	0.0051	0.0254	0.1778
77	0.0051	0.0102	>25.8
80	0.0025	0.0076	—
85	0.0025	0.0076	—

H₂SO₄ 浓度/%	腐蚀速度/mm·a⁻¹		
	室　温	65℃	沸　腾
90	0.0025	0.0076	—
96	0.0051	0.0076	—
50% H₂SO₄ + 硝酸酯以及微量 Fe³⁺、Ca²⁺、Pb²⁺	—	—	0.418

　　在生产醇类过程中，也常常遇到浓度为 45% ~ 65%，温度为 115 ~ 120℃ 的 H_2SO_4。采用其他材料，例如不锈钢、一般镍基或铜基合金，在静止和低流速条件下，腐蚀速度可 ≤ 0.5mm/a。但在高流速、高温条件下，腐蚀速度要超过 2.5mm/a。然而，0Mo28Ni65Fe5 合金在 45% ~ 65% H_2SO_4、115℃ 的工厂试验条件下的结果表明，其腐蚀速度仅为 1mm/a。

　　硫酸也常常用于石油产品的精炼以去除树脂、沥青或类胶物质。0Mo28Ni65Fe5 合金在此种条件下的耐蚀性也是非常好的，见表 7-11。用 0Mo28Ni65Fe5 合金铸造的泵、阀等部件是适用的。

表 7-11　在 H₂SO₄ 炼油污垢中 0Mo28Ni65Fe5 合金的耐蚀性

试 验 介 质	温度/℃	腐蚀速度/mm·a⁻¹
65% H₂SO₄ + 碳氢化合物	32 ~ 44	0.0075
65% H₂SO₄ + 碳氢化合物 + 自由碳	65	0.0225
10% ~ 98% H₂SO₄ + 污垢	65 ~ 110	0.2075
56% H₂SO₄ + 炼油污垢	45 ~ 80	0.035
10% ~ 45% H₂SO₄	94	0.110

　　向 H_2SO_4 中加入氧化性盐（硝酸盐、铬酸盐、高锰酸盐等）和其他氧化性离子（Fe^{3+}、Ca^{2+} 等），可显著提高 0Mo28Ni65Fe5 合金的腐蚀速度，且温度越高越严重。因此，0Mo28Ni65Fe5 合金一般不允许在这些条件下使用，除非氧化性盐和氧化性离子的浓度很低，不足以影响 0Mo28Ni65Fe5 合金的耐蚀性。表 7-12 系 H_2SO_4 中含 Cu 时对 0Mo28Ni65Fe5 合金耐蚀性的影响。显然，在含 Cu 的 H_2SO_4 中或 Cu 有可能进入 H_2SO_4 中的条件下，选用 0Mo28Ni65Fe5 合金是不适宜的。此外，0Mo28Ni65Fe5 合金与碳、石墨等接触也会由于产生电偶腐蚀而使它迅速破坏，表 7-13 示出了试验结果。由于石墨也是耐硫酸性能很好的非金属材料，因此，当 0Mo28Ni65Fe5 合金与石墨同时使用时，要注意防止这种电偶腐蚀的产生。

表 7-12　H₂SO₄ 中的 Cu 含量对合金耐蚀性的影响

介　　质	腐蚀速度/mm·a⁻¹
45% H₂SO₄，115℃，试验 6.5 天，静态	0.230
45% H₂SO₄ + 1.54g/L Cu	1.170
45% H₂SO₄ + 0.6% Cu（质量分数）	3.660

表 7-13 石墨与 0Mo28Ni65Fe5 合金的电偶腐蚀

试 验 条 件	0Mo28Ni65Fe5 合金的腐蚀速度/mm·a^{-1}	
	铸造合金	变形合金
未与石墨组成电偶	0.150	0.100
与石墨组成电偶	13.275	12.675

注: 在 50% 沸腾 H_2SO_4 中。

(2) HCl。在未充入空气的盐酸中，0Mo28Ni65Fe5 合金在常压下任何浓度、任何温度下都是耐蚀的。Ni-Mo 耐蚀合金包括 0Mo28Ni65Fe5 合金在内是耐盐酸性能最好的一类合金。作为耐蚀金属材料，目前也只有金属 Mo、Zr、W、Ta 的耐蚀性能超过 Ni-Mo 耐蚀合金。

图 7-16 和表 7-14 是 0Mo28Ni65Fe5 合金在盐酸中的试验结果。从这些结果可以看出，0Mo28Ni65Fe5 合金的耐蚀性受盐酸中有无空气存在的影响很大；当酸中有空气存在时，对 0Mo28Ni65Fe5 合金耐蚀性的不良影响以盐酸浓度为 5% ~ 10% 时最为明显。表 7-15 是在气相中充氮和充（氧＋氮）时的试验结果。同样可以看出氧的不良影响。某些有机和无机含水氯化物处理过程中会有盐酸产生。在一些氯化碳氢化物条件下，热蒸气的冷凝可以产生较高浓度的盐酸。0Mo28Ni65Fe5 合金在上述条件下的试验结果见表 7-16。

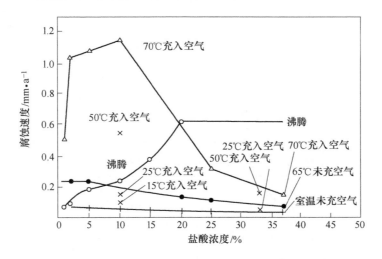

图 7-16 0Mo28Ni65Fe5 合金在盐酸中的耐蚀性

当盐酸中有氧化性盐，例如铜、铁、汞盐时，0Mo28Ni65Fe5 合金的耐蚀性要下降，而且酸的温度越高越明显。在 10% 盐酸中，不同温度所允许的 $FeCl_3$ 的浓度限为：

室温 1290×10^{-6}；65℃ 330×10^{-6}；沸腾温度 26×10^{-6}。

表 7-14　在各种浓度盐酸中 0Mo28Ni65Fe5 合金的耐蚀性

HCl 浓度/%	腐蚀速度/mm · a⁻¹		
	室　温	65℃	沸　腾
1	0.0762	0.2286	0.0508
2	0.0508	0.2286	0.0762
5	0.0508	0.2286	0.1776
10	0.0508	0.1778	0.2286
15	0.0254	0.1524	0.3556
20	0.0508	0.1270	0.6096
25	0.0254	0.1026	—
37	0.0076	0.0508	—

表 7-15　在盐酸中（压力 14MPa），0Mo28Ni65Fe5 合金的耐蚀性

HCl 浓度/%	温度/℃	腐蚀速度/mm · a⁻¹	
		在氮气中	在 20% O_2 +80% N_2 气体中
10	70	—	2.125
10	100	0.200	6.550
10	135	0.500	10.050
25	70	0.050	1.450
25	100	0.200	3.875
25	135	1.225	8.400
37	70	0.050	0.175
37	100	0.300	2.030
37	135	2.200	7.375

表 7-16　在有机氯化物中 0Mo28Ni65Fe5 合金的腐蚀情况

试　验　介　质		试　验　条　件		
		温度/℃	时间/d	腐蚀速度/mm · a⁻¹
在蒸馏塔中，CH_3Cl + C_3H_{16} + H_2O	液相	93	133	0.0075
	气相	93	133	0.0010
含 100×10^{-6} HCl 和 30×10^{-6} H_2O 的 CH_3Cl		40	102	< 0.0025
$C_6H_4Cl_2$ + 0.4% ~ 0.5% HCl		180	53	0.010
60% C_6H_5Cl +40% 氯醛（H_2O < 0.5%）		21	96	0.0050
精制蒸馏中三氯化苯		200	60	0.015
二氯苯酚 + 痕量 HCl + H_2O（在储槽中）		121	60	0.0025

试 验 介 质	试 验 条 件		
	温度/℃	时间/d	腐蚀速度/mm·a⁻¹
99%氯甲酯苯氧基醋酸 + 少量盐酸、NaCl 和 H_2O	150	31	0.1325
100%熔融氯代醋酸	70	6	0.015
100%熔融氯代醋酸	170	24	0.175
78%氯代醋酸 + 22% H_2O	60	17	0.025
78%氯代醋酸 + 22% H_2O + 充入一些空气	24	28	0.150
78%氯代醋酸 + 25%四氯化碳 + 50%醋酸	50	14	0.225

（3）HF 酸。在氢氟酸中进行的有限试验表明，0Mo28Ni65Fe5 合金可耐 ≤100℃，不含空气的 HF 酸的腐蚀。但在恒沸点浓度为 38% ~ 40%，沸腾温度为 115℃的氢氟酸中会使 0Mo28Ni65Fe5 合金受到腐蚀，结果见表 7-17。高于恒沸点浓度的 HF 酸，可通过无水 HF 溶于水而得到。对于浓度 ≥70% 的 HF 酸，0Mo28Ni65Fe5 合金的耐蚀性反而较低浓度 HF 酸要好。0Mo28Ni65Fe5 合金在 HF 酸再生条件下的腐蚀情况见表 7-18。显然，此合金的耐蚀性良好。

表 7-17　在氢氟酸中 0Mo28Ni65Fe5 合金的耐蚀性

酸浓度/%	温度/℃	试验时间/h	其他试验条件		腐蚀速度 /mm·a⁻¹
5	室温	24			0.100
8	室温	2880	在刻蚀玻璃的溶液	液　相	0.100
				在喷雾箱中	0.150
				气　相	0.275
25	室温	24			0.125
40	55	—			0.0225
38	110	48	试样 2/3 浸入，石墨容器，充入一些空气		1.625
45	室温	24			0.075
45	102	1176	加入异丁烷蒸气		0.070
50	60	100	加入 50% H_2SO_4，充入空气		1.550
50	176	167	加入 7% H_2SO_4，和 1% H_2SiF_6		0.800
60	室温	—			0.400
60	32	672	加入 1.3% H_2SO_4 和痕量 H_2SiF_6		0.0050
98	38	87	试样 2/3 浸入，石墨容器，充入一些空气		0.103

表 7-18　在氢氟酸再生条件下 0Mo28Ni65Fe5 合金的耐蚀性

试 验 条 件	腐蚀速度/mm · a⁻¹
再生塔顶部，93% 氢氟酸 + （CH₃）₂CHCH₃，气相，100℃，试验 49 天	0.075
再生塔底部，含 1% ~ 10% 氢氟酸 + H₂O（1：1），121℃，试验 49 天	0.100
再生塔底部，82.5% 氢氟酸 + 1.6% H₂O + 油，平均温度 104℃，最高温度 121℃，试验 25 天	0.1125
脱水塔底部，89.3% 氢氟酸 + 1.6% H₂O，平均温度 107℃，最高温度 121℃，试验 45 天	0.375

（4）H_3PO_4。在磷酸中，0Mo28Ni65Fe5 合金耐 H_3PO_4 腐蚀，一些试验结果见图 7-17 及表 7-19 和表 7-20。由图表可知，除充入空气时和加压高温下，0Mo28Ni65Fe5 合金耐蚀性稍有降低外，其耐 H_3PO_4 性能是良好的。但是，0Mo28Ni65Fe5 合金不耐湿法 H_3PO_4 的腐蚀，因为，酸中含有氢氟酸、氟硅酸、残余的硫酸以及铁盐和铝盐，此种酸在本质上呈氧化性，使 0Mo28Ni65Fe5 合金的腐蚀速度可高达 25mm/a 以上。

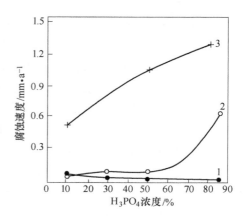

图 7-17　在 H_3PO_4 中 0Mo28Ni65Fe5 合金的腐蚀速度
1—65℃；2—沸腾；3—190℃

表 7-19　0Mo28Ni65Fe5 合金在高温高浓度 H_3PO_4 中的耐蚀性

酸浓度/℃		温度/℃	试验时间/h	所用酸的种类	腐蚀速度 /mm · a⁻¹
H₃PO₄	P₂O₃				
78 ~ 85	50 ~ 60	115		化学纯	0.130
80	57	138	15 天	工业纯	0.2375
85	60	121	72	试剂纯	0.025
85	60	150	72	试剂纯	0.375
86	61	110	96	化学纯	0.100
87 ~ 90	62 ~ 64	90	102 天	工业纯	0.075
96	69	255 ~ 288	73	湿法生产	1.00
98	70.3	93	29 天	湿法生产	0.00075
98	70.3	150	29 天	湿法生产	0.0326
100	71	176	72	化学纯	0.100

酸浓度/℃		温度/℃	试验时间/h	所用酸的种类	腐蚀速度 /mm·a^{-1}
H$_3$PO$_4$	P$_2$O$_3$				
100	71	205	72	化学纯	0.250
105	75	115		试剂纯	0.0025
117	85	232~250	6天	工业纯	0.275
117	85	250~255	6天	工业纯	0.525

表7-20　在某些浓度的 H$_3$PO$_4$ 中 0Mo28Ni65Fe5 合金的耐蚀性

H$_3$PO$_4$ 浓度/%	腐蚀速度/mm·a^{-1}		
	室温	65℃	沸腾
10	0.0076	0.0508	0.0254
30	0.0076	0.0203	0.0762
50	0.0025	0.0076	0.0762
85	微量	0.0102	0.7112

（5）有机酸。在醋酸中，在苛刻的腐蚀条件下，即在未充空气的沸腾温度下，在10%~50%浓度的醋酸中，0Mo28Ni65Fe5 合金的腐蚀速度不超过0.125~0.150mm/a。当然，醋酸中如果有空气存在，同样会加速此合金的腐蚀。但是在纯的高浓度醋酸或者冰醋酸中，充入空气对 0Mo28Ni65Fe5 合金的耐蚀性影响则很小。向醋酸中加入 NaCl 时，将有少量 HCl 酸形成，虽然稍提高 0Mo28Ni65Fe5 合金的腐蚀速度，但由于 0Mo28Ni65Fe5 合金的耐盐酸性能良好，故影响并不显著。0Mo28Ni65Fe5 合金在醋酸中的耐蚀性见表7-21，在一些有机酸中的耐蚀性见表7-22。

表7-21　0Mo28Ni65Fe5 合金在醋酸中的耐蚀性

CH$_3$COOH 浓度/%	温度/℃	试验时间/h	腐蚀速度 /mm·a^{-1}	CH$_3$COOH 浓度/%	温度/℃	试验时间/h	腐蚀速度 /mm·a^{-1}
10	室温	24	0.0125	50	室温	24	0.0250
10	65	24	0.0175	50	65	24	0.0010
10	101	96	0.0750	50	沸腾	24	0.1000
10	沸腾	24	0.1500	50	102	96	0.1250
20	100	325天	0.0500	85~95	118	30天	0.1250
99	室温	24	0.0025	99.6	118	96	<0.025
99	65	24	0.0050	冰醋酸①	125	37天	0.1075
99	沸腾	24	0.0125	冰醋酸②	357	73天	0.0175

① 最少试验24h。

② 在蒸馏塔中试验。

在甲酸中。此种酸对 0Mo28Ni65Fe5
合金的腐蚀较醋酸严重。通入空气和酸中
有氧化剂存在同样会加速 0Mo28Ni65Fe5
合金的腐蚀。在甲酸中的试验结果如图
7-18 所示。在其他有机酸中。试验结果
见表 7-22。

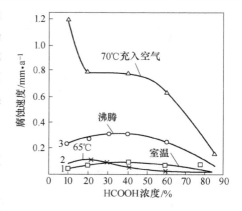

图 7-18　0Mo28Ni65Fe5 合金
在甲酸中的耐蚀性

　　d　碱和盐类

试验表明，0Mo28Ni65Fe5 合金在浓
度 ≤70% NaOH、温度 ≤120℃ 条件下，
其腐蚀速度仅为 0.050mm/a；在沸点为
165℃ 的 60% NaOH 和沸点为 191℃ 的
70% NaOH 中，其腐蚀速度 ≤0.50mm/a；
在 100~180℃ 和浓度为 60% 的 Na₂S 溶液中，腐蚀速度为 0.55mm/a。

表 7-22　在一些有机酸中 0Mo28Ni65Fe5 合金的耐蚀性

介　质	温度/℃	试验时间/d	腐蚀速度/mm·a^{-1}
丁酸 + 少量水	110	32	液相 0.1600
			气相 0.0625
(CH₃CO₂H₂)₂蒸气	200	52	0.020
50%~80% 乳酸(在储罐中)	63	72	0.1075
80% 乳酸(蒸馏釜中)	180	6.5	0.0325
98% CH₃CO(CH₂)₂CO₂H(储罐中)	38	57	0.0075
CH₃CO(CH₂)₂CO₂H(蒸馏塔中)	107	29	0.1575
草酸、饱和溶液	沸腾	0.25	0.1175
粗酞酐蒸气	160~287	59	0.0075
50% 丙酸	50		0.38
	75		0.1
	沸腾		0.05
80% 丙酸	50		0.61
	75		0.3
	沸腾		0.13
99% 丙酸	50		0.15
	75		0.64
	沸腾		0.28

在一些中性和碱性非氧化性盐中，0Mo28Ni65Fe5 合金的耐蚀性良好，在非

氧化性酸性盐中（氯化物，硫酸盐和氟化物盐）的试验结果见表7-23。显然，0Mo28Ni65Fe5合金也是耐蚀的。但是，在氧化性酸性盐中，例如在氯化铁、氯化铜、硫酸铁、硫酸铜等溶液中，0Mo28Ni65Fe5合金仅在非常稀的溶液中才耐蚀。浓度稍高，便会受到严重腐蚀。一些试验结果见表7-24。

表7-23 在氯化物及其他盐类中，0Mo28Ni65Fe5合金的耐蚀性

介 质		温度/℃	试验时间/d	腐蚀速度 /mm·a^{-1}
在密闭蒸发器中，53% MgCl$_2$ +1% NaCl +1% KCl +2% LiCl$_2$	液 相	170	5	0.100
	气 相	170	5	0.075
在沸腾42% MgCl$_2$中		156	35	0.025
在开口蒸发器中，42% MgCl$_2$中	液 相	160	56	0.045
	气相(有空气)	150	32	0.475
55% CaCl$_2$，液相		93	29	0.050
62% CaCl$_2$，液相		154	56	0.025
73% CaCl$_2$，液相		177	36	0.050
54% CaCl$_2$，<1% HCl，充入空气		127	13	0.875
6.3% NH$_4$Cl，7.6% CaCl$_2$，5% NaCl 1% KCl，4.6% MgCl$_2$，0.8% NH$_3$		90	60	0.045
26% AlCl$_3$（在储槽中）		18	21	0.010
SbCl$_3$ + ≤0.5% H$_2$O	液相搅动	100	12	0.200
	气 相	100	12	0.140
30% ~40% BaCl$_3$		150	35	0.0775
100% POCl$_3$ （在储罐中）		21	67	0.0050
在蒸发器中，≤71% ZnCl$_2$		107	35	0.090
≤71% ZnCl$_2$ （在蒸发器中）		50	27	0.0155
48% ZnSO$_3$，搅动		105	59	0.1130
30% ~50% SnF$_2$ +2% ~5% HF酸（结晶器中）		44	30	0.120

表7-24 在氯化铁、氯化铜溶液中0Mo28Ni65Fe5合金的耐蚀性

介 质	腐蚀速度/mm·a^{-1}
2% CuCl$_2$溶液	3.825
10% CuCl$_2$溶液	>25.00
2% FeCl$_3$溶液	5.850
10% FeCl$_3$溶液	>25.00

e 卤族元素及其氢化物气体

在卤素元素及其氢化物气体中。0Mo28Ni65Fe5合金的试验结果见表7-25和

图 7-19。由表可知，在干氯、干溴和高温碘气体中，0Mo28Ni65Fe5 合金是极耐蚀的，但在湿态下则腐蚀严重，不能选用。在 CCl₄ 和 CoCl₂ 高温气体中的试验表明，0Mo28Ni65Fe5 合金的耐蚀性相当好，而且即使介质中含有水分，此合金也同样耐腐蚀，见表 7-26。

表 7-25　0Mo28Ni65Fe5 合金在氯、溴、碘中的腐蚀

试 验 介 质		试验时间/h	腐蚀速度/mm·a⁻¹
氯（含 0.04% H₂O），室温			0.100
湿氯，室温		2	11.95
干溴（含 0.003% H₂O），室温		1	0.0130
溴（含 0.02% H₂O），室温		10	0.035
溴水，室温		69	3.050
高温碘蒸气	300℃	1	0.00310
	450℃		0.0375

表 7-26　在 CCl₄ 和 CoCl₂ 中，0Mo28Ni65Fe5 合金的耐蚀性

介 质	腐蚀速度/mm·a⁻¹		
	400℃	500℃	600℃
干 CoCl₂，500mL/h	0.00050	0.0015	0.20
CoCl₂+水+饱和空气，1000mL/h	0.0050	0.020~0.0225	0.10~0.175
CCl+干空气，500mL/h	—	0.0125~0.020	0.120

0Mo28Ni65Fe5 合金由于 Mo 含量高，且钼的氟化物易挥发，因此在高温氟气中，0Mo28Ni65Fe5 合金是不耐蚀的。例如，在 600℃，氟气流量为 75~100mL/min 条件下，0Mo28Ni65Fe5 合金厚 0.95mm 的试样，经 95h 试验后受到了严重腐蚀。然而，在高温 HF 气中，0Mo28Ni65Fe5 合金则是耐蚀的（在 500~600℃ 的 HF 气中经 36h 试验，其腐蚀速度仅为 0.050mm/a）。

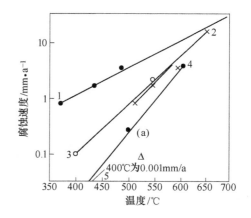

图 7-19　在高温氯气和氯化氢气中，
0Mo28Ni65Fe5 合金的腐蚀行为
1—干 HCl（试验 4~6h）；2—Cl₂（试验 4~6h）；3—干 Cl₂
（试验 48h）；4—HCl+水蒸气（试验 72h）；5—干 HCl 中
（试验 500h）；（a）—500℃时，点蚀深度为 0.075mm

B　晶间腐蚀

0Mo28Ni65Fe5 合金虽然固溶态耐蚀，特别是耐盐酸、硫酸等的性能很好，但是一旦经过焊接，再在盐酸、硫酸中使用，则在焊缝处出现刀口腐蚀，在热影响区出现晶间

腐蚀。图7-20和表7-27是一些试验结果。由图可知，0Mo28Ni65Fe5合金有两个敏化区：1200~1300℃的高温敏化区和600~900℃的中温敏化区。经过两个敏化区时，0Mo28Ni65Fe5合金产生晶间腐蚀，不仅使耐蚀性显著下降，而且还伴随有硬度增加。0Mo28Ni65Fe5合金的晶间腐蚀不同于一般的奥氏体不锈钢，即使是固溶处理且迅速冷却也无法防止。

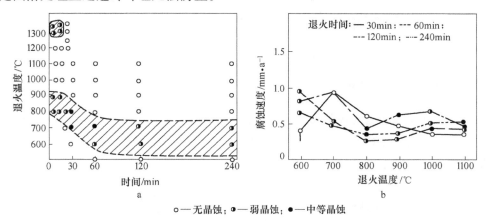

○—无晶蚀；◑—弱晶蚀；●—中等晶蚀

图7-20 0Mo28Ni65Fe5合金的晶间腐蚀、耐蚀性与退火温度和退火时间的关系
（试验介质：10%沸腾盐酸）
a—晶间腐蚀；b—耐蚀性

表7-27 0Mo28Ni65Fe5合金的晶间腐蚀与固溶后冷却速度的关系

冷 却 条 件		在10%盐酸中的晶间腐蚀深度/mm	
		试验8天	试验28天
盐水冷却		无	0.25
水中冷却		0.150	0.50
空气中冷却	3.2mm厚	0.750	完全穿透
	9.4mm厚	0.325	0.930
	15.5mm厚	0.300	0.725

注：合金中（质量分数）C 0.03%、Si 0.15%、Mo 27.4%、Fe 6.5%。

研究表明，0Mo28Ni65Fe5合金的晶间腐蚀与合金中析出相的成分和组织、结构之间有着密切的关系。在≥1250℃高温区，合金中的析出相中有Mo含量较高的M_6C、M_2C等碳化物以及σ相；在550~900℃的中温区，则有Ni-Mo金属间相（高于850℃为Ni_3Mo型，较低温度则为Ni_4Mo型）和M_6C、M_2C等碳化物。这些金属间相和碳化物均含有较高的Mo，它们沿晶界的沉淀可引起Mo的严重贫化，从而导致0Mo28Ni65Fe5合金的晶间腐蚀。同时，由于析出相的强化作用，合金的强度、硬度亦有所提高。

　　为了解决 0Mo28Ni65Fe5 合金的晶间腐蚀问题，1959 年研制出含 V 的 Corronel-220 合金，因降低了 Ni-Mo 合金在 HCl 酸中的耐蚀性，未能得到推广应用。后来，因冶炼技术的发展，开发出了低 C、低 Si 和低 Fe 的 Hastelloy B-2 合金，使耐晶间腐蚀问题得到较为完满的解决。然而 B-2 合金的中温时效脆性引发了 B-3 合金和 B-4 合金的诞生。

7.3.1.5　热加工、冷加工、热处理和焊接性能

A　热加工

0Mo28Ni65Fe5 合金可热加工变形，但变形抗力大，变形温度范围窄，此合金的热加工温度以 1000~1200℃ 为宜。

B　冷加工

固溶状态的 0Mo28Ni65Fe5 合金具有良好的冷加工塑性和冷成型性能。当进行冷轧时，每个轧程的总变形量可达 80%。冷加工变形可使合金强化，冷变形量与合金硬度之间的关系如图 7-21 所示。冷成型性能亦好，只是在冷成型时需要更大的变形力和多次中间退火，冷成型后需要热处理以便获得最佳使用性能。

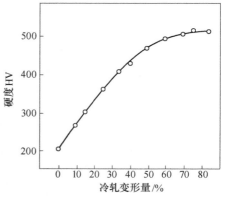

图 7-21　0Mo28Ni65Fe5 合金冷轧硬化曲线
（冷轧变形量 0~85%）

C　热处理

无论是变形还是铸造的 0Mo28Ni65Fe5 合金，一般均在固溶状态下使用，这种状态使合金具有最佳耐蚀性和强韧性的良好配合。合金的适宜固溶处理温度为 1150~1170℃，加热保温后尽快冷却（水淬），薄截面材料亦可使用快速空冷。冷加工的中间退火温度为 1000~1100℃，可以使合金的塑韧性得到恢复为后续加工提供方便。此合金的再结晶温度为 950~1100℃，冷轧材退火温度与硬度之间的关系如图 7-22 和图 7-23 所示。

D　焊接

0Mo28Ni65Fe5 合金可焊性良好，与一般 Cr-Ni 奥氏不锈钢相近，可采用通用的焊接方法进行焊接，包括 TIG、MIG、手工电弧焊、电阻焊等。不宜采用可导致增碳的焊接方法和工艺。由于此合金的线胀系数、电阻温度系数与普通非合金钢之间差别较大，且热导率仅为普碳钢的四分之一，当与碳钢等进行异材焊接时，对这种差别要予以充分考虑。焊接用充填金属成分与母材相同。为保证焊件在盐酸、硫酸等苛刻介质中的耐蚀性，焊后应进行固溶处理。

7.3.1.6　物理性能

0Mo28Ni65Fe5 合金的物理性能见表 7-28。

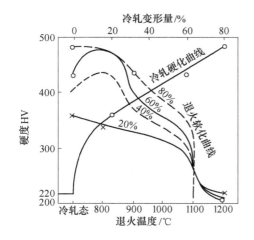

图 7-22　0Mo28Ni65Fe5 合金冷轧
变形量、硬度与退火温度的关系

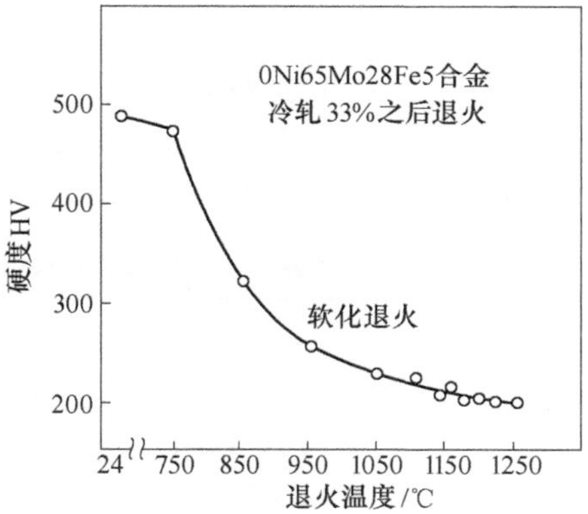

图 7-23　0Mo28Ni65Fe5 合金冷轧 33% 后,
退火温度与硬度的关系

表 7-28　0Mo28Ni65Fe5 合金的物理性能

密度/g·cm⁻³	熔点/℃	电阻率(20℃) /μΩ·m	线胀系数/10⁻⁶K⁻¹		
			20~100℃	20~200℃	20~300℃
9.24	1320~1350	1.35	11.2	11.4	11.5

7.3.1.7　应用

0Mo28Ni65Fe5 合金的变形材和铸件主要应用于需耐 HCl 酸、耐湿 HCl 气体的腐蚀环境,在其他还原性酸性介质中以其良好的耐蚀性亦得到广泛应用。可利用变形合金制造化工加工过程中的容器、容器衬里、管道、塔槽等,利用铸件制造泵、阀等。此外,由于此合金具有中等激活性能和较高的发射能力,其超薄带和细丝作为电子管阴极材料得到成功应用。

7.3.2　00Mo28Ni65Fe2(Hastelloy B-2,NS 3202)

7.3.2.1　化学成分和组织结构

00Mo28Ni65Fe2 合金的化学成分见表 7-6。此合金是为防止 0Mo28Ni65Fe 合金的晶间腐蚀和刀口腐蚀而开发的。它与 0Mo28Ni65Fe5 合金的主要区别在于化学成分的改变,将合金中的碳含量 $w(C)$ 降至 ≤0.02%,硅含量 $w(Si)$ 降至 ≤0.10%,铁含量 $w(Fe)$ 降至 <2%,并去除了 V。这种化学成分的改变,对固溶状态的组织未产生影响,然而却提高了合金组织的热稳定性,使敏化态合金的金属间相和碳化物等析出相明显减少,提高了合金的耐晶间腐蚀性能。此合金存在着时效脆性,后来证实,这种弊病是由于将 Fe 降至质量分数低于 2% 以后合金

易析出 β 相所致，β 相的析出不仅引起时效态合金塑韧性降低，也使其耐 SCC 性能降低，为消除或抑制这种不良性能，经过深入研究，相继开发了控制 Fe + Cr 含量的新一代合金。

7.3.2.2　室温力学性能

00Mo28Ni69Fe2 合金的室温力学性能见表 7-29。时效对合金塑性的影响见表 7-30。700 ~ 800℃时效引起塑性降低，760℃最为敏感。

表 7-29　00Mo28Ni68Fe2 合金的室温、中温力学性能

品　种	检验状态	温度/℃	R_m/MPa	$R_{p0.2}$/MPa	A/%	硬　度
薄板 1.3 ~ 3.1mm	1066℃加热后 急冷	室温	955	526	53	22HRC
		204	885	451	50	—
		316	864	426	49	—
		427	866	418	51	—
薄、中板 2.5 ~ 8.9mm	1066℃加热后 急冷	室温	894	412	61	95HB
		204	849	350	59	—
		316	823	328	60	—
		427	806	310	60	—
中、厚板 9.1 ~ 51mm	1066℃加热后 急冷	室温	902	407	61	94HB
		204	871	361	60	—
		316	840	336	60	—
		427	823	319	61	—
中板 6.4mm	手工 TIG 焊后	室温	855	—	—	—
	半自动 TIG 焊后	室温	821	—	—	—
	手工 TIG 焊 + 1066℃固溶	室温	817	—	—	—
	半自动 TIG 焊 + 1066℃固溶	室温	796	—	—	—
中板 12.7mm	手工 TIG 焊后	室温	897	—	—	—

表 7-30　00Mo28Ni68Fe2 合金薄板时效后的塑性

时效温度/℃	时效时间/h	A/%	时效温度/℃	时效时间/h	A/%
704	1	48	732	1	48
	5	39		5	14
	10	27		10	17
	30	13		30	7

时效温度/℃	时效时间/h	A/%	时效温度/℃	时效时间/h	A/%
760	1	44	788	1	45
	5	14		5	14
	10	3		10	4
	30	2		30	3

7.3.2.3　耐蚀性

A　全面腐蚀

在各种介质中此合金的耐全面腐蚀性能与 0Mo28Ni65Fe5 合金基本相同，相比之下，00Mo28Ni69Fe2 合金的性能更好。一些腐蚀试验数据见表 7-31 ~ 表 7-33和图 7-24 ~ 图 7-33。在非氧化性的无机酸中，此合金呈出现优异的耐蚀性，即使冷加工变形并达到 50% 也未对合金的耐蚀性造成损害。

表 7-31　在沸腾温度 20%HCl 酸中 00Mo28Ni68Fe2 合金的耐蚀性

状　态	腐　蚀　速　度		硬度 HRC
	mil/a	mm/a	
固溶处理态	14	0.36	82HRB
冷加工变形 10%	14	0.36	32
冷加工变形 20%	14	0.36	38
冷加工变形 30%	13	0.33	43
冷加工变形 40%	14	0.36	44
冷加工变形 50%	14	0.36	45

表 7-32　在沸腾 20%HCl 酸中 00Mo28Ni68Fe2 合金与 0Mo28Ni65Fe5 合金耐蚀性的比较

合　金	腐蚀速度/mm·a⁻¹	
	固溶处理态	焊　态
00Mo28Ni68Fe2	0.38	0.51
0Mo28Ni65Fe5	0.71	>1.49

表 7-33   在沸腾酸介质中 00Mo28Ni68Fe2 合金的耐蚀性

介　质	酸浓度/%	腐蚀速度/mm·a^{-1}
盐　酸	1	0.02
	2	0.08
	5	0.13
	10	0.18
	15	0.28
	20	0.38
	20	0.51（TIC 焊态）
磷　酸	10	0.05
	30	0.08
	50	0.15
	85	0.63
硫　酸	2	<0.02
	5	0.08
	10	0.05
	20	<0.02
	30	<0.02
	40	<0.03
	50	0.03
	50	0.05 （TIG 焊态）
	50	0.03
	60	0.05
	70	0.23
醋　酸	10	<0.02
	30	0.01
	50	0.01
	70	<0.01
	99（冰醋酸）	<0.01
甲　酸	10	<0.01
	20	<0.02
	30	<0.02
	40	<0.02
	60	<0.02
	89	<0.02

注：试样经 1066℃ 固溶处理，在工厂实际条件下进行试验。

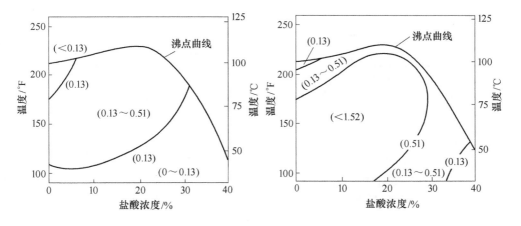

图 7-24　00Mo28Ni68Fe2 合金
在盐酸中的耐蚀性
（括号中数字为腐蚀速度，mm/a）

图 7-25　在通入氧气的盐酸中
00Mo28Ni68Fe2 合金的耐蚀性
（图中数字为腐蚀速度，mm/a）

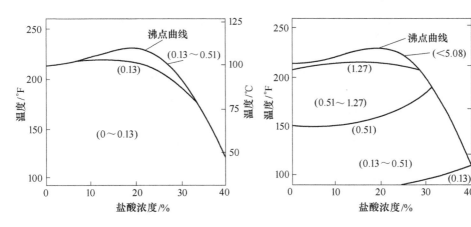

图 7-26　在通入氮气的盐酸中
00Mo28Ni68Fe2 合金的耐蚀性
（括号中数字为腐蚀速度，mm/a）

图 7-27　00Mo28Ni68Fe2 合金在含
$50 \times 10^{-6} Fe^{3+}$ 盐酸中的耐蚀性
（括号中数字为腐蚀速度，mm/a）

B　晶间腐蚀

00Mo28Ni69Fe2 合金耐晶间腐蚀（含刀口腐蚀）性能优于 0Mo28Ni65Fe5 合金。TTS 数据见表 7-3。

C　应力腐蚀

时效态 00Mo28Ni69Fe2 合金在 H_2SO_4 酸和高温氯化氢气体中对 SCC 较为

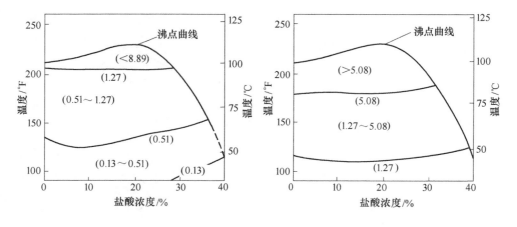

图 7-28　在含 $100 \times 10^{-6} Fe^{3+}$ 盐酸中
00Mo28Ni68Fe2 合金的耐蚀性
（括号中数字为腐蚀速度，mm/a）

图 7-29　在含质量分数为 $500 \times 10^{-6} Fe^{3+}$
盐酸中 00Mo28Ni68Fe2 合金的耐蚀性
（括号中数字为腐蚀速度，mm/a）

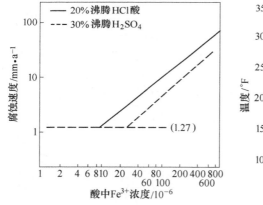

图 7-30　在 HCl 酸和 H_2SO_4 中 Fe^{3+} 对
00Mo28Ni68Fe2 合金耐蚀性的影响

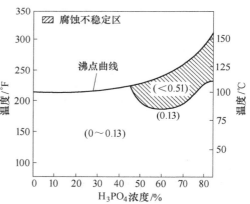

图 7-31　在 H_3PO_4 中 00Mo28Ni68Fe2
合金的耐蚀性
（括号中数字为腐蚀速度，mm/a）

敏感，在沸腾 10% H_2SO_4 中和在 HI 中的应力腐蚀行为分别见表 7-4 和表 7-34。

　　7.3.2.4　热加工、冷加工、热处理和焊接性能

　　（1）热加工、冷加工。此合金的热、冷加工性能与 0Mo28Ni65Fe5 合金相同。

　　（2）热处理。此合金在固溶处理状态下使用，固溶处理温度为 1066℃，

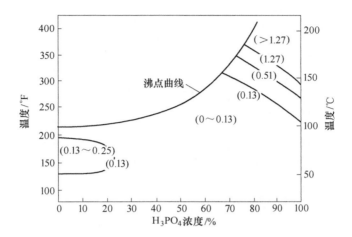

图 7-32　在 H_2SO_4 中 00Mo28Ni68Fe2 合金的耐蚀性
（括号中数字为腐蚀速度，mm/a）

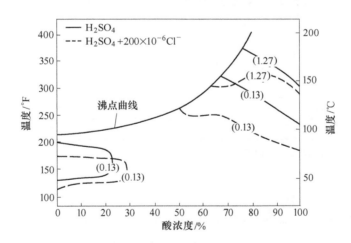

图 7-33　在含 $200 \times 10^{-6}Cl^-$ 的 H_2SO_4 中 00Mo28Ni68Fe2 合金的耐蚀性
（括号中数字为腐蚀速度，mm/a）

经保温后快冷，厚截面材料水冷，薄截面材料可快速空冷。538～816℃为此合金的低塑性区，不宜在此温度范围长时间停留，更不宜在此温度区间使用。

（3）焊接。此合金焊接性能良好，焊接方法与 0Mo28Ni65Fe5 合金相同。因合金的低碳、低硅含量，所以其焊后的耐晶间腐蚀、耐刀口腐蚀性能优于 0Mo28Ni65Fe5 合金，焊后不需再经固溶处理。

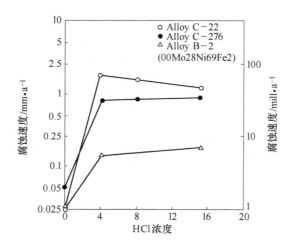

图 7-34　在 80℃，15% H₂SO₄ + HCl 混酸中 00Mo28Ni69Fe2 合金的耐蚀性

表 7-34　00Mo28Ni69Fe2 合金在 1% HI 中的 SCC[①]

合金类型	破断时间/h		
	177℃	204℃	232℃
00Mo28Ni69Fe2（B-2）	168、168、366[②]	48、168、168[②]	48、48、48[②]
Ni200	未裂	未裂	未裂
Ni68Cu28Fe(Monel 400)	未裂	未裂	未裂
0Cr15Ni75Fe(Inconel 600)	未裂	未裂	未裂

① 退火状态，两点弯曲试样，1000h 试验。

② 穿晶断裂。

7.3.2.5　物理性能

00Mo28Ni69Fe2 合金的物理性能汇总于表 7-35。

表 7-35　00Mo28Ni69Fe2 合金的物理性能

物 理 性 能	温度/℃	数　值
密度/g·cm⁻³	22	9. 217
电阻率/μΩ·m	0	1. 37
	100	1. 38
	200	1. 38
	300	1. 39
	400	1. 39
	500	1. 41
	600	1. 46

物 理 性 能	温度/℃	数 值
线胀系数/10^{-6}K^{-1}	20~93	10.3
	20~204	10.8
	20~316	11.2
	20~427	11.5
	20~538	11.7
热导率/W·(m·K)$^{-1}$	0	11.1
	100	12.2
	200	13.4
	300	14.6
	400	16.0
	500	17.3
	600	18.7
比热容/J·(kg·K)$^{-1}$	0	373
	100	389
	200	406
	300	423
	400	431
	500	444
	600	456
动态弹性模量/GPa	室 温	217
	316	202
	427	196
	538	189

7.3.2.6 应用

此合金的应用领域与0Mo28Ni65Fe5合金相同，主要用于耐盐酸、硫酸、磷酸、甲酸等的管道、容器及其衬里、泵和阀件等。对于选用焊接部件和设备，又不能施以固溶处理时，宜选用此合金而不选用0Mo28Ni65Fe5合金。

7.3.3 00Mo30Ni65Fe2Cr2(Hastelloy B-3，NS 3203)

00Mo30Ni65Fe2Cr2(B-3合金)是20世纪90年代中期由美国Haynes公司推出的新一代Ni-Mo耐蚀合金，试图解决Hastelloy B-2合金热稳定性不足所引起的技术麻烦。开发的基础是Fe、Cr对Ni-Mo合金热稳定性和耐蚀性的综合影响的研究结果，通过加入适量Cr和Fe而其他主要成分按B-2合金成分区间控制所形成的B-3合金，极大地提高了Ni-Mo合金的热稳定性，同时保留了B-2合金的耐蚀特性，使B-2合金的焊接裂纹和热加工过程的裂纹问题得以解决。

7.3.3.1　化学成分特点和组织结构特性

00Mo30Ni65Fe2Cr2（B-3 合金）的化学成分见表 7-6。与 B-2 合金相比，此合金将碳降至 0.01% 以下，加入大于 1% Cr，将 Fe 控制在 1%～3% 范围，并将 Mo 量提高 1%。这些改变降低了碳化物和有害金属间相——Ni_4Mo 的析出，使合金的热稳定性得到极大改善，同时保留了 B-2 合金的耐蚀特性。此合金在高温和低温均由过饱和单相 α 结构组成，中温短时间时效（<1h）不会产生 Ni_4Mo 和 Ni_3Mo 金属间相析，碳量很低，碳化物也极少。

7.3.3.2　力学性能

00Mo30Ni65Fe2Cr2（B-3）合金含 Cr1.5、Fe1.5 牌号的室温力学性能见表 7-36。高温瞬时力学性能见表 7-37。

表 7-36　00Mo30Ni65Fe2Cr2（B-3）合金的室温力学性能

材料规格	温度	R_m/MPa	$R_{p0.2}$/MPa	A(51mm)/%	Z/%
3.2mm 退火板	室温	860	420	53.4	—
6.4mm 中板、厚板	室温	885	400	57.8	67.5

表 7-37　00Mo30Ni65Fe2Cr2（B-3）板材的高温瞬时力学性能

材料类型	温度/℃	R_m/MPa	$R_{p0.2}$/MPa	A(51mm)/%	Z/%[2]
3.2mm 光亮 退火板[1]	95	830	380	56.9	—
	205	760	325	59.7	—
	315	720	300	63.4	—
	425	705	290	62.0	—
	540	675	270	59.0	—
	650	715	315	55.8	—
6.4mm 固溶处理[1] 中板、厚板	95	845	375	58.2	67.3
	205	795	330	60.9	68.1
	315	765	305	61.6	65.5
	425	745	285	61.7	64.9
	540	730	275	61.7	61.5
	650	735	290	64.6	54.9

① 3 个炉号 6 批板子测得的平均结果。
② 厚板圆形试样测得的结果。

7.3.3.3　热稳定性

00Mo30Ni65Fe2Cr2（B-3）合金的时效热稳定性数据见表 7-38，TTT（温度-时间-转变）图见图 7-35，700℃时效后的伸长率见图 7-36。这些数据充分说明，控制 Fe、Cr 含量的 00Mo30Ni65Fe2Cr2（B-3）的热稳定性远优于 B-2 合金，达到了开发此合金的预期目的，这种特性不仅给设备或部件制造加工提供方便，也为耐晶间腐蚀和耐应力腐蚀性能提高创造了条件。这些结果的数据亦表明，在所研究的时效温度和时效时间的范围，温度是引起合金塑韧性下降的关键，进一步说明 Ni_4Mo 析出的有害性。

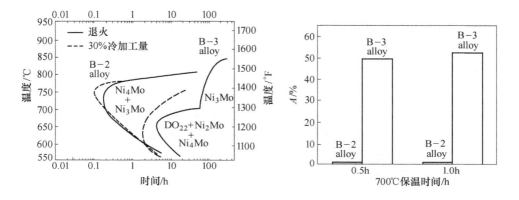

图 7-35 00Mo30Ni65Fe2Cr2 的 TTT 图

图 7-36 00Mo30Ni65Fe2Cr2（B-3）合金 700℃ 拉伸时的伸长率与保温时间的关系

表 7-38 00Mo30Ni65Fe2Cr2（B-3）合金的时效热稳定性

时效温度/℃	时效时间/h	R_m/MPa	$R_{p0.2}$/MPa	A/%	Z/%	A_{KV}/J
—	—	890	385	60.4	73.0	358
425	1000	900	405	57.2	71.7	358
	4000	905	410	56.8	71.6	358
	8000	870	395	57.4	70.5	358
	12000	880	405	57.5	70.4	358
	1600	915	410	57.6	71.4	358
480	1000	970	535	50.0	67.1	355
	4000	995	580	48.3	65.5	358
	8000	960	555	48.9	64.4	285
	12000	975	565	49.9	65.2	313
	16000	1020	590	48.8	64.6	237
540	1000	1005	570	48.4	64.7	320
	4000	1055	615	45.6	61.4	145
	8000	1050	625	47.1	59.5	79
	12000	1060	635	44.2	59.2	111
	16000	1120	660	43.7	57.5	79

时效温度/℃	时效时间/h	R_m/MPa	$R_{p0.2}$/MPa	A/%	Z/%	A_{KV}/J
	1000	1165	720	38.8	54.9	24
	4000	1230	810	31.5	37.2	20
595	8000	1210	815	28.7	35.7	18
	12000	1230	830	26.4	31.7	16
	16000	1280	870	25.3	29.6	11

7.3.3.4　耐蚀性

A　全面腐蚀

00Mo30Ni65Fe2Cr2（B-3）合金与 B-2 合金比较，Mo 含量有所提高，将 Fe、Cr 含量控制在对合金不产生负面影响的范围内，因此 B-3 合金的耐全面腐蚀性能应稍优于 B-2 合金，一些腐蚀数据见表 7-39、表 7-40 和图 7-37。在一些酸溶液中的耐蚀性与其他材料相比较的结果见表 7-41。

表 7-39　00Mo30Ni65Fe2Cr2 在一些酸中的耐蚀性

材料状态	介质成分	质量分数/%	温　度	时间/h	平均腐蚀速度/mm · a^{-1}
固溶退火	醋　酸	10	沸　腾	4×24	0.005
		30		4×24	0.005
		50		4×24	0.005
		70		4×24	0.005
		90（冰醋酸）		4×24	0.017
固溶退火	甲　酸	10	沸　腾	4×24	0.010
		20		4×24	0.015
		30		4×24	0.015
		40		4×24	0.013
		60		4×24	0.008
		89		4×24	0.005
固溶退火	盐　酸	1	沸　腾	4×24	0.005
		2		4×24	0.03
		5		4×24	0.10
		10		4×24	0.14
		15		4×24	0.22
		20		4×24	0.31
焊　态	盐　酸	20	沸　腾	4×24	0.35
	盐酸 + 50×10^{-6}Fe^{3+}	20	沸　腾	4×24	2.2

续表 7-39

材料状态	介质成分	浓度/%	温 度	时间/h	平均腐蚀速度 /mm·a⁻¹
固溶退火	磷酸（化学纯）	10	沸 腾	4×24	0.06
		30	沸 腾	4×24	0.05
		50	沸 腾	4×24	0.08
		85	沸 腾	4×24	0.07
固溶退火	硫 酸	2	沸 腾	4×24	0.01
		5	沸 腾	4×24	0.018
		10	沸 腾	4×24	0.020
		30	沸 腾	4×24	0.03
固溶退火	H_2SO_4 + $50×10^{-6}Fe^{3+}$	30	沸 腾	4×24	0.48
		40	沸 腾	4×24	0.03
		50	沸 腾	4×24	0.04
焊 态	硫 酸	50	沸 腾	4×24	0.06
540℃×48h 时效	硫 酸	50	沸 腾	4×24	0.05
		60	沸 腾	4×24	0.06
		70	沸 腾	4×24	0.17

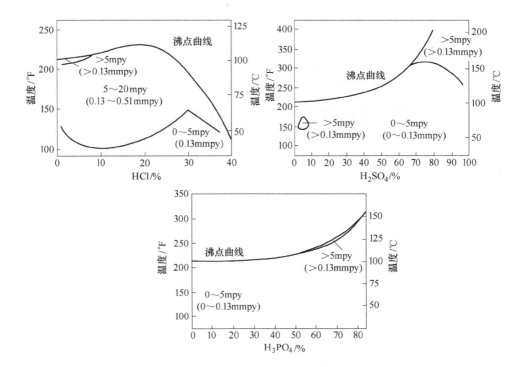

图 7-37　00Mo30Ni65Fe2Cr2（B-3）合金在 HCl、H_2SO_4 和 H_3PO_4 中的等腐蚀图

表7-40　固溶退火的 00Mo30Ni65Fe2Cr2（B-3）合金在 HF 酸溶液中的平均腐蚀速度[①]

HF 浓度/%	平均腐蚀速度/mm·a^{-1}	
	52℃	79℃
1	0.22	0.26
3	0.22	0.32
5	0.23	0.35
10	0.25	0.41
20	0.30	0.58
48	0.34	0.89
70	0.80	—

① 取自三个生产炉号的数据。

表7-41　在几种沸腾酸中 00Mo30Ni65Fe2Cr2 的耐蚀性与其他耐蚀材料比较

介质成分	平均腐蚀速度/mm·a^{-1}			
	B-3 合金	B-2 合金	Ni68Cu28Fe	0Cr17Ni14Mo2
50% 醋酸	0.005	0.010	—	0.005
40% 甲酸	0.013	0.018	0.053	1.014
50% ~55% 磷酸	0.076	0.152	0.114	0.457
50% 硫酸	0.043	0.030	4.699	>500
20% 盐酸	0.305	0.381	40.31	>500

　　在冷变形量低于 50% 的条件下，尽管 B-3 合金的强度升高，塑性下降，但并未影响此合金在沸腾 20% HCl 酸中的耐蚀性（表7-42），综观 B-3 合金在还原性酸中的耐全面腐蚀性能可见，B-3 合金的耐蚀性最佳。

表7-42　冷变形的 00Mo30Ni65Fe2Cr2 合金在沸腾 20% HCl 中的耐蚀性（4×24h 试验）

冷加工量/%	硬度 HRC	R_m/MPa	$R_{p0.2}$/MPa	A(51mm)/%	腐蚀速度/mm·a^{-1}
0	18	860	425	57	0.33
10	30	965	690	40	0.33
20	37	1095	895	25	0.33
30	41	1240	1060	13	0.33
40	44	1395	1185	9	0.33
50	46	1525	1280	8	0.33

B　晶间腐蚀

　　00Mo30Ni65Fe2Cr2（B-3）焊态试样在 110℃，20% ~30% H_2SO_4 + 硫酸亚铁（pH <1）溶液中经 96 天的试验结果指出，00Mo30Ni65Fe2Cr2 合金的热影响区未

见晶间腐蚀，而 B-2 合金则产生晶间腐蚀（表 7-43）。

表 7-43　00Mo30Ni65Fe2Cr2（B-3）合金焊接试样的耐蚀性

合金牌号	状态	腐 蚀 介 质	试验时间 /d	腐蚀速度 /mm·a^{-1}	晶间腐蚀
00Mo30Ni65Fe2Cr2	焊后	110℃，20%~30% H_2SO_4 + $FeSO_4$，pH<1	96	0.06	无晶间腐蚀
Hastelloy B-2	焊后	110℃，20%~30% H_2SO_4 + $FeSO_4$，pH<1	96	0.08	HAZ 晶间腐蚀

C　应力腐蚀

经退火和随后 700℃×1h 时效的 U 形弯曲试样在沸腾 60% H_2SO_4 中，按 ASTM GT-30 方法施加应力的 24h 试验结果表明，B-3 合金未产生应力腐蚀，而 B-2 合金试验 3h 后产生晶间应力腐蚀裂纹。中厚板和薄板试样（退火 + 700℃× 1h 时效），在 H_2SO_4、HCl 中的应力腐蚀试验结果也表明，B-3 合金的耐应力腐蚀性能远优于 B-2 合金（表 7-44）。

表 7-44　00Mo30Ni65Fe2Cr2 中厚板和薄板的耐 SCC 性能

介 质 成 分	试 样 状 态	试 验 结 果	
		B-2 合金	B-3 合金
沸腾 5% H_2SO_4	退火 + 700℃×1h 时效	IG-SCC	无 SCC
沸腾 0.5% H_2SO_4	退火 + 700℃×1h 时效	IG-SCC	无 SCC
沸腾 20% HCl	退火 + 700℃×1h 时效	IG-SCC[①]	无 SCC

① 在打印记号处产生晶间应力腐蚀裂纹。

7.3.3.5　热加工、冷成型、热处理和焊接性能

（1）热加工。00Mo30Ni65Fe2Cr2 合金的热加工性能良好，适宜的加热温度为 1230℃，在被加工的合金烧透达到整体温度均匀后，进行热加工操作不会遇到困难，由于合金的碳含量很低，为获得热加工后的细晶粒组织，应控制较低的终变形温度和适当的终变形量。由于合金具有较 B-2 合金更加优秀的热稳定性，在热成型过程中不会遇到 B-2 合金的麻烦。

（2）冷成型。此合金尽管对冷加工硬化敏感，但冷加工性能良好，可采用通常冷成型方法进行冷加工成型。

（3）热处理。00Mo30Ni65Fe2Cr2 合金的供货状态为固溶退火，能够快速冷却的产品其退火温度为 1065℃、保温后快速淬火。成卷的薄板和丝材光亮退火温度为 1150℃，冷却方式为氢冷。

（4）焊接。00Mo30Ni65Fe2Cr2 合金焊接性良好，可采用通用的 GTAW、GMAW、SMAW 的方法进行焊接，在焊接过程中应防止过度热量输入，应控制层间温度低于 93℃。不推荐氧乙炔焊和埋弧焊。

焊接的充填金属可使用与母材相同成分的焊接材料。焊后焊缝金属的力学性

能可满足工程需要（表7-45）。

表7-45　采用与B-3合金相同成分的焊材焊后焊缝金属的力学性能

焊接工艺	试验温度/℃	R_m/MPa	$R_{p0.2}$/MPa	A/%	A_{KV}/J
GTAW	室温	813	551	45	224
GMAW	室温	834	537	46	191
SMAW	室温	772	475	49	118
GTAW	300	710	469	40	—
GTAW	400	689	455	45	—

7.3.3.6　物理性能

00Mo30Ni65Fe2Cr2（B-3）合金的物理性能见表7-46和表7-47。

表7-46　00Mo30Ni65Fe2Cr2（B-3）合金的物理性能

温度/℃	动态弹性模量/GPa	电阻率/μΩ·cm	热扩散率/cm²·s⁻¹	热导率/W·(m·K)⁻¹	比热容/J·(kg·K)⁻¹
室温	216	137	3.0×10^{-3}	11.2	373
100	213	137	3.2×10^{-3}	12.1	382
200	208	137	3.4×10^{-3}	13.4	409
300	202	138	3.7×10^{-3}	14.8	421
400	197	138	4.0×10^{-3}	16.3	431
500	190	140	4.4×10^{-3}	17.9	436
600	185	143	4.5×10^{-3}	19.6	434
700	178	142	4.9×10^{-3}	21.4	595
800	168	137	4.7×10^{-3}	23.3	589
900	157	132	4.5×10^{-3}	25.4	577
1000	147	130	4.9×10^{-3}	27.5	575

注：1. 密度：室温9.22g/cm³；

　　2. 熔点范围：1370~1418℃。

表7-47　00Mo30Ni65Fe2Cr2（B-3）合金的线膨胀系数

温度/℃	线膨胀系数/×10⁻⁶K⁻¹	温度/℃	线膨胀系数/×10⁻⁶K⁻¹
25~100	10.6	25~600	11.8
25~200	11.1	25~700	12.2
25~300	11.4	25~800	13.1
25~400	11.6	25~900	13.9
25~500	11.8	25~1000	14.4

7.3.3.7 应用

此合金的应用领域与 Hastelloy B-2 合金相同。合金的热稳定性远优于合金 B-2，因此它的耐晶间腐蚀、耐应力腐蚀性能亦优于 B-2。对焊接和热成型要求较严格的产品，选择使用 00Mo30Ni65Fe2Cr2（B-3）合金为宜。

7.3.4 00Mo28Ni65Fe4Cr（Hastelloy B-4，NS 3204）

00Mo28Ni65Fe4Cr（B-4）是德国 KRUPP VDM 公司开发的新一代 Ni-Mo 耐蚀合金，其面世时间大体上与 B-3 合金相同。开发 B-4 合金的目的也是解决 B-2 合金因 β（Ni$_4$Mo）相析出而引起的中温热脆性和焊接裂纹，采用的手段也是调整合金中的 Fe、Cr 含量使 β 相的析出受到抑制或推迟，两者的区别在于 B-4 合金侧重于提高 Fe 含量，而 B-3 合金是将合金中 Fe、Cr 同时控制。B-4 合金因含 Fe 量高，对 β 相的析出控制效果优于 B-3 合金，因主要起耐蚀作用的 Mo 含量未变，合金保持了 B-2 合金的耐全面腐蚀性能，由于热稳定性的显著提高，B-2 合金在加工制造过程中的脆性裂纹倾向得以克服，和热稳定性相关的耐晶间腐蚀性能以及耐应力腐蚀性能也得到极大提高。

7.3.4.1 化学成分和组织结构特点

00Mo28Ni65Fe4Cr 的化学成分见表 7-6。此化学成分较早期公布的成分有所调整，主要是对合金中的铁含量的上下限均放宽 1%（1%～6%），1994 年发表的数据为 2%～5%。推荐的 Mo 含量为 28%，Fe 为 3% 而 Cr 为 1.3%。热稳定性数据表明，只要 w(Fe)≥3%，w(Cr)≥0.5% 就可以达到提高合金热稳定性满足加工制作需要的预期效果。

7.3.4.2 室温力学性能

00Mo28Ni65Fe4Cr（B-4）合金的室温力学性能与 B-2 合金和 B-3 合金基本一致，不同 Fe、Cr 量匹配的合金室温力学性能见表 7-48。

表 7-48 00Mo28Ni65Fe4Cr（B-4）合金的室温力学性能

合金号	w(Fe)/%	w(Cr)/%	R_m/MPa	$R_{p0.2}$/MPa	A/%
1	3.17	1.42	857	375	71
2	3.23	0.72	853	385	70
3	5.86	0.78	860	387	66
B-2	0.11	0.02	914	424	62
B-3	1.75	0.68	847	426	61
ASTM			≥760	≥350	≥40

高温瞬时拉伸性能可参照 B-3、B-2 合金的数据。

7.3.4.3　00Mo28Ni65Fe4Cr（B-4）合金的热稳定性

Ni-28Mo 合金中的铁对抑制或推迟 β 相（Ni_4Mo）的析出具有明显效果，如图 7-14 所示。试验指出，含 5.86% Fe，0.78% Cr 的炉号，经 650℃、700℃、750℃和 800℃时效 1h 的 V 形缺口冲击吸收功大于 140J。说明此合金具有良好的中温时效热稳定性。经 700℃ ×1h 时效后的室温伸长率也表明 B-4 合金具有良好的热稳定性（表 7-49）。

表 7-49　B-2 合金和 B-4 合金的时效热稳定性

合 金 名 称	热处理状态	$A(700℃)$/%
00Mo28Ni69Fe2(B-2)	700℃ ×1h	5
控制 Fe、Cr 的 B-2	700℃ ×1h	42
B-4(2% ~5%Fe, 0.5% ~1.5%Cr)	700℃ ×1h	46

7.3.4.4　耐蚀性

A　全面腐蚀

由于 00Mo28Ni65Fe4Cr（B-4）合金主要耐蚀合金元素 Mo 与 B-2 合金相同，其耐全面腐蚀性能与 B-2 合金一致，在盐酸介质的腐蚀试验结果也表明两合金的耐蚀性处于同一水平。

B　晶间腐蚀

00Mo28Ni65Fe4Cr（B-4）合金，因其热稳定性优于 00Mo28Ni65Fe2（B-2）合金，因此在严重的敏化条件下，B-4 合金的耐晶间腐蚀性能优于 B-2 合金，详见表 7-50。这些数据指出，Hastelloy B-2 合金的标准成分牌号或在规定标准成分范围内稍加控制 Fe、Cr 含量的牌号。可经受 600 ~900℃，1h 的敏化，其腐蚀速度仍保持在固溶状态的水平，当敏化时间增至 8h 后，700℃的敏化温度的腐蚀速度达到 0.87mm/a，为固溶态的 2 倍，晶间渗入深度也超过 $50 × 10^{-6}$m，其余敏化温度的腐蚀率仍保持与固溶态基本相同的水平。在相同试验条件下，在 600 ~900℃敏化 8h，B-4 合金未见晶间腐蚀。700℃是 B-2 合金出现晶间腐蚀的最敏感温度。B-4 合金在沸腾 10% HCl 中的敏化行为见表 7-51。

表 7-50　00Mo28Ni65Fe4Cr（B-4）合金在 HCl 酸中的耐蚀性

合 金 名 称	腐蚀速度/mm·a^{-1}[①]		焊件热影响区晶间渗入深度
	沸腾 10% HCl 24h	沸腾 20% HCl 24h	/μm[②]（20% HCl,149℃,100h）
B-2 合金(0.08% ~1.75%Fe, 0.01% ~0.68%Cr)	0.29 ~0.31	0.58 ~0.60	10 ~100
B-4 合金(3.17% ~5.68%Fe, 0.72% ~1.42%Cr)	0.24 ~0.38	0.46 ~0.58	0 ~170

① 5mm 热轧板经 1080℃固溶处理，晶间渗入深度 $<50 × 10^{-6}$m。

② 12mm 厚的合格板材，使用标准 B-2 合金焊丝采用 GTAW 焊接。合格的判据为晶间渗入深度 $≤175 × 10^{-6}$m。

表 7-51   00Mo28Ni65Fe4Cr(B-4)合金在沸腾 10%HCl 中的敏化行为

敏化（时效）温度/℃	腐蚀速度/$mm \cdot a^{-1}$					
	B-2 合金			B-4 合金		
	0.5h	1h	8h	0.5h	1h	8h
600	0.32	0.29	0.39	0.18	0.33	0.31
650	0.33	0.38	0.39	0.27	0.37	0.31
700	0.35	0.36	0.87[①]	0.27	0.32	0.26
750	0.35	0.35	0.39	0.24	0.35	0.29
800	0.35	0.31	0.33	0.25	0.23	0.25
850	0.32	0.32	0.31	0.34	0.20	0.25
900	0.30	0.27	0.34	0.21	0.24	0.18
固溶退火态	0.37			0.21		

① 晶间渗入深度 $>50 \times 10^{-6}$ m，其余 $<25 \times 10^{-6}$ m。

C   应力腐蚀

在沸腾 10% H_2SO_4 中，按 ASTM G-30 程序对 00Mo28Ni65Fe4Cr（B-4）合金 U 形试样进行的应力腐蚀试验结果表明，B-4 合金的应力腐蚀性能远优于标准 B-2合金，亦优于控制 Fe、Cr 含量的 B-2 合金（表 7-52）。表中数据表明，在固溶状态，所试验的合金的耐应力腐蚀性能没有差别，而在 700℃ 的差别十分悬殊。700℃ 敏化 1h 后，标准 B-2 合金 3h 就出现应力腐蚀，即或是控制 Fe 含量处于标准上限的 B-2 合金，45h 也产生应力腐蚀，而 B-4 合金试验 100h 后未出现应力腐蚀，试样完好无损。对 700℃ 敏化试样断裂后的分析表明，晶界存在 M_6C 和 M_2C 型碳化物，而晶内存在细小弥散的 Ni_4Mo 金属间化合物，这些时效沉淀相是导致时效态 B-2 合金对应力腐蚀敏感的主导原因。B-4 合金的热稳定性决定了此合金优秀的耐应力腐蚀性能。

表 7-52   00Mo28Ni65Fe4Cr(B-4) 合金在沸腾 10%H_2SO_4 中 U 形样的应力腐蚀试验结果

合金名称	$w(Fe)/\%$	$w(Cr)/\%$	SCC 时间/h		
			固溶态	700℃ ×1h 时效	700℃ ×5h 时效
B-2 合金	0.08	≤0.01	>100	3	2
B-2 合金	1.13	0.47	>100	3	3
B-2 合金	1.75	0.68	>100	45	3
B-4 合金	3.17	1.42	>100	>100	>100
B-4 合金	3.23	0.72	>100	>100	>100
B-4 合金	5.86	0.78	>100	>100	>100

长期试验结果指出，经 700℃ 时效的 B-4 合金焊件的 U 形弯曲试样，在沸腾

10% H₂SO₄（ASTM G-30）中 1000h 未出现应力腐蚀迹象，再次说明 B-4 合金具有优异的热稳定性。

7.3.4.5　热冷加工、热处理、焊接和物理性能

00Mo28Ni65Fe4Cr（B-4 合金）的冷热加工性能、热处理、焊接和物理性能与 B-3 合金基本一致，可使用 B-3 合金的相关数据。

7.3.4.6　应用

00Mo28Ni65Fe4Cr（B-4）的应用领域与 B-3 合金相同。

参 考 文 献

［1］ Friend W Z. Corrosion of Nickel and Nickel-base alloys. New York：John Wiley and Sons，Inc.，1980：248 ~ 288.

［2］ 陆世英，康喜范. 镍基和铁镍基耐蚀合金. 北京：化学工业出版社，1989：126 ~ 163.

［3］ Davis J R. Nickel，Cobalt and their alloys. OH：materials park，2000：3 ~ 53.

［4］ John Gadbut，et al. Properties of Nickels and Nickel alloys//ASM. ed，Metals hadbook 9th ed. 3. OH：Metals park，1980：128 ~ 174.

［5］ 钢铁研究总院. 0Ni65Mo28Fe5V 镍基耐蚀合金，1973(3):17 ~ 19.

［6］ Agarwal D C，et al. UNS N10629：A new Ni-29% Mo alloy. Materials performance，1994(10)：64 ~ 68.

［7］ Rebak K B，Paul Crook. Nickel alloys for Corrosive environments. Avanced materials & Process，2000(2):37 ~ 42.

［8］ Haynes. Hastelloy B alloy. Kokomo（Indiana）：Haynes International，Inc.，1997.

［9］ Haynes. Hastelloy B-2 alloy. Kokomo（Indiana）：Haynes International，Inc.，1997.

［10］ Haynes. Hastelloy B-3 alloy. Kokomo（Indiana）：Haynes International，Inc.，1995.

［11］ Books C R，et al. Metals Rev.，1984，29(3):210.

［12］ Rebak R B. Corrosion，1999(4):412 ~ 420.

［13］ Sabrina Meck. Stainless Steel World，2006(5):28.

8 Ni-Cr-Mo 耐蚀合金

镍铬钼耐蚀合金[1~27]中含有大量的 Cr、Mo 等合金元素，在恰当的配比情况下，此类合金具有单相面心立方结构（γ）。Ni-Cr-Mo 耐蚀合金在广泛的腐蚀介质中具有优异耐蚀性，它既耐氧化性介质又耐还原性介质的腐蚀，特别是在含有 F⁻、Cl⁻ 等离子的氧化性酸中，在含有氧和氧化剂的还原性酸中，在氧化性酸和还原性酸的混合介质中，在湿氯和含氯气的水溶液中，均具有其他耐蚀合金无法比拟的独特耐蚀性。合金的这种特点，使 Ni-Cu、Ni-Mo、Ni-Cr 合金不能应付的大量的腐蚀问题得到解决。随着化学加工工业新工艺的出现和新型催化剂的采用，工艺介质的腐蚀性更加苛刻，为适应这些工艺发展对耐蚀材料的需求，Ni-Cr-Mo 耐蚀合金往往会成为被关注的焦点，并且因此而获得了更加广泛和深入的研究，成为一类发展最快的耐蚀合金，相继出现了极低碳、硅和低铁含量的热稳定性极好的 C-276、C-4 合金，高 Cr 型的 C-22、合金 59，含 Cu 的 Ni-Cr-Mo 合金等。这些各具独特性能的合金，为使用者提供了更多的选择。

8.1 Ni-Cr-Mo 三元相图和相

图 8-1 为 Ni-Cr-Mo 三元系的 1250℃ 和 850℃ 的等温截面。由图可知，在 Ni-Cr-Mo系中除基体组织 γ 相外，尚可能存在 δ、P、σ 相和 μ 相，这些相存在与

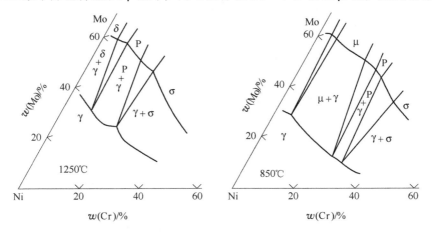

图 8-1   Ni-Cr-Mo 三元系在 1250℃ 和 850℃ 时的等温截面

（根据 Raghavan 等，1984）

否与合金的成分和受热历史相关，μ 相仅在较低的温度下存在。σ、P、μ 等密排的、硬而脆的富 Mo 的中间相的析出将使合金塑韧性降低、耐蚀性劣化。通常，变形的 Ni-Cr-Mo 耐蚀合金均设计成单相奥氏体合金，即在使用状态下为面心立方晶体结构。为了避开或减少有害的中间相，在合金成分设计时要考虑主体合金元素的配比，以及其他合金元素对中间相析出行为的影响。Ni-Cr-Mo 三元相图 γ 相和多相区之间的边界可通过相计算近似求得。目前多利用计算合金的原子 d 轨道电子的平均能量 (M_d) 的方法予以判断（在第 1 章 1.3.3 节中已介绍）。根据 M_d 计算公式计算出的 M_d 超过使用温度函数公式 $M_d = (6.25 \times 10^{-5} T) + 0.834$ 所得出的值（式中 T 为开氏温度），将会有 σ 相析出。计算结果与实际试验结果表明，在 850℃两者相符，在 1250℃差别较大，如图 8-2 和图 8-3 所示。尽管这种计算在某种条件下尚存在着误差，但对新的具有良好奥氏体热稳定性合金的设计还是十分有价值的。

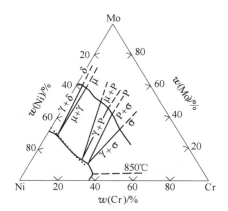

图 8-2　Ni-Cr-Mo 三元系 850℃等温截面
（Raghavan 等，1984）
$M_d = 0.905$（850℃）（······表示）

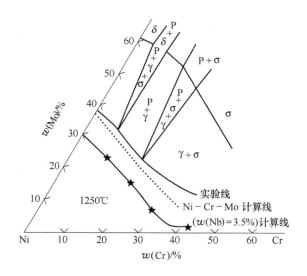

图 8-3　Ni-Cr-Mo 三元系 1250℃等温截面
（Raghavan 等，1984）
$M_d = 0.929$（1250℃）（······表示），另一条线为添加 3.5% Nb 的计算结果
（Köhler 和 Heubner，1992）（—★—表示）

8.2 Ni-Cr-Mo 耐蚀合金中的合金元素及其作用

8.2.1 Cr、Mo 的作用

在 Ni-Cr 合金中加入 Mo，研究 Mo 对 Ni-Cr 耐蚀合金耐蚀性的影响，一些试验结果见表 8-1 ~ 表 8-3 和图 8-4、图 8-5，随 Mo 含量的增加，Ni-Cr 合金在 H_2SO_4 酸、HCl 酸、H_3PO_4 酸等还原性酸中以及在 HF 气体中的耐均匀腐蚀性能和在 $FeCl_3$ 溶液中的耐点蚀性能显著提高，但在强氧化性硝酸中的耐蚀性有所降低。图 8-6 及表 8-4 的结果表明，随 Ni-Mo 合金中铬含量的提高，合金在含 Cl^- 等氧化-还原介质中的耐蚀性提高并改善合金的高温抗氧化性能。Mo 含量对 Ni-Cr-Mo 合金在模拟石油和天然气的 $Cl^- + H_2S + CO_2$ 环境中 SCC 的影响如图 8-7 所示。随温度的提高，为获得满意的耐 SCC 性能需要更高的钼含量。

表 8-1 钼对 Ni60Cr20 合金耐 H_2SO_4 酸腐蚀性能的影响

H_2SO_4(质量分数)/%				60	5	10	20	30	40
充空气情况				空气	未充	未充	未充	未充	未充
温度/℃				60	沸腾	沸腾	沸腾	沸腾	沸腾
试验时间/h				168	96	96	24	48	48
合金成分(质量分数)/%				腐蚀速度/mm·a^{-1}					
Ni	Cr	Mo	Fe						
61	20	0.5	18.5	7.55[1]	2.025	—	65[1]	11.3[1]	137.75[1]
61	20	5	14	2.825	0.050	0.100	0.175	1.60	32.5
62	21	7	10	0.0125	0.250	0.200	0.200	0.700	1.025
62	20	13	5	0.0050	0.0750	0.250	0.375	0.775	1.25
59	20	20.5	0.5	0.0125	0.124	0.275	0.075	0.300	0.450

① 仅试验数小时。

表 8-2 钼对 Ni62Cr20 合金耐 HCl 酸、H_3PO_4 酸和 HNO_3 酸腐蚀性能的影响

酸(质量分数)/%				HCl 酸		H_3PO_4 酸		HNO_3 酸	
				10	5	75	85	25	40
充空气情况				空气	未充	未充	未充	未充	未充
温度/℃				60	沸腾	沸腾	沸腾	沸腾	沸腾
试验时间/h				168	6	24	6	72	24
合金成分(质量分数)/%				腐蚀速度/mm·a^{-1}					
Ni	Cr	Mo	Fe						
61	20	0.5	18.5	2.925	78.750	73.00[1]	218.75[1]	0.050	0.0825
61	20	5	14	6.325	39.250	0.375	17.075	无	0.030
62	21	7	10	3.475	36.500	1.500	47.500	0.0075	0.055

合金成分(质量分数)/%				腐蚀速度/mm·a⁻¹					
Ni	Cr	Mo	Fe						
62	20	13	5	2.235	6.950	1.350	25.625	0.0925	0.25
59	20	20.5	0.5	0.005	1.125	0.375	7.50	0.160	0.325

① 仅试验数小时。

表 8-3　钼对 Ni62Cr20 合金耐 FeCl₃ 点蚀性能的影响

FeCl₃(质量分数)/%				1	2	5	7	9	11	13	15
合金成分(质量分数)/%				每块试样上的点蚀数							
Ni	Cr	Mo	Fe								
61	20	0.5	18.5	1	15	15	31	—	—	—	—
61	20	5	14.0	0	8	4	16	14	26	50	37
62	21	7	10	0	0	4	12	28	16	23	32
62	20	13	5	0	0	0	0	0	0	0	0
59	20	20.5	0.5	0	0	0	0	0	0	0	0

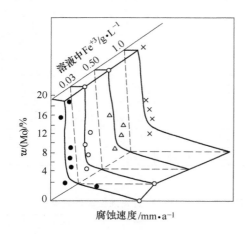

图 8-4　在沸腾 1% 稀 HCl 酸中 Mo 含量
对 Ni-15% Cr 合金耐蚀性能的影响

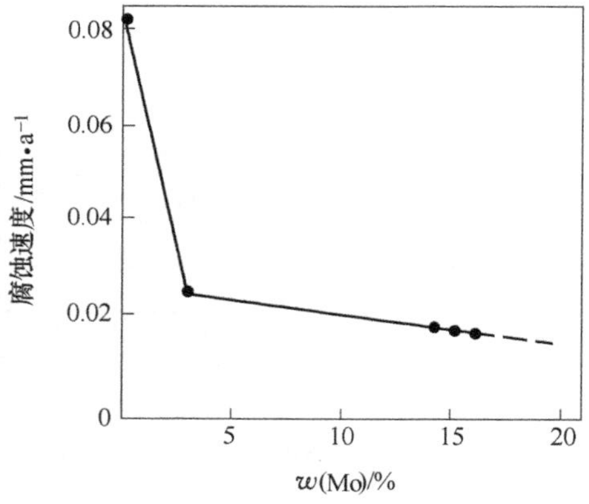

图 8-5　在 550℃ 高温 HF 气中 Mo 含量
对 Ni-15% Cr 合金耐蚀性能的影响

表 8-4　铬对镍钼合金抗氧化性的影响

合金主要成分	增重/mg·cm⁻²	氧化膜性能
3Cr-20Mo-77Ni	5.2	在冷却过程中剥落
5Cr-20Mo-75Ni	1.5	在冷却过程中剥落
7Cr-20Mo-73Ni	0.2	在冷却过程中未剥落
10Cr-20Mo-70Ni	0.1	在冷却过程中未剥落

注：试验温度 815℃，时间 168h。

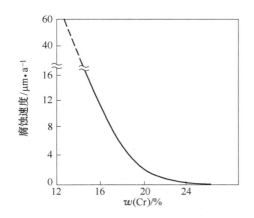

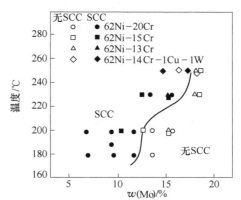

图 8-6　在实际介质中 Cr 含量对
Ni-18% Mo 合金耐蚀性能的影响

介质(g/L)：Cl⁻ 50 ~ 55，Ni 45 ~ 50，Cu 0.7 ~ 1.0，
Fe 0.3 ~ 0.4，Co 0.05 ~ 0.1，SO_4^{2-} 150，
H_3BO_4 2 ~ 4；pH = 1.5 ~ 2；温度 80 ~ 85℃

图 8-7　Mo 含量对 Ni-Cr-Mo 合金在
20% NaCl + 0.5% CH_3COOH +
10atm H_2S + 10atm CO_2 +
1g/L S_8 中耐 SCC 性能的影响

8.2.2　Fe 对 Ni-16Cr-16Mo-4W 合金耐蚀性的影响

在沸腾 50% H_2SO_4 + 42g/L $Fe_2(SO_4)_3$ 和 40% HF 酸介质中，评价 Fe 对
Ni-16Cr-16Mo-4W 合金耐蚀性的影响见表 8-5。在沸腾 50% H_2SO_4 + 42g/L
$Fe_2(SO_4)_3$ 中，Fe 对 00Cr16Ni60Mo16W4 合金在固溶状态下的耐蚀性无明显影响，
对敏化态合金的耐蚀性却十分有害，随铁含量的增加，腐蚀速度急剧增加，晶间
腐蚀也愈加严重。铁的有害性在于它促进了有害的金属间相——μ 和 P 的析出，
引起 Mo 和 W 的贫化。在沸腾 40% HF 酸中，Fe 含量 $w(Fe)$ 在 0.24% ~ 8.3% 范
围内，无论是固液态还是敏化态，均未产生明显影响。

表 8-5　铁对含质量分数为 0.5% Cu 的 00Cr16Ni60Mo16W4 合金耐蚀性的影响

序号	$w(Fe)/%$	腐蚀速率/g·(m²·h)⁻¹					
		沸腾 50% H_2SO_4 + 42g/L $Fe_2(SO_4)_3$			沸腾 40% HF 酸		
		1210℃ 固溶	固溶 +760℃ 敏化	固溶 +870℃ 敏化	1210℃ 固溶	固溶 +760℃ 敏化	固溶 +870℃ 敏化
1①	8.30	8.50	46.61	65.09	28.36	54.9	89.19
2	8.40	8.93	53.82	55.42	0.461	0.478	0.532
3	4.56	8.40	33.14	19.04	0.741	0.598	0.526
4	2.54	8.17	21.14	10.77	0.488	0.541	0.551
5	0.24	6.86	12.86	9.31	0.341	0.457	0.445

① 1 号合金不含 Cu。

在高温 HF 气体中，合金中的铁含量在 $w(Fe) \leqslant 6%$ 的范围内，对 Ni-Cr-Mo

合金的耐蚀性未构成影响，如图 8-8 所示。

8.2.3　Cu 对 00Cr16Ni60Mo16 合金耐蚀性的影响

　　Cu 对固溶态和敏化态 00Cr16Ni60Mo16 合金耐蚀性的影响如图 8-9～图 8-11 所示。在沸腾 40% HF 酸中，质量分数为 0.1% Cu 可使合金的腐蚀速度明显下降，与不含 Cu 的合金相比，其腐蚀率下降近 2 个数量级，合金由不耐蚀转变为耐蚀，当铜含量 $w(Cu)$ 达 0.5% 时，此时合金的耐蚀性处于稳定阶段，继续提高铜含量已无明显效果。

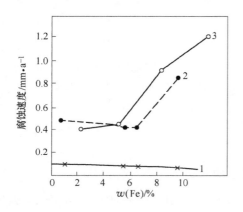

图 8-8　在高温 HF 气体中，Ni-Cr-Mo
合金中 Fe 含量对其耐蚀性的影响

1—500℃ HF，Ni-16Cr-16Mo-4W 变形合金；
2—600℃ HF，Ni-16Cr-16Mo-4W 变形合金；
3—660℃ HF，Ni-16Cr-16Mo 铸造合金

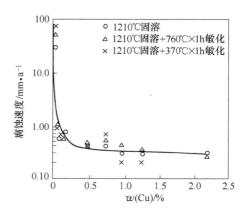

图 8-9　Cu 对 Ni-18Cr-16Mo 合金在沸腾
40% HF 酸中耐蚀性的影响

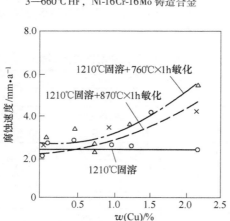

图 8-10　Cu 对 Ni-18Cr-16Mo 合金在沸腾 50%
H_2SO_4 + 42g/L $Fe_2(SO_4)_3$ 中耐蚀性的影响

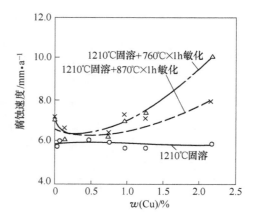

图 8-11　在沸腾 10% HCl 酸中 Cu 对
Ni-18Cr-16Mo 合金耐蚀性的影响

在沸腾 50% H_2SO_4 + 42g/L Fe_2 $(SO_4)_3$ 中，在固溶状态下，Cu 对合金的耐蚀性未产生影响，在 760℃ 和 870℃ 两种敏化状态下，铜含量 $w(Cu) \leqslant 0.7\%$ 时对合金的耐蚀性无明显影响，而当铜含量超出此限时，合金对晶间腐蚀变得敏感，并随铜含量的增加其敏感程度加重。

在沸腾 10% HCl 酸中的试验结果表明，Cu 的影响规律与在 50% H_2SO_4 +42g/L $Fe_2(SO_4)_3$ 中相同。

在沸腾 40% HF 酸中，Cu 的良好作用可归因于 Cu 对 Ni-16Cr-16Mo 合金电化学行为的良好影响和形成了富 Cu 膜（图 8-12 ~ 图 8-14）。

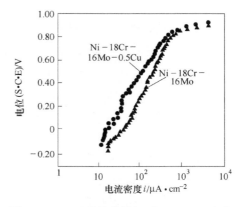

图 8-12　Cu（质量分数）对 Ni-Cr-Mo 合金在 250℃ 1mol/L HF 酸中阳极极化行为的影响

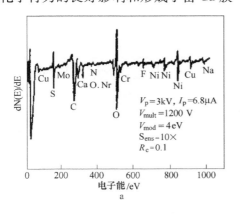

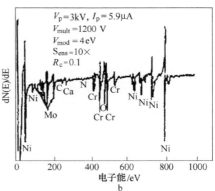

图 8-13　沸腾 40% HF 酸腐蚀 4h 合金表面膜成分的俄歇分析结果
a—未溅射的 Ni-18Cr-16Mo-0.2Cu 合金的表面成分俄歇谱线；
b—溅射 0.5min 的 Ni-18Cr-16Mo-0.2Cu 合金的表面成分俄歇谱线

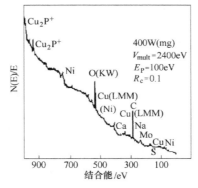

图 8-14　未经溅射的 Ni-18Cr-16Mo-0.2Cu 合金表面成分的 X 射线光电子能谱谱线

8.3　镍铬钼耐蚀合金的组织、性能和应用

　　Ni-Cr-Mo 耐蚀合金既耐还原性介质腐蚀又耐氧化性介质的腐蚀，特别是在氧化-还原介质中具有优异的耐蚀性，使它在化学加工等强烈腐蚀环境中得到广泛应用，成为不可取代的适用材料。1930 年诞生的 0Cr16Ni60Mo16W4 合金，直到 20 世纪 60 年代仍然是应用最广泛地用来处理严苛腐蚀条件的唯一商业合金。随着化学加工业的发展，为适应新的需求，相继发展了不同钼含量的 Ni-Cr-Mo 系耐蚀合金。按合金中的钼含量 $w(\mathrm{Mo})$ 可分为低钼型（2% ~ 3% Mo）、中钼型（9% ~ 13% Mo）、高钼型（16% Mo）和极高钼型（> 30% Mo）。在过去的 60 多年中，高钼型 Ni-Cr-Mo 耐蚀合金发展最快，由于原始合金 0Cr16Ni60Mo16W4（Hastelloy C 合金）在使用过程中出现晶间腐蚀问题以及新的应用领域对合金性能提出新的要求，极大地促进了合金的发展，至目前已发展了 7 代合金，这些合金的发展历程和特点汇总于表 8-6。这些合金各具特性，为合金的选择提供了更宽的范围。

表 8-6　Ni-16Cr-16Mo-4W 合金的发展历程

合金名称	引入年代	开发要点	性能特点
0Cr16Ni60Mo16W4（Hastelloy C）	20 世纪 30 年代	高 Cr、Mo 组合	耐氧化-还原介质腐蚀
00Cr16Ni60Mo16W4（Hastelloy C-276）	20 世纪 60 年代	降 C、降 Si	耐敏化态晶间腐蚀性得以改善
00Cr16Ni65Mo16Ti（Hastelloy C-4）	20 世纪 70 年代	降 C、Si、Fe，去除 W 加 Ti	提高合金的热稳定性，改善耐晶间腐蚀性能
00Cr16Ni63Mo16Cu（NS 35）	20 世纪 80 年代初	降 C、Fe，去除 W 加 Cu	改善 Ni-Cr-Mo 合金的耐 HF 酸腐蚀性能
00Cr22Ni60Mo13W3（Hastelloy C-22）	20 世纪 80 年代中期	提高 C-276 合金中的 Cr，稍降低 Mo 和 W	改进 C-4 和 C-276 合金在强氧化介质中的耐蚀性
00Cr23Ni59Mo16（Alloy 59）	20 世纪 90 年代初	提高 C-4 合金中的 Cr，将 Fe 降至最低	改善耐氧化性介质腐蚀能力，具有极高的热稳定性
0Cr33Ni55Mo8Fe（Hastelloy G-35）	20 世纪 90 年代后期	提高 G-30 合金的 Cr、Ni，去除 Cu，使合金 Cr 含量达到 33%	成为在湿法磷浓缩蒸发器中最耐蚀的材料
00Cr21Ni58Mo16W4（Inconel 686）	20 世纪 90 年代初	提高 C-276 合金中的 Cr	提高 C-276 合金的耐点蚀和耐缝隙腐蚀性能，具有高的组织热稳定性
00Cr23Ni57Mo16Cu2（Hastelloy C-2000）	20 世纪 90 年代中期	提高 C-4 合金中的 Cr 并加入 Cu	提高合金耐氧化性和还原性介质的腐蚀能力

　　关于 Ni-16Cr-16Mo-4W 合金的发展起因和新合金的主要特征再作如下概要介绍。

（1）00Cr16Ni60Mo16W4（Hastelloy C-276）（1965 年至今）。为解决原始 0Cr16Ni60Mo16W4 合金的晶间腐蚀问题，将合金中的碳和硅分别降到质量分数为 50×10^{-6} 和 400×10^{-6} 的极低水平，避免了焊接热影响区的晶间连续晶界沉淀相，使焊后合金在焊接状态下未遭到晶间腐蚀。但在一定工艺条件下，合金的热稳定性尚不尽如人意，在某些化学加工工业介质中，敏化的显微组织亦存在着严重的晶间腐蚀，为此需开发热稳定性更好的合金。

（2）00Cr16Ni60Mo16Ti（Hastelloy C-4）（1970 年至今）。基于对 Ni-Cr-Mo 合金敏化结构的研究，查明危害最严重的是金属间相 μ 相的析出，其析出温度范围为 550 ~ 1090℃，μ 相的化学式为（Ni，Fe，Co）$_3$（W，Mo，Cr）$_2$，属拓扑密排相，此相的析出严重危害合金的塑性和耐晶间腐蚀性能。根据高镍合金组织热稳定性的电子空位浓度理论，对 C-276 合金，降低其中 Fe 和去除 W 是改进这种性能的关键，于是在 20 世纪 70 年代中期诞生了 C-4 合金，此合金在敏化温度范围内长时间敏化的条件下，确实消除或极大地减少了 μ 相的析出，改善了此类合金的耐晶间腐蚀性能。C-4 合金在大多数介质条件下具有与 C 和 C-276 合金相同的耐均匀腐蚀性能，但是在强还原性介质中，例如在盐酸中，其耐蚀性不如 C-276 合金，在强氧化性介质中却优于 C-276 合金。此外，由于它不含 W，合金的耐点蚀和耐缝隙腐蚀性能低于 C-276 合金。

（3）00Cr22Ni60Mo13W3（Hastelloy C-22）（1982 年至今）。为了改善 C-276 合金在强氧化性介质中的耐蚀性和提高 C-276 合金耐点蚀和耐缝隙腐蚀的性能，将合金的铬含量 $w(Cr)$ 提高到 21%，并降低钼含量和钨含量，诞生了 C-22 合金。该合金在氧化介质中的耐蚀性提高，但耐点蚀和耐缝隙腐蚀性能未见明显改善。

（4）00Cr23Ni59Mo16（Alloy 59）（1990 年至今）。20 世纪 90 年代，德国 VDM 公司开发成功合金 59。此合金是铬含量最高，不含 W，铁含量极低的高纯 Ni-Cr-Mo 合金。合金 59 具有极高的组织热稳定性。此合金的发展依据是电子空位浓度理论，理论计算和实际结果完全一致，并与目前由 Mannaga 提出的更加现代和精密的新的相计算方法——合金的原子 d 轨道电子的平均能量法的结果相吻合。合金 59 是目前综合耐蚀性最好和热稳定性最佳的 Ni-Cr-Mo 合金。

（5）00Cr21Ni58Mo16W4（Inconel 686）（1993 年）。00Cr21Ni56Mo16W4 合金是将铬含量 $w(Cr)$ 提高至 21% 的 C-276 合金，并同时将铁含量 $w(Fe)$ 降至 2% 以下，以提高合金的组织热稳定性。尽管如此，它的热稳定性仍不如合金 59。为了保持合金的奥氏体组织，需在 1200℃ 进行固溶、快冷，在一些严苛的腐蚀介质中其耐蚀性优于其他 Ni-Cr-Mo 合金。但热稳定性稍低于合金 59。

（6）含铜 Ni-Cr-Mo 和 Ni-Cr-Mo-W 合金（Hastelloy C-2000）（1995 年）。NS 35 合金是 1986 年中国的一种专利牌号，它是一种含微量 Cu 的 Ni-16Cr-16Mo 合金。其突出特点是，在沸腾 40% HF 酸中的腐蚀速度低于 0.5mm/a，较传统的 Ni-Cr-

Mo-W 合金低两个数量级，已成功用于 HF 酸的生产装置。

　　C-2000 合金是 1995 年研制成功的最新型 Ni-Cr-Mo 合金，其与合金 59 的区别在于添加了质量分数为 1.6% 的 Cu。合金的高铬含量和 Mo、Cu 复合作用，使其具有更加优异的耐氧化-还原性复合介质的腐蚀，在目前的所有高 Mo 镍铬钼耐蚀合金中是耐硫酸腐蚀最好的合金。

　　Ni-Cr-Mo-W 耐蚀合金的发展，形成各具特色的一系列新牌号，原始的 0Cr16Ni60Mo16W4 合金（Hastelloy C）除作为铸件还在使用外，已处于淘汰状态。下面将按合金牌号介绍它们的性能，为系统起见，仍将 0Cr16Ni60Mo16W4（Hastelloy C）列入其中。常见 Ni-Cr-Mo-W 耐蚀合金的化学成分汇总于表 8-7 中。

表 8-7　常见 Ni-Cr-Mo-W 耐蚀合金的化学成分（质量分数）　　　　（%）

合 金 名 称	C	Si	Mn	P	S	Ni	Cr
0Cr16Ni60Mo16W4 （Hastelloy C）NS 3303	≤0.08	≤1.0	≤1.0	≤0.04	≤0.03	基	14.5~16.5
00Cr16Ni60Mo16W4 （Hastelloy C-276）NS 3304	≤0.02	≤0.08	≤1.0	≤0.04	≤0.03	基	14.5~16.5
00Cr16Ni65Mo16 （Hastelloy C-4）NS 3305	≤0.015	≤0.08	≤1.0	≤0.04	≤0.03	基	14.0~18.0
00Cr22Ni60Mo13W3 （Hastelloy C-22）NS 3308	≤0.015	≤0.08	≤0.5	≤0.04	≤0.02	基	20.0~22.5
00Cr23Ni59Mo16 （Alloy 59）NS 3311	≤0.010	≤0.10	≤0.5	≤0.04	≤0.02	基	22.0~24.0
00Cr21Ni58Mo16W4 （Inconel 686）NS 3309	≤0.010	≤0.08	≤0.75	≤0.04	≤0.02	基	19.0~23.0
00Cr23Ni57Mo16Cu2 （HastelloyC-2000）NS 3405	≤0.010	≤0.08	≤0.5	≤0.04	≤0.02	基	22.0~24.0
00Cr16Ni75Mo2Ti NS 3301	≤0.03	≤1.0	≤1.0	≤0.03	≤0.02	基	14.0~17.0
1Cr22Ni60Mo9Nb4 （Inconel 625）NS 3306	≤0.10	≤0.5	≤0.5	≤0.015	≤0.015	≥58	20.0~23.0
00Cr20Ni60Mo8Nb3Ti （Inconel 625 Plus）UNS No7716	≤0.03	≤0.2	≤0.2	≤0.015	≤0.015	57~63	19~22
00Cr20Ni60Mo8Nb3TiAl （Inconel 725）UNS No7725	≤0.03	≤0.50	≤0.35	≤0.015	≤0.015	55.0~59.0	19.0~22.5
00Cr33Ni55Mo8Fe （Hastelloy G-35）	≤0.05	≤0.60	≤0.5			基	33

合金名称	Mo	W	Fe	Al	Ti	Nb	Cu	V
0Cr16Ni60Mo16W4 (Hastelloy C) NS 3303	15.0 ~ 17.0	3.0 ~ 4.5	4.0 ~ 7.0	—	—	—	—	≤0.35
00Cr16Ni60Mo16W4 (Hastelloy C-276) NS 3304	15.0 ~ 17.0	3.0 ~ 4.5	4.0 ~ 7.0	—	—	—	—	≤0.35
00Cr16Ni65Mo16 (Hastelloy C-4) NS 3305	14.0 ~ 17.0	—	≤3.0	—	≤0.7	—	—	—
00Cr22Ni60Mo13W3 (Hastelloy C-22) NS 3308	12.5 ~ 14.5	2.5 ~ 3.5	2.0 ~ 6.0	—	—	—	—	≤0.35
00Cr23Ni59Mo16 (Alloy 59) NS 3311	15.0 ~ 16.5	—	≤1.5	0.1 ~ 0.4	—	—	—	—
00Cr21Ni58Mo16W4 (Inconel 686) NS 3309	15.0 ~ 17.0	3.0 ~ 4.4	≤1.0	—	0.02 ~ 0.25	—	—	—
00Cr23Ni57Mo16Cu2 (HastelloyC-2000) NS 3405	15.0 ~ 17.0	—	≤3.0	≤0.5	—	—	1.3 ~ 1.9	—
00Cr16Ni75Mo2Ti NS 3301	2.0 ~ 3.0	—	≤8.0	—	—	—	—	—
1Cr22Ni60Mo9Nb4 (Inconel 625) NS 3306	8.0 ~ 10.0	—	≤5.0	≤0.4	≤0.4	3.5 ~ 4.15	—	—
00Cr20Ni60Mo8Nb3Ti (Inconel 625 Plus) UNS No7716	7 ~ 9.5	—	余	≤0.35	1.0 ~ 1.6	2.75 ~ 4.0	—	—
00Cr20Ni60Mo8Nb3TiAl (Inconel 725) UNS No7725	7.0 ~ 9.5	—	余	≤0.35	1.0 ~ 1.7	2.75 ~ 4.0	—	—
00Cr33Ni55Mo8Fe (Hastelloy G-35)	8	—	≤2.0	—	—	—	—	—

8.3.1 0Cr16Ni60Mo16W4 (Hastelloy C, NS 3303)

8.3.1.1 化学成分、组织结构和性能特点

此合金的化学成分见表8-7。根据 Ni-Cr-Mo 三元相图可知，只有在1150℃时才具有均匀的单相奥氏体组织，仅在 ≥1150℃ 的温度进行固溶处理并快速冷却，此合金才能保持单相奥氏体组织。当低于此温度处理或缓慢冷却时，合金将由 $\gamma + P$ 相构成。700 ~ 1050℃ 敏化，合金的组织为 $\gamma + \mu +$ 碳化物，这些沉淀相有害于合金的耐蚀性和塑性。

此合金在湿氯、各种氧化性氯化物（氯化铁、氯化铜、氯化汞等）、盐酸盐溶液（氯化钙、氯化镁、氯化铅等）、硫酸与氧化性盐类混合物、亚硫酸、沸腾温度的各种浓度有机酸中具有优异的耐蚀性，以及在氯化物溶液和海水中具有极其优良的耐点蚀和耐缝隙腐蚀能力。在湿氯中是唯一的耐蚀金属材料。此合金的

不足是敏化态有晶间腐蚀现象。

8.3.1.2　力学性能

0Cr16Ni60Mo16W4 合金的室温和高温瞬时力学性能见表 8-8。

表 8-8　0Cr16Ni60Mo16W4 合金的室温和高温瞬时力学性能

试样状态	试验温度/℃	R_m/MPa	$R_{p0.2}$/MPa	A/%	Z/%
锻材，1200℃水冷	室温	900	—	43.4	52.9
0.5mm 带材，1200℃	室温	1076~1167	696~735	33~38	—
水冷后经 5%~10%平整 锻材，1200℃水冷	550	743	—	59.2	57.8
锻材，1200℃水冷	650	654	—	53.0	44.5
锻材，1200℃水冷	900	313	—	80.2	55.4
锻材，1200℃水冷	1000	178	—	53.2	52.3
锻材，1200℃水冷	1050	—	—	54.9	57.3
锻材，1200℃水冷	1100	89.2	—	71.9	56.3
锻材，1200℃水冷	1150	—	—	66.6	53.5
锻材，1200℃水冷	1200	47.1	—	86.6	57.0

8.3.1.3　耐蚀性

A　全面腐蚀

a　海水中

0Cr16Ni60Mo16W4 合金浸入海水中，经 10 年的试验结果表明，其腐蚀速度 ≤0.025mm/a，而且无点蚀产生。

b　硫酸中

在硫酸中，此合金在室温下各种浓度的 H_2SO_4 中，耐蚀性良好，其腐蚀速度 <0.025mm/a，而且充入空气对其耐蚀性不产生影响。图 8-15 为 0Cr16Ni60Mo16W4 合金在 H_2SO_4 中的试验结果，在 70℃以下的任何浓度 H_2SO_4 中，合金具有良好的耐蚀性，在发烟硫酸中合金的耐蚀性见表 8-9。

表 8-9　0Cr16Ni60Mo16W4 合金在发烟 H_2SO_4 中的耐蚀性

介　　质		腐蚀速度/mm·a^{-1}		
		室　温	170~310℃	沸腾温度
99% H_2SO_4	液　相	0.013	0.725	2.025
	气　相	—	—	5.80
75% H_2SO_4 +25% SO_3	液　相	0.0075	0.650	1.80
	气　相	—	—	1.25

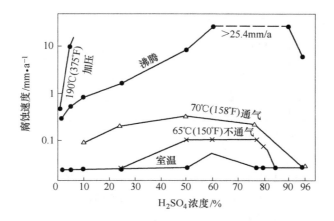

图 8-15　0Cr16Ni60Mo16W4 合金在 H_2SO_4 中的耐蚀性

c　盐酸中

在盐酸中，0Cr16Ni60Mo16W4 合金的耐蚀性能虽不如 Ni-Mo 合金，但在各种浓度的室温盐酸中，其腐蚀速度 ≤ 0.5mm/a，当盐酸中充入空气时，只在室温以上，合金的耐蚀性才稍有降低。0Cr16Ni60Mo16W4 合金对介质中氧的敏感性远远低于 Ni-Mo 合金，当酸中有 $FeCl_3$、$CuCl_2$ 等氧化性盐时，此合金的耐均匀腐蚀性能才稍许降低。一些试验数据见图 8-16 和表 8-10。此合金在 50℃ 以下 ≤37% 的 HCl 酸中是耐蚀的。

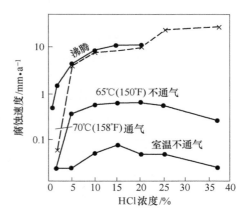

图 8-16　0Cr16Ni60Mo16W4 合金
在盐酸中的耐蚀性

表 8-10　在不同气氛下的盐酸中 0Cr16Ni60Mo16W4 合金的耐蚀性

HCl 酸浓度/%	温度/℃	腐蚀速度/mm·a⁻¹	
		在 N_2 气氛下	在 20% O_2 +80% N_2 气氛下
10	70	—	2.85
10	100	5.700	7.32
10	135	—	725.00
25	70	1.00	2.275
25	100	15.30	11.225
25	135	—	725.00

续表 8-10

HCl 酸浓度/%	温度/℃	腐蚀速度/mm·a⁻¹	
		在 N₂ 气氛下	在 20%O₂ +80%N₂ 气氛下
37	70	1.575	4.62
37	100	725.00	3.47
37	135	—	9.72

注：密封在玻璃管中，试验 24h。

d　氢氟酸中

0Cr16Ni60Mo16W4 合金在 HF 酸中，随温度升高，其耐蚀性下降。HF 酸的恒沸点浓度约为 36%，沸点为 112℃。更高浓度的 HF 酸只有通过无水 HF 溶于水中才能获得。表 8-11 是 0Cr16Ni60Mo16W4 合金在不同浓度、温度和不同试验条件下的试验结果。在室温 HF 酸中，此合金的腐蚀速度不超过 0.25mm/a，随温度升高和充入空气 0Cr16Ni60Mo16W4 合金的腐蚀速度有所增加。

表 8-11　0Cr16Ni60Mo16W4 合金在 HF 酸中的耐蚀性

HF 酸浓度/%	温度/℃	试验时间/d	腐蚀速度/mm·a⁻¹	其他试验条件
5	室温	1	0.025	
25	室温	1	0.125	
45	室温	1	0.150	
40	室温	—	0.75	试样侵入开口容器内
40	55		0.250	
38	110	2	1.975	试样侵入开口容器内
50	60	35	0.725(液相) 0.600(气相)	试样 $\frac{2}{3}$ 侵入密闭石墨容器内，有一些空气 气相中充氮
50	沸腾	4	1.675(液相) 4.100(气相)	气相中用 1%O₂ +99%N₂ 净化
60	室温	—	0.090	试样侵入开口容器内
60	沸腾	4	0.425(液相) 0.375(气相)	气相中充氮
65	60	35	0.190(液相) 0.240(气相)	
98	38		0.025	试样 $\frac{2}{3}$ 侵入密闭石墨容器内，有一些空气

e 磷酸中

磷酸的腐蚀性与磷酸的制取方法密切相关，确切地说是和磷酸的杂质相关。通常湿法磷酸较火法磷酸具有更强的腐蚀性，其原因是湿法磷酸含有游离的 F^-、Cl^- 离子和 SO_4^{2-}。图 8-17 和表 8-12 给出了 0Cr16Ni60Mo16W4 合金在各种 H_3PO_4 中的耐蚀性。结果表明，除高温 H_3PO_4 外此合金具有良好的耐蚀性。在沸腾温度下的 55% H_3PO_4 + 0.8% HF 酸条件下，0Cr16Ni60Mo16W4 合金的腐蚀速度不超过 0.75mm/a。在湿法磷酸中，此合金具有极佳的耐蚀性（表 8-13）。

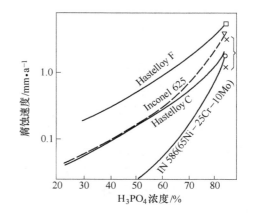

图 8-17 0Cr16Ni60Mo16W4 合金和其他镍铬钼耐蚀合金在试剂型 H_3PO_4 中沸腾温度下的腐蚀速度

Hastelloy C—0Cr16Ni60Mo16W4；

Inconel 625—1Cr22Ni62Mo9Nb；

Hastelloy F—0Cr22Ni47Mo7FeNb

表 8-12 0Cr16Ni60Mo16W4 合金在 H_3PO_4 中的耐蚀性

10%①	30%①	50%①	75%②					85%③		
190℃			78℃	85℃	90℃	95℃	105℃	55℃	100℃	160℃
1.00	3.50	7.50	0.0225	0.0300	0.0325	0.055	1.150	<0.0025	0.0425	1.125

① 在试剂型 H_3PO_4 中。

② 在湿法 H_3PO_4 中。

③ 在纯 H_3PO_4 中。

表 8-13 0Cr16Ni60Mo16W4 合金在含 F^- 的 H_3PO_4 和湿法 H_3PO_4 中的腐蚀试验结果

介 质	腐蚀速度/mm·a⁻¹
55% H_3PO_4 + 0.8% HF 酸，沸腾温度	0.725
蒸发器液相中：53% H_3PO_4 + 1% ~ 2% H_2SO_4 + 1.5% 氟化物，120℃	0.0125
过滤补给箱中：36% H_3PO_4 + 2.9% H_2SO_4 + 350×10⁻⁶ Cl^- + 痕量 HF 酸，76 ~ 84℃	0.120
蒸发器中：55% H_3PO_4 + 少量 H_2SiF_6 + 其他氟化物，79 ~ 85℃	0.0675
39% H_3PO_4 + 2% H_2SO_4 + 少量 H_2SiF_6 和 HF 酸，76 ~ 85℃	0.0825

f 硝酸中

0Cr16Ni60Mo16W4 合金在硝酸中的耐蚀性如图 8-18 所示。在所有浓度的室温硝酸或低浓度高温硝酸中，此合金具有适用的耐蚀性。但因此合金价格较不锈钢昂贵，一般不宜选用，除非需同时解决不锈钢不能解决的腐蚀问题时才考虑。

　　g　含 HNO$_3$ 的混酸中

　　HNO$_3$ + HF 酸混酸是冶金酸洗工艺和核燃料后处理工艺常使用的溶液，随介质中 NHO$_3$ 浓度的增加和温度的提高，合金的腐蚀速度随之提高，此合金的腐蚀速度过高，耐蚀性欠佳，见表 8-14。在 HNO$_3$ + HCl 混酸中的腐蚀试验结果见表 8-15，这种介质腐蚀性极强，尽管此合金在室温王水中（HCl：HNO$_3$ = 3:1）具有好的耐蚀性，但在高温介质中不具备满意的耐蚀性。

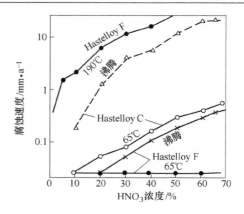

图 8-18　0Cr16Ni60Mo16W4 合金在 HNO$_3$ 中的耐蚀性

表 8-14　在 HNO$_3$ + HF 酸混酸中 0Cr16Ni60Mo16W4 合金的耐蚀性

试 验 条 件		腐蚀速度/mm·a^{-1}
8% HNO$_3$ + 2% HF，室温下，酸洗槽中，45h		0.350
15% HNO$_3$ + 2% HF，30~57℃，酸洗槽中，4 天		3.075
15% ~20% HNO$_3$ + 2% ~3% HF，10~23℃，43h		12.275
15% HNO$_3$ + 3% HF，沸腾条件下，48h		11.70
39% HNO$_3$ + 3.5% HF	63℃	82.20
	81℃	345.00
50% HNO$_3$ + 14% HF，10~32℃，72h		27.50

表 8-15　在 HNO$_3$ + HCl 混酸中 0Cr16Ni60Mo16W4 合金的耐蚀性

介　　质	温度/℃	腐蚀速度/mm·a^{-1}
13.3% HNO$_3$ + 11.8% HCl	71	1.125
13.5% HNO$_3$ + 11.8% HCl	88	12.6
17.25% HNO$_3$ + 15.2% HCl	71	12.9
17.2% HNO$_3$ + 15.2% HCl	88	>25.0

　　h　铬酸中

　　铬酸是一种强氧化性酸，但其离子化倾向并不大，因此 0Cr16Ni60Mo16W4 合金在中等温度任何浓度的铬酸中具有极好的耐蚀性（表 8-16）。

　　i　有机酸及其混合物中

　　表 8-17 ~ 表 8-22 给出了 0Cr16Ni60Mo16W4 合金在甲酸、醋酸等有机酸及其混合物中的耐蚀性，这些数据表明，在不同试验条件下，此合金具有非常好或较好的耐蚀性。

表 8-16 0Cr16Ni60Mo16W4 合金在铬酸中的耐蚀性

酸浓度（CrO$_2$）/%	温度/℃	腐蚀速度/mm·a^{-1}	酸浓度（CrO$_2$）/%	温度/℃	腐蚀速度/mm·a^{-1}
2	室温	无	10	沸腾	0.425
2	66	无	20	室温	0.0025
2	沸腾	0.050	20	66	0.125
10	室温	无	20	沸腾	1.45
10	66	0.050			

表 8-17 0Cr16Ni60Mo16W4 等合金在沸腾甲酸中的耐蚀性

甲酸浓度/%		腐蚀速度/mm·a^{-1}		
		0Cr16Ni60Mo16W4	0Cr22Ni46Mo7Fe20	0Cr18Ni12Mo2
10%，未充空气	液 相	—	—	0.025 ~ 0.475
50%，未充空气	液 相	—	—	0.025 ~ 0.05
	气 相	—	—	0.750
50%，充空气	液 相	0.125	0.025	0.025
	气 相	0.050	0.300	0.025 ~ 1.425
90%，未充空气	液 相	0.050	0.025 ~ 0.300	0.025 ~ 1.375
	气 相	—	0.225	0.125
90%，充空气	液 相	0.175	0.850	0.025
	气 相	0.025	0.300	1.00

表 8-18 在未充空气的醋酸中 0Cr16Ni60Mo16W4 合金的耐蚀性

酸浓度/%	温度/℃	腐蚀速度/mm·a^{-1}	酸浓度/%	温度/℃	腐蚀速度/mm·a^{-1}
10	室温	0.005	50	沸腾	0.0025
10	65	0.005	99	室温	0.005
10	沸腾	0.010	99	65	0.0025
50	室温	0.0025	99	沸腾	0.0025
50	65	0.0025			

表 8-19 在沸腾有机酸和一些混合物中 0Cr16Ni60Mo16W4 等合金的耐蚀性

腐蚀介质	腐蚀速度/mm·a^{-1}		
	0Cr16Ni60Mo16W4	1Cr22Ni60Mo9Nb4AlTi	0Cr7Ni70Mo16
冰醋酸	0.0225	< 0.025	< 0.100
冰醋酸与醋酸混合 1:1	0.250	0.050	1.062
10% 醋酸 + 10% 甲酸	0.050	< 0.025	< 0.025
5% 甲酸	0.075	0.025	0.200
己酸（C$_5$H$_{11}$·COOH）混合物（75% 己酸 + 11% 丁醇 + 10% 醋酸 + 0.3% H$_2$SO$_4$ + 4% 水）	0.275		8.35

表 8-20　在工厂条件下，含醋酸的混合物中 0Cr16Ni60Mo16W4 合金的耐蚀性

腐蚀介质	温度/℃	试验时间/d	腐蚀速度/mm·a⁻¹
80% 醋酸 + 2% ~3% 甲酸 + 3.5% 丙酸 + 少量 H₂O，在蒸馏罐中	90	1126	0.100
20% 醋酸 + 50% 乙醛 + H₂O，在蒸馏槽中	100	112	0.0175
86% ~91% 醋酸，8.5% 水杨酸，在蒸馏罐气相中	127	37	0.0020
75% 醋酸 + 20% 高沸化合物 + 5% H₂O，在蒸馏罐中	126	216	0.0075
58% 醋酸 + 28% 丙酸 + 75% 异丁酸 + 7.5% 正丁酸	130	21	0.200

表 8-21　在其他有机酸和混合物中 0Cr16Ni60Mo16W4 合金的耐蚀性

腐蚀介质	温度/℃	试验时间/d	腐蚀速度/mm·a⁻¹
66% 丙酸 + 17% 异丁酸 + 17% 正丁酸，在蒸馏釜中	150	21	0.0075
28% ~58% 粗柠檬酸，在真空浓缩器中	54	5	0.1125
30% ~60% 乳酸，在真空浓缩器中	46	42	0.0007
粗酞酐和（CHCO）₂O 的混合物，在蒸馏罐中	204 ~285	45	0.0025
20% 甲醛 + 10% ~15% 甲醇 + 0.1% 甲酸，在蒸馏罐中	135	71	<0.050

表 8-22　在氯醋酸(ClCH₂CO₂H) 中的 0Cr16Ni60Mo16W4 合金的耐蚀性

腐蚀介质	温度/℃	试验时间/d	腐蚀速度/mm·a⁻¹
100% 熔融氯代醋酸中	70	2.7	0.0075
100% 熔融氯代醋酸中	170	23.8	0.355
78% 氯代醋酸 + 22% H₂O	10 ~20	28	0.0025
78% 氯代醋酸 + 22% H₂O	50 ~60	17	0.075
90% 氯代醋酸 + 10% H₂O	24	4.1	0.0025
70% 氯代醋酸 + 25% 四氯化碳 + 5% 醋酸	40 ~50	14.2	0.0075
60% 氯代醋酸 + 1.5% 乙酰氯 + 5% 盐酸 + 醋酸	60	—	0.50

j　卤素气体中

0Cr16Ni60Mo16W4 合金耐除氟外的干氯、溴、碘的腐蚀，当有水分存在时，将加速合金的腐蚀，例如在湿氯中仅能用于温度≤40℃的环境，一些试验数据见表 8-23 和表 8-24，可见，在大多数条件下，Ni-Cr-Mo 合金具有优异的耐蚀性，耐干、湿氯的腐蚀是高 Mo 含量 Ni-Cr-Mo-W 合金的一个重要特征。

表 8-23　0Cr16Ni60Mo16W4 合金和 0Cr18Ni60Mo17 合金在湿氯中的耐蚀性

腐 蚀 介 质	温度/℃	试验时间/d	腐蚀速度/mm·a⁻¹	
			0Cr16Ni60Mo16W4（变形材）	0Cr18Ni60Mo17（铸件）
干氯气	-18	139	0.000025	0.000150
干氯气	60	36	0.0050	0.0025
湿氯气	10	139	0.0017	0.0125
湿氯气	16	73	0.0017	0.0100
湿氯气	38	133	0.0025	0.0150
湿氯气	77	67	0.0200	0.275
湿氯气	88	202	0.125	1.350
含饱和水的氯气	88	2	2.700	—
湿氯气	96	99	0.025	0.300
含冷凝水和有机物的湿氯	77	67	0.0175	0.200
含雾状海水的湿氯	40	300	0.325	0.0625
含雾状盐水的湿氯	88	74	0.125	0.0750
含雾状盐水的湿氯	88	28	5.25	3.725

表 8-24　在含氯气的水溶液中 Ni-Cr-Mo 合金的耐蚀性

腐 蚀 介 质	温度/℃	试验时间/d	腐蚀速度/mm·a⁻¹	
			0Cr16Ni60Mo16W4（变形材）	0Cr18Ni60Mo17（铸件）
含饱和 Cl_2 的蒸馏水	30	2.8	0.0273	—
含饱和 Cl_2 的蒸馏水	88	3.0	0.1125	—
含饱和 Cl_2 的淡水	96	166	0.0475	0.2075
含饱和 Cl_2 的河水	93	14	0.0750	0.350
含饱和 Cl_2 的海水	95	63	0.0750	0.670
含饱和 Cl_2 的 20% NaCl 溶液	88	28	1.100	3.900
含饱和 Cl_2 的 20% NaCl 溶液	93	204	0.625	2.415

　　k　HF 气体中

　　0Cr16Ni60Mo16W4 合金耐高温 HF 气体腐蚀性能优良，可在≤750℃的 HF 气体中使用，其耐蚀性的变化对氧的存在不敏感，一些试验结果如图 8-19 和图 8-20 所示。

　　B　晶间腐蚀

　　0Cr16Ni60Mo16W4 合金经焊接或 600~1150℃敏化处理，在盐酸、铬酸、碳酸中等一些介质中会产生晶间腐蚀。图 8-21 为在沸腾 10% HCl 酸中的试验结果，

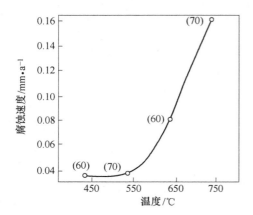

图 8-19　0Cr16Ni60Mo16W4 合金
在 HF 气体中的耐蚀性
（括号中数字为 HF 的浓度）

图 8-20　氧对 0Cr16Ni60Mo16W4 合金耐高温
HF 气腐蚀的影响并与 0Ni68Cu28 合金相比较
▨—550℃，HF∶H_2O = 70∶30；
▢—600℃，HF∶H_2O = 60∶40

由图可知，此合金的敏化温度区间很宽，在此区间加热，此合金不仅产生晶间腐蚀，耐蚀性下降，而且还伴随着韧性下降，存在着严重的脆化倾向，试验表明，腐蚀介质不同，其敏化温度亦有所差异。

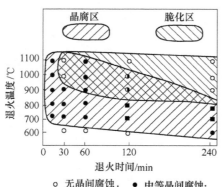

○ 无晶间腐蚀；　● 中等晶间腐蚀；
■ 弱晶间腐蚀；　◑ 严重晶间腐蚀

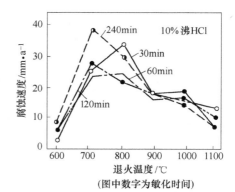

（图中数字为敏化时间）

图 8-21　0Cr16Ni60Mo16W4 合金晶间腐蚀、均匀腐蚀脆化倾向与敏化温度的关系

对 0Cr16Ni60Mo16W4 合金的敏化结构的深入研究表明，在 600～1150℃ 范围内加热，合金组织中有大量碳化物（主要是 M_6C、Mo_2C 和少量 $M_{23}C_6$）和金属间相（σ、P、μ）沉淀，这些富 Mo、富 Cr 相沿晶界沉淀导致其周围贫 Cr、贫 Mo，尤其是贫 Mo，使其在某些介质中贫化区遭到优先腐蚀而产生晶界腐蚀。此外，在一些氧化性介质中，合金中的碳化物和富 Mo 相本身的选择溶解也是产生

晶间腐蚀的另一原因。防止此合金晶间腐蚀敏感性的措施是提高热处理温度，防止在敏化温度区间受热，最根本的措施是提高合金的组织热稳定性，避免和减少有害相的析出。

C 点蚀

0Cr16Ni60Mo16W4合金是最耐点蚀的一类镍基合金，在标准评价方法中，此合金的点蚀临界温度达最高值，其耐点蚀指数（PRE = Cr + 3.3Mo）达到68.8，表明了此合金的极高耐点蚀的能力。

D 应力腐蚀

0Cr16Ni60Mo16W4合金在固溶状态下，在45% $MgCl_2$ 沸腾温度试验表明，合金的耐应力腐蚀性能极好，2407h未出现破裂，然而处于敏化状态的合金，耐应力腐蚀性能明显下降，一些数据见表8-25。

表8-25　Ni-Cr-Mo-W 合金在沸腾 45% $MgCl_2$ 中的 SCC

合　金	$w(C)/\%$	$w(Si)/\%$	状　态	沉淀相	SCC(154℃45% $MgCl_2$)
	0.05	0.7	固　溶	无	2407h，未裂
0Cr16Ni60Mo16W4	0.05	0.7	704℃×1h敏化	M_6C	107~552h，IGC[①]
			870℃×1h敏化	M_6C, μ	90h，IGC
			1038℃×1h敏化	M_6C, μ	552~625h，IGC

① 为晶间型腐蚀破裂。

8.3.1.4　热加工、冷加工、热处理和焊接性能

A 热加工

在镍基合金中，0Cr16Ni60Mo16W4合金的热加工属于难变形之列，其难题是变形抗力大。其热加工温度范围为1000~1200℃，决定合金热加工性能的关键是冶金质量，合金的热塑性试验结果如图8-22和图8-23所示，电渣冶炼可明显

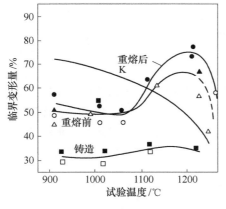

图 8-22　0Cr16Ni60Mo16W4 合金高温落锤塑性试验结果

（重熔系指电渣重熔）

提高合金的热塑性。

B　冷加工

在固溶状态下，此合金具有良好的冷加工性能，可顺利加工成不同类型的冷加工冶金产品。

C　热处理

固溶处理是获得良好耐蚀性和力学性能的关键环节，此合金固溶处理温度较高，以 1218℃ 为宜，冷却方法为水淬，铸件的固溶处理温度可稍低，一般推荐以 1180℃ 为宜。

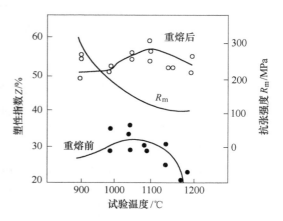

图 8-23　0Cr16Ni60Mo16W4 合金高温拉伸
塑性试验结果
（重熔系指电渣重熔）

D　焊接

0Cr16Ni60Mo16W4 合金焊接性能良好，可采用 TIG 焊接、MIG 焊接、手工电弧焊和电阻焊等焊接方法，焊接充填金属可采用与母材成分相同的材料。焊后如能重新固溶处理可确保合金的耐晶间腐蚀性能。

8.3.1.5　物理性能

合金的物理性能见表 8-26。

表 8-26　0Cr16Ni60Mo16W4 合金的物理性能

密度 /g·cm^{-3}	电阻率（25℃） /μΩ·m	熔点/℃	线膨胀系数/10^{-6}K^{-1}			
			15~200℃	15~300℃	15~500℃	15~700℃
8.94	1.30	1350	12.0	12.3	12.6	13.2

弹性模量/MPa			热导率/W·(m·K)$^{-1}$				比热容 /J·(g·K)$^{-1}$
28℃	200℃	400℃	25℃	200℃	300℃	400℃	
210000	205000	193000	29.3	—	—	—	0.385

8.3.1.6　应用

此合金主要用于处理腐蚀性强烈介质的设备和部件，例如湿氯、氧化性氯化物（FeCl$_3$、CuCl$_2$）、氯化物盐类（NaCl、CaCl$_2$、MgCl$_2$）以及含各种氧化性盐的硫酸、亚硫酸、磷酸和各种有机酸、高温卤素气体等。此合金的设备和部件已成功应用于湿法磷酸、HF 酸生产、核燃料生产以及烟气脱硫装置。

8.3.2　00Cr16Ni60Mo16W4（Hastelloy C-276，NS 3304）

00Cr16Ni60Mo16W4 合金是为了降低 0Cr16Ni60Mo16W4 合金的晶间腐蚀倾向、控制合金中碳含量（w(C) ≤0.02%）和硅含量（w(Si) ≤0.08%）而发展起

来的。降低碳含量可减少合金中碳化物的析出数量；降低硅含量可减少合金中金属间相的沉淀数量，从而达到提高合金耐晶间腐蚀性能的目的。与此同时，合金的加工成形性也有极大的改善。

8.3.2.1　化学成分和组织结构

00Cr16Ni60Mo16W4 合金的化学成分见表 8-7。其特点是低 C、低 Si。其组织结构与 0Cr16Ni60Mo16W4 合金相同，只是合金中的碳化物和金属间相的数量有所减少。

8.3.2.2　室温和高温力学性能

不同状态的 00Cr16Ni60Mo16W4 合金的室温和高温瞬时力学性能见表 8-27。表 8-28 为焊接金属的室温力学性能，表 8-29 和表 8-30 为冲击性能和硬度与时效和冷变形的关系。由这些数据可知，在固溶状态下，此合金具有良好的强度和塑性，冷加工可使合金强度增加和塑性下降。此合金低温冲击性能类似于奥氏体不锈钢，即使在焊接状态下，在 -196℃ 仍具有足够高的冲击性能，时效对固溶态合金的硬度未见明显影响。

表 8-27　00Cr16Ni60Mo16W4 合金的力学性能

品　　种	热处理条件	试验温度/℃	力　学　性　能		
			R_m/MPa	$R_{p0.2}$/MPa	A/%
板材，2mm	1121℃固溶处理（水冷）	室温	792	356	61
		204	694	290	59
		316	681	248	68
		427	650	225	67
板材，2.4mm	1121℃固溶处理（水冷）	204	696	275	58
		316	673	231	64
		427	645	205	64
板材，1.6~4.7mm	1121℃固溶处理（水冷）	204	695	290	56
		316	669	260	64
		427	655	240	65
		538	613	233	60
板材，4.8~25.4mm	1121℃固溶处理（水冷）	204	682	263	61
		316	650	235	66
		427	631	225	60
		538	601	226	59
板材，25.4mm	1121℃固溶处理（水冷）	室温	785	365	59
		316	664	250	63
		427	654	210	61

品　种	热处理条件	试验温度/℃	力 学 性 能		
			R_m/MPa	$R_{p0.2}$/MPa	A/%
板材，2.4mm（原始厚度）	冷变形 0%	室温	806	434	67
	冷变形 10%	室温	894	636	48
	冷变形 20%	室温	1021	890	26
	冷变形 30%	室温	1171	1083	15
	冷变形 40%	室温	1336	1261	9
	冷变形 50%	室温	1449	1347	7

表 8-28　00Cr16Ni60Mo16W4 合金焊接金属的力学性能

焊接方法	温度/℃	R_m/MPa	$R_{p0.2}$/MPa	A/%
钨极氩弧焊	室温	734	477	46
		727	458	47
	260	598	408	31
		613	385	44
	538	563	370	45
		546	347	54

注：焊件为 25.4mm 厚板。

表 8-29　不同热处理状态下 00Cr16Ni60Mo16W4 合金中厚板冲击性能（U 形缺口试样）

热处理条件		-196℃时的冲击吸收功/J
1121℃，固溶处理，快冷		357[①]
260℃时效 100h		339
538℃时效 100h		130
538℃时效 1000h		87
焊接态	顶　部	119
	底　部	117
	热影响区	217

① 6 个试样中有 5 个试样没有折断。

表 8-30　00Cr16Ni60Mo16W4 合金薄板室温硬度

热处理条件	冷变形量/%					
	0	10	20	30	40	50
固溶后	92HRB	94HRB	31HRC	35HRC	35HRC	41HRC
504℃时效 100h	91HRB	26HRC	34HRC	57HRC	43HRC	46HRC
543℃时效 100h	90HRB	33HRC	44HRC	38HRC	45HRC	48HRC

热处理条件	冷变形量/%					
	0	10	20	30	40	50
577℃时效100h	95HRB	38HRC	46HRC	41HRC	45HRC	49HRC
610℃时效100h	28HRC	38HRC	48HRC	38HRC	46HRC	48HRC
649℃时效100h	92HRB	27HRC	40HRC	40HRC	42HRC	45HRC
682℃时效100h	91HRB	23HRC	30HRC	30HRC	38HRC	43HRC
821℃时效100h	93HRB	24HRC	36HRC	31HRC	17HRC	40HRC
966℃时效100h	94HRB	24HRC	25HRC	21HRC	26HRC	26HRC
1082℃时效100h	91HRB	89HRB	91HRB	95HRB	27HRB	94HRC

8.3.2.3 耐蚀性

A 全面腐蚀

00Cr16Ni60Mo16W4 合金在各种腐蚀介质中的耐均匀腐蚀性类似于 0Cr16Ni60Mo16W4 合金，因此 0Cr16Ni60Mo16W4 合金的腐蚀数据完全适用于此合金。表 8-31 和图 8-24 ~ 图 8-29 给出了此合金的典型耐均匀腐蚀数据。

表 8-31　在各种介质中的 00Cr16Ni60Mo16W4 合金的耐蚀性

介　质	浓度/%	温度/℃	腐蚀速度/mm·a^{-1}		
			固溶态	焊　态	焊接+焊后热处理
铬　酸	10	沸腾	1.65	2.06	1.09
甲　酸	20	沸腾	0.12	0.09	0.09
盐　酸	10	66	0.43	0.51	0.53
盐　酸	10	75	1.02	1.27	—
盐　酸	10+0.1FeCl$_3$	75	0.99	1.14	—
盐　酸	10+0.05NaOCl	75	1.17	1.27	—
盐　酸	3.5+8FeCl$_3$	88	—	0.13	—
盐　酸	1.0+25FeCl$_2$	93	—	1.14	—
盐　酸	0.1+2.5FeCl$_2$	66	—	无	—
硝　酸	10	沸腾	0.41	0.43	0.43
硝　酸	10+3HF酸	70	8.89	9.65	—
硫　酸	10	沸腾	0.38	0.36	0.46
硫　酸		75	0.43	0.43	—
湿　氯①		66	0.01	—	—
湿　氯		80	0.02	—	—

① 两个试样平均值，试验210h。

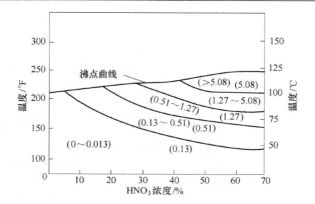

图 8-24　00Cr16Ni60Mo16W4 合金在 HNO₃ 中的等腐蚀图
（括号中数字为腐蚀速度，mm/a）

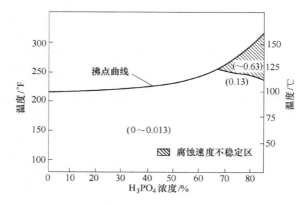

图 8-25　00Cr16Ni60Mo16W4 合金在 H₃PO₄ 中的等腐蚀图
（括号中数字为腐蚀速度，mm/a）

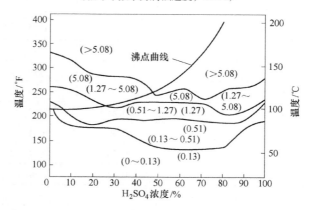

图 8-26　00Cr16Ni60Mo16W4 合金在 H₂SO₄ 中的等腐蚀图
（括号中数字为腐蚀速度，mm/a）

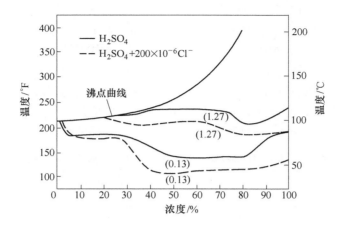

图 8-27 在 $H_2SO_4 + 200 \times 10^{-6}Cl^-$ 中，00Cr16Ni60Mo16W4 合金的等腐蚀图

（括号中数字为腐蚀速度，mm/a）

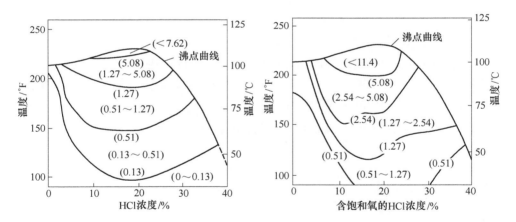

图 8-28 00Cr16Ni60Mo16W4 合金
在 HCl 酸中的等腐蚀图

（括号中数字为腐蚀速度，mm/a）

图 8-29 在含饱和氧的 HCl 酸中，
00Cr16Ni60Mo16W4 合金的等腐蚀图

（括号中数字为腐蚀速度，mm/a）

B 晶间腐蚀

00Cr16Ni60Mo16W4 合金的晶间腐蚀敏感性远低于 0Cr16Ni60Mo16W4 合金，但是在 600~1150℃ 敏化或焊后冷却时，此合金仍有二次碳化物和一些金属间相析出，这些有害相的存在仍是晶间腐蚀的潜在危险。一般的焊接热循环，此合金的耐晶间腐蚀能力远优于 0Cr16Ni60Mo16W4 合金（表 8-32），但经敏化处理或大截面材焊接后仍存在晶间腐蚀倾向。

表 8-32 是经使用沸腾 10% HCl 酸和 50% $H_2SO_4 + 42g/L$ $Fe_2(SO_4)_3$ 溶液 24h 试

验对 00Cr16Ni60Mo16W4 合金耐蚀性的评价结果，这两种试验方法是评价镍基耐蚀合金晶间腐蚀敏感性的标准方法。盐酸弯曲试验是在 10% 沸腾 HCl 酸中试验 24h，然后将试样弯曲 180°，焊接试样则要求垂直于焊缝方向转弯，弯曲中部要位于热影响区，弯曲后在 10 倍放大镜下观察有无裂纹出现，无裂纹则通过试验。硫酸铁试验[50% H_2SO_4 + 42g/L $Fe_2(SO_4)_3$，沸腾]，经 24h 试验后，若晶间腐蚀存在，则试样腐蚀速度提高。对于 00Cr16Ni60Mo16W4 合金可允许的最高腐蚀速度为 1.022mm/月（12.24mm/a）。试验结果表明，此合金焊后的耐晶间腐蚀性能良好。

表 8-32　00Cr16Ni60Mo16W4 合金加速腐蚀试验的典型结果

加速试验方法	平均腐蚀试验结果/mm·a⁻¹		
	固溶态	焊　态[①]	焊后热处理态[②]
盐酸弯曲试验	5.7	5.9	5.8
	弯曲后无晶间开裂现象		
硫酸铁试验	5.7	6.9	6.2

① TIG 焊接。
② 焊后再经固溶处理。

C　点蚀和缝隙腐蚀

此合金的耐点蚀和耐缝隙腐蚀性能见表 8-33。数据表明，此合金在一些耐点蚀和耐缝隙腐蚀评价试验中，此合金无论是焊态、固溶态，还是焊后热处理态均具有优良的耐点蚀和耐缝隙腐蚀性能。

表 8-33　00Cr16Ni60Mo16W4 合金的耐点蚀和耐缝隙腐蚀性能

7% H_2SO_4 + 3% NaCl + 1% $FeCl_3$ + 1% $CuCl_2$		1000 × 10⁻⁶ NaCl + 500 × 10⁻⁶ $FeCl_3$，88℃		10% $FeCl_3$ （缝隙腐蚀）/mm·a⁻¹		
点蚀（25℃）/mm	点蚀（102℃）/mm	点蚀深度/mm	缝隙腐蚀深度/mm	25℃	50℃	75℃
0.008	0.610	无	0.05	<0.01	<0.01	0.04

D　应力腐蚀

在高浓度氯化物中，00Cr16Ni60Mo16W4 合金的耐 SCC 性能与析出相的关系见表 8-34，与 0Cr16Ni60Mo16W4 合金相比，其耐 SCC 性能得到显著提高。

表 8-34　Ni-Cr-Mo-W 合金在沸腾 45% $MgCl_2$ 中的耐 SCC 性能与析出相之间的关系

合　金	w(C)/%	w(Si)/%	热处理	析出相	SCC（154℃，45% $MgCl_2$）
0Cr16Ni60Mo16W4（Hastelloy C）	0.05	0.70	固　溶	无	2407h，无 SCC
			704℃ × 1h	M_6C	107 ~ 552h，IGC[①]
			871℃ × 1h	M_6C，μ	90h，IGC
			1030℃ × 1h	M_6C，μ	552 ~ 625h，IGC

合　金	$w(C)/\%$	$w(Si)/\%$	热处理	析出相	SCC ($154℃$，$45\%\,MgCl_2$)
00Cr16Ni60Mo16W4 （Hastelloy C-276）	0.01	0.01	704℃ ×1h	μ，少量 M_6C	6536h，无 SCC
			871℃ ×1h	μ，M_6C	905～2100h，IGC
			1038℃ ×1h	少量 μ 和 M_6C	6536h，无 SCC
	0.008	0.004	1149℃ ×1h	无	2847h，无 SCC
			704℃ ×1h	μ，少量 M_6C	2252h，破裂
			871℃ ×1h	μ，少量 M_6C	957h，IGC
			1038℃ ×1h	μ，少量 M_6C	4539h，IGC
	0.04	0.01	工厂退火	无	2407h，无 SCC
			704℃ ×1h	μ	2407h，无 SCC
			871℃ ×1h	μ	2407h，无 SCC
			1038℃ ×1h	少量 μ	2407h，无 SCC

① 为晶间破裂。

8.3.2.4 热加工、冷加工、热处理和焊接性能

A 热加工

00Cr16Ni60Mo16W4 合金的热加工性能类似于 0Cr16Ni60Mo16W4 合金，一些热加工工艺参数可参照后者。

B 冷加工

合金的冷加工性能良好，可生产薄板、丝、管等冷加工冶金产品。在固溶状态，此合金具有最好的冷成型性能（表 8-35）。

表 8-35　00Cr16Ni60Mo16W4 合金杯突试验结果

试验用材	试验状态	奥尔森杯突深度/mm
1.1mm 厚薄板	1121℃固溶处理（水冷）	12.2
薄　板	固溶处理	13.5
薄　板	871℃时效 1000h	3.1

C 热处理

此合金的固溶处理温度低于 0Cr16Ni60Mo16W4 合金，1120℃ 固溶水冷后，此合金具有最佳的耐蚀和力学等综合性能。

D 焊接

此合金的焊接特点基本与 0Cr16Ni60Mo16W4 合金相同，充填金属成分与母材相同，由于合金的热稳定较好，焊后的耐蚀性和塑性均优于 0Cr16Ni60Mo16W4 合金。

8.3.2.5 物理性能

00Cr16Ni60Mo16W4 合金的物理性能汇总于表 8-36。

表 8-36　　00Cr16Ni60Mo16W4 合金的物理性能

密度(22℃) /g·cm⁻³	熔点/℃	电阻率(24℃) /μΩ·m	线膨胀系数/10⁻⁶K⁻¹					
			24~93℃	24~204℃	24~316℃	24~427℃	24~538℃	24~649℃
8885	1323~1371	1.30	11.2	12.0	12.8	13.2	13.4	14.1

热导率/W·(m·K)⁻¹					比热容（室温） /J·(kg·K)⁻¹	弹性模量/MPa		
32℃	93℃	204℃	583℃	1092℃		室温	204℃	316℃
9.4	11.4	13.0	19.0	28.1	427	205000	195000	188000

8.3.2.6　应用

00Cr16Ni60Mo16W4 合金的应用领域与 0Cr16Ni60Mo16W4 合金相同。当设备、部件要求焊接且要求焊后无晶间腐蚀的危险时，以选用此合金为宜。

8.3.3　00Cr16Ni65Mo16Ti（Hastelloy C-4，NS 3305）

00Cr16Ni65Mo16Ti 合金进一步改善了 00Cr16Ni60Mo16W4 合金的耐晶间腐蚀性能，其成分特点在于降低了 00Cr16Ni60Mo16W4 合金中的碳含量和铁含量，去掉了 W，加入了稳定化元素 Ti。这种新合金较 0Cr16Ni60Mo16W4 合金和 00Cr16Ni60Mo16W4 合金更适宜制造需要焊接的耐蚀设备，同时还具有更好的冷、热塑性。

8.3.3.1　化学成分和组织结构

00Cr16Ni65Mo16Ti 合金的化学成分见表 8-7。它的组织结构与 0Cr16Ni60Mo16W4 合金和 00Cr16Ni60Mo16W4 合金基本相同，仅是碳化物和金属间相的数量更少。

8.3.3.2　力学性能

不同状态的 00Cr16Ni65Mo16Ti 合金的室温和高温瞬时力学性能见表 8-37~表 8-39。由这些数据可知，即使经过时效，此合金的塑性并未下降。焊态的塑性有所降低，但在工程上应用，其塑性仍是满意的。由于合金具有良好的热稳定性，时效后沉淀相比 00Cr16Ni60Mo16W4 合金少得多，因此固溶态和时效态的塑性并无明显差别，如图 8-30 所示。

表 8-37　　00Cr16Ni65Mo16Ti 合金薄板的性能

薄板厚度/mm	试验状态	试验温度/℃	R_m/MPa	$R_{p0.2}$/MPa	A/%	HB
1.6	1066℃固溶	室温	77.58	416.56	52	90
		204	705.57	402.96	49	
		316	674.53	376.65	52	
		427	652.40	319.69	64	

薄板厚度/mm	试验状态	试验温度/℃	R_m/MPa	$R_{p0.2}$/MPa	A/%	HB
3.1	1066℃固溶	室温	800.62	420.29	54	92
		204	677.18	319.70	54	
		316	671.77	302.47	59	
		427	643.5	302.47	62	
		538	643.7	302.40	55	
		649	570.50	290.70	50	
		760	475.41	259.75	44	
3.9	1066℃固溶	室温	782.0	365.17	55	91
		204	688.30	274.90	55	
		316	649.70	248.72	61	
		427	655.22	249.4	68	

表 8-38　00Cr16Ni65Mo16Ti 合金薄板和中板时效态的性能

厚度/mm	试验状态	试验温度/℃	R_m/MPa	$R_{p0.2}$/MPa	A/%
3.1	900℃时效 100h	室温	789.60	376.20	56
		204	711.00	324.50	54
		316	685.55	296.95	57
		427	658.33	279.70	60
		538	642.80	274.90	57
		649	596.67	256.30	56
		760	525.00	250.00	56
9.37	900℃时效 100h	室温	770.30	335.50	62
		204	693.13	272.15	51
		316	675.22	254.9	56
		427	669.70	254.9	57
		538	617.34	221.16	53
		649	617.34	234.90	56
		760	506.40	204.60	70

表 8-39　00Cr16Ni65Mo16Ti 合金中板和焊件的性能

中板和焊件厚度/mm	试验状态	试验温度/℃	R_m/MPa	$R_{p0.2}$/MPa	A/%
6.25	1066℃固溶后急冷	室温	766.86	336.20	58
		204	716.56	294.89	54
		316	711.74	281.10	55
		427	682.11	254.93	60

续表 8-39

中板和焊件厚度/mm	试验状态		试验温度/℃	R_m/MPa	$R_{p0.2}$/MPa	A/%
9.3	1066℃固溶后急冷		室温	790.30	355.50	59
			204	726.20	300.40	56
			316	703.50	269.40	59
			427	656.60	257.68	62
			538	642.84	227.37	52
			649	683.58	213.59	52
			760	482.30	210.80	53
12.5	1066℃固溶后急冷		室温	804.70	334.85	63
			93			70
			204	763.40	301.10	61
			316	724.82	263.88	65
			427	706.22	246.66	66
			649	634.56	235.64	71
焊件 12.5	TIG 焊态		室温	776.50	470.58	40
			260	653.86	351.40	39
			538	601.50	342.40	35
焊件 12.5	650℃时效	10h	室温	783.40	428.56	48
		1000h	室温	817.84	410.64	46
全焊缝	TIG 焊态		室温	737.90	491.94	42

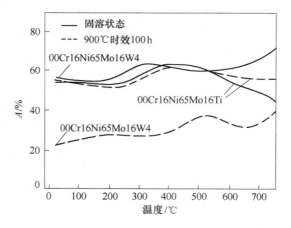

图 8-30　00Cr16Ni65Mo16Ti 合金固溶与时效态, 不同温度下的
伸长率与 00Cr16Ni60Mo16W4 合金相比较

8.3.3.3 耐蚀性

A 全面腐蚀

在各种介质中，00Cr16Ni65Mo16Ti 合金的耐均匀腐蚀性与 0Cr16Ni60Mo16W4 合金基本相同。此合金的最大特点是 C、Si、Fe 含量均控制在较低水平，因此碳化物，金属间相析出量少，使其耐均匀腐蚀性能优于 0Cr16Ni60Mo16W4 和 00Cr16Ni60Mo16W4 合金，特别是焊后或时效态合金的耐蚀性基本上仍保持在固溶态水平（表 8-40）。图 8-31 和图 8-32 为此合金在 H_2SO_4 和 HNO_3 中的等腐蚀图。在强还原性介质（例如盐酸）中，其耐蚀性不如 00Cr16Ni60Mo16W4 合金，而在强氧化性腐蚀介质中却优于 00Cr16Ni60Mo16W4 合金。

表 8-40 在一些酸介质中 00Cr16Ni65Mo16Ti 合金的耐蚀性

介 质	酸浓度/%	温度/℃	腐蚀速度/mm·a^{-1}		
			固溶水冷	TIG 焊态	时效态(900℃，100h)
甲 酸	20	沸腾	0.0725	0.0875	0.0875
盐 酸	10	75	0.900	0.850	0.875
硝 酸	10	沸腾	0.1475	0.1775	0.2300
磷 酸	85	沸腾	1.525	1.300	0.2125
硫 酸	10	沸腾	0.550	0.750	0.500
硫 酸	85	75	0.575	0.425	0.525

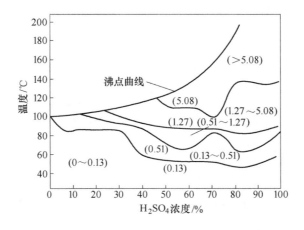

图 8-31 00Cr16Ni65Mo16Ti 合金在 H_2SO_4 中的等腐蚀图

（括号中数字为腐蚀速度，mm/a）

B 晶间腐蚀

00Cr16Ni65Mo16Ti 合金的组织热稳定性优于 0Cr16Ni60Mo16W4 合金和 00Cr16Ni60Mo16W4 合金，因此 00Cr16Ni65Mo16Ti 合金沉淀相的析出敏感性远低

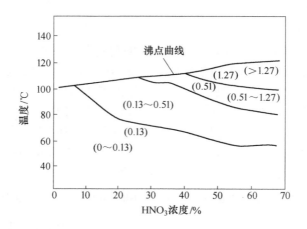

图 8-32　00Cr16Ni65Mo16Ti 合金在 HNO₃ 中的等腐蚀图

（括号中数字为腐蚀速度，mm/a）

于早期的两个 Ni-Cr-Mo-W 合金（图 8-33）。这种特性决定了此合金具有最佳的耐敏化态晶间腐蚀能力，试验结果表明，00Cr16Ni65Mo16Ti 合金的晶间腐蚀倾向最低，如图 8-34 所示。

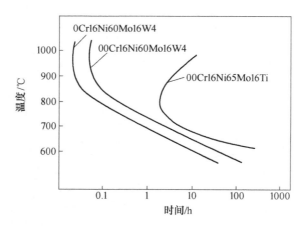

图 8-33　三种镍铬钼合金的温度-时间-沉淀相开始析出的关系曲线

　　在沸腾 10% 盐酸和沸腾 50% H₂SO₄ + 42g/L Fe₂(SO₄)₃ 中 24h 的加速腐蚀试验结果同样表明，00Cr16Ni65Mo16Ti 合金具有最佳的耐敏化态晶间腐蚀能力（表 8-41）。

　　C　点腐蚀

　　由于 00Cr16Ni65Mo16Ti 合金不含 W，降低了合金的耐点蚀和耐缝隙腐蚀能力，

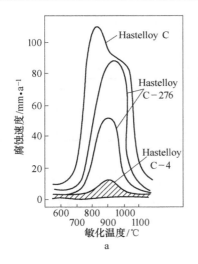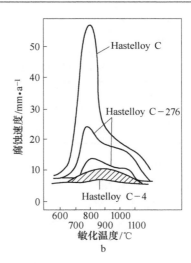

图 8-34　不同敏化温度对三种镍铬钼耐蚀合金耐蚀性的影响

a—在 50% H_2SO_4 +42g/L Fe(SO_4)$_3$ 中 120℃；b—在 10% 沸盐酸中

其耐点蚀和耐缝隙腐蚀能力稍低于 0Cr16Ni60Mo16W4 合金和 00Cr16Ni60Mo16W4 合金。

表 8-41　00Cr16Ni65Mo16Ti 合金加速腐蚀试验结果

加速试验方法	腐蚀速度/mm·a^{-1}		
	固溶态[①]	焊态[②]	时效态[③]
盐酸弯曲试验[④]	6. 250	7. 125	6. 900
	弯曲后无晶间开裂现象		
硫酸铁试验[⑤]	2. 500	2. 775	2. 850

① 1066℃，水冷。

② TIG 焊后。

③ 900℃时效 100h。

④ 在 10% 沸腾 HCl 酸中试验 24h，然后试样弯曲 180°，放大 10 倍观察。若晶间开裂，则判定为有晶间腐蚀。

⑤ 在 50% H_2SO_4 +42g/L 硫酸铁沸腾溶液中试验 24h，如果有晶界析出，则腐蚀加速。

8.3.3.4　热加工、冷加工、热处理和焊接性能

A　热加工

此合金不含 W，因此它的高温变形抗力降低，较前述两种高 Mo 含 W 的 Ni-Cr-Mo-W 合金易于热加工，热加工温度范围与 00Cr16Ni60Mo16W4 相同。

B　冷加工

00Cr16Ni65Mo16Ti 合金具有良好的冷加工性能，可以顺利生产需经冷加工的

冶金产品。由于时效处理未产生合金塑性的变化，因此时效态与固溶态具有一致的冷成形性能（表8-42）。

表 8-42　00Cr16Ni65Mo16Ti 合金的冷成形性能

试　验　用　材	试　验　状　态	奥尔森杯突深度/mm
1.6mm 薄板	1066℃固溶，水冷	13.2
	871℃时效1000h	13.2

C　热处理

固溶态的 00Cr16Ni65Mo16Ti 合金具有最好的耐蚀性和最高的塑性，固溶处理温度较前两种 Ni-Cr-Mo-W 合金低，为 1040～1080℃，加热保温后急冷。冷加工的软化中间退火温度也以此温度加热为宜。

D　焊接

00Cr16Ni65Mo16Ti 合金的焊接性良好，由于合金具有极高的热稳定性，焊后耐蚀性无劣化倾向，因此可在焊接状态下直接使用。本合金可采用除乙炔焊外的常用焊接方法进行焊接，TIG、MIG 和手工电焊弧都无任何困难。当用埋弧焊时，焊剂中不允许含 C 和 Si，并注意防止过热。充填金属可用与母材相同成分的材料，或选用 Cr、Mo 稍高的配套焊接材料。

8.3.3.5　物理性能

合金的物理性能见表8-43。

表 8-43　00Cr16Ni65Mo16Ti 合金的物理性能

密度(20℃) /g·cm^{-3}	熔点 /℃	电阻率(23℃) /μΩ·m	线膨胀系数/10^{-6}K^{-1}					
			29～93℃	20～204℃	20～316℃	20～427℃	24～538℃	24～649℃
8640	—	1.248	10.8	11.9	12.6	13.0	13.0	13.5

热导率/W·(m·K)$^{-1}$					比热容 /J·(kg·K)$^{-1}$	弹性模量/MPa		
23℃	100℃	200℃	300℃	400℃	100℃	室温	204℃	316℃
10.0	11.4	13.2	14.9	16.6	427	205000	195000	188000

8.3.3.6　应用

本合金的应用领域与前述两个 Ni-Cr-Mo-W 合金相同，特别适用于焊后直接使用的设备和部件。此合金制造的耐蚀管道、容器、塔、槽、反应器、换热器以及泵、阀等已广泛应用于化学加工和能源工业。

8.3.4　00Cr22Ni60Mo13W3（Hastelloy C-22，NS 3308）

00Cr22Ni60Mo13W3 合金是前述几种高 Mo 镍铬钼合金的改进和发展。其化学成分的特点是 C、Si 含量极低、Cr 含量较高、Mo 含量适中且含 W。正是由于这些特点，00Cr22Ni60Mo13W3 合金的耐蚀性在许多介质中较前述几种镍铬钼（钨）合金更佳，特别是在 $FeCl_3$、$CuCl_2$ 等氧化性介质、湿氯、氧化-还原性酸中更为明显。与此同时，此合金仍具有优良的耐点蚀、耐缝隙腐蚀和耐应力腐蚀等性能。由于此合金含 C、Si 量均极低，因此，它非常适于制造化学工业中耐蚀的焊接设备、容器、管线，而没有敏化的危险。

8.3.4.1 化学成分和组织结构

00Cr22Ni60Mo13W3 合金的化学成分见表 8-7。在固溶状态下合金的组织由奥氏体构成，中温时效有少许碳化物和中间相析出，由于析出量极少，对合金的耐蚀性和力学性能未构成危害。

8.3.4.2 力学性能

00Cr22Ni60Mo13W3 合金不同状态的室温和高温瞬时力学性能见表 8-44 ~ 表 8-46。固溶状态的合金经 500℃ 时效 100h 并未造成合金的塑性下降，反而有所升高。冷加工使合金的强度提高并伴随塑性下降，随着冷加工量的增加其影响程度增大。

表 8-47 和表 8-48 为合金的冲击性能和硬度数据。

表 8-44 00Cr22Ni60Mo13W3 合金固溶态的力学性能

产　品	试验温度/℃	R_m/MPa	$R_{p0.2}$/MPa	A/%
薄板 0.71 ~ 3.2mm	室　温	802	403	57
	93	755	371	58
	204	701	303	57
	316	674	288	62
	427	658	283	67
	538	625	274	61
	649	583	249	65
	760	524	238	63
中厚板 6.4 ~ 19.1mm	室　温	785	373	62
	93	738	336	65
	204	676	279	66
	316	652	250	68
	427	631	239	68
	538	603	234	67
	649	574	221	69
	760	521	214	68

续表 8-44

产　品	试验温度/℃	R_m/MPa	$R_{p0.2}$/MPa	A/%
棒材直径 12.7~50.8mm	室　温	765	358	70
	93	723	313	73
	204	663	259	74
	316	631	233	79
	427	614	212	79
	538	581	199	80
	649	548	195	80
	760	498	200	77

表 8-45　冷加工和冷加工并时效态 00Cr22Ni60Mo13W3 合金的室温力学性能（薄板）

状　态		R_m/MPa	$R_{p0.2}$/MPa	A/%
冷加工	0%	802	403	57
	10%	897	639	39
	20%	1039	875	23
	30%	1173	1042	13
	40%	1322	1196	9
	50%	1423	1265	10
	60%	1533	1391	7
冷加工	0% +500℃×100h 时效	801	425	73
	10% +500℃×100h 时效	972	757	42
	20% +500℃×100h 时效	1135	974	28
	40% +500℃×100h 时效	1421	1331	15
	60% +500℃×100h 时效	1725	1679	6

表 8-46　00Cr22Ni60Mo13W3 合金薄板、中厚板焊件的力学性能

合金板材尺寸	焊接方法	试验温度/℃	R_m/MPa	$R_{p0.2}$/MPa	A/%
薄板厚 3.2mm	GTAW	室温	745	419	30
		538	543	274	23
中板厚 6.4mm	GTAW	室温	800	386	60
		538	610	245	51
	GMAW（短弧）	室温	767	396	43
		538	586	265	46

合金板材尺寸	焊接方法	试验温度/℃	R_m/MPa	$R_{p0.2}$/MPa	A/%
中板厚 12.7mm	GTAW	室温	788	451	47
		538	590	312	52
		760	489	269	30
	GMAW（短弧）	室温	749	435	38
		538	562	308	38
		760	437	266	25
	GMAW（散弧）	室温	756	461	37
		538	555	321	33
		760	470	282	27

表 8-47　00Cr22Ni60Mo13W3 合金的缺口冲击性能

试 验 条 件			V 形缺口冲击吸收功/J	
			室 温	−196℃
中厚板材	1121℃ 固溶处理态		353	>351
	在 260℃ 时效 100h		—	>351
	在 538℃ 时效	1h	—	>351
		10h	—	>351
		100h	—	>351
		1000h	—	118
	在 649℃ 时效	1h	—	>351
		10h	—	>351
		100h	—	134
	在 760℃ 时效	1h	—	>351
		10h	—	114
		100h	—	38
	在 871℃ 时效	1h	—	160
		10h	—	52
		100h	—	4
	在 982℃ 时效	1h	—	155
		10h	—	60
		100h	—	16
12.7mm 厚板	用 GTA 方法焊接		201	150
	用 GMA 方法焊接 （短弧）		183	131
	用 GMA 方法焊接 （散弧）		195	160

试 验 条 件		V 形缺口冲击吸收功/J	
		室　温	−196℃
19.1mm 厚板	用 GTA 方法焊接	189	—
	用 GMA 方法焊接（短弧）	151	—
	用 GMA 方法焊接（散弧）	162	—

表 8-48　00Cr22Ni60Mo13W3 合金的硬度

材　料	时效温度/℃	冷加工量/%						
		0	10	20	30	40	50	60
薄　板	未时效	90HRB	24HRC	33HRC	36HRC	40HRC	41HRC	43HRC
	504	94HRB	24HRC	32HRC	37HRC	42HRC	45HRC	48HRC
	543	95HRB	26HRC	32HRC	41HRC	44HRC	45HRC	48HRC
	577	95HRB	28HRC	32HRC	39HRC	40HRC	44HRC	48HRC
	610	93HRB	22HRC	27HRC	33HRC	37HRC	41HRC	45HRC
	649	93HRB	21HRC	27HRC	33HRC	37HRC	41HRC	45HRC
	682	95HRC	20HRC	25HRC	31HRC	36HRC	41HRC	44HRC
	821	94HRB	21HRC	26HRC	32HRC	35HRC	36HRC	37HRC
	966	93HRB	21HRC	21HRC	21HRC	23HRC	25HRC	25HRC
	1082	83HRB	83HRB	84HRB	83HRB	83HRB	83HRB	80HRB
中厚板	未时效	95	—	—	—	—	—	—

8.3.4.3　耐蚀性

A　全面腐蚀

表 8-49 和图 8-35 ~ 图 8-38 给出了此合金在各种介质中的耐蚀性。综观这些数据可知，此合金在醋酸、10% $FeCl_3$、甲酸、磷酸、一些浓度的硫酸中具有极高的耐蚀性，在 HCl 酸中也具有适度的耐蚀能力，在大多数的腐蚀介质中，此合金的耐蚀性优于 00Cr16Ni60Mo16W4（C-276）、00Cr16Ni65Mo16Ti（C-4）和 1Cr22Ni60Mo9Nb4（Inconel 625）合金。

表 8-49　00Cr22Ni60Mo13W3 合金的耐蚀性并与其他合金比较

试验介质	介质浓度/%	温度/℃	平均腐蚀速度/mm·a^{-1}			
			00Cr22Ni-60Mo13W3	00Cr16Ni-60Mo16W4	00Cr16Ni-65Mo16Ti	1Cr22Ni-60Mo9Nb4
醋　酸	99	沸腾	无	0.01	无	0.01
$FeCl_3$	10	沸腾	0.03	0.06	3.6	195

试验介质	介质浓度/%	温度/℃	平均腐蚀速度/mm·a⁻¹			
			00Cr22Ni-60Mo13W3	00Cr16Ni-60Mo16W4	00Cr16Ni-65Mo16Ti	1Cr22Ni-60Mo9Nb4
甲　酸	88	沸腾	0.03	0.04	0.06	0.24
盐　酸	1	沸腾	0.03	0.25	0.91	0.03
	1.5	沸腾	0.28	0.74	1.69	9.0
	2	90	无	0.04	0.79	无
	2	沸腾	1.5	1.3	2.2	14
	2.5	90	0.01	0.30	0.86	1.8
1%HCl酸+42g/L Fe₂(SO₄)₃	2.5	沸腾	2.1	1.80	1.10	7.5
	10	沸腾	10	7.3	5.8	16
5%HCl酸+42g/L Fe₂(SO₄)₃HCl		93	0.05	1.04	0.25	6.05
		66	0.05	0.13	0.08	0.05
2%HF	5	70	1.5	0.66	0.86	3.10
氢氟酸	2	70	0.24	0.24	0.43	0.51
	5	70	0.36	0.25	0.38	0.41
磷酸（试剂级）	55	沸腾	0.30	0.23	0.22	0.16
	85	沸腾	2.4	0.51	1.5	1.70
P₂O₅（商品级）	38	85	0.04	0.22	—	0.03
	44	116	0.53	2.5	—	0.58
	52	116	0.28	0.84	—	0.30
P₂O₅+2000×10⁻⁶Cl⁻	38	85	<0.03	0.03	—	0.05
P₂O₅+0.5%HF酸	38	85	0.18	1.1	—	0.21
硝　酸	10	沸腾	0.02	0.42	0.36	<0.03
	65	沸腾	1.30	23	5.5	0.51
硝酸+6%HF酸	5	60	1.7	5.3	5.2	1.9
硝酸+25%H₂SO₄+4%NaCl	5	沸腾	0.30	1.6	2.5	18
硝酸+1%HCl酸	5	沸腾	<0.02	0.20	0.28	<0.03
硝酸+2.5%HCl酸	5	沸腾	0.04	0.53	0.66	0.02
硝酸+15.8%HCl酸	8.8	52	0.10	0.84	2.90	>250
硫　酸	10	沸腾	0.28	0.58	0.79	1.2
	20	66	<0.01	<0.02	0.01	<0.02
	20	79	0.03	0.07	0.05	<0.01

试验介质	介质浓度 /%	温度/℃	平均腐蚀速度/mm·a^{-1}			
			00Cr22Ni 60Mo13W3	00Cr16Ni 60Mo16W4	00Cr16Ni 65Mo16Ti	1Cr22Ni 60Mo9Nb4
硫　酸	20	沸腾	0.84	1.1	0.9	3.1
	30	66	<0.02	<0.03	<0.02	<0.03
	30	79	0.08	0.11	0.07	0.02
	30	沸腾	1.6	1.4	1.9	6.0
	40	38	<0.01	<0.02	<0.02	0.2
	40	66	<0.02	<0.04	0.24	0.43
	40	79	0.16	0.25	0.38	0.89
	50	38	<0.01	无	<0.02	<0.03
	50	66	<0.03	0.10	0.33	0.64
	50	79	0.41	0.30	0.64	1.3
	60	38	<0.01	<0.02	0.02	0.01
	70	38	无	无	0.04	<0.02
	80	38	无	<0.02	0.01	<0.02
H_2SO_4 +1% HCl 酸	5	沸腾	0.66	1.1	1.2	3.8
H_2SO_4 +0.5% HCl 酸	5	沸腾	1.50	1.2	2.3	11
H_2SO_4 +1% HCl 酸	10	70	<0.02	0.28	0.61	3.1
H_2SO_4 +1% HCl 酸	10	90	2.4	1.1	1.7	8.3
H_2SO_4 +1% HCl 酸	10	沸腾	5.7	2.9	4.9	22
H_2SO_4 +2% HF 酸	10	沸腾	0.74	0.56	0.66	1.4
H_2SO_4 +200×10^{-6}Cl$^-$	25	70	0.28	0.30	0.94	2.8
H_2SO_4 +200×10^{-6}Cl$^-$	25	沸腾	5.7	4.7	4.6	8.3
H_2SO_4 +3%（体积） HCl 酸 +1% FeCl$_3$ +1% CuCl$_2$	7% （体积分数）	沸腾	0.08	0.61	26	42
H_2SO_4 +1.2% HCl 酸 + 1% FeCl$_3$ +1% CuCl$_2$	23	沸腾	0.17	1.4	58	98
H_2SO_4 +42g/L Fe$_2$（SO$_4$）$_3$	50	沸腾	0.61	6.1	4.2	5.8

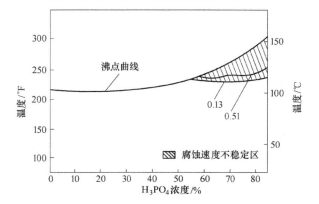

图 8-35　00Cr22Ni60Mo13W3 合金在磷酸中的等腐蚀图
（图中数字为腐蚀速度，mm/a）

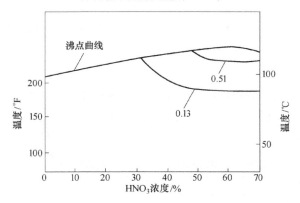

图 8-36　00Cr22Ni60Mo13W3 合金在硝酸中的等腐蚀图
（图中数字为腐蚀速度，mm/a）

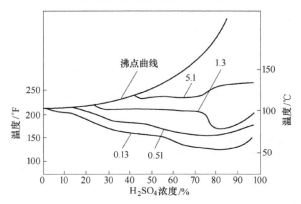

图 8-37　在硫酸中，00Cr22Ni60Mo13W3 合金的等腐蚀图
（图中数字为腐蚀速度，mm/a）

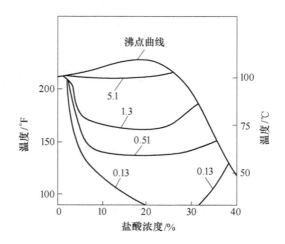

图 8-38　00Cr22Ni60Mo13W3 合金在盐酸中的等腐蚀图

（图中数字为腐蚀速度，mm/a）

B　点腐蚀

表 8-50 为 00Cr22Ni60Mo13W3 合金的耐点蚀性能与其他 Ni-Cr-Mo-W 合金的对比试验结果，在 7% H_2SO_4 + 3% HCl 酸 + 1% $FeCl_3$ + 1% $CuCl_2$ 中，00Cr22Ni60Mo13W3 合金具有极高的耐点蚀性能，在这种强氧化性的腐蚀介质中显示出此合金的优越性。

表 8-50　00Cr22Ni60Mo13W3 合金的耐点蚀性

合　　金	无点蚀温度/℃	点蚀温度/℃
00Cr22Ni60Mo13W3	115	120
00Cr15Ni60Mo16W4	102	110
00Cr16Ni63Mo16Ti	85	90
1Cr22Ni60Mo9Nb4	70	75

C　缝隙腐蚀

表 8-51 示出此合金在 4% NaCl + 0.1% $Fe_2(SO_4)_3$ + 0.01mol/L HCl 酸中（pH = 2，溶液中含 Cl^- 24300 × 10^{-6}），经 100h 缝隙腐蚀试验的试验结果，在 4 种合金中，此合金性能最好。

表 8-51　00Cr22Ni60Mo13W3 合金的耐缝隙腐蚀性能

合　　金	无缝隙腐蚀温度/℃	缝隙腐蚀温度/℃
00Cr22Ni60Mo13W3	95	102
00Cr15Ni60Mo16W4	75	80
00Cr16Ni63Mo16Ti	40	45
1Cr22Ni60Mo9Nb4	20	25

D 应力腐蚀

表 8-52 和表 8-53 为 00Cr22Ni60Mo13W3 合金在 20.4% $MgCl_2$ 中和模拟石油和天然气开采的密封喷射流体中的耐应力腐蚀试验结果。在 $MgCl_2$ 中，不管是固溶态还是冷加工态均具有良好的耐应力腐蚀性能。在模拟密封喷射流体的含溴介质中，此合金的耐应力腐蚀性能优于其他耐蚀合金。

表 8-52 00Cr22Ni60Mo13W3 合金的耐应力腐蚀性能（7 天试验）

试验条件	204℃	232℃	硬 度
固溶态	无破裂	无破裂	83HRB
20% 冷加工	无破裂	无破裂	33HRC
50% 冷加工	无破裂	无破裂	43HRC

表 8-53 00Cr22Ni60Mo13W3 合金在模拟密封喷射流体中的应力腐蚀性能

合 金	破坏时间[①]/月	
	4.7% $ZrBr_2$	43% $CrBr_2$
Fe-25Cr-5.5Ni-3Mo2CuN 双相不锈钢	1, 1, 2	4, 4, 4
Incoloy 825 合金	1, 1, 2	>12, >12, >12
Hastelloy G-3	1, 2, 2	>12, >12, >12
Hastelloy G-276	1, 1, 2	>12, >12, >12
00Cr22Ni60Mo13W3 Hastelloy G-22	>12, >12, >12	>12, >12, >12

① 在标出的时间内无破裂；溶液用 N_2 脱气；两点弯曲试样；材料为工厂退火状态；温度为 204℃。

8.3.4.4 热加工、冷加工、热处理和焊接性能

（1）热加工。合金的热加工性能与前述 Ni-Cr-Mo 合金相近，可参照这些合金的工艺执行。

（2）冷加工。合金的冷加工性能基本上与 00Cr16Ni60Mo16W4 合金相同，冷加工和冷成型不会遇到特殊困难。

（3）热处理。00Cr22Ni60Mo13W3 合金的固溶处理工艺为：1120℃保温随后快速冷却。

（4）焊接。00Cr22Ni60Mo13W3 合金焊接性能良好，可执行前 Ni-Cr-Mo 合金的工艺。充填金属应使用与母材相同成分的焊接材料。

8.3.4.5 物理性能

合金的物理性能见表 8-54。

表 8-54   00Cr22Ni60Mo13W3 合金的物理性能

密度 /g·cm⁻³	熔点/℃	比热容/J·(kg·K)⁻¹			热导率/W·(m·K)⁻¹			
		52℃	100℃	200℃	48℃	100℃	200℃	300℃
8.69	1359~1399	414	423	444	10.1	11.1	13.4	15.5

电阻率/μΩ·m			线膨胀系数/10⁻⁶K⁻¹		
24℃	100℃	200℃	24~93℃	24~204℃	24~316℃
1.14	1.23	1.24	12.4	12.4	12.6

8.3.4.6   应用

00Cr22Ni60Mo13W3 合金是在 00Cr16Ni60Mo16W4 合金的基础上的改进型合金。主要应用于海水、醋酸、醋酐、氯化氢、氟化氢、湿法磷酸和采用混酸的酸洗溶液等环境。用其制作容器、管道、泵、阀、板式换热器、SO₂冷却塔等。解决难于解决的均匀腐蚀、点蚀、缝隙腐蚀等问题，在既含有大量氯离子又含有氧化剂的环境中尤其适用。

8.3.5   00Cr21Ni58Mo16W4（Inconel 686，NS 3309）

00Cr21Ni58Mo16W4 是将 00Cr16Ni60Mo16W4 合金中的 Cr 含量提高至 21%，Fe 含量 $w(Fe)$ 降到低于 1.0% 的改进型 Ni-Cr-Mo 耐蚀合金。这种改进使此合金既具有 00Cr16Ni60Mo16W4 合金的耐还原性介质的腐蚀能力又具有 00Cr22Ni60Mo13W3 合金的耐氧化性介质的腐蚀能力，加之低碳、低硅和低铁含量致使该合金具有极高的组织热稳定性，减少或抑制了有害相的沉淀，从而赋予了 00Cr21Ni58Mo16W4 合金极好的抗敏化能力，极大地提高了合金的耐晶间腐蚀性能。

8.3.5.1   化学成分和组织结构

00Cr21Ni58Mo16W4 合金的化学成分见表 8-7。此合金在固溶处理状态下为面心立方结构的 γ 相组织，在敏化状态下有极少量的沉淀相析出，对合金的性能不产生明显影响。

8.3.5.2   力学性能

00Cr21Ni58Mo16W4 合金固溶态的室温拉伸性能以及冷加工对室温力学性能的影响见表 8-55 和表 8-56 以及图 8-39 和图 8-40。

表 8-55   00Cr21Ni58Mo16W4 合金固溶态的室温力学性能

材料类型	尺寸/mm	R_m/MPa	$R_{p0.2}$/MPa	A/%
中 板	12.7	722	364	71
	6.35	732	399	68
薄 板	3.18	803	421	59
	1.517	848	408	59
棒 材	38.1	810	359	56

表 8-56 冷加工对 00Cr21Ni58Mo16W4 合金室温力学性能的影响

冷加工量/%	部 位	R_m/MPa	$R_{p0.2}$/MPa	A/%
5	中心部位	809	467	56
	全尺寸	800	502	56.5
10	中心部位	908	686	41.5
	全尺寸	853	625	48.8
15	中心部位	926	716	38.5
	全尺寸	869	679	44.3

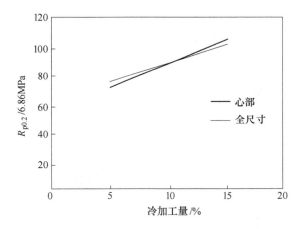

图 8-39 冷加工对 00Cr21Ni58Mo16W4 合金屈服强度的影响

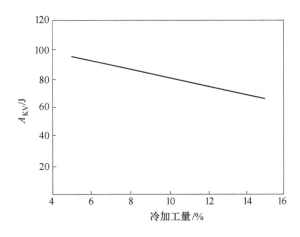

图 8-40 冷加工对 00Cr21Ni58Mo16W4 合金室温冲击吸收功的影响

00Cr21Ni58Mo16W4 合金室温疲劳行为如图 8-41 ~ 图 8-43 所示。

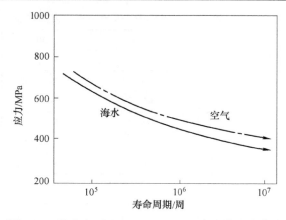

图 8-41　退火态 00Cr21Ni58Mo16W4 合金的疲劳曲线

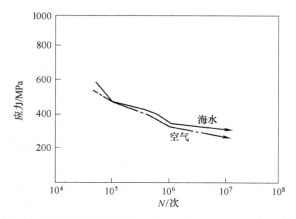

图 8-42　屈服强度为 995MPa 的 00Cr21Ni58Mo16W4 合金在
空气和海水中的高周疲劳（ϕ19mm 棒）数据

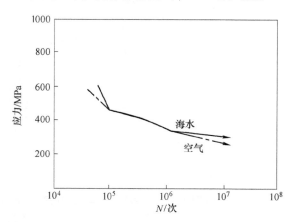

图 8-43　屈服强度为 789MPa 的 00Cr21Ni58Mo16W4 合金棒（ϕ38.1mm 棒）的高周疲劳数据

00Cr21Ni58Mo16W4 合金的断裂韧性数据和时效对其冲击性能的影响见表 8-57 和表 8-58。由表 8-58 可知，760~980℃为析出敏感温度。

表 8-57　冷加工态的 00Cr21Ni58Mo16W4 合金的断裂韧度（24℃）

状　态	取　向	断裂韧度[①]/MPa·m$^{1/2}$
$R_{p0.2}$ 为 827MPa	纵　向	351；365
$R_{p0.2}$ 为 745MPa	纵　向	391；391
	横　向	398；398

① ASTM E992；等能量法（K_{EE}）。

表 8-58　时效 100h 对 00Cr21Ni58Mo16W4 合金室温和低温冲击吸收功的影响

时效温度/℃	A_{KV}/J	
	20℃	−196℃
退火态	405	404
540	400	405
650	401	403
760	25.1	12.2
870	8.1	3.4
980	2.7	2.7

合金的高温瞬时拉伸性能汇总于表 8-59。设计许用应力如图 8-44 所示。

表 8-59　00Cr21Ni58Mo16W4 合金的高温瞬时拉伸性能

温度/℃	R_m/MPa	$R_{p0.2}$/MPa	$A/\%$
24	740	396	60
93	691	323	69
204	635	290	67
316	602	288	60
427	570	224	69
538	545	261	61

8.3.5.3　耐蚀性

A　全面腐蚀

00Cr21Ni58Mo16W4 合金在各种酸性介质中的耐蚀性见表 8-60 和表 8-61 及图 8-45~图 8-47。在所试验的介质中，此合金的耐均匀腐蚀性能优于所有商业 Ni-Cr-Mo 耐蚀合金。

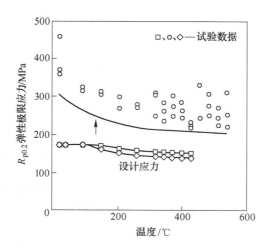

图 8-44   686 合金的高温 $R_{p0.2}$ 和美国机械工程学会锅炉和

压力容器委员会给出的允许设计应力值

（曲线为最低 $R_{p0.2}$ 值曲线）

表 8-60   00Cr21Ni58Mo16W4 合金在各种酸中的耐蚀性 （168h 试验）

合 金 牌 号	腐蚀速度/mm·a^{-1}			
	80℃ 80% H_2SO_4	沸腾 2% HCl	沸腾 10% H_2SO_4 + 2% HCl	80℃ 10% H_2SO_4 + 5% HCl
00Cr21Ni58Mo16W4（686）	0.10	0.15	3.35	0.86
00Cr16Ni60Mo16W4（C-4）	0.58	1.09	3.51	—
00Cr20Ni60Mo14W3（Inconel 622）	1.32	1.32	7.09	2.08
00Cr22Ni60Mo13W3（C-22）	1.30	1.40	9.40	2.77

表 8-61   00Cr21Ni58Mo16W4 合金在盐酸和磷酸中的腐蚀 （192h 试验）

介 质	温度/℃	腐蚀速度/mm·a^{-1}		
		C-267	Inconel 622	00Cr21Ni58Mo16W4
0.2% HCl	沸腾	<0.025	<0.025	<0.025
1% HCl	沸腾	0.33	0.08	0.05
5% HCl	70	0.33	0.48	0.25
	50	0.10	0.13	0.05
85% H_3PO_4	沸腾	0.25	0.33	0.41
	90	<0.025	<0.025	<0.025

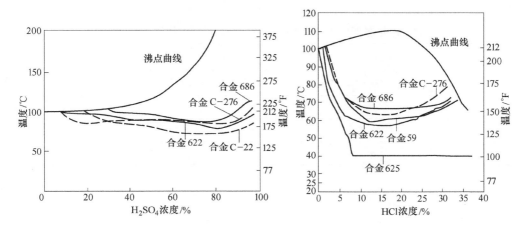

图 8-45 00Cr21Ni58Mo16W4（686）在
H₂SO₄中的等腐蚀图

（等腐蚀曲线腐蚀速度为 0.5mm/a）

合金 622—00Cr20Ni59Mo14W3Fe2

图 8-46 00Cr21Ni58Mo16W4 合金
在 HCl 中的等腐蚀图

合金 59—00Cr23Ni59Mo16

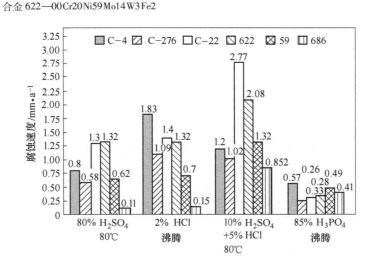

图 8-47 686 等几种合金在几种酸中的耐全面腐蚀性

B 晶间腐蚀

本合金的耐晶间腐蚀性能优于 00Cr16Ni60Mo16W4 合金但不及合金 59，871℃ 的敏化试验结果见表 8-62。少于 1h 敏化合金的耐晶间腐蚀性能优异（图 8-48）。

C 点蚀和缝隙腐蚀

00Cr21Ni58Mo16W4 合金具有良好的耐点蚀和耐缝隙腐蚀性能，在一些介质中的耐点蚀和耐缝隙腐蚀试验数据见表 8-63 和图 8-49。由数据可知，此合金的耐点蚀和耐缝隙腐蚀性能优于其他 Ni-Cr-Mo 耐蚀合金。

表 8-62　敏化态 00Cr21Ni58Mo16W4 合金的晶间腐蚀性（871℃敏化）

敏化时间 /h	腐蚀速度/mm·a^{-1}	
	沸腾 50% H_2SO_4 + 42g/L $Fe_2(SO_4)_3$	沸腾 50% H_2SO_4 + 1.2% HCl 酸 + 1% $FeCl_3$ + 1% $CuCl_2$
1	22.15	0.43
2	>25.4	2.16
3	>25.4	>12.7

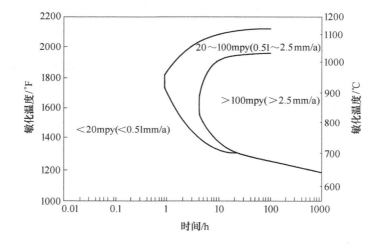

图 8-48　在 ASTM G-28 介质中，00Cr21Ni58Mo16W4 合金的 TTS 曲线

（33% H_2SO_4 + 1.2% HCl + 1% $FeCl_3$ + 1% $CuCl_2$，沸腾）

表 8-63　00Cr21Ni58Mo16W4 合金的耐点蚀和耐缝隙腐蚀性能

合金牌号	PRE[1]	CTP/℃		CCT/℃		缝隙腐蚀深度 /mm
		10% $FeCl_3$ ASTM G-48	Green Death	10% $FeCl_3$ ASTM G-48	Green Death	
00Cr22Ni60Mo13W3	65	>85[2]	120	58	105	0.35
00Cr16Ni60Mo16W4	69	>85	110	>85	105	0.035
00Cr21Ni58Mo16W4	74	>85	>120[3]	>85	>120	—

① PRE = % Cr + 3.3% Mo。

② 温度高于 85℃，溶液的化学性质遭到破坏。

③ Green Death 溶液的构成为 11.5% H_2SO_4 + 1.2% HCl 酸 + 1% $FeCl_3$ + 1% $CuCl_2$，高于 120℃ 溶液的化学性质遭到破坏。

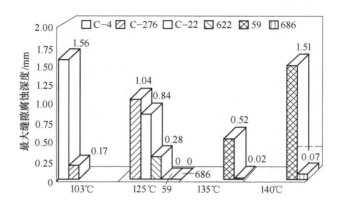

图 8-49　在不同温度介质（11.9% H₂SO₄ + 1.3% HCl + 1% FeCl₃ + 1% CuCl₂）溶液中，
686 合金与其他几种镍铬钼合金耐缝隙腐蚀性能的比较

8.3.5.4　热加工、冷加工、热处理和焊接性能

A　热加工

合金的热变形抗力大，其热加工加热温度可参照 C-276 合金执行，最适宜的热加工温度为 1150 ~ 1200℃。

B　冷加工

686 合金易于冷加工成形和冷加工强化，由于合金的强度水平较高，易于加工硬化等特点，需要施加较大的变形力，经冷加工后，合金的强度升高，塑性降低，但冷变形量达到 30% 时，合金的室温伸长率仍在 10% 以上，如图 8-50 所示。

C　热处理

适宜的固溶处理温度为 1121℃加热急冷。

D　焊接

686 合金可采用常规的焊接方

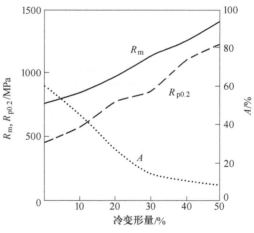

图 8-50　00Cr21Ni58Mo16W4 合金的室温冷变形量
与合金强度和塑性的关系

法进行焊接，充填金属可采用与其相同成分的合金，其堆焊金属具有最佳耐点蚀性能（表 8-64）。

8.3.5.5　物理性能

00Cr21Ni58Mo16W4 合金的弹性模量和泊松比见表 8-65，其他物理性能见表 8-66。合金的密度为 8.73g/cm³，熔点范围为 1338 ~ 1380℃，合金的相对磁导率为 1.0001 （15.9kA/m）。

表 8-64　在苛刻的氧化性氯化物溶液（1.3% HCl + 1% CuCl₂ + 1% FeCl₃）中
686 等镍铬钼（钨）合金堆焊层的临界点蚀点位（CPT/mV）

焊接工艺	填充金属	堆焊第一层	堆焊第二层	堆焊第三层
MIG	C-276	75，75	95，95	95，95
MIG	C-22	75，70	100，100	100，100
MIG	622	75，85	70，>100	>100，>100
MIG	686	>100，>100	>100，>100	>100，>100
SAW	686	85，75，85	100，100，100	
ESW	686	95，95，100	100，100，100	

表 8-65　00Cr21Ni58Mo16W4 合金的弹性模量和泊松比

温度/℃	弹性模量/GPa	切变模量/GPa	泊松比
20	207	77	0.34
100	205	75	0.37
200	197	72	0.37
300	193	70	0.38
40	185	69	0.34
500	183	67	0.37
600	173	65	0.33
700	165	61	0.35

表 8-66　00Cr21Ni58Mo16W4 合金的物理性能

温度/℃	比热容/J·(kg·K)⁻¹	线膨胀系数/10⁻⁶K⁻¹	电阻率/μΩ·cm
-15	364	—	—
20	373	—	123.7
100	389	11.97	124.6
200	410	12.22	125.7
300	431	12.56	126.3
400	456	12.87	127.2
500	477	13.01	128.9
600	498	13.18	129.5
700	519		127.9

8.3.5.6 应用

本合金主要应用于化学加工、污染控制、纸浆生产和造纸工业、废物焚烧装置以及海洋环境中，用于其他材料不能胜任的设备、部件，在舰船中耐海水腐蚀紧固件的使用已获得满意的结果。

8.3.6 00Cr23Ni59Mo16（Nicrofer 5923hMo-alloy 59，NS 3311）

00Cr23Ni59Mo16 是在 00Cr16Ni65Mo16Ti 合金基础上，通过提高铬含量并将铁含量 $w(\text{Fe})$ 降至 1.5% 以下的改进型 Ni-Cr-Mo 合金，它是目前铬含量较高的 Ni-Cr-Mo 耐蚀合金，在合金设计时充分利用了电子空位浓度计算结果，因此合金的奥氏体组织十分稳定，致使合金的耐晶间腐蚀能力十分突出。

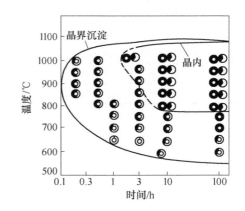

图 8-51 00Cr23Ni59Mo16 的等温时间-温度-沉淀（TTP）图

（合金成分质量分数，%）：60.8Ni-22.7Cr-15.6 Mo-0.3Fe-0.03Si-0.005C

○—自由沉淀；◎—晶界沉淀开始；◑—些晶界沉淀；
◕—晶界沉淀还不完全；●—沉淀物完全覆盖了晶界；
◐—些晶内沉淀（最大为晶粒体积的 1%），沉淀物
为晶粒体积的 1%～5%，沉淀物超过 5%

8.3.6.1 化学成分和组织结构

00Cr23Ni59Mo16 合金的化学成分见表 8-7。固溶态合金的组织由面心立方 γ 相组成。中温敏化（图 8-51）此合金将有沉淀相生成，但 3h 敏化，其沉淀数量不大，合金的时间-温度-沉淀（TTP）图如图 8-51 所示。

8.3.6.2 力学性能

00Cr23Ni59Mo16 合金的室温力学性能见表 8-67。高温力学性能见表 8-68。

表 8-67 固溶态 00Cr23Ni59Mo16 合金的室温力学性能

材料类型	尺寸/mm	强度/MPa			A/%	$a_{KV}/\text{J}\cdot\text{cm}^{-2}$	
		R_m	$R_{p1.0}$	$R_{p0.2}$		室温	-196℃
薄板，带，冷轧	0.5～6.4	≥690	≥380	≥340	≥40		
中板，热轧	5.0～30	≥690	≥380	≥340	≥40	≥225	≥200
棒 材	≤100	≥690	≥380	≥340	≥40	≥225	≥200

图 8-52 为 00Cr23Ni59Mo16 合金的时效时间、温度与冲击性能之间的关系，即使进行 8h 时效，合金的冲击吸收功仍在 100J 以上。

表 8-68　00Cr23Ni59Mo16 合金的高温瞬时力学性能

温度/℃	强度/MPa			A/%	备　注
	R_m	$R_{p1.0}$	$R_{p0.2}$		
93	652(624)	≥329	≥295	50	
100	650(620)	≥330	≥290	50	
200	615(585)	≥290	≥250	50	
240	610(583)	≥288	≥245	50	本表数据为 30mm 板材数据，30 ~
300	580(550)	≥260	≥220	50	50mm 板材的屈服强度应减去 20MPa，
316	576(549)	≥254	≥213	50	R_m 括弧内的数据为棒材数据
400	545(515)	≥230	≥190	50	
427	528(508)	≥220	≥178	50	
450	525(495)	≥215	≥175	50	

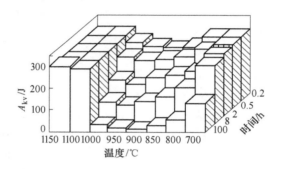

图 8-52　00Cr23Ni59Mo16 合金的等温时间-温度-冲击韧性

合金成分(质量分数)(%)：60.8Ni-22.7Cr-15.6Mo-0.3Fe-0.03Si-0.005C；

根据 ISO 标准制备 V 形缺口试样，室温下测定 （Agarwal 等，1991）

8.3.6.3　耐蚀性

A　全面腐蚀

00Cr23Ni59Mo16 合金的耐均匀腐蚀性能见表 8-69 和图 8-53 ~ 图 8-55。在特殊垃圾焚烧装置的腐蚀试验结果见表 8-70。

表 8-69　00Cr23Ni59Mo16(59) 合金的耐蚀性能

介　质	温度/℃	腐蚀速度/mm · a⁻¹				
		C-276	C-22	686	C-2000	59
ASTM G-28A[①]	沸腾	4.27	0.91	2.62	0.69	0.61
ASTM G-28B[②]	沸腾	1.4	0.18	0.97	0.10	0.10
绿　液[③]	沸腾	0.66	0.10	0.20	0.10	0.13

续表 8-69

介 质	温度/℃	腐蚀速度/mm·a^{-1}				
		C-276	C-22	686	C-2000	59
10% HNO₃	沸腾	0.48	0.05	0.05	—	0.05
65% HNO₃	沸腾	19.05	1.32	5.87	1.07	1.02
10% H₂SO₄	沸腾	0.58	0.46	—	—	0.20
50% H₂SO₄	沸腾	6.09	7.82	—	—	4.47
1.5% HCl	沸腾	0.28	0.36	0.13	0.04	0.08
10% HCl	沸腾	6.07	9.96			403
10% H₂SO₄ + 1% HCl	沸腾	2.21	8.99	—	—	1.78
10% H₂SO₄ + 1% HCl	90	1.04	2.34	—	—	0.08

① ASTM G-28A：50% H₂SO₄ + 42g/L Fe₂(SO₄)₃。

② ASTM G-28B：23% H₂SO₄ + 1.2% HCl + 1% FeCl₃ + 1% CuCl₂。

③ 11.5% H₂SO₄ + 1.2% HCl + 1% FeCl₃ + 1% CuCl₂。

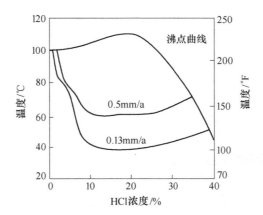

图 8-53　00Cr23Ni59Mo16 合金在静止、不通气盐酸中的等腐蚀图

表 8-70　Ni-Cr-Mo 合金在危险废物焚烧器/净化器中的腐蚀（1991h）

合 金	腐蚀速度/mm·a^{-1}	备 注	合 金	腐蚀速度/mm·a^{-1}	备 注
59	0.03	洁 净	C276	0.89	洁 净
686	0.14	洁 净	625	1.49	粗 糙
C-22	0.17	洁 净	825	2.97	点 蚀

B　晶间腐蚀

00Cr23Ni59Mo16 合金时间-温度-敏化（TTS）图如图 8-56 所示，此合金的抗敏化性能优于 C-276、C-4 和 C-22 合金。经 870℃敏化 1h 晶间腐蚀试验结果见表 8-71 和表 8-72，与其他著名合金相比较，00Cr23Ni59Mo16 合金的耐晶间腐蚀性能最好。

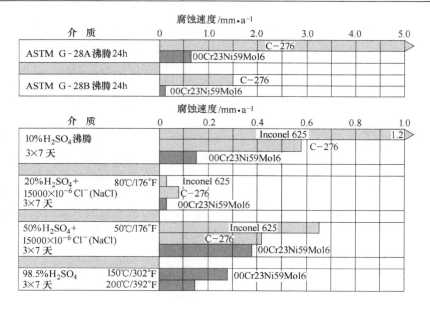

图 8-54　00Cr23Ni59Mo16 合金的耐蚀性

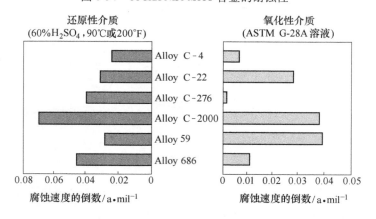

图 8-55　新型 Ni-Cr-Mo 合金在氧化性和还原性介质中的耐蚀性

（1mil＝0.0254mm）

表 8-71　敏化态 Ni-Cr-Mo 合金（871℃敏化）在 ASTM G-28A 中的热稳定性

敏化时间/h	腐蚀速度/mm · a^{-1}				
	C-276	C-22	686	C-2000	59
1	>12.7[1]	>12.7[1]	22.15[1]	2.95[1]	1.02[2]
3	>12.7[1]	>12.7[1]	>25.4[1]	4.52[1]	1.29[2]
5	>12.7[1]	>12.7[1]	>25.4[1]	5.26[1]	—

① 深度晶间腐蚀，严重点蚀和晶粒脱落。

② 无点蚀。

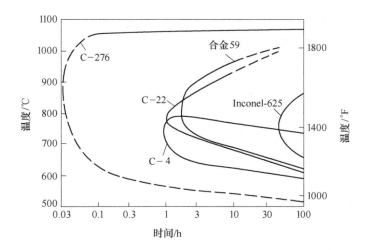

图 8-56 00Cr23Ni59Mo16 合金的时间-温度-敏化(TTS)图
(ASTM G-28A 试验, 50% H_2SO_4 +42g/L $Fe_2(SO_4)_3$ 沸腾 24h)

表 8-72 敏化态 Ni-Cr-Mo 合金 (871℃敏化) 在 ASTM G-28B 中的热稳定性

敏化时间/h	腐蚀速度/mm · a^{-1}				
	C-276	C-22	686	C-2000	59
1	>12.7[1]	8.61[1]	0.43[1]	>12.7[1]	0.10[2]
3	>12.7[1]	7.95[1]	2.16[1]	>12.7[1]	0.10[2]
5	>12.7[1]	>12.7[1]	>12.7[1]	>12.7[1]	0.43[2]

① 深度晶间腐蚀，严重点蚀和晶粒脱落。
② 无点蚀。

C 点蚀和缝隙腐蚀

00Cr23Ni59Mo16 合金具有良好的耐点蚀和耐缝隙腐蚀性能，在一些介质中的试验结果见表 8-73 和表 8-74。

表 8-73 00Cr23Ni59Mo16 合金的临界点蚀温度 (CPT) 和缝隙腐蚀温度 (CCT)
(7%(体积分数)H_2SO_4 +3%(体积分数)HCl +1% $CuCl_2$ + 1.0% $FeCl_3$ · $6H_2O$)

合 金	CPT/℃	CCT/℃
00Cr23Ni59Mo16(59)	>130	110
00Cr16Ni60Mo16W4(C-276)	115 ~ 120	105
1Cr22Ni60Mo9N64(625)	100	85 ~ 95

表 8-74　在 10% FeCl₃ 溶液（ASTM G-48）中 00Cr23Ni59Mo16 合金的 CPT 和 CCT

合金名称	PRE[①]	CPT/℃	CCT/℃
C-22	65	>85[②]	58
C-276	69	>85	>85
Inconel 686	74	>85	>85
00Cr23Ni59Mo16(59)	76	>85	>85
C-2000	76	>85	>85

① PRE = % Cr + 3.3% Mo。

② 高于 85℃，10% FeCl₃ 溶液的化学性遭到破坏。

　D　焊接

00Cr23Ni59Mo16 合金的焊接性能良好，它可以使用常规的焊接方法（GTAW、等离子、MIG、TIG、手工电焊弧）进行焊接。焊前材料应处于固溶处理状态。充填金属的成分与母材相同。

8.3.6.4　物理性能

00Cr23Ni59Mo16 合金的物理性能：密度 8.6g/cm³；熔化温度范围 1310 ~ 1360℃；相对磁导率（20℃）≤1.001；其他物理性能见表 8-75。

表 8-75　00Cr23Ni59Mo16 合金的室温和高温物理性能

温度/℃	比热容 /J·(kg·K)⁻¹	热导率 /W·(m·K)⁻¹	电阻率/μΩ·cm	弹性模量/GPa	线膨胀系数（室温）/10⁻⁶K⁻¹
20	414	10.4	126	210	—
93	—	—	—	206	—
100	425	12.1	127	207	11.9
200	434	13.7	129	200	12.2
204	—	—	—	199	—
300	443	15.4	131	196	12.5
316	—	—	—	194	—
400	451	17.0	133	190	12.7
427	—	—	—	188	—
500	459	18.6	134	185	12.9
538	—	—	—	181	—
600	464	20.4	133	178	13.1

8.3.6.5　热加工、冷加工、热处理和焊接性能

（1）热加工。合金的热加工温度范围为 950 ~ 1180℃，一般以 1160℃ 为最佳，加工后水冷。

（2）冷加工。固溶状态合金具有良好的冷加工性能，但加工硬化速度高，为便于冷加工，应适时进行中间软化退火。

（3）热处理。固溶处理温度为 1100～1180℃，适宜温度为 1120℃，加热保温后应水冷，这样可获得最佳的耐蚀性。

8.3.6.6　应用

00Cr23Ni59Mo16 合金的应用领域同其他 Ni-Cr-Mo-W 合金，在 C-276 和 C-4 合金不能取得满意效果的使用环境，选用此合金尤为合适。在一些应用领域的使用效果汇总于表 8-76。

表 8-76　合金 59 的特殊应用领域

名　　称	介　质　条　件	备　　注
氟化、氯化反应压力容器	碳氢化物、氟化铵、专利催化剂（一个原子 F 取代一个原子 Cl）、H_2SO_4	C-276 合金寿命为 12～14 个月，合金 59 的寿命增加 3～4 倍
HF 生产的回转窑	HF、H_2SO_4	耐蚀性优于 686，C-22，C-2000
燃煤电厂 FGD	H_2SO_4、HCl、HF、Cl^-、F^-，在冷凝条件下 $Cl^- > 10^5 \times 10^{-6}$，$F^- > 10^4 \times 10^{-6}$，pH < 1	合金含量较低的合金耐蚀性不佳，寿命仅几天或数周，合金 59 较为适宜，已使用数千吨
丙烯酸盐/甲基丙烯酸盐反应器，蛇形加热器	多脂酒精 + 丙烯酸 + 碘酸，130℃	Monel 400 的腐蚀速度为 0.75mm/a，合金 59 的腐蚀速度 < 0.025m/a，设备寿命在 5 年以上
柠檬酸生产工厂	柠檬酸钾 + 浓硫酸，96℃	6% Mo 超级不锈钢快速失效。合金 59 建成的第一个反应器，自 1990 年至今运行状态良好
铜　厂	5% H_2SO_4 洗涤富 SO_2 气（45～60℃），生产 50%～55% H_2SO_4（75℃），7000 × $10^{-6}Cl^-$，7000 × $10^{-6}F^-$	20 合金和衬胶设备很快破坏。合金 59 的腐蚀速度 < 0.025mm/a，无局部腐蚀；合金 59 排风扇运行 4 年后仍完好无损
盐酸生产	H、Cl 燃烧生产 HCl 酸	优于 C-22 合金
醋酸工厂	硫酸盐、醋酸、磷酸盐、氯化物（pH = 1），100℃	C-276 腐蚀速度为 0.4mm/a，合金 59 腐蚀速度为 0.04mm/a
黄金生产	由含不纯金稀盐酸电解液中沉积海绵金。HCl，150℃	阴极板遭受严重腐蚀。合金 59 自 1990 年至今运行良好

8.3.7　00Cr23Ni59Mo16Cu2（Hastelloy C-2000）

00Cr23Ni59Mo16Cu2 合金是 20 世纪末期引入的新型 Ni-Cr-Mo 耐蚀合金，与 00Cr23Ni59Mo16 合金的差别是添加了 Cu。Cu 的加入改善了合金耐还原性酸性介质的能力，尤其是提高了耐硫酸腐蚀的能力。由于 Cu 具有促进 μ 相析出的作用，因此合金耐敏化态晶间腐蚀性能不如 00Cr23Ni59Mo16 合金。

8.3.7.1　化学成分和组织结构

00Cr23Ni59Mo16Cu2 合金的化学成分见表 8-7。在固溶状态下，此合金为面心立方 γ 相组织。在敏化条件下存在着沉淀相，与 00Cr23Ni59Mo16 合金相比，金属间相 μ 相稍多。

8.3.7.2　力学性能

00Cr23Ni59Mo16Cu2 合金的室温力学性能见表 8-77。

表 8-77　　00Cr23Ni59Mo16Cu2 合金的室温力学性能（固溶态）

板材厚度/mm	R_m/MPa	$R_{p0.2}$/MPa	$A(50mm)$/%
1.6	752	358	64.0
3.2	765	393	63.0
6.4	779	379	62.0
13	758	345	68.0
25	752	372	63.0

8.3.7.3　耐蚀性

A　全面腐蚀

在 H_2SO_4、HCl 酸和 HF 酸等还原性介质中，此合金的耐均匀腐蚀性能与其他 Ni-Cr-Mo 合金类似。Mo、Cu 的复合作用使其更加耐还原性介质的腐蚀（图 8-55），此合金 $w(Cr)=23\%$ 的 Cr 含量确保了它在氧化性介质中的耐蚀性，此合金在含铁离子、铜离子或溶解氧的还原性介质中具有独特的耐蚀能力。一些均匀腐蚀的数据如图 8-57～图 8-66 所示。

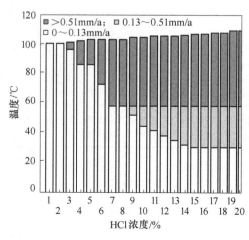

图 8-57　00Cr23Ni59Mo16Cu1.6
在 HCl 中的腐蚀图

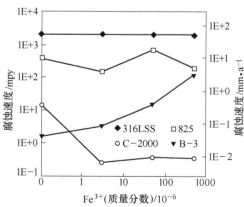

图 8-58　Fe^{3+} 对 00Cr23Ni59Mo16Cu2 合金
在沸腾 2.5% HCl 酸中耐蚀性的影响

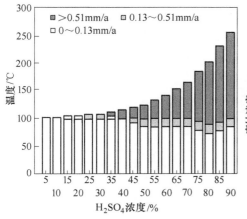

图 8-59　00Cr23Ni59Mo16Cu1.6
在 H_2SO_4 中的腐蚀图

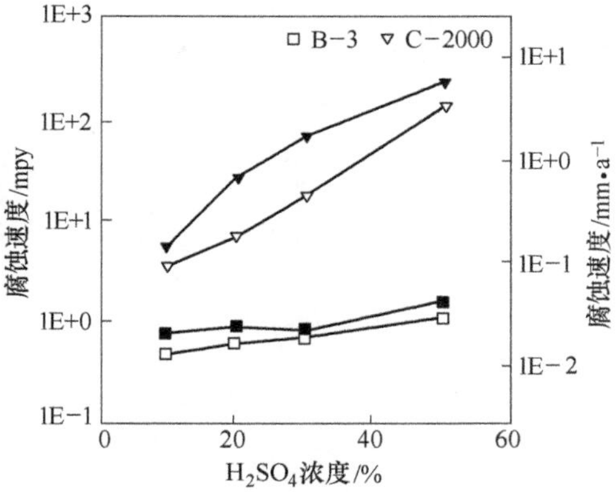

图 8-60　00Cr23Ni59Mo16Cu2 合金
在含 $200 \times 10^{-6} Cl^-$ 的沸腾 H_2SO_4 中的腐蚀

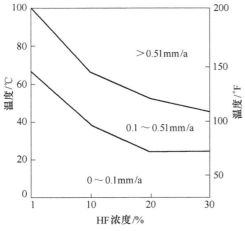

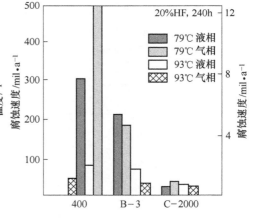

图 8-61　00Cr23Ni59Mo16Cu1.6 合金
在 HF 酸中的等腐蚀图

图 8-62　00Cr23Ni59Mo16Cu1.6 合金在 HF
酸中的耐蚀性优于 Monel 400 和 B-3 合金

B　晶间腐蚀

此 合 金 的 耐 晶 间 腐 蚀 能 力 相 当 于 00Cr16Ni60Mo16W4 合 金，但 不 及
00Cr23Ni59Mo16 合金，见表 8-71 和表 8-72。短时间敏化数据如图 8-67 所示。在
大于 1h 的敏化条件下，在 ASTM G-28A 的试验条件下，C-2000 的耐晶间腐蚀性能
优于 C-276、C-22 和 686 合金，而不及合金 59。在 ASTM G-28B 试验条件下，它的
耐晶间腐蚀能力仅相当于 C-276 合金，低于 C-22、686 和合金 59。

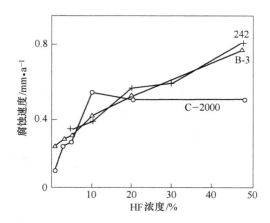

图 8-63　00Cr23Ni59Mo16Cu1.6 合金在 HF 酸中的耐蚀性优于 B-3 和 242 合金

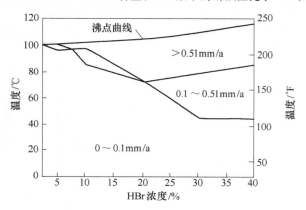

图 8-64　00Cr23Ni59Mo16Cu1.6 合金在 HBr 中的等腐蚀图

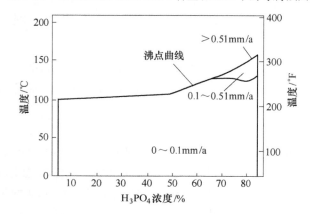

图 8-65　00Cr23Ni59Mo16Cu1.6 合金在 H₃PO₄中的等腐蚀图

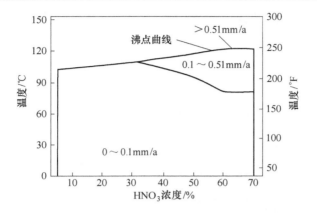

图 8-66　00Cr23Ni59Mo16Cu1.6 合金在 HNO_3 中的等腐蚀图

在短时间敏化的条件下，经 ASTM G-28A 检验，C-2000 的耐晶间腐蚀能力显著优于 C-276，C-22 和 686 合金，但不如合金 59。

C　应力腐蚀、点腐蚀和缝隙腐蚀

在沸腾 45% $MgCl_2$ 中的应力腐蚀试验结果指出，C-2000 与 C-22、C-276 合金具有优异的耐应力腐蚀性能，经 1000h 试验未出现应力腐蚀（表 8-78）。耐点蚀和缝隙腐蚀性能见图 8-68 和图 8-69 以及表 8-78。在 Green Death 溶液中，C-2000 合金的临界点蚀温度略低于

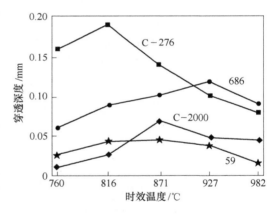

图 8-67　00Cr23Ni59Mo16Cu1.6 合金时效态晶界穿透深度

（试验条件：合金敏化 3min，介质：ASTM G-28A）

C-22 合金而稍高于 C-276 和 C-4 合金，在 6% $FeCl_3$ 溶液中，C-2000 具有最好的耐缝隙腐蚀性能。在 10% $FeCl_3$ 中（ASTM G-48）C-2000 与 C-22、C-276、686 和合金 59 具有相同的 CPT。而 CCT 优于 C-22 合金与 C-276、686 和合金 59 相同。

8.3.7.4　热加工、冷加工、热处理和焊接性能

由于此合金含 Cu，使热加工变得困难，但合金的热加工可执行 00Cr23Ni59Mo16 合金的工艺。冷加工和热处理特性与 00Cr23Ni59Mo16 合金相同。此合金易于焊接，除充填金属含 Cu 外，其他焊接工艺和特性与 00Cr23Ni59Mo16 合金相同。宜采用手工电弧焊（SMAW）、钨极氩弧焊（GTAW）和气体保护焊（GMAW）。不宜采用乙炔焊和埋弧焊。当多层焊接时，应控制层间温度 ≤95℃，若

采用气体保护焊，当保护气体氧含量超过 1% 时，每道次焊后必须对焊缝表面进行适量打磨。

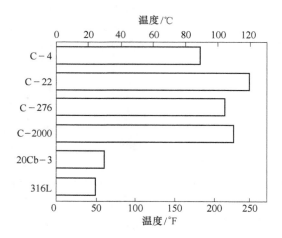

图 8-68   在 Green Death 试验溶液中 00Cr23Ni59Mo16Cu1.6 等合金的临界点蚀温度
（试验溶液：11.9% H_2SO_4 + 1.3% HCl + 1% $FeCl_3$ + 1% $CuCl_2$ ）

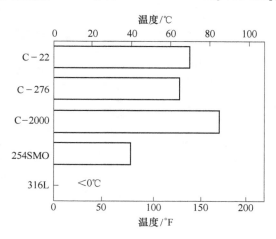

图 8-69   在 6% $FeCl_3$ 溶液中 00Cr23Ni59Mo16Cu1.6 等合金的临界缝隙腐蚀温度

表 8-78   00Cr23Ni59Mo16Cu1.6 合金在沸腾 45% $MgCl_2$ 溶液中的
耐应力腐蚀行为（U 形试样）

试验材料	产生应力腐蚀的时间/h	试验材料	产生应力腐蚀的时间/h
316L 不锈钢	2	Hastelloy C-22	1000h 无应力腐蚀
254SMo 超级不锈钢	24	Hastelloy C-276	1000h 无应力腐蚀
20Cb-3 铁镍基耐蚀合金	24	Hastelloy C-2000	1000h 无应力腐蚀

8.3.7.5 物理性能

密度：$8.50g/cm^3$；线膨胀系数（$25 \sim 100℃$）：$12.4 \times 10^{-6}K^{-1}$；热导率（室温）：$9.1W/(m \cdot K)$；电阻率（室温）：$1.28\mu\Omega \cdot m$。

8.3.7.6 应用

主要用于既存在氧化又存在还原性腐蚀介质的化学加工设备和部件，例如反应器、热交换器、阀、泵和紧固件等。它在 HF 酸中具有优异的耐蚀性，因此它更加适用于 HF 酸生产和使用中含氟化物催化剂的环境。

8.3.8 0Cr22Ni60Mo9Nb4（Inconel 625，NS 3306）

0Cr22Ni60Mo9Nb4 合金是一种既具有良好耐腐蚀性又具有相当高强度的 Ni-Cr-Mo 耐蚀合金，此合金特别适用于要求高耐蚀性和高强度的服役条件。

8.3.8.1 化学成分和组织结构

0Cr22Ni60Mo9Nb4 合金的化学成分见表 8-7。此合金在固溶状态下具有单一奥氏体组织结构，在时效状态下将会存在 MC、M_6C 和 $M_{23}C_6$ 型碳化物和金属间相沉淀，这些相的析出与受热历史相关。此合金对 σ 相析出不敏感，即使在 $540 \sim 980℃$ 长期停留也未发现 σ 相析出，合金的时间-温度-相变图（TTT 图）如图 1-5 所示。

8.3.8.2 力学性能

0Cr22Ni60Mo9Nb4 合金的室温拉伸性能见表 8-79，合金的疲劳性能如图 8-70 所示。

表 8-79 0Cr22Ni60Mo9Nb4 合金室温拉伸性能[①]

合金产品品种	热处理状态	R_m/MPa	$R_{p0.2}$/MPa	A/%	Z/%	硬度 HB
棒、板材	轧　态	$850 \sim 1100$	$400 \sim 750$	$60 \sim 30$	$60 \sim 40$	$175 \sim 240$
	退火态	$850 \sim 1050$	$400 \sim 650$	$60 \sim 30$	$60 \sim 40$	$145 \sim 220$
	固溶态	$700 \sim 900$	$300 \sim 400$	$65 \sim 40$	$90 \sim 60$	$116 \sim 194$
薄板、带材	退火态	$850 \sim 1050$	$400 \sim 600$	$55 \sim 30$		$145 \sim 240$
管　材	退火态	$850 \sim 950$	$400 \sim 500$	$55 \sim 30$		—
	固溶态	$700 \sim 850$	$300 \sim 400$	$60 \sim 40$		—

① 所列数据取自最大尺寸为 100mm 的冶金产品，对于更大尺寸的产品，需参看有关技术条件。

0Cr22Ni60Mo9Nb4 合金的高温瞬时拉伸性能数据见表 8-80、图 8-71 和图 8-72，高温长时力学性能如图 8-73 和图 8-74 所示。

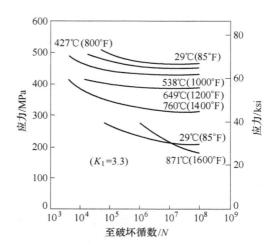

图 8-70　固溶态 0Cr22Ni60Mo9Nb4（Inconel 625）合金棒材（φ15.9mm）旋转梁的疲劳强度

表 8-80　0Cr22Ni60Mo9Nb4 合金棒材的高温瞬时拉伸性能

温度/℃	R_m/MPa	$R_{p0.2}$/MPa	A/%
21	855	490	50
540	745	405	50
650	710	420	35
760	505	420	42
870	285	475	125

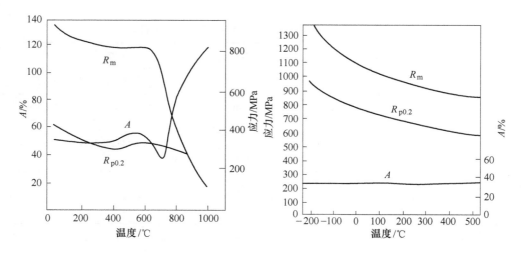

图 8-71　0Cr22Ni60Mo9Nb4 合金冷轧退火
　　　　板材的高温瞬时力学性能

图 8-72　20% 冷变形 0Cr22Ni60Mo9Nb4
　　　　合金薄板低温到高温的力学性能

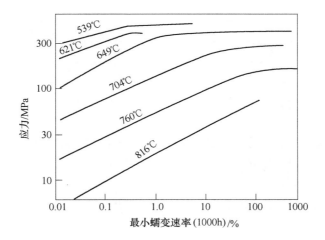

图 8-73　0Cr22Ni60Mo9Nb4 合金固溶态的蠕变性能

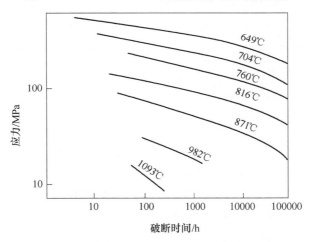

图 8-74　0Cr22Ni60Mo9Nb4 合金固溶态的持久强度

表 8-81 为 0Cr22Ni60Mo9Nb4 合金的冲击性能，可见此合金在低温仍具有与常温相近的韧性。

表 8-81　热轧态 0Cr22Ni60Mo9Nb4 合金 12.5mm 板材的冲击吸收功

试验温度/℃	方　向	冲击吸收功（夏比试样）/J		
30	纵　向	65	66	68
	横　向	62	66	70
−78	纵　向	53	60	66
	横　向	53	57	60

试验温度/℃	方　向	冲击吸收功(夏比试样)/J		
−196	纵　向	47	47	48
	横　向	42	43	49

8.3.8.3　耐蚀性

A　全面腐蚀

此合金在大气、天然水、海水、中性盐等介质中基本不腐蚀，在强腐蚀介质中，合金的耐蚀性随酸的浓度、温度和杂质含量而变动。

a　硝酸中

在沸腾 65% HNO_3 中，固溶态的最大腐蚀速度 ≤0.75mm/a。

b　硫酸中

0Cr22Ni60Mo9Nb4 合金在 80℃ 硫酸中的耐蚀性与浓度之间的关系见表 8-82。在酸洗液中（28% H_2SO_4 + 5.9% HF 酸，50 ~ 79℃），此合金的腐蚀速度为1.225mm/a。0Cr22Ni60Mo9Nb4 合金不耐沸腾温度硫酸腐蚀。

表 8-82　0Cr22Ni60Mo9Nb4 合金在 80℃ H_2SO_4 中的耐蚀性

H_2SO_4 浓度/%	15[①]	15[②]	50	60	70	50
腐蚀速度/mm·a^{-1}	0.185	0.185	0.420	0.700	1.600	2.250

① 溶液中充入空气。

② 溶液中充入氮气。

c　盐酸中

由于 0Cr22Ni60Mo9Nb4 合金的高 Mo 含量，在室温盐酸中有一定的耐蚀性，随溶液温度升高，耐蚀性下降，表 8-83 为此合金在 66℃ 不同浓度盐酸中的腐蚀数据，在 10% HCl 酸中，合金的腐蚀速度最高。

表 8-83　0Cr22Ni60Mo9Nb4 合金在 66℃ 盐酸中的腐蚀试验结果

HCl 酸浓度/%	5	10	15	20	25	30	50
腐蚀速度/mm·a^{-1}	1.7	2.02	1.60	1.25	0.85	0.85	0.375

d　磷酸中

0Cr22Ni60Mo9Nb4 合金在浓度 ≤50% 的沸腾试剂级磷酸中具有优良的耐蚀性，当磷酸浓度高于此值后，随浓度的升高，此合金的腐蚀率急剧上升，此合金仅适用于浓度 ≤50% 的沸腾温度磷酸（图 8-75）环境中。

在湿法磷酸中，0Cr22Ni60Mo9Nb4 合金具有良好的耐蚀性，试验结果汇总于表 8-84 中。

e　碱中

在试验室 50% NaOH 中，0Cr22Ni60Mo9Nb4 合金的年腐蚀速度为 0.0125mm。

经 500h 试验，未发现应力腐蚀。

f 氢氟酸中

以萤石与硫酸反应制取氢氟酸，通常用 0Cr22Ni60Mo9Nb4 合金制造反应器衬里、管线、配件等，HF 气提塔挂片结果示出，此合金的均匀腐蚀速度仅为 0.075mm/a。

B 晶间腐蚀

0Cr22Ni60Mo9Nb4 合金具有良好的耐晶间腐蚀性能，由沸腾 50% H_2SO_4 + 42g/L $Fe_2(SO_4)_3$（ASTM G-28A）所确定的 TTS 图表明，其抗敏化能力优于所有其他 Ni-Cr-Mo 耐蚀合金（图 8-56），图 8-76 示出此合金在 65% 沸腾硝酸中敏化处理对合金耐蚀性的影响。

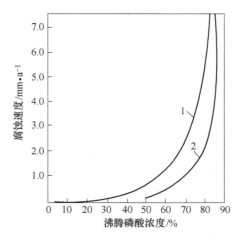

图 8-75 0Cr22Ni60Mo9Nb4 合金
在沸腾 H_3PO_4 中的耐蚀性
1—试样置于烧杯底部；2—试样吊在酸液中

表 8-84 在含 H_3PO_4 的混酸中 0Cr22Ni60Mo9Nb4 合金的耐蚀性

试 验 条 件	腐蚀速度/mm·a^{-1}
湿法磷酸：28% H_3PO_4（20% P_2O_5）+20% ~22% H_2SO_4 +1% ~1.5% 氟化物（可能是 H_2SiF_6），温度 82 ~110℃，试验 42 天，充空气，搅动为自然对流	0.035
湿法磷酸：99% H_3PO_4（72% P_2O_5）+3.7% H_2SO_4（3% SO_3）+0.5% 氟化物，温度 15.6 ~316℃，试验 20.8 天，充空气，搅动	0.370
蒸发器排出的废气：有 H_3PO_4、H_2SO_4 的蒸气，SO_3、亚硝酸、四氟化物、水蒸气。用含 0.1% H_3PO_4、0.06% H_2SO_4、0.1% 氟化物的水喷淋，温度 10 ~180℃，试验 20.8 天	0.322
含 HF、SiF_4、SO_2 的气体，温度 15.6 ~343℃，试验 20.8 天，充空气，有搅动，高速气流	0.052
93.5%（67.8% P_2O_5）上升蒸气中，含约 4% H_2SO_4 +4.4% Fe 和 Al 的氧化物，有 <1.5% 的氟化物存在，温度 191 ~210℃，试验 52 天，充空气，快速搅动	0.750
湿法磷酸（91% P_2O_5），4% ~6% H_2SO_4，2.8% ~3.0% Fe 和 Al 的氧化物，0.5% ~1.0% 氟化物，温度 199 ~238℃，试验 70 天，充空气，搅动	0.165
55% H_3PO_4（40% P_2O_5）+3% H_2SO_4（2.5% SO_3）+硫酸钙+氟化物，气-液相平衡（气相中含 H_2O 和 SiF_4），温度 105 ~128℃，试验 18.7 天，充空气，搅动	0.600

续表 8-84

试　验　条　件	腐蚀速度/mm·a^{-1}
湿法磷酸（39% P_2O_5）+2% H_2SO_4 +痕量 H_2SiF_6 和 HF 酸，总的氟化物当量约1.2%，液相，温度 77～84℃，试验96天，充空气，搅动	0.017
11%～13% H_2SiF_6 +湿法磷酸生产过程中的杂质，液相，温度 60～73℃，试验49天，充空气，弱搅动	0.012～0.022

在沸腾 50% H_2SO_4 +42g/L $Fe_2(SO_4)_3$ 中，评价此合金的敏化敏感性，其结果表明，1h 敏化并未对合金的腐蚀速度产生明显影响，见表 8-85。上述结果表明，0Cr22Ni60Mo9Nb4 合金焊后不必进行固溶处理。

C　点蚀和缝隙腐蚀

0Cr22Ni60Mo9Nb4 合金具有良好的耐点蚀性能，在易产生点蚀和缝隙腐蚀的介质中，此合金的耐蚀性仅略低于 00Cr16Ni60Mo16W4 合金和合金 59，见表 8-73。

D　应力腐蚀

在易产生应力腐蚀的环境中的一些试验结果列于表 8-86～表 8-88，结果表明此合金的耐应力腐蚀性能优异，显著优于对比合金。

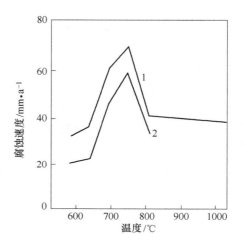

图 8-76　敏化处理（时间为 1h）对 0Cr22Ni60Mo9Nb4 合金腐蚀速度的影响（沸腾 65% HNO_3）

1—固溶处理；2—退火处理

表 8-85　敏化处理对 0Cr22Ni60Mo9Nb4 合金板材在 50% H_2SO_4 +42g/L $Fe_2(SO_4)_3$ 沸腾溶液中耐蚀性的影响（板材经 1204℃×20mm 水冷处理后再经不同温度敏化 1h）

热处理	腐蚀速度/mm·a^{-1}	热处理	腐蚀速度/mm·a^{-1}
538℃×1h	1.47	871℃×1h	1.95
593℃×1h	1.37	982℃×1h	1.42
649℃×1h	1.42	1038℃×1h	1.20
704℃×1h	1.77	1093℃×1h	1.20
760℃×1h	1.30	1149℃×1h	1.62
816℃×1h	1.30	1204℃×1h	1.72

表 8-86　在模拟深源气井条件高压釜中 204℃的试验结果

合　金	试验材料[①]状态	$R_{p0.2}$/MPa	断裂试样数/试验试样数	
			C 形样	U 形样
00Cr20Ni60Mo8Nb3Ti（Inconel 625 plus）	1038℃ ×2h/空冷 +718℃ ×8h/炉冷 +621℃ ×8h/空冷	834	—	0/2
	1038℃ ×2h/空冷 +732℃ ×8h/炉冷 +621℃ ×8h/空冷	896	0/2	0/2
	1900℃ ×2h/空冷 +745℃ ×8h/炉冷 +621℃ ×8h/空冷	858	0/2	0/2
0Cr22Ni60Mo9Nb4（625）	冷轧变形 24% ~25%	827	—	1/6
		869	0/1	—
	冷轧变形 32%	972	—	0/2
0Cr20Ni55Mo3Nb5Ti（718）	1022℃ ×2h/水冷 +772℃ ×8h/空冷	910	—	2/2

注：介质：25% NaCl +0.5g/L S +9.7MPa H_2S，试验 672h。

① 材料热处理或冷加工后均再经 260℃ ×720h 时效。

表 8-87　在 5% NaCl +0.5% 醋酸 + H_2S（按 NACE TM-007）中的试验结果[①]

合　金	试验材料[②]状态	$R_{p0.2}$/MPa	硬度 HRC	断裂试样数/未断裂试样数
00Cr20Ni60Mo8Nb3Ti（625 plus）	1038℃ ×2h/空冷 +718℃ ×8h/炉冷 +621℃ ×8h/空冷	834	35/36	0/2
	1038℃ ×2h/空冷 +732℃ ×8h/炉冷 +621℃ ×8h/空冷	896	38	0/2
	1038℃ ×2h/空冷 +745℃ ×8h/炉冷 +621℃ ×8h/空冷	958	39/40	0/2
0Cr22Ni60Mo9Nb4（625）	冷轧变形 24% ~25%	821	33	0/2
	冷轧变形 32%	972	36	0/2
0Cr20Ni55Mo3Nb5Ti（718）	1022℃ ×2h/水冷 +772℃ ×8h/空冷	1000	39/40	0/2

① 24℃，试验 1000h，U 形试样。

② 材料热处理或冷加工后再经 260℃ ×720h 时效。

表 8-88　在 45% $MgCl_2$ 沸腾温度下的应力腐蚀试验结果

合　金	试验材料状态	$R_{p0.2}$/MPa	断裂状态	
00Cr20Ni60Mo8Nb3Ti	982℃ ×4h/水冷 +745℃ ×8h/炉冷 +621℃ ×8h/空冷	883	NC	NC

合　金	试验材料状态	$R_{p0.2}/MPa$	断裂状态	
00Cr20Ni60Mo8Nb3Ti	1038℃ ×2h/空冷 +732℃ ×8h/炉冷 +621℃ ×8h/空冷	896	C	NC
	1038℃ ×2h/空冷 +745℃ ×8h/炉冷 +621℃ ×8h/空冷	958	NC	NC
0Cr22Ni60Mo9Nb4	冷轧变形量24% ~25%	834	NC	NC
0Cr20Ni55Mo3Nb5Ti	1022℃ ×2h/水冷 +780℃ ×8h/空冷	910	C	C
	1022℃ ×2h/水冷 +772℃ ×8h/空冷	972	C	NC

注：NC—未断裂；C—断裂。

8.3.8.4　热加工、冷加工、热处理和焊接性能

A　热加工

此合金的高温变形抗力大，一般的热加工温度为1170℃，大变形量变形宜在1010～1170℃下进行，微量变形可在930℃以上进行。

B　冷加工

0Cr22Ni60Mo9Nb4 合金具有良好的冷变形性能，适宜冷加工和冷成型操作。冷加工可使合金硬化，由于合金加工硬化倾向大（图 8-77），冷加工和冷成型时需适时进行中间软化退火处理。

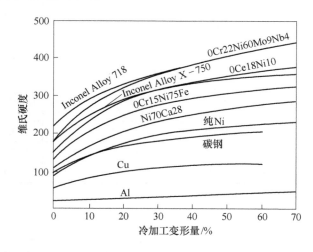

图 8-77　0Cr22Ni60Mo9Nb4 合金的冷加工变形量与其硬度的关系

C　热处理

0Cr22Ni60Mo9Nb4 合金的固溶处理温度为 1093～1204℃，冷、热加工和成型后的退火温度为 927～1038℃，一般冷加工和冷成型后软化处理温度在 1000～

1038℃为宜。为了消除残余应力，需在871℃以上加热才有效，而为了降低合金冷拔后的残余应力，600~760℃加热便有明显效果。

D　焊接

0Cr22Ni60Mo9Nb4合金的焊接性能良好，可采用通常的焊接方法进行焊接（TIG、MIG、手工电弧焊），焊接此合金的材料见表8-89。

表8-89　焊接0Cr22Ni60Mo9Nb4合金用焊条和焊丝的化学成分（质量分数）

（%）

品　种	Ni	Cu	C	Mn	Fe	S	Si
焊　条	≥55	≤0.50	≤0.10	≤1.0	≤7.0	≤0.02	≤0.75
焊　丝	≥58	≤0.50	≤0.10	≤0.50	≤5.0	≤0.015	≤0.50

品　种	Cr	Nb	Mo	Al	Ti	Co	P
焊　条	20~23	3.15~4.15	8~10	—	—	≤0.12	≤0.03
焊　丝	20~23	3.15~4.15	8~10	≤0.40	≤0.40	—	≤0.02

8.3.8.5　物理性能

此合金的物理性能见表8-90。

表8-90　0Cr22Ni60Mo9Nb4合金的物理性能

密度 /g·cm^{-3}	熔点/℃	比热容/J·(kg·K)$^{-1}$		热导率/kW·(m·K)$^{-1}$			
		21℃	316℃	21℃	40℃	200℃	538℃
8.44	1288~1349	410	460	0.92	1.01	1.25	1.74

电阻率/μΩ·m			线膨胀系数/10^{-6}K^{-1}		
21℃	40℃	200℃	93℃	200℃	538℃
1.29	1.29	1.34	12.78	13.14	14.04

8.3.8.6　应用

由于0Cr22Ni60Mo9Nb4合金既具有高耐蚀性，又具有高的热强性。因此，既可作为耐蚀合金，又可作为耐热合金使用，同时还可作为高温下耐腐蚀合金使用。在化学工业中，0Cr22Ni60Mo9Nb4合金可用于耐海水的点蚀，耐氯化物的应力腐蚀，耐含F$^-$磷酸的腐蚀等。例如，制造壁较薄的容器和管件、耐蚀管道、反应器、蒸馏塔、换热器和阀件等。

8.3.9　00Cr16Ni76Mo2Ti（NS 3301）

00Cr16Ni76Mo2Ti合金是镍铬钼耐蚀合金中钼含量最低的一种。它主要用于前述简单镍铬耐蚀合金0Cr15Ni75Fe耐蚀性和高温强度稍有不足的条件下，00Cr16Ni76Mo2Ti合金的特点是耐高温HF气体的性能好，且易加工、易成型和焊接，成本较高钼合金低廉。

8.3.9.1　化学成分和组织结构

00Cr16Ni76Mo2Ti 合金的化学成分见表8-7。此合金在固溶状态下为纯奥氏体组织，在时效或敏化状态下，有少量碳化物析出。

8.3.9.2　力学性能

00Cr16Ni76Mo2Ti 合金的室温和高温瞬时力学性能见表8-91。高温疲劳和持久强度如图8-78 和图8-79 所示。

表 8-91　00Cr16Ni76Mo2Ti 合金的力学性能

试样状态	温度/℃	力 学 性 能				冲击韧度 $a_K/J \cdot cm^{-2}$
		R_m/MPa	$R_{p0.2}/MPa$	$A/\%$	$Z/\%$	
铸造合金铸态	室温	481～520	186～255	36～59	36～75	>294
	550	226～275	—	约32	—	>118
	650	206～294	—	约40	—	—
	750	226～265	—	20～39	—	—
	1050	58.8	—	—	—	—
热加工棒材固溶态	室温	637～667	206	约57	约72	>294
	550	约639	—	约64	约62	>118
	650	约402	—	约35	约32	>118
	750	约314	—	约28	约17	>118
	1050	约78.5	—	约21.5	约21.5	—

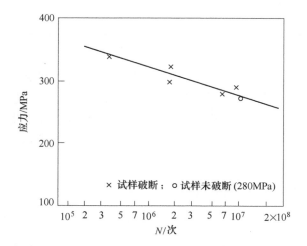

图 8-78　550℃ 时 00Cr16Ni76Mo2Ti 合金的疲劳性能

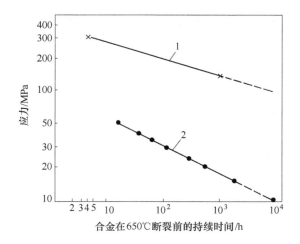

图 8-79　650℃时 00Cr16Ni76Mo2Ti 合金的持久强度并
与 Ni68Cu28 合金的比较

1—00Cr16Ni76Mo2Ti；2—Ni68Cu28

8.3.9.3　耐蚀性

00Cr16Ni76Mo2Ti 合金除在氧化性介质中的耐蚀性稍低于 0Cr15Ni75Fe 合金外，在酸、碱、盐、高温 HF 气体中的耐蚀性均优于 0Cr15Ni75Fe 合金。

00Cr16Ni76Mo2Ti 合金在氟气、氟化氢和氯化氢高温气体中的耐蚀性汇总于表 8-92。此合金呈现出良好的耐蚀性，尤其是在高温 HF 气体中，此合金对介质中氧（空气）的存在不像高钼合金那样敏感，在含空气的 HF 气体中，并未使合金的腐蚀速度明显增加。图 8-80 为 00Cr16Ni76Mo2Ti 合金在高温氟化氢气体中的耐蚀性，自 550℃以后，随温度升高，合金的腐蚀明显加速。在 70% HF 气体中此合金的耐蚀性随温度的变化如图 8-81 所示，为了比较，引入了 0Cr15Ni75Fe 合金的数据，显然，在相同温度和浓度的 HF 气体中，00Cr16Ni76Mo2Ti 合金的耐蚀性较 0Cr15Ni75Fe 合金要好。

表 8-92　00Cr16Ni76Mo2Ti 合金在几种高温气体中的耐蚀性

试验介质	温度/℃	时间/h	腐蚀速率/$g \cdot (m \cdot h)^{-1}$	备　注
氟　气	150	88	0.0016	表面无变化
	200	88	0.0035	表面稍变暗，发蓝
	300	88	0.023	表面有紫蓝色薄膜
氯化氢气	150	120	0.0013	
	200	120	0.0040	
	300	124	0.022	表面膜褐黄色，较薄
	400	96	0.216	

试验介质	温度/℃	时间/h	腐蚀速率/g·(m·h)$^{-1}$	备　注
氟化氢气无水 HF	450	24	0.064	
	550	15	0.164	
		110	0.054	
	660	24	0.979	
70% HF + 30% H_2O	550	15	0.117	
		120	0.042	
	650	20	0.520	
		86	0.333	
70% HF + 30% H_2O + 1%空气	550	15	0.168	
		112	0.059	
		112	0.059	
70% HF + 30% H_2O + 2%空气	550	15	0.204	
		65	0.077	
60% HF + 40% H_2O	450	24	0.033	
	600	24	0.200	
		100	0.120	
60% HF + 40% H_2O + 3.5%空气	600	24	0.21	
	450	24	0.037	
	550	24	0.084	
38% HF + 62% H_2O	600	24	0.200	
	700	24	0.800	

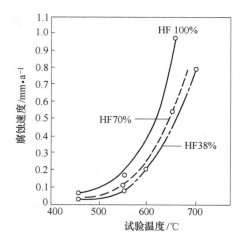

图 8-80　在不同温度的纯 HF 气体中
00Cr16Ni76Mo2Ti 合金的耐蚀性

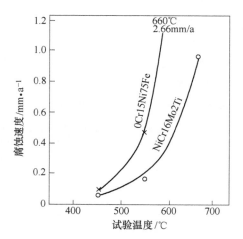

图 8-81　在 70% HF 气体中 00Cr16Ni76Mo2Ti
合金与 0Cr15Ni75Fe 合金耐蚀性的比较

在 5% HF 酸中的腐蚀试验表明，此合金的耐蚀性优于 Ni68Cu28（Monel 400）合金和 0Cr15Ni75Fe（Inconel 600）合金，如图 8-82 所示。

8.3.9.4　热加工、冷加工、热处理和焊接性能

A　热加工

00Cr16Ni76Mo2Ti 合金是热加工性能最好的 Ni-Cr-Mo 耐蚀合金，一些热塑性评价结果如图 8-83～图 8-85 所示。根据塑性评价试验结果和实践，此合金的热加工温度范围为 950～1200℃，最理想的热加工温度为 1160～1180℃。

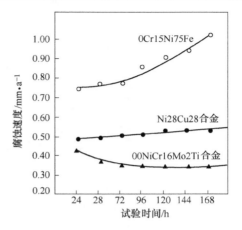

图 8-82　在 5% HF 酸中，00Cr16Ni76Mo2Ti 合金的耐蚀性（97℃）并与 Ni68Cu28 合金和 0Cr15Ni75Fe 合金相比较

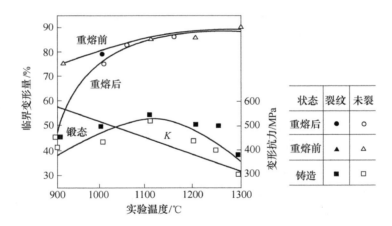

图 8-83　00Cr16Ni76Mo2Ti 合金落锤试验热塑性图

B　冷加工

此合金冷加工性能与一般 Cr-Ni 奥氏体不锈钢相同，不会遇到困难，冷作可使合金硬化，硬化或半硬化态的合金适于制造弹性部件。冷作硬化特性如图 8-86 所示。

C　热处理

为获得最佳耐蚀性和力学性能等综合性能，此合金应进行固溶处理，推荐固溶处理温度为 1100～1150℃，为发挥钛的固定碳的作用，提高抗敏化性能，此合金亦可进行稳定化处理，其稳定化温度与钛稳定化的 Cr-Ni 奥氏体不锈钢相同。

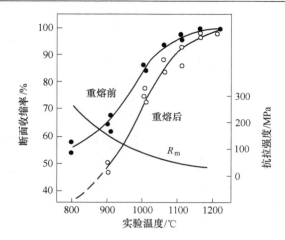

图 8-84　00Cr16Ni76Mo2Ti 合金张力拉缩热塑性图

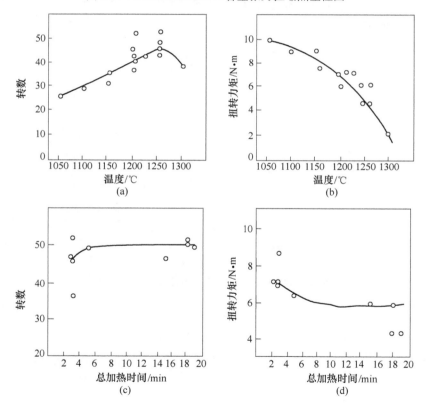

图 8-85　00Cr16Ni76Mo2Ti 合金高温扭转试验结果

（a）不同温度下的塑性；（b）不同温度下的抗力；（c）不同加热时间对塑性的影响；

（d）不同加热时间对抗力的影响

D 焊接

此合金的焊接性良好，可采用 TIG、MIG 和手工电弧焊。电焊条为镍基一号焊条，充填金属丝为镍基一号焊丝。焊接接头力学性能和耐蚀性与母材相当。

8.3.9.5 物理性能

00Cr16Ni76Mo2Ti 合金的物理性能见表 8-93。

8.3.9.6 应用

此合金为中国研制的耐蚀合金，用于解决核燃料生产中所遇到的含 F^-、Cl^- 湿态介质腐蚀和高温 HF 气体所引起的腐蚀问题，亦可用于化学工业中的类似服役环境。实践表明，用此合金制造的设备和部件在 550℃ 的高温 HF 环境中获得了满意的使用效果。

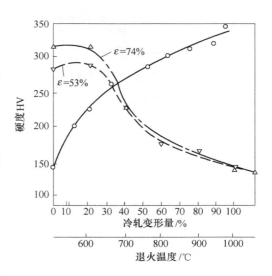

图 8-86 00Cr16Ni76Mo2Ti 合金冷轧变形量、退火温度与硬度的关系

表 8-93 00Cr16Ni76Mo2Ti 合金的物理性能

密度 /g·cm⁻³	电阻率(25℃) /μΩ·m	线胀系数/10⁻⁶K⁻¹			热导率/W·(m·K)⁻¹			
		23~300℃	23~400℃	23~500℃	100℃	300℃	500℃	700℃
8.4	1.458	14.267	14.632	14.907	11.9	15.3	18.6	22.0

8.3.10 00Cr33Ni55Mo8（Hastelloy G-35）

00Cr33Ni55Mo8（G-35）合金是在 Hastelloy G-30 基础上发展起来的，由于此合金将铬提高至 33%，又将合金中的钼提高到 8%，为了使合金成为单一奥氏体组织，势必提高合金的镍含量，于是合金的镍含量超过 50% 而进入镍基耐蚀合金范畴，脱离铁镍基耐蚀合金的行列。G-35 合金是 Ni-Cr-Mo 系耐蚀合金含铬量最高的合金，开发此合金的主要目的是为湿法磷酸生产中浓缩蒸发器提供更加满意的耐蚀结构材料，事实已证实此合金是在湿法磷酸浓缩蒸发条件下耐蚀性最好的材料，此外它的耐应力腐蚀和耐点蚀、耐缝隙腐蚀性能远优于在此条件下应用的超级奥氏体不锈钢和铁镍基耐蚀合金 Sanicro-28，G-30 和合金 31。

8.3.10.1 化学成分和组织结构

G-35 合金的化学成分见表 8-7，由于此合金是美国专利（U.S Patent6，740.29）牌号，对其主要合金成分未给出上、下限。按给出的合金成分，此合金应为奥氏体组织，高温和低温都应由奥氏体组织构成，不会发生相变，因此不能通过热处理强化，只能通过冷变形达到强化目的。

8.3.10.2 力学性能

G-35 合金的室温瞬时力学性能见表 8-94，高温瞬时力学性能见表 8-95。此合金的冲击韧度与时效时间的关系见表 8-96。这些数据表明，此合金不仅具有高的室温和高温力学性能，中温长时间时效仍具有高的冲击性能，说明此合金具有良好的中温组织热稳定性。

表 8-94 00Cr33Ni55Mo8（G-35）合金的室温力学性能

固溶处理温度/℃	材料尺寸	R_m/MPa	$R_{p0.2}$/MPa	A/%
1135	厚 3.2mm 薄板	745	348	59
1121	厚 6.4mm 中板	703	344	66
1121	厚 12.7mm 厚板	689	318	72
1121	ϕ1.0mm 丝	710	319	66
1121	ϕ2.5mm 丝	689	338	68

表 8-95 00Cr33Ni55Mo8（G-35）合金的高温瞬时力学性能（中厚板和棒材的平均值）

试验温度/℃	R_m/MPa	$R_{p0.2}$/MPa	A/%
93	692	313	69.3
149	656	278	68.2
204	623	248	69.5
260	600	232	67.9
316	583	219	68.8
371	570	217	72.3
427	561	215	72.8
482	543	204	71.0
538	521	194	72.7
593	501	185	72.0
649	483	184	70.0

表 8-96 00Cr33Ni55Mo8（G-35）合金的冲击性能

热处理状态	冲击吸收功/J	热处理状态	冲击吸收功/J
固溶态	>358	固溶 +538℃ ×2000h 时效	>358
固溶 +427℃ ×2000h 时效	>358	固溶 +593℃ ×2000h 时效	>358
固溶 +482℃ ×2000h 时效	>358	固溶 +649℃ ×2000h 时效	104

8.3.10.3 耐蚀性

A 全面腐蚀

在各种酸中的耐蚀性汇总于表 8-97，G-35 合金的耐均匀腐蚀性能优于 Inconel 625 合金。在氧化性和还原性酸中，它均具有良好的耐均匀腐蚀性能。图 8-87 ~ 图 8-91 为 G-35 合金在各种酸中的等腐蚀图。由这些数据可知，以 0.1mm/a 的腐蚀速度作为判据，在质量分数 <65% 硝酸中可使用到沸腾温度；在质量分数小于 6% 磷酸中可使用到沸腾温度，在高质量分数磷酸中可使用到 110℃；在还原性酸中，在严苛的腐蚀质量分数下在室温下使用是安全的。在湿法磷酸蒸发浓缩条件的试验结果表明（图 2-13），G-35 合金的耐蚀性远优于在此条件已广泛应用的 Sanicro-28、合金 31、G-30 和 Hastelloy C-2000。

表 8-97　00Cr33Ni55Mo8（G-35）的耐全面腐蚀性能

试验介质	质量分数/%	温度/℃	腐蚀速度/mm·a^{-1}	
			G-35 合金	625 合金
盐酸 HCl	1	沸腾	0.05	0.23
	5	79	1.23	4.65
	10	38	0.17	0.30
	20	38	0.42	0.36
氢溴酸 HBr	2.5	沸腾	<0.01	<0.01
	5	93	<0.01	0.60
	7.5	93	<0.01	0.93
	10	79	<0.01	0.82
	20	66	0.44	0.65
氢氟酸 HF	1	79	0.15	0.31
	5	52	0.1	0.70
	10	52	0.24	2.23
	20	52	3.49	4.33
硫酸 H$_2$SO$_4$	10	93	<0.01	0.24
	20	93	0.01	0.58
	30	93	2.62	0.68
	40	79	<0.01	0.58
	50	79	2.30	0.89
硝酸 HNO$_3$	20	沸腾	<0.01	0.01
	40	沸腾	0.01	0.14
	60	沸腾	0.06	0.46
	70	沸腾	0.10	0.58

试验介质	质量分数/%	温度/℃	腐蚀速度/mm·a⁻¹	
			G-35 合金	625 合金
磷酸 H₃PO₄	50	沸腾	0.01	0.02
	60	沸腾	0.01	0.16
	70	沸腾	0.11	0.89
	80	沸腾	0.42	4.90
铬　酸	10	66	0.15	0.13
	20	66	0.85	1.00
醋　酸	99	沸腾	<0.01	<0.01
甲　酸	88	沸腾	0.07	0.24
ASTM G-28A(50% H₂SO₄ +42g Fe₂(SO₄)₃)		沸腾	0.09	0.48

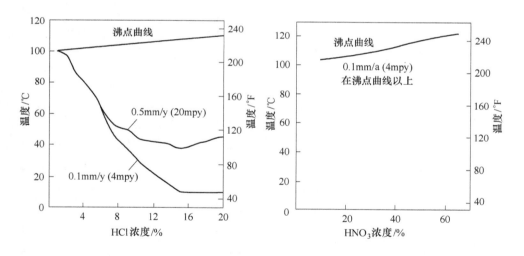

图 8-87　00Cr33Ni55Mo8(G-35)
合金在 HCl 酸中的等腐蚀图

图 8-88　00Cr33Ni55Mo8(G-35)
合金在 HNO₃ 中的等腐蚀图

B　点蚀和缝隙腐蚀

　　00Cr33Ni55Mo8(G-35) 合金，由于高 Cr、Mo 含量使其耐点蚀当量值（PRE值）在 59 以上，因此赋予了此合金良好的耐点蚀和耐缝隙腐蚀性能，采用 ASTM G-48 的 C 法和 D 法对它进行 CPT 和 CCT 的测定结果见表 8-98。此合金的耐点蚀性能接近 Inconel 625 合金，显著优于 G-30、合金 31、28 和 254SMO，它的耐缝隙腐蚀性能优于 G-30、合金 31、28 也优于 Inconel 625 合金。

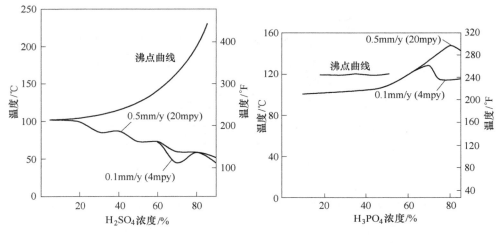

图 8-89   00Cr33Ni55Mo8 (G-35)
合金在 H₂SO₄ 中的等腐蚀图

图 8-90   00Cr33Ni55Mo8 (G-35)
合金在 H₃PO₄ 中的等腐蚀图

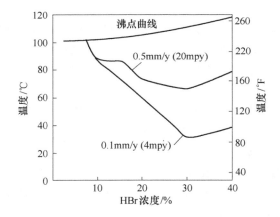

图 8-91   00Cr33Ni55Mo8 (G-35) 合金在氢溴酸（HBr）中的等腐蚀图

表 8-98   00Cr33Ni55Mo8 （G-35）合金耐点蚀和耐缝隙腐蚀性能

合金名称	CPT/℃ (ASTM G-48C 法)	CCT/℃ (ASTM G-48D 法)	合金名称	CPT/℃ (ASTM G-48C 法)	CCT/℃ (ASTM G-48D 法)
316L	15	0	G-30	67.5	37.5
254SMO	60	30	G-35	90	45
28	45	17.5	625	100	40
31	72.5	42.5	C-2000	>120	80

C   应力腐蚀

00Cr33Ni55Mo8（G-35）合金，因其高镍含量，使其具有与 Inconel 625 和

C-2000合金相当的耐高浓氯化物（沸腾 45% $MgCl_2$）应力腐蚀性能，显著优于铁镍基耐蚀合金和超级奥氏体不锈钢（表 8-99）。

表 8-99　00Cr33Ni55Mo8 合金的耐 SCC 性能（沸腾 45% $MgCl_2$ ASTM G-36）

合 金 名 称	SCC 破裂时间/h	合 金 名 称	SCC 破裂时间/h
316L	2	G-30	168
254SMO	24	G-35	1008h 无 SCC
28	36	625	1008h 无 SCC
31	36	C-2000	1008h 无 SCC

8.3.10.4　热加工、冷加工、热处理和焊接性能

A　热加工和冷成型

00Cr33Ni55Mo8，因其不含铜并且含镍量高，它的热加工性能优于 G-3、G-30，大体上与 625 合金相当。由于合金的塑性好，易于冷加工和冷成型，合金的高强度和加工硬化特性，致使在冷成型时需要更大的成型力，冷成型后应及时消除应力处理。在设备制造过程中，冷成型常常是首选成型工艺。

B　热处理

00Cr33Ni55Mo8(G-35) 耐蚀合金，除特殊要求外，通常在固溶状态下使用，其固溶处理工艺为1121℃保温后快冷或水淬。经热成形的部件在最终制造或装配之前必须进行固溶处理，以确保合金具有最佳耐蚀性能。

C　焊接

G-35 合金的可焊性良好类似于 C-276 合金。依据材料的截面尺寸和施工特性，通常选用三种焊接方法。薄板焊接和厚板根部焊道宜使用 GTAW；中厚板焊接宜采用 GMAW；现场焊接宜选用 SMAW，并使用涂药皮的焊条。不推荐使用埋弧焊对 G-35 合金施焊，因这种工艺输入热量太高和冷却速度缓慢将对合金耐蚀性产生极大危害。为了减少热影响区的第 2 相沉淀，层间温度应控制在 93℃ 以下。对于冷加工后的合金不推荐直接进行焊接，这样会带来诸多麻烦，因此，经冷加工后的合金在焊接之前必须进行固溶处理。

GTAW 和 GMAW 焊接的充填金属建议使用 G-35 焊丝，SMAW 焊接建议使用 G-35 电焊条。

焊件的力学性能见表 8-100 ~ 表 8-102。

表 8-100　00Cr33Ni55Mo8 焊件的力学性能

焊接工艺	取样位置	温度/℃	R_m/MPa	$R_{p0.2}$/MPa	A/%
GTAW	12.7mm 焊板横向试样	室温	696	438	44.0
		260	545	310	40.0
		538	448	249	37.0

续表 8-100

焊接工艺	取样位置	温度/℃	R_m/MPa	$R_{p0.2}$/MPa	A/%
GMAW	12.7mm 焊板横向试样	室温	774	459	31.5
		260	555	335	43.0
		538	501	246	51.0
	ϕ12.7mm 焊缝试样	室温	696	486	
		260	538	336	
		538	441	302	

表 8-101 00Cr33Ni55Mo8（G-35）合金焊件的 V 形缺口夏比冲击性能

焊接工艺	取样位置	开口部位	温度/℃	冲击吸收功/J
GMAW	12.7mm 焊板横向试样	焊缝中部	室温	273
			−196	207
		热影响区（HAZ）	室温	>358
			−196	>358

表 8-102 时效对焊件（12.7mm 板材，GMAW）横向冲击性能的影响

开 口 部 位	时效时间/h	时效温度/℃	冲击吸收功 A_{KV}/J
焊缝中部	2000	427	302
焊缝中部	2000	482	297
焊缝中部	2000	538	304
焊缝中部	2000	593	169
焊缝中部	2000	649	107

8.3.10.5 物理性能

合金的室温密度：8.72g/cm³；合金的熔点范围：1332 ~ 1361℃。

合金的热导率、比热容、热扩散系数和电阻率见表 8-103，线胀系数和动态弹性模量（杨氏模量）分别见表 8-104 和表 8-105。

表 8-103 00Cr33Ni55Mo8（G-35）的热导率、比热容、热扩散率和电阻率

温度/℃	热导率 /W · (m · ℃)⁻¹	比热容 /J · (kg · ℃)⁻¹	热扩散率 /cm² · s⁻¹	电阻率 /μΩ · m
室温	10	450	0.028	1.18
100	12	470	0.031	1.19
200	14	490	0.034	1.20

温度/℃	热导率 /W·(m·℃)$^{-1}$	比热容 /J·(kg·℃)$^{-1}$	热扩散率 /cm^2·s^{-1}	电阻率 /μΩ·m
300	16	510	0.038	1.21
400	18	530	0.042	1.22
500	19	530	0.045	1.24
600	23	600	0.048	1.25

表 8-104　00Cr33Ni55Mo8（G-35）合金的线胀系数

温度范围/℃	平均线胀系数/×10^{-6}·℃$^{-1}$	温度范围/℃	平均线胀系数/×10^{-6}·℃$^{-1}$
21~100	12.3	21~400	13.4
21~200	12.6	21~500	13.6
21~300	13.2	21~600	14.1

表 8-105　00Cr33Ni55Mo8（G-35）合金的动态弹性模量（杨氏模量）

温度/℃	动态弹性模量（杨氏模量）/GPa	温度/℃	动态弹性模量（杨氏模量）/GPa
室温	204	538	177
316	189	649	170
427	183		

8.3.10.6　应用

00Cr33Ni55Mo8（G-35）合金主要应用于湿法碳酸浓缩蒸发器，用于强氧化性酸溶液的设备和部件，在含 HF 的硝酸溶液中具有极好的耐蚀性，可用于硝酸和氢氟酸的酸洗器械以及含 F$^-$、Cl$^-$ 的强氧化性酸性介质中的装置和部件，在核燃料化工再处理工艺装备服役条件下应该具有广泛的应用前景。

8.3.11　00Cr20Ni60Mo8Nb3Ti（Inconel 725）

725 合金是一种既具有高耐蚀性又可时效硬化到极高强度的 Ni-Cr-Mo-Nb-Ti-Al 耐蚀合金。此合金的耐蚀性基本上与已广泛使用的 Inconel 625 合金一致，时效硬化处理的 725 合金的强度水平是 625 合金的 2 倍，并且其塑韧性仍保持较高的水平。对于在腐蚀环境中应用，既要求具有优异耐蚀性又要求具有高强和高的塑韧性的服役条件，一些大型部件或截面尺寸不均匀的部件不能采用冷加工的强化措施，这种时效硬化型镍基耐蚀合金不失是一种最佳选择。725 合金已在酸性气田开发中得到成功应用。

8.3.11.1 化学成分特点和组织结构

00Cr20Ni60Mo8Nb3Ti（725）合金的化学成分见表8-7。合金的Cr、Ni、Mo、Nb含量与625合金基本一致，这是此合金的耐蚀特性与625合金一致的根本原因，两者的差别在于725合金中的碳降到0.03%以下，并加入Ti和Al，前者减少了碳化物析出敏感性而提高耐晶间腐蚀能力，后者赋予了合金的时效强化功能。

00Cr20Ni60Mo8Nb3TiAl（725）合金在固溶退火状态下为纯奥氏体合金，在时效状态下有碳化物和金属间相形成，碳化物以M_6C为主并有MC和$M_{23}C_6$型碳化物形成，此合金金属间相为[Ni_3(Nb,Ti,Al)]，后者为合金的主要时效强化相，其功能是提高合金的强度。

8.3.11.2 合金的力学性能

725合金的室温力学性能见表8-106。时效硬化棒材高温瞬时力学性能见图8-92。$\phi16\sim16.5mm$棒材（固溶+时效硬化处理）的高温瞬时力学性能列于表8-107。

表8-106 725合金的室温力学性能

品　　种	热处理	R_m/MPa	$R_{p0.2}$/MPa	A/%	硬度/HRC	A_{KV}/J
$\phi102\sim190mm$ 棒材横向	退　火	855	427	57	5	—
	时效硬化	1241	917	30	36	92
$\phi13\sim190mm$ 热加工棒材纵向	时效硬化	1241	903	31	36	132
管　　材	退　火	783	334	60	5	—
	时效硬化	1268	921	27	39	—

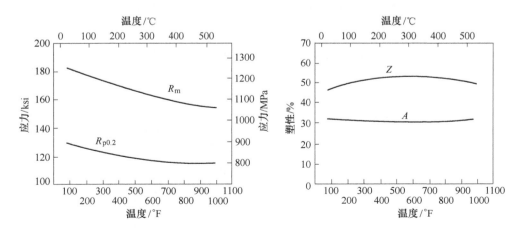

图8-92 725合金的高温瞬时力学性能

表 8-107　退火 + 时效态[①]的 $\phi16 \sim 16.5mm$ 棒材的平均高温瞬时力学性能

温度/℃	R_m/MPa	$R_{p0.2}$/MPa	A/%	Z/%
23	1254	892	32.0	48.4
38	1256	908	32.6	49.2
93	1230	868	29.6	47.0
149	1289	826	30.9	50.2
204	1170	824	36.7	52.4
260	1141	811	31.0	52.7
315	1099	782	32.4	54.2
343	1102	809	31.1	53.5
371	1096	798	30.8	53.4
399	1088	799	30.8	53.9
426	1106	816	29.6	49.6
454	1071	790	31.5	51.6
482	1075	807	30.7	49.7
510	1065	769	31.7	50.1
538	1058	778	31.0	47.7

① 1038℃ 固溶处理 + 732℃ × 8h 时效以 56℃/h 冷至 621℃ × 8h 空冷。

8.3.11.3　耐蚀性

A　全面腐蚀

在酸溶液中，不同热处理状态的 725 合金的耐蚀性列于表 8-108，为了比较引入了文献中的 625 和 C-276 合金，显然 725 合金的耐蚀性可与退火态的 625 和 C-276 合金媲美。

表 8-108　725 合金在酸性溶液中的平均腐蚀速度

合金名称和状态	腐蚀速度/mm · a[-1]						
	66℃	66℃	66℃	沸腾	沸腾	沸腾	沸腾
	3% HCl	5% HCl	10% HCl	10% H_2SO_4	10% HNO_3	30% H_3PO_4	80% H_3PO_4
725 合金，退火态	<0.03	<0.03	2.67	0.64	<0.03	0.08	1.86
725 合金，1038℃ 退火 + 760℃ × 6h，AC	<0.03	<0.03	6.81	0.64	<0.03	0.13	1.57
725 合金，1038℃ 退火 + 746℃ × 8h，56℃/h 冷至 620℃ × 8h，AC	<0.03	<0.03	6.35	0.64	<0.03	0.08	1.14

续表 8-108

合金名称和状态	腐蚀速度/mm·a^{-1}						
	66℃	66℃	66℃	沸腾	沸腾	沸腾	沸腾
	3% HCl	5% HCl	10% HCl	10% H_2SO_4	10% HNO_3	30% H_3PO_4	80% H_3PO_4
725 合金，1038℃退火 +732℃×8h，56℃/h 冷至 620℃×8h，AC	<0.03	<0.03	5.54	0.71	<0.03	0.05	0.89
625 合金[①]，工厂退火	<0.03	1.75	2.36	0.45	<0.03	<0.25	0.63
C-276 合金[①]，工厂退火	<0.03	0.13 ~ 0.51	0.51	0.51	0.41	<0.13	0.13 ~ 0.64

① 为文献数据。

表 8-109 为 725 合金在酸性介质中的耐蚀性随试验时间和介质温度的变化而发生的变化。

表 8-109　3.2mm 厚的 725 合金板材在各种酸中的腐蚀速度随介质温度和试验时间的变化（按 MTI No3 程序）

介 质 类 型	温度/℃	腐蚀速度/mm·a^{-1}		
		0 ~ 96h	96 ~ 192h	0 ~ 192h
0.2% HCl	沸腾	<0.01	<0.01	<0.01
1% HCl	沸腾	0.12	0.05	0.26
	90	0.64	0.05	0.05
5% HCl	70	4.92	5.16	4.31
	50	1.34	1.33	1.14
	30	6.24	0.17	0.18
10% H_2SO_4	沸腾	0.25	0.56	0.12
60% H_2SO_4	70	0.65	0.65	0.41
	50	0.59	0.02	0.74
	30	0.04	0.03	0.18
95% H_2SO_4	70	1.68	1.71	0.58
	50	1.84	1.27	0.58
	30	0.28	0.34	0.33
85% H_3PO_4	沸腾	0.78	0.79	1.47
	90	0.01	0.01	0.01
80% CH_3COOH	沸腾	<0.01	<0.01	<0.01

B　应力腐蚀

在判定由硫化物引起的应力腐蚀（氢脆）的标准试验中（NACET MO177），725 合金的腐蚀数据见表 8-110。这些数据指出 725 合金优于 625 合金和 718 合金。

表 8-110　在 NACET MO177 溶液中 725 合金 C 形环试验结果[①]

合金名称	材料状态	$R_{p0.2}$/MPa	硬度 HRC	时间/天	硫化物应力破裂
725 合金	冷加工	621	25	30	无
	时效硬化	811	37	30	无
	时效硬化	887	40	30	无
	时效硬化[②]	902	41.5	30	无
	时效硬化	916	36	42	无
	时效硬化	917	39	30	无
	冷加工 + 时效	950	39	42	无
625 合金	冷加工	862	30.5	42	无
	冷加工	1103	37.5	10	有
	冷加工	1214	41	6	有
718 合金	时效硬化	827	30	42	无
	时效硬化	896	37	42	无
	时效硬化	924	38.5	42	无
	时效硬化	958	38	42	无
	时效硬化	1076	41	60	无
	冷加工	1358	37.5	2	有
	冷加工[③]	1358	37.5	25	有

① 5% NaCl + 0.5% CH_3COOH，H_2S 饱和，室温，施加 100% $R_{p0.2}$ 应力，碳钢偶合。

② 315℃，1000h。

③ 试验应力为 84% $R_{p0.2}$：1138MPa。

在模拟酸性井环境中，725 合金的应力腐蚀行为见表 8-111 和图 8-93。725 合金的耐 SCC 性能优于冷加工的 625 合金、G-3 合金、925 合金、825 合金和 718 合金，近于 C-276 合金。

表 8-111　在模拟酸井环境中 725 合金的 SCC

合金	合金状态	$R_{p0.2}$/MPa	SCC						
			177℃	191℃	204℃	216℃	232℃	246℃	260℃
725	时效硬化	811	无	无	无	无	无	SCC[②]	无
	时效硬化	887	无	无	无	无	SCC	—	—
	时效硬化	916	无	无	无	无	无	无	无
	时效硬化	917	无	无	无	无	无	SCC[②]	无

合金	合金状态	$R_{p0.2}$/MPa	SCC						
			177℃	191℃	204℃	216℃	232℃	246℃	260℃
625	冷加工	993	无	SCC	—	—	—	—	—
	冷加工	1103	无	SCC	—	—	—	—	—
718	时效硬化	898	SCC①	—	—	—	—	—	—

注：C 形环样，在高压釜中试验，时间 14 天，应力 = $R_{p0.2}$，介质：25% NaCl + 0.5% CH_3COOH + 1g/L S + 827kPa H_2S。

① 135℃；

② 两个试样中有一个 SCC。

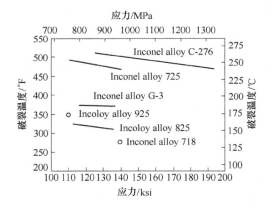

图 8-93 725 合金在 25% NaCl + 0.5% CH_3COOH + 1g/L S + 825kPa H_2S

水溶液中高压釜 C 形试样 SCC 试验结果

（应力为 100% $R_{p0.2}$）

C 耐缝隙腐蚀性能和腐蚀疲劳

时效状态的 725 合金的耐缝隙腐蚀性能优于退火态的 625 合金（表 8-112），在海水中的疲劳性能与空气中的一致（图 8-94）。

表 8-112 725 合金在海水中的缝隙腐蚀①

合 金	状 态	腐蚀萌生时间/天	腐蚀部位/%	腐蚀深度/mm
725	时效硬化	—	0	0
625	退 火	2 ~ 5	25 ~ 75	0.26②

① 在 30℃流动海水中试验 30 天，采用聚丙烯塑料垫圈固定在合金薄板试样上形成缝隙。

② 每个缝隙最大深度的平均值，最大深度范围为 0.02 ~ 0.66mm。

8.3.11.4 热处理、热成型和焊接性能

A 热处理

725 合金的强化是依赖于时效处理 γ″相沉淀实现的，时效前应使合金固溶退

火，然后再施以时效处理。

固溶退火：1040℃ 固溶，AC（空冷）。

时效处理：对于酸性气井应用，推荐下述处理工艺，730℃ ×8h，炉冷（56℃/h）至 620℃ ×8h，AC。

B　热成型

725 合金的适宜热成型温度为 899 ~ 1121℃，因其强度高，热成型设备应具有足够的变形力。为使部件具有均匀一致的变形，在变形的低温区（890 ~ 950℃）应适度减少压缩量。为了避免混晶结构，应给

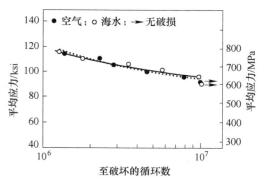

图 8-94　双时效状态（732℃ ×8h，以 56℃/h 冷至 621℃ ×8h，AC）的 725 合金 拉-拉疲劳试验结果 （$R = \sigma_{min} / \sigma_{max} = 0.6$）

予合金较均匀的压缩量，对于开口模热作，最终的压缩量应大于 20%，对于闭口模热作，最终变形量应大于 10%，热作后空冷。在热作过程中既要避免过热又要避免低于 899℃ 的冷点出现，一旦出现表面裂纹或其他缺陷要即时去除。建议将热作工具和模具预热到 260℃，对消除部件表面裂纹和缺陷是有益的。

C　焊接

725 合金最适宜的焊接方式是 GTAW 和 GMAW，不推荐使用 SAW 和 SMAW，充填金属应采用 725NDUR，以确保焊件的强度。表 8-113 为采用 725NDUR 焊丝堆焊 1 层在 5% NaCl + 517kPa H_2S + 2758kPa CO_2，149℃ 环境下的慢速拉伸试验数据。表中的数据为在腐蚀环境和空气中采用相同慢速拉伸参数所获得的数据比，通常这个比值在 0.90 以上是可接受的。表 8-114 为 725NDUR 焊缝金属（GMA）的室温力学性能，表 8-115 为其冲击性能。

表 8-113　725 合金堆焊层慢速拉伸数据比

充填金属	破裂时间比（TTF）	断面收缩率比	伸长率比	二次裂纹
725NDUR[1]	0.98	1.11	1.00	无
	1.07	0.97	1.11	无
625[2]	0.95	1.20	0.95	无
	0.90	0.92	0.90	无

① 堆焊在 AISI 4140 钢上，663℃ ×2h，AC。

② 堆焊在 AISI 4130 钢上，635℃ ×2h，AC。

表 8-114　725NDUR 焊缝金属（GMA）的室温力学性能

试样取向	母材处理	焊后处理	R_m/MPa	$R_{p0.2}$/MPa	A/%	Z/%	弯曲
横向	退火①	焊态	861	507	39.0	34.4	2T 通过
纵向	—	焊态	826	524	33.0	30.6	2T 通过
纵向	—	时效③	1187	897	20.0	22.5	2T 通过
横向	退火①	时效③	1240	972	13.0	19.5	4T 通过
纵向	—	退火①时效③	1199	896	19.0	28.6	4T 通过
横向	退火①，时效③	退火①时效③	1181	909	25.0	29.8	4T 通过
纵向	—	退火②时效③	1205	872	21.0	28.4	4T 通过
横向	退火①	退火②时效③	1191	873	28.0	42.7	4T 通过

① 1038℃ ×1h，AC。

② 1066℃ ×1h，AC。

③ 732℃ ×8h，以 56°/h 炉冷至 620℃ ×8h，AC。

表 8-115　725NDURGMA 焊接焊缝金属的冲击性能

焊后热处理	24℃，CVN 冲吸收功/J	−59℃，CVN 冲击吸收功/J
焊　态	89	—
732℃ ×8h，以 56℃/h 冷至 620℃ ×8h，AC	22	24
1038℃ 退火 +732℃ ×8h，以 56℃/h 冷至 620℃ ×8h，AC	57	53
1066℃ 退火 +732℃ ×8h，以 56℃/h 冷至 620℃ ×8h，AC	76	107

表 8-114 和表 8-115 的数据说明，焊后高温退火再经双时效处理可使其冲击韧性明显提高。

8.3.11.5　物理性能

725 合金物理性能分别见表 8-116 ~ 表 8-118。

表 8-116　725 合金的物理性能

密度/g·cm⁻³	8.31
熔点范围/℃	1271 ~ 1343
透磁率（15.9kA/m）	1.001
杨氏模量/GPa	204
剪切模量/GPa	78
泊桑比（21℃）	0.31

表 8-117　725 合金的线胀系数，电阻率和弹性模量

温度/℃	线胀系数① /×10⁻⁶	电阻率/μΩ·m	杨氏模量/GPa	剪切模量/GPa	泊桑比
20		1.144	204	78	0.31
100	13	1.158	200	76	0.32
200	13.1	1.170	194	74	0.31
300	13.4	1.206	188	71	0.32
400	13.7	1.226	182	69	0.32
500	14.1	1.251	177	67	0.32
600	14.4	1.265	169	63	0.35
700	—	1.273	160	61	0.32
800	—	1.302	150	56	0.33

① 为 21℃ 至给定温度的数据。

表 8-118　725 合金的热导率和比热容

温度/℃	热导率 /W·(m·K)⁻¹	比热容 /J·(kg·℃)⁻¹	温度/℃	热导率 /W·(m·K)⁻¹	比热容 /J·(kg·℃)⁻¹
23	10.631	430	649	21.205	577
93	11.724	446	700	22.424	604
100	11.827	447	704	22.453	604
149	12.666	457	760	22.807	607
200	13.544	468	800	23.062	609
204	13.615	469	816	23.179	610
260	14.491	481	871	23.596	615
300	15.122	489	900	23.812	618
316	15.390	492	927	24.226	624
371	16.346	503	982	25.086	636
400	16.843	508	1000	25.361	639
427	17.284	511	1038	25.994	645
482	17.920	517	1093	26.925	653
500	18.152	519	1100	27.038	654
538	18.864	531	1149	28.292	663
593	19.912	550	1200	29.604	673
600	20.037	552			

8.3.11.6 应用

725 合金集耐腐蚀性与高强度于一身，它主要应用于耐蚀环境的高强度部件，在酸性气井的环境中它已用作悬挂件、偏心工作筒，抛光座圈和地面接头等，用以抵抗 H_2S、氯化物和 CO_2 的腐蚀。因 725 合金具有与 625 合金相当的耐蚀性，它亦是在海水中高强度紧固件的优选材料，在海水中提供了良好的耐点蚀、耐缝隙腐蚀性能。此外，此合金特别适宜用做聚合物的挤压模，在要求高强度的强腐蚀环境服役条件下，它亦提供了高强度和耐蚀性的双重性能。

参 考 文 献

［1］陆世英、康喜范. 镍基和铁镍基耐蚀合金. 北京：化学工业出版社，1989：163～232.

［2］康喜范. 镍基和铁镍基耐蚀合金//中国材料工程大典编委会，中国材料工程大典，第2卷，钢铁材料工程（上），第8篇，北京：化学工业出版社，2003：567～569.

［3］Friend W Z. Corrosion of Nickel and nickel-base alloys. New York：John Wiley and Sons，Inc，1980：292～367.

［4］Davis J R. Nickel，Cobalt and their Alloys. OH：ASM International Material spart，2004：1～92，125～160，291～304.

［5］Rebak R B. Paul Crook，Advanced materials & process，2000(2):37～42.

［6］Streicher M A. Corrosion，1963(8):272t～283t.

［7］Samans C H. et al，Corrosion，1966，22(12):338～344.

［8］Leonard R B. Corrosion，1969，25(5):222～228.

［9］Kirchner R W，Hodge F G. Kokomo，werkstoffer and Korrosion，1973，24(12):1042～1048.

［10］Hodge F G. Corrosion，1973，29(10):375～383.

［11］Brown M H，Kirchner R W. Corrosion，1973，29(12):470～474.

［12］Hodge F G，Kirchner R W. Corrosion，1976，32(8):332～336.

［13］Streicher M A. Corrosion，1976，32(3):79～93.

［14］康喜范，张廷凯，等. 中国腐蚀与防护学报.1982，2(4):45～52.

［15］Agarwal D C. Werkstoffer und Korrosion，1997，48：542～548.

［16］Agarwal D C. Advanced materials & Process，2000(8):27～31.

［17］康喜范，张廷凯，等. 钢铁研究总院学报，1983，3(1):52～60.

［18］陆世英，康喜范. Cr、Mo、Cu 对不锈合金在卤族氢化物中耐蚀性的影响//核材料学会结构材料组编著，不锈耐蚀合金与锆合金. 北京：能源出版社，1983：24～24.

［19］康喜范，等. Mo 和 Fe 含量对镍基合金在高温 HF 气体中耐蚀性的影响//核材料学会结构材料组编著，不锈耐蚀合金与锆合金. 北京：能源出版社，1983：54～56.

［20］Hibner E L，Shoemaker L E. Advanced & Process，2002(11):35～38.

［21］Hastelloy C-276. Cobalt Wrought Product Division，1983.

［22］Hastelloy C-22. Cobalt Wrought Product Division，1983.

［23］VDM，Nicrofer 6020hMo-alloy 625，Material Data Sheet No. 4018，August 2007 Edition，ThyssenKrupp VDM.

[24] VDM, Nicrofer 5923h Mo-alloy59. Werdohl: Krupp VDM GmbH, 2000, Material Data Sheet No. 4030.

[25] Haynes International, Hastelloy G-35 alloy. Kokomo (Indiana): Haynes International, Inc. , 2005.

[26] Haynes International, Hastelloy C-2000 alloy, Kokomo (Indiana): Haynes International, Inc. , 2000.

[27] Special Metals, Inconel alloy 725, 2005.

9 Ni-Cr-Mo-Cu 耐蚀合金

镍铬钼铜耐蚀合金[1~7]是向镍铬钼合金中加入 Cu 而发展起来的，主要是为了提高其在非氧化性酸，特别是在磷酸和硫酸中的耐蚀性。由于合金中既含有较高量的 Cr，同时又含有 Mo 和 Cu，因此，这类合金还耐除盐酸、氢氟酸以外的还原性酸和氧化加还原性混酸的腐蚀。表 9-1 中列入了常用的镍铬钼铜耐蚀合金的化学成分。

表 9-1　常用镍铬钼铜耐蚀合金的化学成分

化学成分标号	相当的国内牌号	相当的国际常用牌号	化学成分（质量分数）/%								
			Ni	Cr	Mo	Cu	Fe	Mn	Si	C	其他
0Cr21Ni68Mo5Cu3	—	Illium R（变形合金）	68	21.0	5.0	3.0	1.0	1.25	0.70	0.05	—
0Cr22Ni56Mo6.5Cu6.5	—	Illium G（铸造合金）	56	22.5	6.5	6.5	6.5	1.25	0.65	0.08	—
0Cr28Ni50Mo8.5Cu5.5Si4B	—	Illium B（铸造合金）	50	28	8.5	5.5	2.0~3.5	1.25	2.5~6.5	0.05	0.05~0.55
0Cr28Ni55Mo8.5Cu5.5	—	Illium 98（铸造合金）	55	28	8.5	5.5	1.0	1.25	0.70	0.05	—

9.1　铜对镍铬钼合金耐蚀性的影响

虽然发展了许多含铜的镍铬钼耐蚀合金，但是，系统研究 Cu 对镍铬钼合金腐蚀性能的影响的文献并不多。向 Cr-Ni-Mo 不锈钢和 Fe-Ni-Cr-Mo（Ni 质量分数约 35%）铁镍基耐蚀合金中，加入质量分数 1%~3% Cu，对其耐硫酸、磷酸等腐蚀的作用是有益的。表 9-2 列出了质量分数 2% Cu 对含 Ni 质量分数约 45% 的 Ni-Fe-Cr-Mo 合金耐蚀性的影响。图 9-1 和图 9-2 是国内在研究 Cu（质量分数 1%~10%）对 75Ni-15Cr-2Mo-1Ti 合金在稀盐酸和高温 HF 气中腐蚀行为时所取得的结果。显然，质量分数 1%~3% Cu 对合金耐稀 HCl 酸有益，而 Cu 对合金耐 HF 气腐蚀无明显影响。在沸腾 HF 酸中，Cu 对 Ni-Cr-Mo 合金的耐蚀性具有明显益处（图 8-9）。

表 9-2　Cu 对 Ni-Fe-Cr-Mo 耐蚀合金耐蚀性的影响

合　金	H₂SO₄			H₃PO₄		
	浓度/%	温　度	腐蚀速度 /mm·a⁻¹	浓度/%	温　度	腐蚀速度 /mm·a⁻¹
0Cr22Ni46Mo6.5Fe20	10	沸　腾	2.425	10	沸　腾	0.025
	25	沸　腾	7.975	30	沸　腾	0.200
	30	沸　腾	—	50	沸　腾	0.250
	50	沸　腾	10.050	85	沸　腾	4.800
	55	沸　腾	—			
	60	沸　腾	>25.000			
0Cr22Ni44Mo6.5Fe20Cu2	10	沸　腾	0.450	10	沸　腾	0.025
	25	沸　腾	—	30	沸　腾	0.100
	30	沸　腾	0.525	50	沸　腾	0.175
	50	沸　腾	—	85	沸　腾	0.500
	55	沸　腾	3.600			
	60	沸　腾	10.300			

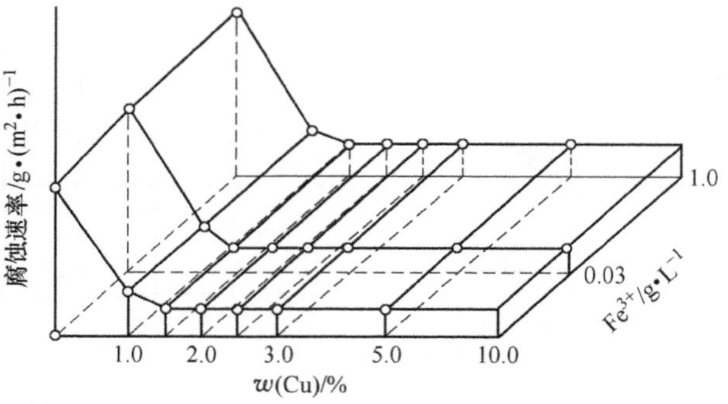

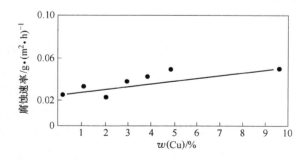

图 9-1　在 1% 沸腾盐酸中，合金中铜含量对 Ni75Cr15Mo2Ti 合金耐蚀性的影响

图 9-2　在 550℃ HF 气中 Cu 对 Ni75Cr15Mo2Ti 合金耐蚀性的影响

（介质条件：HF：H₂O = 70：30）

9.2 常见几种镍铬钼铜耐蚀合金的组织、性能和应用

为了满足耐 H_2SO_4、H_3PO_4 以及既耐 HNO_3 又耐 H_2SO_4、H_3PO_4 或是它们混酸的腐蚀，早在 1915 年就研制出了镍铬钼铜合金 Cr21Ni60Mo4.5Cu6.5W2。在此合金基础上，几十年来又相继出现了一些镍铬钼铜耐蚀合金，20 世纪末期问世的 Hastelloy C-2000 是 Ni-Cr-Mo-Cu 合金的最新发展（已在第 8 章介绍），用途较广的主要合金见表 9-1。0Cr28Ni55Mo8.5Cu5.5 合金是为了解决 98% 热 H_2SO_4 腐蚀而产生的。为了提高 0Cr28Ni55Mo8.5Cu5.5 合金的耐腐蚀性，加入 Si、B 而出现的 0Cr28Ni50Mo8.5Cu5.5Si4B 合金，通过时效热处理便可达到此目的。表 9-1 中所列的几种牌号中，0Cr21Ni68Mo5Cu3 合金是唯一的变形合金。其他牌号由于 Cr、Mo 含量高，难以通过热加工达到热变形的目的，故多做成铸件使用。

9.2.1 几种合金的化学成分和组织结构

表 9-1 所列 4 种镍铬钼铜合金是发展最早、应用也相对较广的合金。这些合金固溶处理态一般为单相奥氏体组织，但 0Cr50Ni28Mo8.5Cu5.5Si4B 合金，由于含有较高量的 Si、B，因此，不论是固溶态还是时效态均有复杂的含 Si、B 的沉淀相析出。这些相的存在，使 0Cr50Ni28Mo8.5Cu5.5Si4B 合金硬化并使其耐磨性、耐磨蚀性能提高。

9.2.2 力学性能

表 9-3 给出了几种 Ni-Cr-Mo-Cu 耐蚀合金的室温力学性能。

表 9-3　几种镍铬钼铜合金的室温力学性能

合　　金		R_m/MPa	$R_{p0.2}$/MPa	A/%	Z/%	硬度 HBS
0Cr21Ni68Mo5Cu3	固溶态	776	290	45.7	51.9	162
	20% 冷加工态	971	653	11.5	44.2	238
0Cr22Ni56Mo6.5Cu6.5		460	192	7.5	11.3	168
0Cr28Ni50Mo8.5Cu5.5Si4B		420~460	—	1~4.5	2.5~3.5	200~240
0Cr28Ni55Mo8.5Cu5.5		372	—	18	22	160

9.2.3 在各种介质中的耐蚀性

9.2.3.1 海水中

在海水中，表 9-1 中给出的 4 种 Ni-Cr-Mo-Cu 耐蚀合金在一般情况下均有较好的耐海水腐蚀性能，而且海水的流速对它们并没有显著的影响。例如，由于流速低，合金表面结垢或有微生物附着，合金仍具有一定的耐点蚀性能。实验表

明，在海水中浸入 3 年，0Cr22Ni56Mo6.5Cu6.5 合金的腐蚀率为 0.0075mm/a，0Cr21Ni68Mo5Cu3 合金为 0.00125mm/a，两种合金均无点蚀产生。

9.2.3.2　硫酸中

在硫酸中，在没有充入空气也无氧化剂存在的条件下，稀 H_2SO_4 本质上是还原性的；而在 ≥80%（室温）、≥40%（沸腾）和约 60%（60~95℃）等浓度、温度条件下，H_2SO_4 的本质则是氧化性的。本节所介绍的 Ni-Cr-Mo-Cu 合金，在还原性的 H_2SO_4 中有近乎相同的耐蚀性；而它们之间耐 H_2SO_4 性能的差异则主要表现在热、浓硫酸中。温度高于 65℃、浓度在 70%~85% 的 H_2SO_4，对耐蚀合金具有最大的腐蚀性。因而，耐此种浓度的热 H_2SO_4 的合金是很少的。而浓度再高，由于酸的离子化倾向降低，故腐蚀性反而减弱。高 Ni-Cr-Mo-Cu 耐蚀合金，由于其化学成分上的特点，不仅可耐不同温度、浓度的 H_2SO_4，而且可在氧化、还原交变条件下使用。

图 9-3 和图 9-4 是几种 Ni-Cr-Mo-Cu 合金在 H_2SO_4 中的实验结果。由图 9-4 可知 0Cr22Ni56Mo6.5Cu6.5 合金耐 60℃ 以下所有浓度的 H_2SO_4 腐蚀；除 65%~85% H_2SO_4 外，此合金可用于耐约 90℃ 其他浓度 H_2SO_4 的腐蚀；在沸腾 H_2SO_4 中，此合金仅限于 ≤40% 浓度下使用。将合金中的 Cr 含量和 Mo 含量相应提高，扩展了合金的使用范围，在 ≤80℃ 的全部浓度的硫酸中均具有满意的耐蚀性，显著优于 Illium G 合金（图 9-5、图 9-6），弥补了 Illium G 合金在 65%~85% H_2SO_4 的耐蚀性不足。

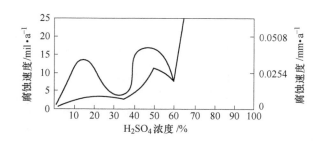

图 9-3　在沸腾 H_2SO_4 中 0Cr21Ni68Mo5Cu3 合金的耐蚀性

（1mil = 0.025mm）

三种铸造 Ni-Cr-Mo-Cu 耐蚀合金在 H_2SO_4 中的等腐蚀图见图 9-7~图 9-9。随合金中 Cr、Mo 含量的增加，扩大了合金在 H_2SO_4 中的使用温度和使用浓度范围，然而 Si 的加入仅是提高了在浓度 >65% H_2SO_4 中的使用温度，在浓度 ≤65% H_2SO_4 中耐蚀性反而下降（图 9-10）。在 100℃ H_2SO_4 中，以 0.51mm/a 作为判据，三个合金的使用界线如图 9-11 所示。在 96%~98% H_2SO_4 中，三个合金的耐蚀性如图 9-12 所示。Illium B 合金耐蚀性最好，然而在这种介质中，高 Si 不锈钢和合金 33 具有更加好的表现，没有竞争力。

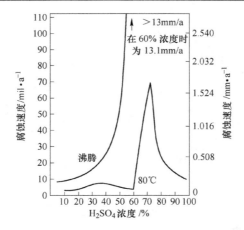

图 9-4　0Cr22Ni56Mo6.5Cu6.5 合金在 80℃ 的沸腾 H_2SO_4 中的耐蚀性

（1mil＝0.025mm）

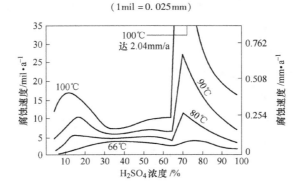

图 9-5　0Cr28Ni55Mo8.5Cu5.5 合金在硫酸中的耐蚀性

（1mil＝0.025mm）

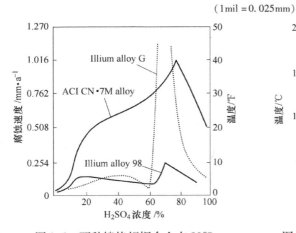

图 9-6　两种镍铬钼铜合金在 80℃
　　　　H_2SO_4 中的耐蚀性

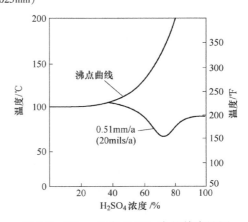

图 9-7　Illium G 在 H_2SO_4 中的等腐蚀图

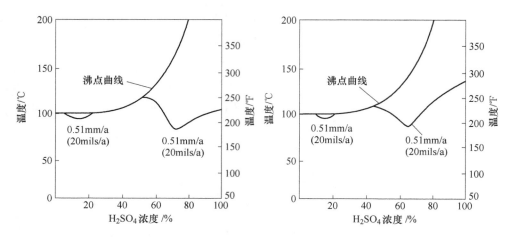

图 9-8　Illium 98 在 H₂SO₄ 中的等腐蚀图　　图 9-9　Illium B 在 H₂SO₄ 中的等腐蚀图

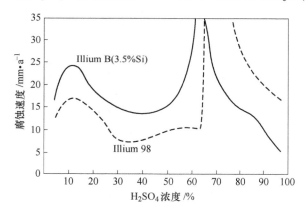

图 9-10　Illium 98、Illium B 在 H₂SO₄ 中的耐蚀性比较

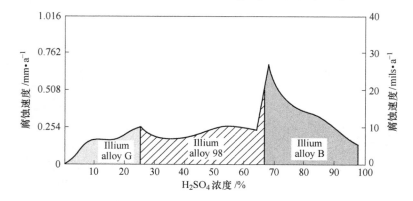

图 9-11　三种铸造 Ni-Cr-Mo-Cu 耐蚀合金在 100℃ H₂SO₄ 中的使用范围

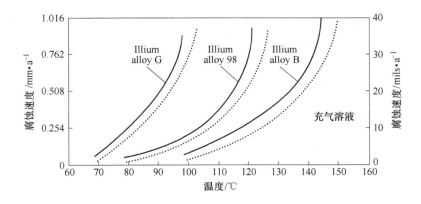

图 9-12 在 96% ~98% H_2SO_4 中三种铸造 Ni-Cr-Mo-Cu 耐蚀合金的耐蚀性

9.2.3.3 氢氟酸中

在氢氟酸中，镍铬钼铜耐蚀合金可耐 60℃ 以下许多不充空气的无水氢氟酸的腐蚀。但是，一旦温度更高或酸中充入空气，则这些合金的腐蚀速度便会显著增加。表 9-4 列出了 0Cr21Ni68Mo5Cu3 变形合金的试验结果。显然，充入空气有明显的加速腐蚀的作用，而试样部分浸入较全部浸入时的腐蚀速度也明显提高。一些试验也表明，镍铬钼铜合金中铬含量和钼含量高的牌号具有较好的耐氢氟酸腐蚀的性能。

表 9-4　变形 0Cr21Ni68Mo5Cu3 合金在 HF 酸中的耐蚀性

HF 酸浓度/%	温度/℃	时间/d	试验条件	腐蚀速度/mm·a^{-1}
50	60	35	溶液上部充入氮气	液相 0.225 气相 0.075
50	60	35	溶液上部充入空气	液相 2.750 气相 0.325
65	60	35	溶液上部充入氮气	液相 0.200 气相 0.025
65	60	35	溶液上部充入空气	液相 1.025 气相 0.325
5	65	33	试样全部浸入溶液中	0.540
48	65	40	试样全部浸入溶液中	0.292
5	65	33	试样部分浸入溶液中	1.167
48	65	40	试样部分浸入溶液中	1.513

在 HF + H_2SO_4 混酸（25% ~35% H_2SO_4 + 4% ~8% HF 酸，50 ~80℃）中

的试验表明，几种镍铬钼铜合金均有相当好的耐蚀性，见表 9-5。

表 9-5　几种镍铬钼铜合金在 $H_2SO_4 + HF$ 混酸中的耐蚀性

合 金 牌 号	缝隙处最大腐蚀深度/mm	腐蚀速度/mm·a^{-1}
0Cr22Ni56Mo6.5Cu6.5	0	0.125
0Cr21Ni68Mo5Cu3	0	0.150
0Cr28Ni50Mo8.5Cu5.5Si2B	—	0.625

　　氢氟硅酸一般比氢氟酸腐蚀性稍弱。前述几种镍铬钼铜合金均可耐此种酸的腐蚀。表 9-6 是一些实验结果。

表 9-6　Ni-Cr-Mo-Cu 合金在氢氟硅酸中的试验结果

合　金	试 验 条 件	腐蚀速度 /mm·a^{-1}
0Cr21Ni68Mo5Cu3	12%~13% H_2SiF_6 + 不溶性杂质，60~70℃，49 天	0.125，0.725
0Cr28Ni55Mo8.5Cu5.5	12%~13% H_2SiF_6 + 不溶性杂质，60~70℃，49 天	0.050，0.050
0Cr22Ni56Mo6.5Cu6.5	12%~13% H_2SiF_6 + 不溶性杂质，60~70℃，49 天	0.550，0.650
0Cr22Ni56Mo6.5Cu6.5	20% H_2SiF_6 + 不溶性杂质，流速 0.3m/s，54~60℃，49 天	0.085

9.2.3.4　盐酸中

　　在盐酸中，由于金属氯化物在溶液中有较高的溶解度，且氯离子有较大的浓度，所以提高盐酸的浓度、温度、流速、充入空气量等均加速合金的腐蚀。除非常稀的盐酸（≤2%）外，镍铬钼铜合金仅能用于近室温、且不充入空气的盐酸中。例如 0Cr22Ni56Mo6.5Cu6.5 合金仅限于质量分数≤15%，室温盐酸中使用，表 9-7 列出了一些试验结果。

表 9-7　0Cr22Ni56Mo6.5Cu6.5 合金在盐酸中的腐蚀实验结果

酸浓度/%	试验温度/℃	腐蚀速度/mm·a^{-1}
5	21	≤0.100
7	21	0.100~0.375
7	50	>3.125
10	21	≤0.100
16	50	>3.125
22	21	1.25~3.125
22	50	>3.125
32	41	>3.125
浓盐酸	21	>3.125

9.2.3.5 磷酸中

在磷酸中，0Cr22Ni56Mo6.5Cu6.5 合金的试验结果见表 9-8。由表中结果可知，除沸腾温度下的约 50% 和约 80% H_3PO_4 外，此合金在所试验条件下，其耐蚀性是可以接受的。而在实际湿法生产磷酸条件下，工业酸中还有一定数量的硫酸、氢氟酸和氢氟硅酸以及金属盐类，此介质本质上呈氧化性。此种介质的腐蚀性往往取决于它的 F^- 含量。而 F^- 含量则又随磷矿来源的不同而异。如果磷矿中含有足够的硅并能与游离的 HF 酸反应而生成氢氟硅酸时，则介质的腐蚀性会减弱。表 9-9 列出了向 55% H_3PO_4 中加入少量（0.8%）HF 酸时的试验结果。显然，高铬含量且有 Mo、Cu 复合时的镍铬钼铜合金具有最佳的耐蚀性。表 9-10 是两种镍铬钼铜合金在湿法 H_3PO_4 生产条件下进行腐蚀试验所取得的结果。由表可知，在相同的试验条件下，铬含量高时（例如 0Cr28Ni55Mo8.5Cu5.5 合金）具有更好的耐蚀性。

表 9-8 在 H_3PO_4 中铸造 0Cr22Ni56Mo6.5Cu6.5 合金的耐蚀性

H_3PO_4 浓度/%	试验温度/℃	腐蚀速度 /mm·a^{-1}	H_3PO_4 浓度/%	试验温度/℃	腐蚀速度 /mm·a^{-1}
10	70~75	0.0425	50	沸腾	1.560
10	80	0.0650	75~80	75	0.0275
10	沸腾	<0.0425	85	70~75	0.0025
25	70~75	0.0150	85	88	<0.0425
26	94	0.0075	85	沸腾	<2.0
30	88	<0.0425	117(85% P_2O_5)	60	0.060
30	沸腾	<0.20	117(85% P_2O_5)	60	0.0425
50	80	0.0150	117(85% P_2O_5)	120	0.040
50	98	0.275	117(85% P_2O_5)	180	0.310

表 9-9 在 55%H_3PO_4 +0.8%HF 介质中一些常用合金的耐蚀性比较

合金主要化学成分（质量分数）/%					牌　号	腐蚀速度/mm·a^{-1}	
Ni	Cr	Mo	Cu	Fe		试验 I	试验 II
68	21	5	3	1	Illium R	0.160	—
58	22.5	6.5	6.5	6.5	Illium G	0.192	—
44	22.2	6.5	2	20	Hastelloy G	—	0.225
34	20.0	2.5	3.3	39	Carpenter 20cb-3	—	0.330
55	28	8.5	5.5	1	Illium 98	—	0.395
42	21.5	3.0	2.25	30	Incoloy 825	0.335	0.403
61	22	9	—	3	Inconel 625	0.415	

合金主要化学成分（质量分数）/%					牌　号	腐蚀速度/mm·a^{-1}	
Ni	Cr	Mo	Cu	Fe		试验 I	试验 II
71	7	16	—	4	Hastelloy N	0.620	—
54	15.5	16	—	5	Hastelloy C	0.717	—
61	—	28	—	5	Hastelloy B	0.740	—
4.7	22	6.5	—	17	Hastelloy F	2.275	—
2.9	20	2.5	3.3	44	Carpenter 20cb	2.525	—
14	19	3~4	—	61	AISI 316	5.025	—

表 9-10　两种 Ni-Cr-Mo-Cu 合金在湿法 H$_3$PO$_4$ 生产过程中的腐蚀试验结果

腐蚀试验条件	温度/℃	腐蚀速度/mm·a^{-1}		
		时间/d	0Cr22Ni56Mo6.5Cu6.5	0Cr28Ni55Mo8.5Cu5.5
36% H$_3$PO$_4$ +2.9% H$_2$SO$_4$ +痕量 H$_2$SiF$_6$ + Al 和 Fe 的磷酸盐，在强滤液密封罐中	43	90	0.065	0.010
52% H$_3$PO$_4$ +2.9% H$_2$SO$_4$ +痕量 HFH$_2$SiF$_6$ + Fe 的磷酸盐，在蒸发器密封罐中	40~50	61	0.0350	0.0015
36% H$_3$PO$_4$ +2.9% H$_2$SO$_4$ +一些 HF 酸，在反应器出口处	77~84	90	0.100	0.0375
55% H$_3$PO$_4$ +一些 HF 酸、H$_2$SiF$_6$、CaSO$_4$，在蒸发器泵出口处	80~85	42	0.2175	0.020
61% H$_3$PO$_4$ 过滤后 +少量 H$_2$SO$_4$ 和 H$_2$SiF$_6$，在滤液密封罐中	80	10	0.150	—
69% H$_2$O$_4$ +3%~4% H$_2$SO$_4$ +3%~4% CaSO$_4$ +痕量 H$_2$SiF$_6$		81	0.035	0.0225
69% H$_3$PO$_4$ +少量 H$_2$SO$_4$ 和 H$_2$SiF$_6$，在反应器的淤泥中，以 3m/min 速度搅动	100	10	1.800	0.35
69% H$_3$PO$_4$ 喷雾，H$_2$SiF$_6$、SiF$_4$ +一些 HF 酸、磷矿石以及 CaSO$_4$	65~85	10	0.525	0.375

9.2.3.6　亚硫酸中

在亚硫酸中，镍铬钼铜合金可耐湿的 SO$_2$ 和大多数浓度、温度的亚硫酸的腐蚀。而在比较纯的亚硫酸中的耐蚀性，含 Cu 合金并不比不含 Cu 但 Cr、Mo 含量相同的合金优越。当然，当亚硫酸中有一定量的 H$_2$SO$_4$ 存在而组成混酸时，含

Cu 合金较不含 Cu 合金，其耐蚀性要好得多。

9.2.3.7 硝酸中

在硝酸中，由于这几种镍铬钼铜合金中铬含量较高，因而均具有相当的耐 HNO_3 腐蚀性能。例如 0Cr22Ni56Mo6.5Cu6.5 合金可耐 70℃ 以下所有浓度 HNO_3 的腐蚀；当 HNO_3 温度达到沸点时，此合金可耐浓度 ≤25% HNO_3 的腐蚀。表 9-11 中列出了 0Cr22Ni56Mo6.5Cu6.5 合金的试验结果。由于铬含量提高，耐 HNO_3 性能也提高，所以含 Cr 质量分数约为 28% 的镍铬钼铜合金的耐 HNO_3 性能优于 0Cr22Ni56Mo6.5Cu6.5 合金。

表 9-11　0Cr22Ni56Mo6.5Cu6.5 合金在 HNO_3 中的耐蚀性

HNO₃ 浓度/%	腐蚀速度/mm · a⁻¹		
	22℃	88℃	沸　腾
5	<0.0050	0.020	<0.20
10	<0.0050	0.020	<0.20
25	<0.0050	0.020	<0.20
40	<0.020	<0.20	1.88
50	<0.020	<0.20	1.93
60	<0.020	0.265	2.27
浓 HNO₃	<0.020	1.00	7.30

由于一般不锈钢耐硝酸的性能已能很好地满足工程的需要，因此，为了解决 HNO_3 的腐蚀问题，无需选用价格昂贵的镍铬钼铜合金。但是，对于既耐 HNO_3 又耐 H_2SO_4 或 H_3PO_4 等的环境，对于耐 HNO_3 和 H_2SO_4、H_3PO_4 等混酸的条件，对于耐含有 F^-、Cl^- 的 HNO_3 介质等的环境，选用镍铬钼铜耐蚀合金是可以考虑的。

9.2.3.8 有机酸中

在有机酸和有机化合物中，对大多数有机酸和有机化合物，例如酐类、醛类、酮类、醇类、酯类以及其他有机溶剂而言，镍铬钼铜合金均具有非常好的耐蚀性。根据在 360 ~ 675℃、流速为 4.3m/s 的冰醋酸蒸气中的试验，0Cr22Ni56Mo6.5Cu6.5 合金的腐蚀速度为 0.0050mm/a。

9.2.3.9 卤素元素气体中

在卤素元素及其氢化物气体中，镍铬钼铜合金在高温干燥卤素气体中一般具有良好的耐蚀性。然而，一旦在氯、溴、碘气中有水冷凝，那么这些合金便会迅速受到腐蚀，即使在室温条件下也不会例外。此时，往往出现点蚀。

核燃料锆包壳原件的处理，经常用 HCl 气在 400 ~ 600℃下与 Zr 包壳起反应，使 Zr 成为挥发性的四氯化锆。制造此种反应器需要使用耐 HCl、$ZrCl_4$ 等高温气体腐蚀的材料。试验结果表明，0Cr21Ni68Mo5Cu3 合金的腐蚀速度 ≤ 0.03 ~ 0.06mm/a。

在含有 HF、氧化氮和蒸气的 700℃介质中，0Cr22Ni56Mo6.5Cu6.5 合金的腐蚀速度为 0.25 ~ 0.37mm/a。

由于铬、钼的氟化物的高挥发性，在高温氟气中，镍铬钼铜合金是不耐蚀的。表 9-12 列出了 0Cr21Ni68Mo5Cu3 合金在流动氟气中的试验结果。显然，此合金仅能在 ≤370℃的氟气中使用。

表 9-12   在流动氟气中 0Cr21Ni68Mo5Cu3 合金的耐蚀性

试验温度/℃	腐蚀速度/mm·a^{-1}	试验温度/℃	腐蚀速度/mm·a^{-1}
27	0.0375	370	0.287
204	0.150	538	100.9

9.2.4   热加工、冷加工、热处理和焊接性能

0Cr21Ni68Mo5Cu3 合金是变形合金，可进行锻、轧、拔制、冲压、旋压等加工而无特殊困难。此合金适宜的热变形温度为 1065 ~ 1230℃，但在 950 ~ 1065℃间也允许进行轻微热加工。0Cr21Ni68Mo5Cu3 合金适宜的热处理工艺为 1120 ~ 1177℃加热后水冷。此合金每次热处理后所允许的最大冷变形量为 25%。对 0Cr21Ni68Mo5Cu3 合金以采用 TIG、MIG 焊接最为适宜。

0Cr22Ni56Mo6.5Cu6.5、0Cr28Ni56Mo8.5Cu5.5Si4B 和 0Cr28Ni55Mo8.5Cu5 三种合金均为铸造合金，仅能生产铸件。它们的热处理工艺为经 1180℃加热后水冷。0Cr28Ni50Mo8.5Cu5.5Si4B 合金焊接性能较差，焊前一般需预热到约 960℃。

9.2.5   应用

0Cr21Ni68Mo5Cu3 合金为变形合金，可以供应的冶金产品有板材、管材、棒材、带材、丝材和锻件外，同时也可生产铸件。0Cr22Ni56Mo6.5Cu6.5、0Cr28Ni50Mo8.5Cu5.5Si4B、0Cr28Ni55Mo8.5Cu5.5 三种合金仅能以铸造产品形式供应。由于这些镍基合金中铬、钼、铜含量均较高，因而特别耐硫酸和磷酸（包括含 Cl⁻、F⁻ 的硫酸）的腐蚀，适于制造泵、阀等铸造产品。

参 考 文 献

[1] 陆世英，康喜范. 镍基和铁镍基耐蚀合金. 北京：化学工业出版社，1989：233 ~ 246.

[2] Friend W Z. Corrosion of Nickel and nickel alloys. NewYork：John Wiley & Sons，Inc.，1980：

380 ~ 416.

[3] Stainless Foundry and Eng. , Illium R, Bulletin No. 5-661, 1960.

[4] Stainless Foundry and Eng. , Illium G, Bulletin No. 5-166, 1961.

[5] Stainless Foundry and Eng. , Illium 98, Bulletin No. 5-959, 1959.

[6] Stainless Foundry and Eng. , Illium B, Bulletin No. 5-627, 1962.

[7] Davis J R. Nickel, Cobalt and their alloys. OH Material spark: ASM international, 2000: 55 ~ 57.

10 Ni-Fe-Cr 铁镍基耐蚀合金

Ni-Fe-Cr 铁镍基耐蚀合金[1~17]是在 Ni-Cr 合金工业应用的实践基础上，为了节约镍基合金中的镍，研究了以铁取代镍的可能性，经大量试验研究开发的性能相当或优于 Ni-Cr 合金的合金，这是此类合金初期发展的特点。在随后的深入研究中，对合金中 Cr、Ni、Al、Ti、C、Ti/C 等进行了细致的研究，以期得到合金力学性能、工艺性能和耐蚀性的最佳配合。20 世纪 60 年代以来，随着化学加工业和动力工业的发展，不锈钢和镍基合金的应力腐蚀破裂事故不断出现，尤其是核动力工程中的应力腐蚀破裂问题，引起了国际上对耐应力腐蚀破裂材料的广泛注意。为了寻求理想的耐蚀材料，投入了大量的人力、物力开展这方面的研究。1967 年，H. Coriou 等发表了关于含质量分数为 18% Cr，10% ~ 77.1% Ni 的 Ni-Fe-Cr合金在高温高压水条件下的耐应力腐蚀破裂性能试验结果（见图 10-1）。结果指出，含质量分数为 10% Ni 的 Cr18-Ni10 不锈钢产生穿晶型应力腐蚀破裂；含质量分数为 77% Ni 的 Inconel 600 合金产生晶间型应力腐蚀破裂，而合金中的镍含量 $w(Ni)$ 在 25% ~77% 之间，既不产生穿晶应力腐蚀，又不产生晶间应力腐蚀。这一研究结果进一步刺激了 Ni-Fe-Cr 合金的发展。

Ni-Fe-Cr 合金的 Cr 含量 $w(Cr)$ 通常在 15% ~25%，镍含量 $w(Ni)$ 在 30% ~

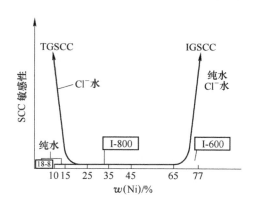

图 10-1 Fe-18Cr-Ni 合金在高温水中的应力腐蚀行为

（应力稍高于屈服点；水温 350℃，去离子水，$w(O_2) \leqslant 0.0003 \times 10^{-6}$，1g/L 氯化物，试验时间半年）

I-800—0Cr20Ni32Fe; I-600—0Cr15Ni75Fe;

TGSCC—穿晶应力腐蚀；IGSCC—晶间型应力腐蚀

45%，并含有少量的 Al、Ti。根据 Fe-Cr-Ni 三元合金在 400℃、650℃和 1100℃的等温截面相图可知，本章所讨论的 Ni-Fe-Cr 合金从高温快冷后均处于奥氏体（γ）单相区，决定了此类合金的使用状态为单一奥氏体积组织（见图 10-2）。当合金中的铬含量高而镍含量处于下限值时，在中温停留或高温加热后慢冷，合金中会有 σ(X) 相沉淀和其他金属间化合物和各种碳化物析出，当合金中 $w(Ni) \leqslant 32\%, w(Cr) \leqslant 19\%$ 时，有可能产生各种马氏体（图 10-3），对于以耐蚀为主要

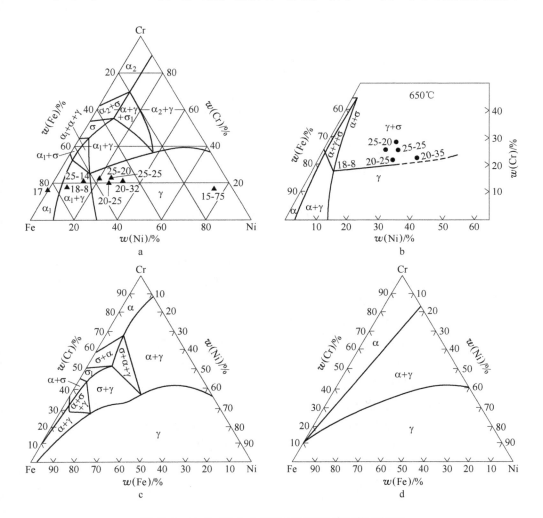

图 10-2　Fe-Cr-Ni 合金在不同温度的等温截面相图

a—Fr-Cr-Ni 合金 400℃等温截面相图（图中数字为合金中 Cr、Ni 大致含量，例如，25-20，即 $w(Cr)$ 约 25%，$w(Ni)$ 约 20%，其余均为 Fe）；b—Fr-Cr-Ni 合金 650℃等温截面相图（图中数字为合金中 Cr、Ni 大致含量）；c—Fr-Cr-Ni 合金 800℃等温截面相图；

d—Fr-Cr-Ni 合金 1100℃等温截面相图

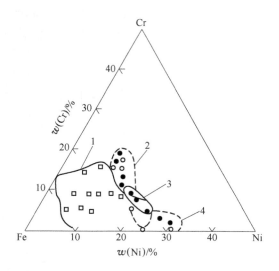

图 10-3　Fe-Cr-Ni 合金各种马氏体存在区
1—块状马氏体；2—板条状马氏体；3—表面马氏体；4—平板状马氏体

目的的 Ni-Fe-Cr 合金，这些有害相的析出和马氏体相变结果将严重危害合金的耐蚀性和力学性能，在合金设计和选用时应予以特别注意。

含 ≥25% Cr 的 00Cr25Ni35AlTi 铁镍基耐应力腐蚀合金的面世是 20 世纪 Ni-Fe-Cr 耐蚀合金最主要进展。此合金是中国在 20 世纪 70 ~ 80 年代基于 25% Cr 成为使 Ni-Fe-Cr 系耐蚀合金的耐蚀性发生急剧提高的突变点的试验结果而研发成功的，它的研发时间大体上与 Inconel 690 同期。此合金在压水堆高温高压水中的耐应力腐蚀性能优于 Inconel 600 和 Incoloy 800，与 690 合金相当。但成本较低，是目前压水堆核电站蒸发器传热管材可与 690 竞争的耐蚀结构材料。

此类合金具有良好的强度，良好的抗氧化性能和好的抗渗碳性能，以及良好的高温组织稳定性。尽管此类合金在湿态腐蚀介质中具有适宜的耐蚀性，但在耐蚀性方面的突出特点是具有优良的耐应力腐蚀性能和耐高温腐蚀性能，甚至优于 Ni-Cr 合金。鉴于上述特点，Ni-Fe-Cr 合金主要用于制造耐应力腐蚀、高温腐蚀的设备和部件，例如常规电厂，化工、石油化学工业中的换热器、蒸发器、过热器以及核动力工业（压水堆核电站、高温气冷堆核电站）中的蒸汽发生器、换热器等。

10.1　铬对 Fe-Ni 合金耐蚀性的影响

Cr 是使含质量分数为 30% ~ 50% Ni 的 Fe-Ni 基合金不锈和耐蚀不可缺少的合金元素。Cr 对此类合金耐蚀性的影响遵循 Cr 对铁基合金和镍基合金的影响规律。在强氧化性硝酸中，根据对工业合金的研究表明，不论是铁基合金还是镍基合金，Cr 是决定合金耐蚀性的关键元素。随 Cr 含量的提高耐蚀性提高，当 Cr 含量 $w(\mathrm{Cr}) \geqslant 18\%$ 以后，耐蚀性处于稳定状态（见图 10-4）。在产生点蚀和缝隙腐蚀的环境中，Cr 显著提高了合金的点蚀电位和钝化膜的修复能力，从而提高了合金耐点蚀和耐缝隙腐蚀的能力，Cr、Mo 的复合作用更加强化了这种效果。

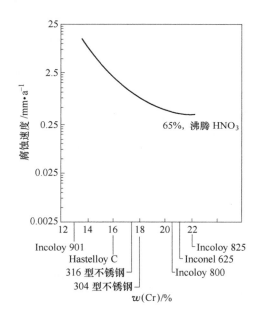

图 10-4　铬含量对合金在硝酸中耐蚀性的影响

　　在高温纯水环境中，Cr 显著提高了 Fe-Ni 基合金耐晶间应力腐蚀断裂性能（图 2-41 和图 2-42）。国内的研究表明，Cr 的良好作用是由于随铬含量的提高，合金表面膜中 Cr 的浓度增加，且合金表面膜和基体的过渡区 Cr 的富集达最大值。当合金中的铬含量 $w(\mathrm{Cr})$ 低于 24% 时，膜中 $w(\mathrm{Cr})/w(\mathrm{Fe})$ 比稍高于基体，说明了 Cr 的富集，当铬含量 $w(\mathrm{Cr})$ 为 28% 时，膜中 $w(\mathrm{Cr})/w(\mathrm{Fe})$ 比为基体的 2.18 倍，表明了 Cr 在表面膜中明显富集（表 10-1 和图 10-5）。除此外，合金表面膜的结构随铬含量的提高由以铁的尖晶石为主过渡到以铬的尖晶石为主，膜的致密度、稳定性、黏附性和塑性等也随之提高，因而致使膜难以破碎、溶解和脱落。Cr 对合金表面膜的这种影响使得合金耐应力腐蚀性能提高，根据 Cr 对 Fe-Ni 基合金在高温纯水中表面膜成分、结构的影响，不难判断，为使 Fe-Ni-Cr 合金具有在此环境中的最佳耐应力腐蚀破裂性能，合金中的铬含量 $w(\mathrm{Cr})$ 应在 20% ~ 30% 之间选择。

表 10-1　Cr 对 Fe-35%Ni 合金在高温水中所形成表面膜的 Cr、Fe 含量及 Cr/Fe 比的影响

合金编号	合金中的 Cr 含量/%	膜中元素平均含量/%			$w(\mathrm{Cr})/w(\mathrm{Fe})$	
		Cr	Fe	Ni	基体	膜
C_1	12.25	16.075	63.545	20.381	0.239	0.253
C_4	24.84	28.227	40.621	31.150	0.611	0.695
C_5	28.04	43.950	26.810	29.240	0.752	1.639

注：水质条件 $8 \times 10^{-6}\mathrm{O}_2$、$100 \times 10^{-6}\mathrm{Cl}^-$，pH = 5.5 ~ 6.5；试验温度300℃；试验时间412h。

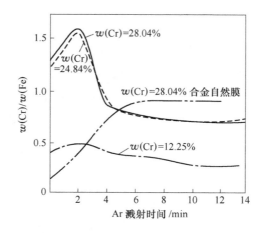

图 10-5　Cr 对 Fe-35% Ni 合金在高温水（300℃，$8 \times 10^{-6}\mathrm{O}_2$，$100 \times 10^{-6}\mathrm{Cl}^-$）中
试验 1h 所形成的表面成分 $[w(\mathrm{Cr})/w(\mathrm{Fe})]$ 的影响

　　在隔膜法制碱过程中,存在着含 NaCl 和 NaOH 的苛性应力腐蚀破裂问题。通常 NaOH 浓度为 15% ~ 50%,NaCl 浓度为 2.5% ~ 15%,温度为 85 ~ 140℃。图 10-6 的试验结果表明,在 140℃、45% NaOH + 5% NaCl 中,Fe-Cr-Ni 合金中的 Ni、Cr 配比适当才能防止应力腐蚀的产生。对于含质量分数为 30% ~ 50% 的 Fe-Ni 基合金而言,在镍含量处于下限时,不产生应力腐蚀的临界铬含量 $w(\mathrm{Cr})$ 在 22% 左右,随镍含量的提高,临界铬含量下降。

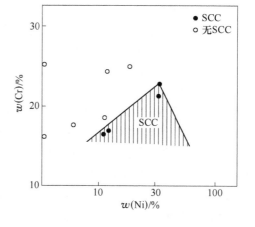

图 10-6　在 140℃、45% NaOH + 5% NaCl 中
Ni、Cr 对 Fe-Cr-Ni 合金应力腐蚀行为的影响

　　Cr 对 Fe-Ni 基合金在燃煤和燃油中所产生的燃料灰沉积所引起的高温

腐蚀具有重要影响。图 10-7 给出了在模拟燃煤和燃油环境下对 Ni-Cr、Ni-Fe-Cr 合金耐蚀性的研究结果。在模拟燃煤环境中,对于含质量分数为 30% ~ 50% Ni 的合金,当 Cr 从 20% 提高到 30%,在模拟燃油环境中 Cr 从 20% 提高至 25% 时,合金的耐蚀性提高约 1 倍。

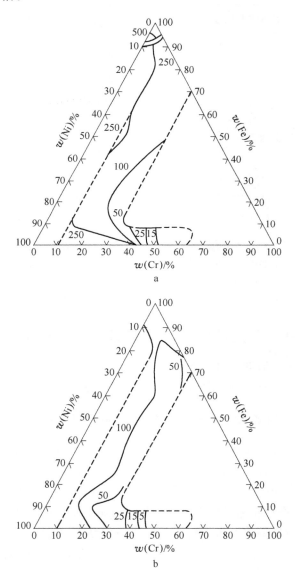

图 10-7　Ni-Fe-Cr 合金暴露于模拟燃煤和燃油环境(650℃、100h)中的腐蚀

(图中数字为失重量,mg/cm²)

a—模拟燃煤环境;b—模拟燃油环境

　　在某些介质中,Cr 对 Fe-Ni 基合金耐蚀性的影响不遵循上述规律,随合金中铬含量的提高反而降低合金耐蚀性。通常热处理盐浴炉所用的三元熔融氯盐就是这种典型事例,图 10-8 和图 10-9 给出了 Cr 的不良影响的试验结果。

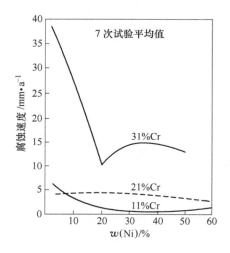

图 10-8　Cr、Ni 含量对铸造 Ni-Cr-Fe 合金在
870℃ 熔融氯盐中腐蚀速度的影响
（介质成分:55% BaCl₂ + 25% KCl + 20% NaCl；
试样浸入盐浴中 50h）

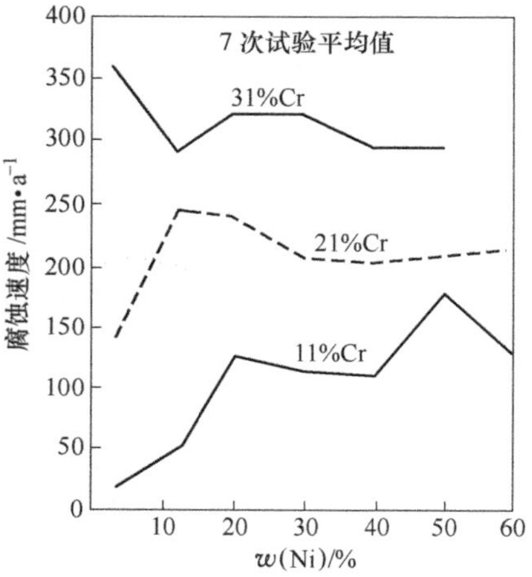

图 10-9　Cr、Ni 含量对铸造 Ni-Cr-Fe 合金在
870℃ 熔融氯盐中晶间腐蚀速度的影响
（介质成分和试验时间同图 10-8）

10.2　常用 Ni-Fe-Cr 耐蚀合金成分、组织、性能和应用

　　具有工业使用价值的 Ni-Fe-Cr 合金较多,但在工程中,经常使用的牌号却集中于少数几个牌号,本书仅就应用较广或具有优异性能的合金加以介绍。

10.2.1　Cr20Ni32 型耐应力腐蚀合金（Incoloy 800,NS 1101）

　　质量分数含碳小于 0.1% ,含铬 20% 左右,含镍 32% 左右,并含少量铝、钛的铁-镍耐蚀合金是 Ni-Fe-Cr 系合金的代表性牌号,通称 Incoloy 800 合金。此合金是为了节约镍基合金中的 Ni 于 1949 年发展的。随着化学加工业和核动力工业的发展,需要大量的在各种腐蚀环境下工作的换热设备。长时间以来,换热设备水侧所引起的应力腐蚀破裂事故严重威胁着设备的安全运行和影响生产厂的经济效益,寻求一个适用性宽广的耐应力腐蚀破裂合金受到工业界的普遍关注。在一些高温高压水中,在 Ni-Fe-Cr 合金体系中由于存在着一个既不产生穿晶又不产生晶间应力腐蚀破裂的 Ni 区间,而且 Cr20Ni32Fe 合金的镍含量恰好处于此区间（图 10-1）,且价格又远低于镍基合金,因此这类合金得到了深入的研究和发展,派生出许多合金牌号,按化学成分和用途至少可将 Cr20Ni32 型合金划分成标准型、高碳型、中碳型和低碳型四种。

标准型是早期的 Cr20Ni32 型合金,碳含量≤0.1%。

高碳型合金的碳含量 $w(C)$ 处于 0.05%~0.1% 之间。主要用于 600℃以上,具有粗晶粒、高蠕变强度的特点。在化工、电厂、石油化学工业中的过热器、再热器、高温加热、转化、裂解炉管等方面应用。

中碳型合金的碳含量 $w(C)$ 在 0.03%~0.06% 范围之间,具有中等晶粒度,一般用于 350~600℃ 使用的过热器、再热器等热强部件。也适用于高温(750℃)气冷堆换热器。

低碳型有时也称改良型。它是标准型合金 Cr20Ni32Fe 合金的改进和发展。我国钢标号为 00Cr20Ni32AlTi。碳含量 $w(C)$ 低于 0.03% 并要求控制合金中的 Ti/C 和 Ti/C+N 比值以及 Al、Co 等含量。此合金的特点是超低碳、细晶粒,充分稳定化、耐应力腐蚀性能优良,低碳型合金使用温度≤350℃,主要用于压水堆蒸发器。

10.2.1.1 化学成分和组织结构

经近 60 年的演变、发展的各种 Cr20Ni32 合金的派生牌号的化学成分列于表 10-2。

表 10-2 几种典型 Cr20Ni32 型合金的成分(质量分数)　　　(%)

牌　号	国别	C	Si	Mn	Cr	Ni	Al	Ti
Cr20Ni32Fe(NS 1101)	中国	≤0.10	≤1.0	≤1.5	19~23	30~35	0.15~0.60	0.15~0.60
Incoloy 800(No. 8800)	美国							
Incoloy 800M	美国	0.03~0.06			19~23	30~35	0.15~0.60	≤0.03
Incoloy 800H(No. 8810)	美国	0.05~0.10	≤1.0	≤1.5	19~23	30~35	0.15~0.60	0.15~0.60
XH32T	前苏联	≤0.05	≤0.7	≤0.7	19~22	32~34	≤0.5	0.25~0.60
00Cr20Ni32AlTi	中国	≤0.03	0.3~0.7	0.4~0.7	20~23	32~35	0.15~0.45	0.15~0.60
Sanicro-30	瑞典							
Incoloy 800HT(No. 8811)	美国	0.06~0.10	≤1.0	≤1.5	19~23	30~35	0.15~0.60	0.15~0.60

牌　号	国别	N	Co	Cu	Ti/C	Ti/C+N	P		备　注
Cr20Ni32Fe(NS 1101)	中国	—	—	≤0.75	—	—	≤0.02	≤0.015	
Incoloy 800(No. 8800)	美国								
Incoloy 800M	美国	—	—	≤0.75	—		≤0.02	≤0.015	
Incoloy 800H (No. 8810)	美国								Al+Ti 0.30~1.20 ASTM 晶粒度≤5 级
XH32T	前苏联						≤0.03	≤0.02	
00Cr20Ni32AlTi	中国	≤0.03	≤0.1	≤0.75	≥12	≥8	≤0.02	≤0.015	
Sanicro-30	瑞典								
Incoloy 800HT(No. 8811)	美国	—	—	≤0.75			≤0.03	≤0.02	Al+Ti 0.895~1.20

表 10-2 所列合金在高温固溶快冷条件下的组织为奥氏体，但在 500～900℃ 中温加热，此合金有可能处于 γ+σ 双相区，对于 Ni 处于下限，Cr 处于上限的合金可能性更大。业已发现，在 650℃ 和 750℃ 长期加热有 σ 相析出，但数量较少，尚不足以影响合金的断裂性能。

合金的析出行为 C 曲线，如图 10-10 所示，析出相种类和数量受合金成分和受热条件所制约。

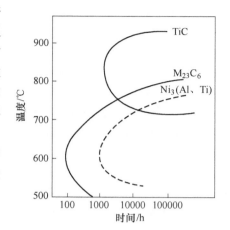

图 10-10　Cr20Ni32 合金碳化物和 γ′相析出 C 曲线

10.2.1.2　力学性能

1Cr20Ni32Fe（Incoloy 800）合金的室温力学性能汇总于表 10-3，典型的室温抗拉和抗压强度见表 10-4。表 10-5 为超低碳型 Cr20Ni32Fe 合金的室温和 350℃ 的力学性能。不同碳含量的 Cr20Ni32Fe 合金的高温瞬时拉伸性能如图 10-11 和图 10-12 所示。

Cr20Ni32Fe 合金的高温长时力学性能见表 10-6、图 10-13 和图 10-14。

表 10-3　1Cr20Ni32Fe（Incoloy 800）合金的室温力学性能

材料类型	状　态	R_m/MPa	$R_{p0.2}$/MPa	A/%
棒　材	退火态	517～690	207～414	60～30
	热轧态	552～827	241～621	50～25
	冷拔态	690～1034	517～862	30～10
中　板	热轧态	552～758	207～448	50～25
	退火态	517～724	207～414	50～30
薄　板	退火态	517～724	207～379	50～30
带　材	退火态	517～690	207～379	50～30
管　材	热轧态	517～724	172～414	50～30
	冷拔退火态	517～690	207～414	50～30
丝　材	退火态	552～758	241～448	45～25
	弹簧回火	965～1207	896～1172	5～2

表 10-4　1Cr20Ni32Fe 合金的典型室温抗拉和抗压性能

材料状态	R_m/MPa	$\sigma_{0.02}$/MPa	$R_{p0.2}$/MPa	$\sigma_{-0.02}$/MPa	$R_{p-0.2}$/MPa
退火棒	616	268	283	269	287
挤压管	479	145	190	145	175

表 10-5　00Cr20Ni32AlTi 合金的室温和 350℃ 的力学性能

品种	状态	室温				350℃			
		R_m/MPa	$R_{p0.2}$/MPa	A/%	Z/%	R_m/MPa	$R_{p0.2}$/MPa	A/%	Z/%
管材	1050℃ 水冷	363.5 ~ 612.5	289.1 ~ 416.5	34 ~ 47	—	392	192.5 ~ 223.4	—	—
棒材	1100℃ 水冷	563.5 ~ 573.5	230.3	46 ~ 54.5	74.5	417.5 ~ 423.3	111.7 ~ 149.9	43.7 ~ 149.9	70.5

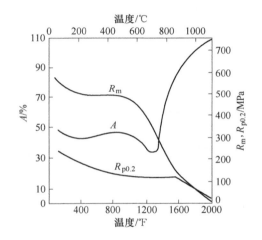

图 10-11　Incoloy 800 在室温 ~ 815℃ 的
瞬时力学性能
（试样取自 980℃ 固溶处理的棒材）

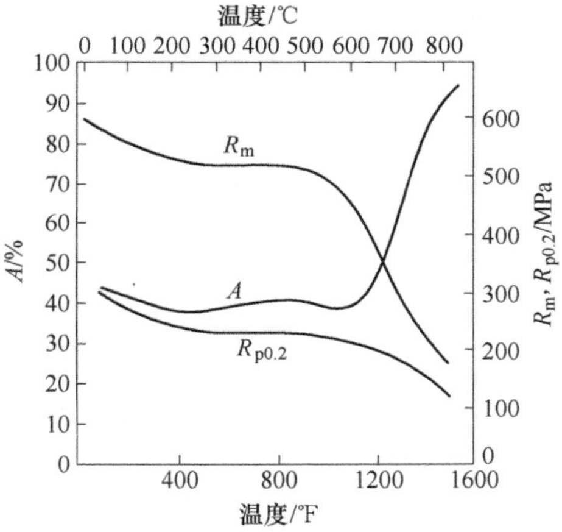

图 10-12　Incoloy 800H 在室温 ~ 1100℃ 的
瞬时力学性能
（1095℃ 固溶处理，ϕ107mm × 12.7mm 挤压管材）

表 10-6　1Cr20Ni32Fe 合金（Incoloy 800）的持久性能

温度/℃	持久强度/MPa	
	100h	1000h
650	220	145
760	115	69
870	45	33

10.2.1.3　耐蚀性

A　全面腐蚀

1Cr20Ni32Fe 合金具有良好的耐 HNO_3、有机酸、除卤素盐外的氧化性和非氧化盐类的腐蚀，在硝酸中，它可经受沸腾温度 70% HNO_3 的腐蚀。在各种介质中的耐蚀性见表 10-7。

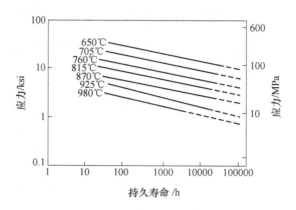

图 10-13　Incoloy 800H 的高温持久温度

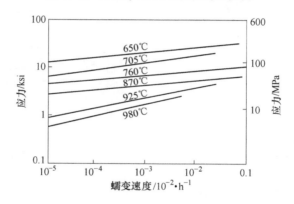

图 10-14　Incoloy 800H 的蠕变性能

表 10-7　1Cr20Ni32Fe 合金在 80℃各种介质中的腐蚀

介 质 条 件	试验时间/d	腐蚀速度/mm·a^{-1}	点 蚀 状 况
10%醋酸	7	0.0003	无点蚀
10%醋酸 +0.5%硫酸	7	0.0006	无点蚀
10%醋酸 +0.5% NaCl	42	0.0008	42 天后，30 倍下可见初始点蚀
5%硫酸铝	7	0.0003	无点蚀
5%氯化铵	42	0.0006	42 天后点蚀
5%氢氧化铵	7	0.0003	无点蚀
10%氢氧化铵	7	0.0003	无点蚀
5%硫酸铵	7	0.000	无点蚀
10%氯化钡	42	0.0008	42 天后点蚀
饱和溴水	42	0.19	7 天后点蚀

介 质 条 件	试验时间/d	腐蚀速度/mm·a⁻¹	点 蚀 状 况
5% CaCl₂	42	0.0003	42 天后点蚀
5% 铬酸	7	0.041	无点蚀
10% 柠檬酸	7	0.000	无点蚀
10% CuSO₄	7	0.000	无点蚀
5% FeCl₃	42	11	7 天后点蚀
10% 乳酸	7	0.001	无点蚀
5% 草酸	7	0.003	无点蚀
10% 草酸	7	0.28	无点蚀
10% NaCl	42	0.0003	42 天后，在 30 倍下可见初始点蚀
20% NaCl	42	0.0086	7 天后点蚀
1% 次氯酸钠	42	0.127	7 天后点蚀
5% 次氯酸钠	42	0.2	7 天后点蚀
5% 亚硫酸	7	1.09	无点蚀
10% ZnCl	7	0.0003	42 天后点蚀

B 高温腐蚀

尽管 Cr20Ni32Fe 合金在湿态介质中具有较好的耐蚀性，但此类合金良好的耐高温腐蚀性能是其突出优点。在高温条件下，由于合金中具有较高的铬含量和足够的镍含量，使其能形成防护性良好的氧化膜，具有良好的抗渗碳性能，是耐高温腐蚀的良好材料，在工业中得到了广泛应用。

在高温炉气中 Cr20Ni32Fe 合金的耐蚀性优于一般奥氏体不锈钢，数据见表 10-8。

表 10-8 Cr20Ni32Fe(Incoloy 800)合金在炉气中的腐蚀

试验合金牌号	腐蚀速度/mm·a⁻¹	试验合金牌号	腐蚀速度/mm·a⁻¹
0Cr18Ni9(AISI 304)	完全氧化	0Cr25Ni20(AISI 310)	0.23
0Cr23Ni13(AISI 309)	2.16	Cr20Ni32Fe(Incoloy 800)	0.15

注：炉气含 2% ~4% CO，4% ~8% CO₂（体积分数），无 S，870 ~1150℃，试验时间 3 个月。

H₂ + H₂S 环境，在石油精炼加工中常常遇到含 H₂S 的 H₂ 腐蚀问题，Cr20Ni32Fe 合金的耐蚀性优于一般奥氏体不锈钢，也优于 Inconel 600 合金，试验室试验结果列于表 10-9。

抗渗碳性能，Cr20Ni32Fe 具有良好的抗渗碳性能，试验室试验结果见表 10-10。它的抗渗碳性能优于常规不锈钢，相当于含质量分数为 25% Cr 的耐高温腐蚀的奥氏体不锈钢。

表 10-9　Cr20Ni32Fe 合金在 400℃、H₂ + 1.5% H₂S（体积）介质中的耐蚀性

合金牌号	腐蚀速度/mm·a⁻¹	合金牌号	腐蚀速度/mm·a⁻¹
0Cr18Ni9（AISI 304）	0.20	Cr20Ni32Fe（Incoloy 800）	0.08
0Cr18Ni11Nb（AISI 347）	0.18	Cr15Ni75Fe（Inconel 600）	0.25
0Cr25Ni13（AISI 309）	0.13		

注：H₂ 气压：3.3×10^{-3} Pa，试验时间 730h。

表 10-10　Cr20Ni32Fe 合金的抗渗碳性能

合金牌号	增碳/%	合金牌号	增碳/%
0Cr18Ni9（AISI 304）	1.40	0Cr25Ni20（AISI 310）	0.02
0Cr18Ni9Ti（AISI 321）	0.59	0Cr20Ni32Fe（Incoloy 800）	0.04
0Cr25Ni12（AISI 309）	0.12	0Cr15Ni75Fe（Inconel 600）	0.11

C　晶间腐蚀

Cr20Ni32Fe 合金在 593~816℃之间受热将出现晶间腐蚀（图 1-4）。对含质量分数为 0.04% C 的合金试验结果指出，最敏感的温度为 650℃（见图 10-15）。影响 Cr20Ni32Fe 合金晶间腐蚀的因素是合金中的碳含量，Ti/C[Ti/(C + N)]比值、固溶处理温度和晶粒尺寸等，其根源是由于 $Cr_{23}C_6$ 在中温析出所引起的贫 Cr 所致。尽管此类合金在 850℃附近析出 TiC 沉淀，但不足以解决晶间腐蚀问题。降低合金中的碳含量，提高合金的稳定化程度即提高 Ti/C，控制固溶处理温度和采取细化晶粒尺寸等措施，可有效地降低合金的晶间腐蚀敏感性，如图 10-16 和图 10-17 所示。

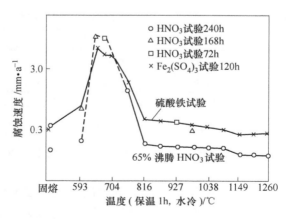

图 10-15　Cr20Ni32Fe（Incoloy 800）合金晶间腐蚀和热处理间的关系

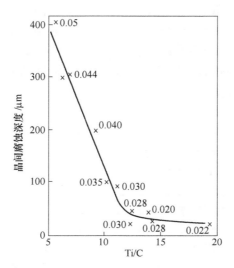

图 10-16　碳含量和 Ti/C 比对 Cr20Ni32Fe(Incoloy 800)合金晶间腐蚀行为的影响
（CuSO$_4$ + H$_2$SO$_4$ + Cu 屑法；图中数字为 w(C)％)

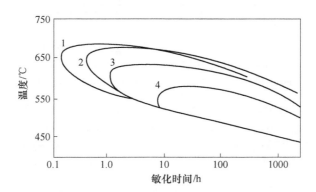

图 10-17　碳含量、固溶温度、稳定化度、晶粒尺寸对
Cr20Ni32Fe(Incoloy 800)合金晶间腐蚀的影响
碳含量(质量分数)：1—0.036％；2—0.036％；3—0.026％；4—0.015％
固溶温度：1—1150℃；2—980℃
稳定化度：2—Ti/C = 11.7, Ti/(C + N) = 7.1；3—Ti/C = 15.4, Ti/(C + N) = 9.1
晶粒度：3—40μm，相当于 ASTM 6 级；4—12.5μm，相当于 ASTM 9.5 级

D　应力腐蚀

a　高温水介质中

工程实践和实验室试验表明，在高温水的某些条件下，低碳的 Cr20Ni32Fe
(00Cr20Ni32AlTi)合金的耐应力腐蚀性能显著优于 18-8 型奥氏体不锈钢，在某些

条件下甚至优于 00Cr15Ni75Fe（Inconel 600）合金。图 10-18 给出了在 316℃ 和 330℃ 含 100×10^{-6} Cl$^-$、8×10^{-6} 溶解氧的高温静水中的应力腐蚀试验结果，显然 00Cr20Ni32AlTi 合金的耐应力腐蚀性能，既优于 18-8、2520、00Cr25Ni25Si2V2Ti 等不锈钢，又优于 Inconel 600 和 Monel 400 合金，但经 2500 ~ 10000h 试验，它也产生了晶间应力腐蚀断裂。

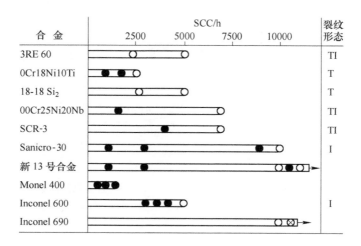

图 10-18　00Cr20Ni32AlTi 合金和其他合金在高温水介质中的应力腐蚀

3RE 60——00Cr18Ni5Mo3Si2；Sanicro-30——00Cr20Ni32AlTi；

Monel 400——0Cr28Ni70Fe；Inconel 690——00Cr30Ni60Fe10；

SCR-3——00Cr25Ni25Si2Si2V2Nb（Ti）

T—穿晶型；I—晶间型；TI—穿晶 + 晶间混合型

○—温度 330℃，Cl$^-$ 100×10^{-6}，[O]8×10^{-6}，pH = 6.6，静态高压釜；

●—温度 316℃，Cl$^-$ 100×10^{-6}，[O]8×10^{-6}，pH = 6.0 ~ 7.6，静态高压釜；

⊗—温度 290℃，Cl$^-$ 500×10^{-6}，[O]8×10^{-6}，pH = 6.3，静态高压釜

尽管 Cr20Ni32Fe 合金表现出良好的耐应力腐蚀性，但此合金对应力腐蚀并非免疫。在各种高温水中的耐应力腐蚀性能与合金成分、热处理条件、冷变形等有密切关系。试验结果指出，降低合金中的碳含量（w(C) ≤ 0.03%），提高镍含量，增大 Ti/C 比将提高合金的耐应力腐蚀性能。通常敏化和冷变形对合金的耐应力腐蚀性能有害，但有的试验结果指出，650℃ 长期时效可显著降低合金的应力腐蚀敏感性。

b　苛性水介质中

在压水堆蒸发器和钠冷快堆蒸发器中，有可能会出现含 NaOH 的苛性水介质，目前已遇到 18-8 不锈钢和 Inconel 600 合金的苛性应力腐蚀破裂问题。

大量的研究表明 Cr20Ni32Fe 合金在含 NaOH 的苛性水介质中的耐应力腐蚀性能取决于 NaOH 浓度和应力水平（图 10-19 和图 10-20）。NaOH 浓度和应力水

平愈高，合金的耐应力腐蚀性能下降。对低碳型的 00Cr20Ni32AlTi 合金只有在低 NaOH 浓度、低应力下才处于免疫区（见图 10-21，该图中 NaOH 为质量分数）。因此，只有在使用过程中避免高应力出现和防止 NaOH 浓缩，才能保证采用 00Cr20Ni32AlTi 合金设备的安全运行。

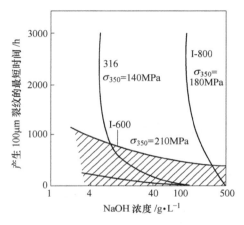

图 10-19 NaOH 质量浓度对 Incoloy 800 合金
应力腐蚀敏感性的影响（350℃）
（均为 C 形样，在脱气含 NaOH 水溶液中）
316—0Cr18Ni12Mo2；I-600—Inconel 600；
1-800—Incoloy 800

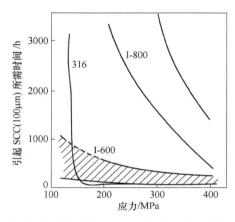

图 10-20 应力对 Incoloy 800 合金应力腐蚀
敏感性的影响
（100g/L NaOH，350℃）

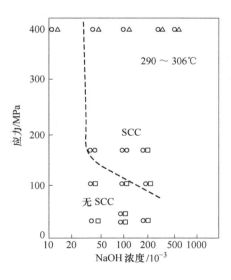

图 10-21 NaOH 浓度和应力对 00Cr20Ni32AlTi（Sanicro-30）
合金应力腐蚀性能的影响
（C 形和压力管试样）

c　NaCl 溶液中

在沸腾温度不同浓度（物质的量浓度）的 NaCl 溶液中经 650℃敏化 1h 的 1Cr20Ni32Fe 合金的应力腐蚀与电位的关系曲线如图 10-22 所示。在 MgCl₂ 中的 SCC 行为如图 10-23 所示。在此种介质中的耐 SCC 行为与高性能不锈钢相同。

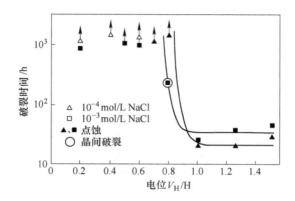

图 10-22　在沸腾温度 NaCl 溶液中敏化态(650℃ ×1h)1Cr20Ni32Fe
合金的应力腐蚀与电位之间的关系
（施加应力 $R_{p0.2}$）

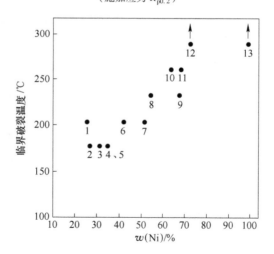

图 10-23　Incoloy 800 合金在用氮脱气的 20.4% MgCl₂ 中的 SCC
（Incoloy 800 即 1Cr20Ni32Fe）
1—M-35；2—904L；3—SAN 28；4—800；5—20CB-3；6—825；7—718；
8—C-276；9—C-4；10—B；11—B-2；12—600；13—200

10.2.1.4　热加工、冷加工、热处理和焊接性能

（1）热加工。Cr20Ni32Fe 合金的热加工性能良好，类似于一般 Cr-Ni 奥氏体

不锈钢，热加工温度范围为 900~1200℃，合金的热弯成形通常在 1000~1150℃范围内进行。热成形后可以空冷，但为了减轻合金的晶间腐蚀倾向，应尽量快速通过 540~760℃敏化区。

（2）冷加工。合金的冷加工成型性能近似于 18-8 型奥氏体不锈钢，但加工硬化倾向低于 18-8 型奥氏体不锈钢。尽管如此，在冷加工成型过程中，中间软化退火常常是需要的，中间退火温度与固溶退火温度相同。

（3）热处理。合金的固溶退火温度在 920~980℃，一般控制在 980℃ ± 10℃，保温时间视产品厚度而定，但保温时间不得少于 10min，对于高碳合金且在 550℃ 以上温度使用者，其固溶处理温度应为 1150~1205℃。消除应力的热处理，一般在 540℃ 以上即可产生效果，但残余应力的完全消除需在高于 870℃ 的温度进行退火。

（4）焊接。Cr20Ni32Fe 型合金焊接性能良好，可采用通常的焊接方法进行焊接。试验表明，采用新 2 号焊丝对 00Cr20Ni32AlTi 合金管材与不锈钢管板进行 TIG 焊接，取得了满意的效果。合金的抗裂性能良好，接头的晶间腐蚀、应力腐蚀等亦近于母材。根据使用条件可选用表 10-11 所列的焊接材料。

表 10-11　焊接 Incoloy 800 的焊接材料

合　金	工作温度/℃	TIG 和 MIG	手工电焊条
Incoloy 800	< 500	DIN 1736 S-NiCr20Nb AWS A5. 14 ERNiCr-3	AWS A5. 11 ENiCrFe-3
Incoloy 800	500~900	DIN 1736S-NiCr20Nb AWS A5. 14 ERNiCr-3	AWS A5. 11 ENiCrFe-2
Incoloy 800	900~1100	DIN 1736S-NiCr21Mo9Nb AWS A5. 4 ERNiCrMo-3	AWS A5. 11 ENiCrMo-3
Incoloy 800H	750~1100	DIN 1736 S-NiCr21Mo9Nb AWS A5. 4 ERNiCrMo-3	AWS A5. 11 ENiCrMo-3

10. 2. 1. 5　物理性能

Cr20Ni32Fe 合金的物理性能随合金的成分和试验条件会有微小变化，但不会有大的变动。1Cr20Ni32Fe 合金（Incoloy 800）的物理性能见表 10-12 和图 10-24。

表 10-12　Incoloy 800 合金的物理性能

密度/g・cm^{-3}	8.0	磁化强度(室温,16kA/m)	1.01
比热容(室温)/J・(kg・K)$^{-1}$	500	居里温度/℃	−115
电阻率(室温)/μΩ・m	0.93	熔点范围/℃	1350~1400

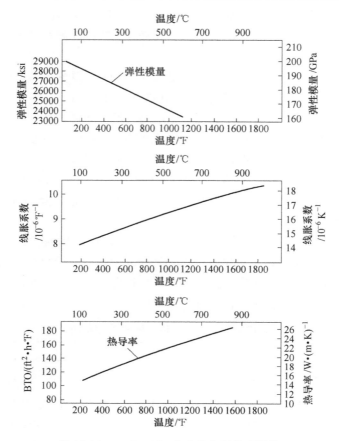

图 10-24　Incoloy 800 合金的高温物理性能

10.2.1.6　应用

产品类型和应用举例：此类合金的冶金生产工艺与通常的 18-8 型奥氏体不锈钢类似，可以提供板（中板、薄板）、管（热挤压和冷加工管）、丝、带、棒和锻件等冶金产品，亦可以提供各种铸件。

Cr20Ni32Fe 合金在含氯化物和低浓度 NaOH 的苛性水介质中具有优良的耐应力腐蚀性能，广泛用于制造耐应力腐蚀破坏的设备，代替惯用的 18-8 奥氏体不锈钢。

在动力工业中，用以制造压水堆蒸发器、高温气冷堆、钠冷快堆换热器，以及过热蒸汽管。

在化学加工业中，用以制造硝酸冷却器、醋酐裂化管以及各种换热设备。

10.2.2　00Cr25Ni35AlTi（新 13 号耐应力腐蚀合金，NS 1103）

根据 Ni、Cr 对 Fe-Cr-Ni 合金耐应力腐蚀性能的影响的研究结果，我国发展了一种在含 Cl⁻、[O] 高温水中耐应力腐蚀性能优于 Cr18-Ni8、00Cr20Ni32Fe

（Incoloy 800）、0Cr15Ni75Fe（Inconel 600）的新合金，此合金在含 1% 和 10% NaOH 的高温水中也具有良好的耐蚀性能，它是一种适于核电站蒸发器的新型材料，也适用 Cr18-Ni8 型奥氏体不锈钢产生应力腐蚀的环境。

10.2.2.1　化学成分和组织结构

新 13 号合金是在 00Cr20Ni32Fe 合金基础上通过提高铬含量而发展起来的耐应力腐蚀的 Fe-Ni 基耐蚀合金，在固溶状态下，此合金呈单一奥氏体组织。化学成分见表 10-13。

表 10-13　00Cr25Ni35AlTi（NS 1103）的化学成分[①]

名　称	化学成分（质量分数）/%								
	C	Mn	Si	Cr	Ni	S	P	Al	Ti
00Cr25Ni35AlTi（NS 1103）	≤0.03	0.5~1.5	0.3~0.7	24.0/27.0	34.0~37.0	≤0.03	≤0.03	0.15~0.45	0.15~0.60

① 用于压水堆核电站蒸发器时 S、P≤0.010%，Co<0.10%。

10.2.2.2　力学性能

新 13 号合金的室温和高温抗拉伸性能见表 10-14 和表 10-15。

表 10-14　新 13 号合金的力学性能

材料类型	固溶处理温度/℃	试验温度/℃	R_m/MPa	$R_{p0.2}$/MPa	A/%	Z/%	A_K/J	HB
棒　材	1100	室温	539~588	225.4~245	45~55	≥70	196	120~190
		350	441~490	127.4~156.8	35~45	≥50	—	—
冷轧管材	980~1050	室温	588~637	245~343	≥40	—	—	120~150
		350	—	176.4~294	—	—	—	—

表 10-15　新 13 号合金高温瞬时力学性能

试验温度/℃	R_m/MPa	A/%	Z/%
650	364.56	47.2	53.8
750	285.18	67	70.7
900	102.9	87	96.2
1000	60.17	104.5	97.5
1100	60.36	112.6	94.1

10.2.2.3　耐蚀性

A　全面腐蚀

在压水堆高温水介质中，合金和不锈钢的均匀腐蚀是一重要技术指标，耐均匀腐蚀性能好坏是决定一回路系统工作介质污染程度的关键数据。新 13 号合金在高温水中的均匀腐蚀性能数据见表 10-16 和表 10-17。数据表明它的耐均匀腐蚀性能近于 18-8、00Cr20Ni32AlTi 和 0Cr15Ni75Fe 合金，完全满足压水堆核电站对材料耐均匀腐蚀性能的要求。

表 10-16　合金管材在 300℃高纯水中的均匀腐蚀

材料牌号	试验时间/h	平均腐蚀速率	
		mg/(dm² · 30d)	μm/a
新 13 号合金	2000	5.18	0.77
	5000	1.66	0.25
1Cr18Ni9Ti	2000	3.70	0.56
	5000	1.60	0.24
0Cr15Ni75Fe（Inconel 600）	2000	3.97	0.42
	5000	1.29	0.18

表 10-17　合金管在 335℃含硼水中的均匀腐蚀

材料牌号	试验时间/h	平均腐蚀速率	
		mg/(dm² · 30d)	μm/a
新 13 号合金	2000	9.15	1.38
1Cr18Ni9Ti	2000	9.15	1.37
00Cr20Ni32AlTi	2000	10.80	1.67

　　B　晶间腐蚀

　　在严格控制合金中的 $w(C) < 0.03\%$，$Ti/C > 8$，并具有微细组织结构的前提下，可通过 GB/T 1223 规定的方法进行检验。在含硼质量分数为 $(700 \sim 900) \times 10^{-6}$、1kg 水含 H_2 为 $10 \sim 80$mg、Li 为 $1.6 \sim 2.4$mg/L、pH = 7，温度为 335℃的动水回路中，以及 pH = 7、300℃高纯水中，敏化态合金管和管材焊接接头均未见晶间腐蚀现象。然而由于合金碳含量很低，在管材生产过程中，易通过热处理渗碳，这种渗碳层在酸洗时产生晶间腐蚀，因此在生产和设备制造过程中应注意防止增碳。

　　C　点腐蚀

　　在 35℃5% NaCl + 0.005mol/L H_2SO_4 的水溶液中测得的新 13 号合金的点蚀击穿电位结果如图 10-25 所示。与在同样条件下试验的其他合金比较，新 13 号合金的耐点蚀性能优于 18-8 型不锈钢，00Cr20Ni32AlTi 合金和 0Cr15Ni75Fe 合金。在 40℃，10% $FeCl_3$ + 0.05mol/L HCl 酸的试验中也证实了上述结论。在 pH = 7 的含硼高温水中，经 $4000 \sim 5000$h 试验未见新 13 号合金产生点蚀。

　　D　应力腐蚀

　　a　高温水中

　　新 13 号合金在含 Cl^- 和 [O] 的高温水（$290 \sim 316$℃）中具有良好的耐应力腐蚀性能，经 10000h 静态高压釜试验未产生应力腐蚀断裂。在同样试验条件下，18-8 型不锈钢在短时间内产生穿晶应力腐蚀断裂，耐应力腐蚀断裂性能较优的低碳型 Incolol 800（00Cr20Ni32AlTi）和 Inconel 600（0Cr15Ni75Fe）合金产生晶间型应力腐蚀断裂，其断裂寿命随试验条件而异，最长的断裂时间前者为 10000h，后者仅为 5000h，如图 10-25 所示。在试验的合金中仅 Inconel 690（0Cr30Ni60Fe10）

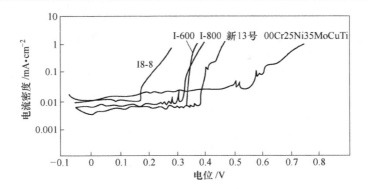

图 10-25　在 35℃、5% NaCl + 0.005mol/L H₂SO₄溶液中新 13 号合金
相对饱和甘汞电极的击穿电位

合金可与之媲美。

b　含 NaOH 的高温水中

在两种含 NaOH 的高温水中，新 13 号合金的应力腐蚀性能如图 10-26 所示。在含 1% NaOH、8×10^{-6}[O] 的高温水中，新 13 号合金 5000h 试验后未产生应力腐蚀，而 18-8 型不锈钢、低碳 Incoloy 800 和 Incolol 600 合金均产生应力腐蚀破裂。在含 10% NaOH、8×10^{-6}[O] 的高温水中，Inconel 600 合金产生严重溃疡和点蚀，而新 13 号合金既不产生应力腐蚀，又不产生其他形式的局部腐蚀。

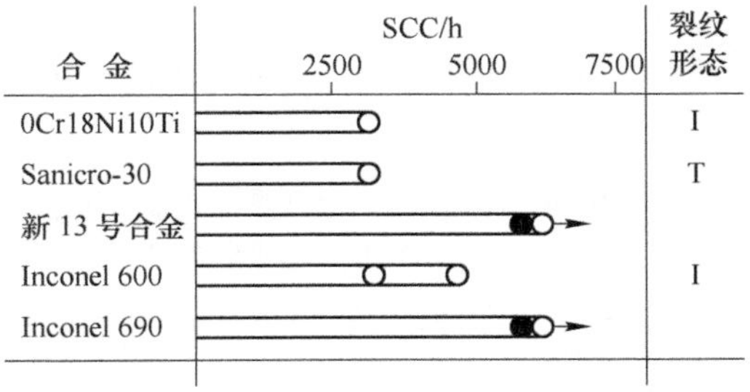

图 10-26　新 13 号合金在苛性高温水中的耐应力腐蚀性能
T—穿晶型；I—晶间型
○—1% NaOH，8×10^{-6}[O]，330℃，双 U 形试样；
●—10% NaOH，8×10^{-6}[O]，316℃，双 U 形试样

10.2.2.4　热加工、冷加工、热处理和焊接性能

A　热冷加工及成型

新 13 号合金热塑性试验结果如图 10-27 和图 10-28 所示。尽管合金的热塑性较 1Cr18Ni9Ti 不锈钢低，但仍具有良好的热变形性能，易于热加工。试验室试验

和生产实践表明，合金适宜的锻、轧热加工温度为 1000～1150℃。新 13 号合金易于冷加工，其冷作硬化倾向低于 1Cr18Ni9Ti 合金，如图 10-29 所示。设备制造过程中的冷、热成形性能类似一般奥氏体不锈钢。

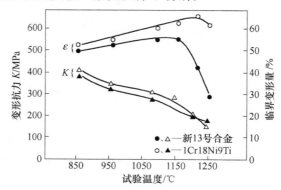

图 10-27　新 13 号合金落锤试验结果

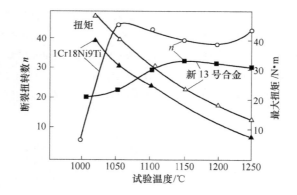

图 10-28　新 13 号合金热扭转试验结果

（●、△、○、▲　符号意义同图 10-27）

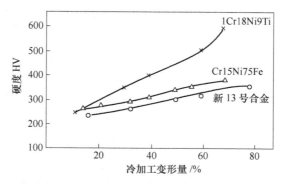

图 10-29　新 13 号合金的冷加工硬化行为

B　焊接

新 13 号合金的焊接性能不如 18-8 型奥氏体不锈钢，当选用适当的充填金属和焊接工艺时可获得满意的结果，其抗裂性能与 00Cr20Ni32Al1Ti 合金和 0Cr15Ni75Fe 合金相当。为了取得良好的焊接性能，并保证合金的优良耐应力腐蚀性能，合金中的磷含量应严格加以控制。

10.2.2.5　物理性能

新 13 号合金的物理性能见表 10-18。

表 10-18　新 13 号合金的物理性能

物理性能	温度/℃	性能数据
密度/g·cm^{-3}	室温	8.0
比热容/J·(kg·K)$^{-1}$	100	545
	150	554
	200	554
	250	558
	300	562
线胀系数/×10^{-6}K^{-1}	20~200	15.6
	20~300	15.9
	20~350	16.1
	20~500	16.5
	20~800	17.6
热导率/W·(m·K)$^{-1}$	100	14.6
	200	16.7
	300	18.8
	400	20.9
	500	23.0
	600	25.1
弹性模量/GPa	20	209
	100	203
	200	198
	300	192
	350	188
	400	184

10.2.2.6　应用

新 13 号合金冶金工艺性能良好，可以生产板、管、丝、带、锻件等冶金产品。此合金主要用于核动力工厂中的蒸汽发生器，亦可用于化学工业中的耐应力腐蚀的换热设备。

参 考 文 献

[1] 陆世英，康喜范. 镍基和铁镍基耐蚀合金. 北京：化学工业出版社，1989：247～295.

[2] 刘建章. 核结构材料. 北京：化学工业出版社，2007：377～432.

[3] Inco., Engineering Properties of Incoloy Alloy 800. Toronto：Inco., 1965, Bulletin T-40.

[4] Henry Wiggin & Company Limited, Wiggin Corrosion Resisting Alloy. England：Henry Wiggin & Company Limited, 1972：19～21.

[5] Brown M H. Corrosion. 1969, 25(10)：438～443.

[6] 朱尔谨，陆世英，季祥氏，等. 1980 年核材料学会文集. 北京：原子能出版社，1982：162～170.

[7] Pathania R S. Corrosion. 1978, 34(8)：769.

[8] VDM. AG, Nicrofer 3220 (Alloy 800). werdonel (Germany)：Nickel Technology Division, VDM. AG, 1984, Materials Data sheet No. 401.

[9] Mckeown D, et al. Alloy 800. Proceeding of the International Conference, New York：1978：371～384.

[10] Petersonetal C L. AEC Report. BMI1459, 1960.

[11] Toshyaki Kunihiro et al, The 5th International Congresson Metalic Corrosion, 1972：384.

[12] Copson H R. Phisical Metallurgy of Stress Corrosion Fractoure. New York, 1959：247～272.

[13] 秦彩云，张德康，陆世英. 钢铁研究总院学报，1983, 3(1)：61～66.

[14] Friend W Z. Corrosion of Nickel and Nickel-base Alloys. New York：John Wiley and Sons, Inc, 1996：794.

[15] Inco. Incoloy 800, 800H, 800HT. Inco Alloy International, 1997.

[16] 毛振国，李文清，赵正. 1980 年核材料会议文集. 北京：原子能出版社，1982：171～177.

[17] 张维国，等. 核电结构材料. 北京：原子能出版社，1988：49～53.

[18] Borello A, Casadio S, Salitelli A, Scihona G. Corrosion, 1981, 37：498.

[19] Davis J R. Nickel, Cobalt and their alloys. OH：ASM International materials Park, 2000：19～57, 125～186.

11 Ni-Fe-Cr-Mo 铁镍基耐蚀合金

回顾耐蚀合金的发展史，不难得出 Ni-Fe-Cr-Mo 合金[1~4]的开发是源于两种技术思想的结论。其一是在 Ni-Cr-Mo 合金的基础上，以部分 Fe 取代合金中的部分 Ni 和 Mo，并将合金的 Cr 含量相应提高，所形成的合金既保持 Ni-Cr-Mo 合金的耐氧化、还原和氧化-还原介质的腐蚀性能，又降低了成本。其二是用 Mo 对 Ni-Fe-Cr 合金进行合金化，以改善 Ni-Fe-Cr 合金的耐还原性介质的腐蚀和提高其耐点蚀性能和耐缝隙腐蚀性能。不管哪种技术思想所发展的 Ni-Fe-Cr-Mo 合金，其共同特点是均含有质量分数为 18% ~25% Cr，5% ~13% Mo。为了得到稳定的奥氏体组织和良好的组织热稳定性，其镍含量依据合金中的铬、钼含量进行调整。由于在改善耐蚀性方面 Mo、Cu 的复合效果大于单纯的 Mo，因此 Ni-Fe-Cr-Mo 合金的发展和应用远不及 Ni-Fe-Cr-Mo-Cu 合金。

11.1 钼对镍-铁-铬合金耐蚀性的影响

Mo 对 Ni-Fe-Cr 合金在酸性介质中耐蚀性的影响如图 11-1 ~ 图 11-4 所示。

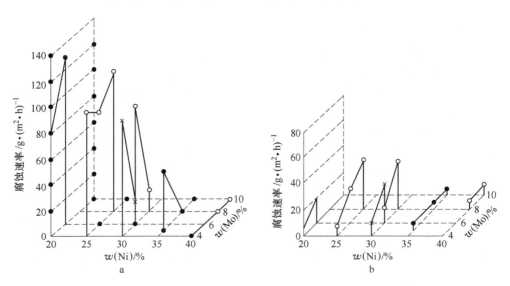

图 11-1　Mo 含量和 Ni 含量对 Fe-(20~29)Cr 合金在 80℃，38% 湿法磷酸中耐蚀性的影响

a—流动状态溶液；b—静止状态溶液

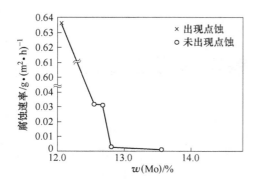

图 11-2　钼含量对 43Ni-20Cr-Fe 合金在 70℃
氧化-还原复合介质中耐蚀性的影响
介质成分（g/L）：50～55Cl⁻，45～50Ni，
0.3～0.8Cu，0.001～0.007Fe，0.1Co，
150SO₄²⁻，2～4H₃BO₃，pH = 4～4.2

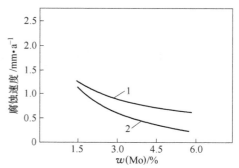

图 11-3　钼含量对 50Ni-25Cr-1Ti 合金
自焊接试样在沸腾核燃料包壳溶液中
耐蚀性的影响（5×24h 的平均值）
1—Niflex 沸腾溶液（1mol/L HNO₃-2mol/L HF 酸）；
2—Sulfex 沸腾溶液（4～6mol/L H₂SO₄），通空气

在溶解 Zr 合金和不锈钢包壳的沸
腾 Niflex 溶液（1mol/L HNO₃-2mol/L
HF 酸）和溶解不锈钢包壳的沸腾 Sul-
fex 溶液（4～6mol/L H₂SO₄）中的研
究结果表明，对于 45Ni-22Cr-Fe 和
50Ni-25Cr-Fe 合金，只有当钼含量
w(Mo)达到 6% 时，才使此类合金的腐
蚀率降到最低点，随后再增加的钼含
量对合金的耐蚀性已不产生明显影响。

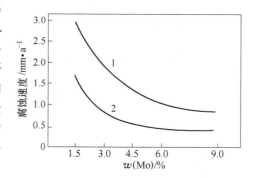

图 11-4　钼含量对 45Ni-22Cr-1Ti 合金
自焊接试样在沸腾核燃料包壳溶液中
耐蚀性的影响（5×24h 的平均值）
1—Niflex 沸腾溶液（1mol/L HNO₃－2mol/L HF 酸）；
2—Sulfex 沸腾溶液（4～6mol/L H₂SO₄），通空气

在湿法磷酸中的有效数据表明，对
含质量分数为 30%～40% Ni，20%～
29% Cr 的 Ni-Fe-Cr 合金，合金中钼含量
对其耐蚀性起重要作用。为了提供适
宜的耐蚀性，合金中的钼含量随磷酸
浓度和 Cl⁻ 含量的增加而增加。在 38% H₃PO₄ 中，当 Cl⁻ 含量为 3000×10⁻⁶ 时，
需使用含质量分数为 8% Mo 的合金，当 Cl⁻ 含量为 100×10⁻⁶ 时要使用质量分数
为 6% Mo 的合金；在 28% H₃PO₄ 中，当 Cl⁻ 含量为 3000×10⁻⁶ 时要使用质量分数
为 4% Mo 的合金，当 Cl⁻ 含量为 100×10⁻⁶ 时要使用质量分数为 2% Mo 的合金才
可满足使用要求。

在产生点蚀、缝隙腐蚀的含 Cl⁻、Cu²⁺、Fe³⁺ 并呈酸性的氧化-还原复合介
质中，Mo 对 43Ni-20Cr-Fe 合金的耐蚀性产生显著影响，耐蚀性随钼含量的提

高而提高。当钼含量 $w(Mo)$ 达到 13.5% 时，腐蚀率为零。就点蚀而言，在此种环境中，质量分数为 12.5% Mo 是一界限，低于此值产生点蚀，高于此值不产生点蚀。

11.2 0Cr20Ni43Mo13(NS 1301)耐蚀合金的组织性能和应用

0Cr20Ni43Mo13 耐蚀合金是我国于 1967 年研制的耐点蚀性能优良的 Fe-Ni 基合金，又称为新 9 号合金。由于合金中含有较高的 Cr，加之适量 Mo 的复合作用，此合金对氧化性和还原性介质具有良好的耐蚀性，尤其是对含 Cl^- 及其他活性阴离子的氧化还原复合介质具有优异的耐点蚀性能。在某些环境中的耐蚀性优于 00Cr16Ni60Mo17W4 和 0Cr18Ni60Mo17 等镍基耐蚀合金，且成本低廉。

11.2.1 化学成分和组织特点

0Cr20Ni43Mo13 合金的化学成分见表 11-1。此合金锻后，空冷的组织是在奥氏体基体上分布一些岛状碳化物（M_6C）和点条状的（Fe,Ni）$_2Mo$ 型 σ 相。这些相随热处理加热温度的升高逐渐溶解，σ 相和碳化物的溶解开始温度分别为 1100℃ 和 1150℃，但直到 1200℃ 仍有少量的 σ 相，到 1250℃ 仍有少量碳化物未溶。此合金工厂供货的固溶状态的组织为奥氏体 + σ + M_6C。值得指出的是，此合金在 950℃ 加热有大量 σ 相析出，对力学性能和耐蚀性能将产生极不利的影响。

表 11-1 0Cr20Ni43Mo13 的化学成分

合金牌号	化学成分(质量分数)/%								
	C	Si	Mn	S	P	Cr	Ni	Mo	Fe
0Cr20Ni43Mo13	≤0.05	≤0.7	≤1.0	≤0.03	≤0.03	19~21	42~44	12.5~13.5	余

11.2.2 室温力学性能

0Cr20Ni43Mo13 合金的室温力学性能见表 11-2。

表 11-2 0Cr20Ni43Mo13 合金的室温力学性能

合金牌号	热处理状态	R_m/MPa	$R_{p0.2}$/MPa	A/%	Z/%
0Cr20Ni43Mo13	1200℃ ×0.5h 水冷	755~828	348~407	43.5~49	48.0~63.0

11.2.3 耐蚀性

0Cr20Ni43Mo13 合金在几种介质中的耐蚀性见表 11-3。此合金在还原性介质中具有良好的耐蚀性，在产生点蚀的含 Cl^- 的氧化-还原性环境中具有优秀的耐点蚀性能，在易产生点蚀的环境中，在 70℃ 仍不产生点蚀。

表 11-3　0Cr20Ni43Mo13 合金在几种介质中的耐蚀性

介质成分/g·L⁻¹	试验温度/℃	试验时间/h	试验结果	
			腐蚀速率/g·(m²·h)⁻¹	点腐蚀
50～55Cl⁻, 45～50Ni, 0.3～0.8Cu, 0.001～0.007Fe, 0.1Co, 150SO₄²⁻, 2～4H₃BO₃, pH=4～4.2	70	100	≤0.05	无点蚀
50～55Cl⁻, 45～50Ni, 0.001～0.0005Cu, 0.03～0.005Fe, 0.1Co, 150SO₄²⁻, 4～5H₃BO₃, pH=2.5	50	100	≤0.001	无点蚀
50～55Cl⁻, 45～50Ni, 0.001～0.0008Fe, 0.005～0.0008Co, 150SO₄²⁻, 4～5H₃BO₃, pH=5.5～6.0	50	100	≤0.001	无点蚀
50% H₂SO₄, 0.7Fe, 0.029Cu, 0.00093Pb, pH=1.0（合成橡胶再生塔）	130	96	0.514	—
10% HCl	30	64	0.284	—
10% HCl	50	28	1.129	—

11.2.4　热加工、冷加工、热处理和焊接性能

11.2.4.1　冷热加工及成型性能

0Cr20Ni43Mo13 合金是一种难于热变形的合金，热变形过程中应特别小心。实验室试验和生产实践证明，合金铸锭开坯的加热温度为 1150～1170℃，锻造坯加热温度可提高到 1180～1200℃，停锻温度≥950℃。合金的冷加工类似于前述 0Cr18Ni60Mo17 合金，因合金易于冷作硬化，在成型操作时应选用适宜的成型设备。

11.2.4.2　热处理

为得到力学性能和耐蚀性的最佳配合，合金的热处理制度为 1200℃ 固溶水冷，保温时间视材料的截面尺寸而定。固溶处理温度对合金耐蚀性的影响如图 11-5 所示。此合金在冷、热成型后，为获得最佳耐蚀性应在 1200℃ 进行固溶处理。冷加工过程的中间退火温度也以 1200℃ 为宜。

11.2.4.3　焊接

焊接性能与 Hasfelloy C-22 合金相同。

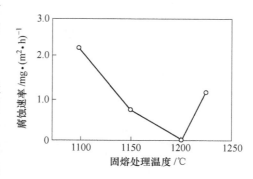

图 11-5　固溶处理温度对 0Cr20Ni43Mo13 合金耐蚀性的影响

试验介质(g/L)：50～55Cl⁻，
40～50Ni, 0.3～0.8Cu, 0.001～0.007Fe,
0.1Co, 150SO₄²⁻, 2～4H₃BO₃,
pH=4～4.2，温度为 70℃

11.2.5 应用

0Cr20Ni43Mo13 合金的冶金产品包括板、管、丝、带、锻件和各种铸件。0Cr20Ni43Mo13 合金主要应用于化工、有色冶炼厂点蚀环境中的各种设备。例如反应釜、泵、阀门及连接件等。

参 考 文 献

［1］陆世英，康喜范. 镍基和铁镍基耐蚀合金. 北京：化学工业出版社，1989：275～284.

［2］钢铁研究学院，新金属材料. 1973(3)：27～31.

［3］耐孔蚀合金 Narloy 3. 特殊钢（日），1967(3)：67～70.

［4］Friend W Z. Corrosion of Nickel and Nickel base alloys, New York：John Wiley & Sons, Inc., 1980：371.

12 Ni-Fe-Cr-Mo-Cu 铁镍基耐蚀合金

Ni-Fe-Cr-Mo-Cu 合金是铁-镍基耐蚀合金[1~46]的重要组成部分。它是在 Ni-Fe-Cr-Mo 合金基础上加入适量铜所形成的系列合金、加入 Cu 以后，使 Ni-Fe-Cr-Mo 合金在还原性酸中的耐蚀性得以改善，特别是显著地提高了在热硫酸中的耐蚀性。通常这类合金均含有较高量的 Cr 和适量的 Mo。因此均具有良好的耐氧化性介质腐蚀能力。且兼备良好的耐应力腐蚀、耐点蚀和耐缝隙腐蚀性能。与常用的 Ni-Cr-Mo-Cu 铸造耐蚀合金比较，在某些介质中的耐蚀性相当或优于这类合金，而且用 Fe 取代 Ni-Cr-Mo-Cu 合金中的部分 Ni 和 Cu 等元素，使其价格更加低廉。价格和性能的综合优势，是 Ni-Fe-Cr-Mo-Cu 合金成为 Fe-Ni 基耐蚀合金家族中牌号多、用途广泛的重要原因。

各种化学加工工业的发展，对物美价廉的耐蚀结构材料提出了迫切要求，这种需求是 Ni-Fe-Cr-Mo-Cu 铁镍基耐蚀合金的发展的驱动力。综观 20 世纪 Ni-Fe-Cr-Mo-Cu 耐蚀合金的研究和发展，不难发现此类合金的发展存在两大亮点。其一，20 世纪 60 年代初期（1964 年），中国在实验室和现场腐蚀试验中，确认了在高温含 F⁻、Cl⁻ 的强腐蚀酸性溶液中，含 25% Cr 的 Ni-Fe-Cr-Mo-Cu 合金的耐蚀性急剧提高，这一拐点 Cr 量的发现和确认，为随后含 Cr 量大于或等于 25% 的 Ni-Fe-Cr-Mo-Cu 耐蚀合金奠定了基础，例如，Fe-Ni 基新 2 号合金（中国）、Sanicro-28（瑞典）、Hastelloy G-30（美国）等。其二是将氮合金化引入铁镍基耐蚀合金，众所周知，在不锈钢中，N 的良好作用已取得共识，并在奥氏体不锈钢和双相不锈钢中得到成功应用。1990 年德国 Thyssen Krupp VDM 将 N 的合金化用于铁镍基耐蚀合金推出了 Nicrofer 3127 hMo-alloy 31，1995 年又研发成功合金 33。可以认为这两点在此类合金发展史上具有突破性的价值。

12.1 铜对 Ni-Fe-Cr-Mo 合金耐蚀性的影响

图 12-1 ~ 图 12-4 及表 12-1 和表 12-2 的数据说明了 Cu 对 Ni-Fe-Cr-Mo 合金在一些酸性介质中耐蚀性和电化学行为的影响。就均匀腐蚀而言，Cu 的加入显著地改善了 Ni-Fe-Cr-Mo 合金在还原性介质中的耐蚀性，其最适宜的 Cu 含量与酸的浓度和温度有关。在 65℃，在 50% H_2SO_4 中加入 1% Cu，就使 Fe-38Ni-20Cr-2Mo 合金的腐蚀性速度由低 Cu（0.2%）合金的 0.4mm/a 降到 0.1mm/a，继续提高铜

含量已无明显改善；在 65℃，80% H_2SO_4 和沸腾 50% H_2SO_4 中最适宜的铜含量为 2% 和 2.5%。在沸腾 10% H_2SO_4 中，Cu 的加入对 Fe-28Ni-20Cr-2Mo 合金的耐蚀性是有害的。但对于 Ni-22Cr-20Fe-6.5Mo 的高 Mo 合金而言，加入 2% Cu 对此合金在各种浓度的沸腾 H_2SO_4 和 H_3PO_4 中的耐蚀性均产生有利影响，见表 12-1。从电化学角度分析，Cu 的加入显著改善了合金在还原性介质中的电化学行为，在沸腾 10% H_2SO_4 中，含 Cu 合金具有最低的临界电流密度，其 I_{cp} 值为 354μA/cm^2，而无 Cu 合金 I_{cp} 值为 1860μA/cm^2，含 Cu 合金最低的 I_{cp} 值使其易于钝化，并赋予合金在还原性 H_2SO_4 介质中最佳耐蚀性。相反，在氧化性介质中，Cu 的加入对合金的耐蚀性产生不利影响。对于 Fe-Ni 基耐蚀合金中的铜含量，在既满足合金耐蚀性又兼顾合金的热加工性能的前提下，通常在 1% ~4% 范围内变动。

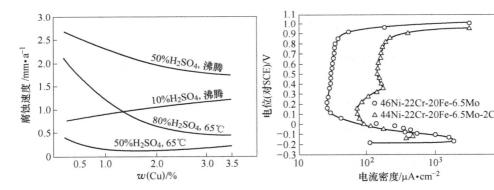

图 12-1 在不充气的硫酸溶液中 Cu 对
Fe-38Ni-20Cr-2Mo 合金腐蚀速度的影响
（24h 的试验数据）

图 12-2 在沸腾的 10% H_2SO_4 中 Cu 对
Ni-Fe-Cr-Mo 合金阳极极化行为的影响

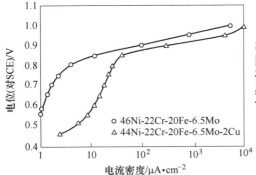

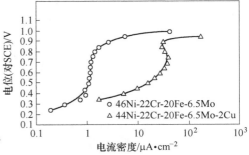

图 12-3 在室温 5% $FeCl_3$-10% NaCl 溶液中
Cu 对 Ni-Fe-Cr-Mo 合金阳极极化行为的影响

图 12-4 在室温 10% HNO_3 中 Cu 对
Ni-Fe-Cr-Mo 合金阳极极化行为的影响

表 12-1 Cu 对 Ni-Fe-Cr-Mo 合金耐蚀性的影响

介 质 条 件		腐蚀速度/mm·a^{-1}	
浓　度	温　度	44Ni-22Cr-20Fe-6.5Mo-2Cu (Hastelloy G)	46Ni-22Cr-20Fe-6.5Mo (Hastelloy F)
10% H$_2$SO$_4$	沸　腾	0.457	2.464
25% H$_2$SO$_4$	沸　腾	—	8.103
30% H$_2$SO$_4$	沸　腾	0.533	—
50% H$_2$SO$_4$	沸　腾	—	12.24
55% H$_2$SO$_4$	沸　腾	3.657	—
60% H$_2$SO$_4$	沸　腾	10.46	25.4
10% H$_3$PO$_4$	沸　腾	0.025	0.025
30% H$_3$PO$_4$	沸　腾	0.106	0.203
50% H$_3$PO$_4$	沸　腾	0.178	0.254
85% H$_3$PO$_4$	沸　腾	0.508	4.877

注：腐蚀数据为 5 个 24h 试验的平均值。

表 12-2 Cu 对 Ni-Fe-Cr-Mo 合金在沸腾 10%H$_2$SO$_4$ 中一次钝化电位和临界电流密度的影响

合　金	钝化电位 E_{pp}/V （相对 SCE）	临界电流密度 I_{cp}/μA·cm^{-2}
46Ni-22Cr-20Fe-6.5Mo	−0.175	1860
44Ni-22Cr-20F-6.5Mo-2Cu	−0.150	354

12.2 铬对 Ni-Fe-Mo-Cu 合金耐蚀性的影响

图 12-5 和图 12-6 给出了铬含量对 Fe-35Ni-(2~3)Mo-(3~4)Cu 合金在含 Cl$^-$、F$^-$ 的湿态溶液的液相和气相中的腐蚀试验结果。显然，在两种不同介质

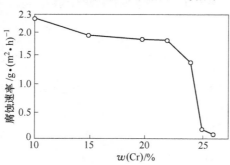

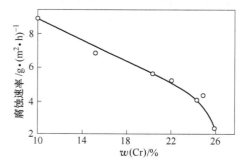

图 12-5 铬含量对 Fe-35Ni-(2~3)Mo-(3~4)Cu
合金在含 Cl$^-$、F$^-$ 溶液中耐蚀性的影响
（介质条件：Cl$^-$ 10~23g/L, F$^-$ 0.3~1.09g/L,
Fe^{3+} 18~33g/L, 85~90℃,
试样置于液相中, 试验时间：370h）

图 12-6 铬含量对 Fe-35Ni-(2~3)Mo-(3~4)Cu
合金在含 Cl$^-$、F$^-$ 溶液气相冷凝
条件下耐蚀性的影响
（介质条件：溶液中 Cl$^-$ 45~56g/L, F$^-$ 2.09g/L,
Fe^{3+} 24.3g/L, 充入空气 160mL/min,
沸腾温度, 试样置于气相中, 试验时间：96h）

中，在 Fe-Ni 基合金具有合适的 Mo、Cu 配比条件下，Cr 对合金的耐蚀性具有良好的影响。随合金中铬含量的提高，耐蚀性显著提高。当铬含量 $w(Cr)$ 达到25%时，其腐蚀率急剧下降，出现明显的拐点。在液相中，腐蚀率为 0.08 $g/(m^2 \cdot h)$，与含质量分数为 20% Cr 合金比较，耐腐蚀性提高近 20 倍；在气相中具有同样规律，仅是腐蚀率大小有差异。在湿法磷酸的实验室模拟和现场实际介质中的试验也指出了 Fe-Ni-Mo-Cu 合金中的铬含量是决定此类材料耐蚀性的关键因素，见表 12-3。

表 12-3　铬含量对 Fe-Ni 基合金在湿法 H_3PO_4 中耐蚀性的影响

介 质 条 件	合 金 成 分	腐蚀速率$/g \cdot (m^2 \cdot h)^{-1}$
70% H_3PO_4 + 4% SO_4^{2-} + 0.5% F^- + 60 × 10^{-6} Cl^- + 0.6% Fe^{3+} 温度：90℃ 时间：(1 +3 +3) 天	Fe-35Ni-20Cr-2Mo-3Cu	6.2
	Fe-42Ni-20Cr-3Mo-2Cu	6.7
	Fe-45Ni-22Cr-6Mo-2Cu	0.54
	Fe-35Ni-26Cr-3Mo-1Cu	0.11
粗磷酸：32.37% P_2O_5 + 3.97% SO_3 + 2.2% F^- + 5.093 × 10^{-6} Cl^- + 1.52% Fe_2O_3 + 0.986% Al_2O_3 + 1.76% MgO 温度：59 ~ 60℃ 流速：0.1 ~ 0.2mm/s 时间：204h	Fe-35Ni-20Cr-4Mo-3Cu	0.195
	Fe-35Ni-25Cr-2Mo-3Cu	0.0072
	00Cr20Ni25Mo4.5Cu	0.5126
	Fe-25Ni-20Cr-3Mo-3Cu	0.0184
	00Cr18Ni12Mo2	1.253
	00Cr20Ni40Mo13	0.0186

此外，Cr 对 Ni-Fe-Mo-Cu 合金耐局部腐蚀（例如点蚀、缝隙腐蚀、应力腐蚀）性能的影响，与 Cr 对不锈钢的影响具有一致的规律性。随合金中铬含量的提高，合金的耐局部腐蚀性能随之提高，通常所需的铬含量 $w(Cr)$ 都在 20% 以上。

综上所述，在 Ni-Fe-Cr-Mo-Cu 合金中，为了获得满意的耐蚀性能，其铬含量 $w(Cr)$ 应在 20% 以上。在某些含 F^-、Cl^- 的酸性介质中，只有当 $w(Cr) \geqslant 25%$ 时，才能得到最佳的耐均匀腐蚀、耐点腐蚀、耐缝隙腐蚀和耐应力腐蚀性能。从电化学的观点分析，高铬含量不仅使合金易于钝化，减少维钝电流密度进而降低溶解速度，并且赋予合金再钝化能力，使被破坏的钝化膜得以修复，这是高 Cr 合金具有良好综合耐蚀性的基本原因。

12.3　常用 Ni-Fe-Cr-Mo-Cu 耐蚀合金的成分、组织、性能和应用

12.3.1　00Cr25Ni35Mo3Cu4Ti(NS 1401)

00Cr25Ni35Mo3Cu4Ti 合金又称 Fe-Ni 基新 2 号耐蚀合金。它是我国于 20 世纪 60 年代中期，在研究 Cr、Mo、Cu 对 Fe-Ni 基合金耐蚀性影响的基础上而发展

的新牌号。此合金是采用 Cr、Mo、Cu 复合合金化并加 Ti 稳定的奥氏体合金。由于合金中具有足够高的铬、钼含量，特别是 $w(Cr) \geqslant 25\%$，致使此合金耐硝酸和含 F^-、Cl^- 的酸性介质腐蚀的性能特别优异；Mo、Cu 的复合作用赋予此合金在 H_2SO_4 中具有良好的耐蚀性；$w(Cr) \geqslant 25\%$ 且含 Mo，则在含 F^-、Cl^- 的 H_2SO_4 中特别耐蚀。00Cr25Ni35Mo3Cu4Ti 合金不仅耐氧化性介质，也耐还原性介质的腐蚀，而且在氧化-还原复合介质中也具有足够的耐蚀性，所以此合金广泛应用于冶金、核能和化工等工业部门。

12.3.1.1　化学成分和组织结构

00Cr25Ni35Mo3CuTi 合金的化学成分见表 12-4。从表中的化学成分可知，此合金在正确的固溶处理条件下，其组织是单一奥氏体组织。当合金在 600 ~ 1000℃时效时，可从奥氏体中析出 $M_{23}C_6$ 碳化物和 σ 相，其析出相类型与时效温度密切相关，600 ~ 800℃的主要析出相为富 Cr 的 $M_{23}C_6$，800 ~ 1000℃时效 σ 相沉淀占主导地位。$M_{23}C_6$ 和 σ 相的析出对合金的性能具有明显的影响，前者促进合金的晶间腐蚀，后者危及合金的力学性能和工艺性能，使合金的强度提高，但韧性下降。

表 12-4　00Cr25Ni35Mo3Cu4Ti 合金的化学成分（质量分数）　　　（%）

C	Si	Mn	P	S	Cr
≤0.03	≤0.7	≤0.10	≤0.03	≤0.02	25.0 ~ 27.0
Ni	Mo	Cu	Fe	Ti	
34 ~ 37	2.0 ~ 3.0	3.0 ~ 4.0	余	0.4 ~ 0.9	

12.3.1.2　力学性能

00Cr25Ni35Mo3Cu4Ti 合金的室温和高温力学性能见表 12-5 和表 12-6。

表 12-5　00Cr25Ni35Mo3Cu4Ti 合金的室温力学性能

品　种	R_m/MPa	A/%	Z/%
板材，3mm 固溶态	617 ~ 627	45 ~ 46	—
棒材，φ25mm 固溶态	598 ~ 637	43 ~ 60	72 ~ 74

表 12-6　00Cr25Ni35Mo3Cu4Ti 合金的高温力学性能

试验温度/℃	R_m/MPa	A/%	Z/%
800	245	97	60
900	137 ~ 147	42	33
1000	68.6 ~ 83.3	58	39
1050	49.0 ~ 58.8	57 ~ 68	51 ~ 52
1100	39.2 ~ 44.1	49 ~ 53	30 ~ 39
1150	29.4 ~ 34.3	32 ~ 38	29 ~ 35
1200	26.4 ~ 29.4	36 ~ 39	31 ~ 36

12.3.1.3 耐蚀性

A 全面腐蚀

固溶态的 00Cr25Ni35Mo3Cu4Ti 合金在各种介质中的耐蚀性见表 12-7 ~ 表 12-10 和图 12-7 ~ 图 12-9。

表 12-7　00Cr25Ni35Mo3Cu4Ti 合金在硝酸和一些混合介质中的耐蚀性

序号	介 质 成 分	试验温度/℃	试验时间/h	腐蚀速率 /g·(m²·h)⁻¹
1	65% HNO_3	沸腾	96	0.076
2	3mol/L HNO_3 + 2mol/L HCl 酸	80	96	0.089
3	5mol/L HNO_3 + 0.5mol/L $Fe(NO_3)_3$	100	96	0.244
4	20% H_2SO_4 + A_2O_3(微)	沸腾	72	0.093
5	20% H_2SO_4 + $AgNO_3$(微)	沸腾	72	0.108
6	11g/L H_2SO_4 + 微量 HF	50	176	0.0003
7	106g/L H_2SO_4 + 0.93g/L HF 酸	40	176	0.0002
8	308g/L H_2SO_4 + 3g/L HF 酸	40	176	0.0057
9	337g/L H_2SO_4 + 11.6g/L HF 酸	50	176	0.0303
10	337g/L H_2SO_4 + 11.6g/L HF 酸	70	176	0.099
11	30% ~ 50% H_2SO_4 + 40% ~ 50% HNO_3	沸腾	168	0.254
12	5.5mol/L NaF + 1.5mol/L HNO_3 + 1g/L Cl^-	90	96	1.811
13	10g/L F^-(HF) + 40g/L Cl^-(HCl 酸)	50	96	0.745
14	10 ~ 12g/L Cl^- + 0.3 ~ 0.85g/LF^- + 18mg/L Fe^{3+}	85	144	0.045
15	5.5mol/L NH_4F + 0.5mol/L NH_4NO_3	100	96	0.028

表 12-8　00Cr25Ni35Mo3Cu4Ti 合金在湿法磷酸中的耐蚀性与其他合金的比较

介 质 条 件		合 金 牌 号	腐蚀速率/g·(m²·h)⁻¹
介质成分:70% H_3PO_4 + 4% H_2SO_4 + 0.5% F^- + 60 × 10⁻⁶ Cl^- + 0.6% Fe^{3+} 温度:90℃ 试验时间:(1 + 3 + 3)天		00Cr25Ni35MoCuTi	0.136
		Sanicro-28	0.12
		00Cr20Ni25Mo4.5Cu(2RK65)	0.80
		00Cr20Ni42Mo3Cu2(Incoloy 825)	6.7
		00Cr20Ni34Mo2Cu3Nb(Capenter 20eb-3)	6.2
		00Cr22Ni45Mo6.5Cu2Nb (Hastelloy G)	0.54
		0Cr16Ni65M16W4 (Hastelloy G)	0.52

注:试验室结果。

表 12-9　00Cr25Ni35Mo3Cu4Ti 合金在湿法 H_3PO_4 生产条件下的腐蚀

试 验 条 件	时间/h	腐蚀速率/g·(m²·h)⁻¹
32.27% P_2O_5 + 3.97% SO_3 + 2.20% F^- + 1.52% Fe_2O_3 + 1.76% MgO + 5.093 × 10⁻⁶Cl^-,59 ~ 60℃,流速 0.1 ~ 0.2m/s,云南磷肥厂浓缩磷酸85℃	240	0.0072
		0.01

表 12-10　　00Cr25Ni35Mo3Cu4Ti 合金在水冶厂 H_2SO_4 矿浆中的使用结果

序号	试验件名称	介 质 条 件					连续使用时间/h
		矿浆液-固比	+0.5mm 粒度/%	H_2SO_4/g·L^{-1}	温度/℃	氧化还原电位/mV	
1	空气搅拌浸出塔加热蒸汽管	0.4~0.6	15~25	150~200	80~90	400~500	7.850
2	浸出塔加酸管	0.4~0.6	15~25	150~200	80~90	400~500	10101~12483
3	浸出塔加酸管	0.8~1.2	10~15	25~45	70~80	380~450	5636~11123
4	浸出塔空气吹管	0.4~0.6	15~25	150~200	80~90	400~500	5396

　　试验室试验和实际应用结果表明，此合金具有很强的通用性，在氧化性、还原性和氧化-还原复合介质中均呈现出极好的耐蚀性。尤其是在含卤素离子的硫酸中，尽管随硫酸浓度、F^- 的含量和介质温度的提高，其耐蚀性稍有下降，但在最苛刻的条件下，即在 70℃ 的 337g/L H_2SO_4 + 11.6g/L HF 酸中它的腐蚀率仅为 0.09g/(m^2·h)，合金处于极耐蚀范围。更为可贵的是此合金呈均匀腐蚀，未见局部腐蚀现象。

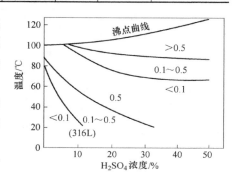

图 12-7　00Cr25Ni35Mo3Cu4Ti 合金
在 H_2SO_4 中的等腐蚀图
（图中数字为腐蚀速度，mm/a）

a　硫酸中

在一定温度下，纯硫酸对金属材料的腐蚀性取决于其浓度，这与酸中溶解氧

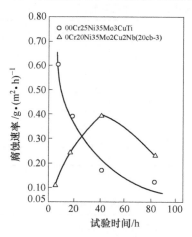

图 12-8　00Cr25Ni35Mo3Cu4Ti 合金在
沸腾的 20% H_2SO_4 中的耐蚀性与
试验时间的关系

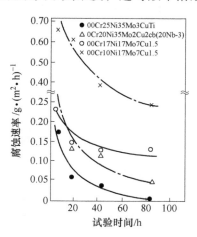

图 12-9　在 45℃ 的 50% H_2SO_4 中
00Cr25Ni35Mo3Cu4Ti 合金的
耐蚀性与试验时间的关系

的数量随其浓度而变化有关。在50%～70%的浓度范围内溶解氧数量最低，溶液呈还原性，高于和低于此浓度范围，溶解氧数量增加，溶液的氧化性逐渐增加。由于硫酸的这种特性，很难找到适应于全部浓度硫酸使用的材料。由于此合金具有较高的 Cr，加之 Mo、Cu 复合合金化，因此在硫酸中具有很宽的使用范围。在浓度小于 10% H_2SO_4 中可使用到沸腾温度，在 40%～60% 的中浓度硫酸中，在80℃以下是适用的。在对耐蚀性要求不太严格的条件下，使用温度相应提高。在纯硫酸中。合金的腐蚀数据见图 12-7～图 12-9 和表 12-11。

表 12-11　00Cr25Ni35Mo3Cu4Ti 合金在纯硫酸中的腐蚀

H_2SO_4 浓度/%	试验温度/℃	试验时间/h	腐蚀速率/g·(m²·h)⁻¹
20	沸腾	84	0.13
35	90～95	96	0.0579
4mol/L H_2SO_4	沸腾	96	0.218
4.5mol/L H_2SO_4	50	176	0.082
50	沸腾	96	0.578
50	90～95	96	0.111
50	45	45	0.008

H_2SO_4 中的 F^- 和 Cl^- 加速了溶液的腐蚀性，在工业应用中，常常遇到含 F^-、Cl^- 的 H_2SO_4 溶液，在这种介质中，00Cr25Ni35Mo3CuTi 合金具有优异的耐蚀性，在含 F^- 硫酸中的腐蚀数据见表 12-7。

b　磷酸中

在纯 H_3PO_4 中，00Cr25Ni35Mo3Cu4Ti 合金在直到沸腾温度的所有浓度的 H_3PO_4 中使用都是安全的。然而在湿法生产的工业 H_3PO_4 中，含有硫酸根、F^- 和 Cl^- 及其他杂质，F^- 和 Cl^- 使 H_3PO_4 的腐蚀性变得更加苛刻，此合金在工业湿法 H_3PO_4 中可以使用到 100℃，其腐蚀速度可保持在 0.1～0.15mm/a。试验室和工厂实际介质中的腐蚀数据见表 12-8 和表 12-9。由于 F^- 和 Cl^- 加速了合金在 H_3PO_4 中的腐蚀，因此对工艺过程中 Cl^- 和 F^- 应予以限制，通常在 90℃ 湿法磷酸中，Cl^- 不应大于 800×10^{-6}，F^- 应尽量低，否则将影响设备的使用寿命。随介质温度的降低，可相应放宽 Cl^- 和 F^- 的上限值。介质中 F^- 和 Cl^- 的含量对合金在 H_3PO_4 中耐蚀性的影响如图 12-10 所示。研究结果表明，Cl^- 的影响在于提高了材料的致钝电流，降低了合金的钝化倾向，从而加速了合金在活化区的溶解速度。F^- 除了上述的作用外，还加速了合金在钝化区的溶解速度。

c　硝酸中

在硝酸中的腐蚀数据见表 12-7。尽管此合金含有较高数量的 Mo 和 Cu，但在硝酸中，由于合金中的铬含量较高，所以具有良好的耐蚀性，在 65% 沸腾硝酸

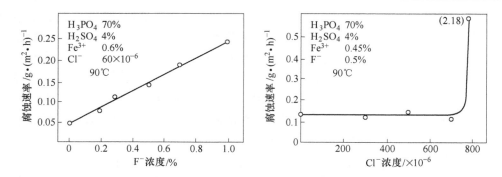

图 12-10　F⁻ 和 Cl⁻ 浓度对 00Cr25Ni35Mo3Cu4Ti 合金在湿法磷酸中耐蚀性的影响
（试验时间 7 天）

中，00Cr25Ni35Mo3Cu4Ti 合金的腐蚀速度小于 0.1mm/a。从经济观点考虑，在纯硝酸中不推荐使用此牌号。

　　d　混酸中

　　00Cr25Ni35Mo3Cu4Ti 合金在 $HNO_3 + H_2SO_4$、$HNO_3 + HCl$ 等混合介质中具有满意的耐蚀性，例如在 80℃，3mol/L HNO_3 + 2mol/L HCl 中，合金的腐蚀率仅为 0.089g/($m^2 \cdot h$)。在一些腐蚀性很强的介质中，使用此合金常常是最佳选择。

　　e　氢氟酸及气体氟化氢和氯化氢中

　　此合金在 200℃ 以下的氟气，300℃ 以下的氯化氢和低于 550℃ 的氟化氢 + 水蒸气的介质中，均具有良好的耐蚀性。数据见表 12-12。

表 12-12　00Cr25Ni35Mo3Cu4Ti 合金在 HF 酸、气体 HCl 和 HF 中的耐蚀性

序　号	介质条件	温度/℃	试验时间/h	腐蚀速率/g·($m^2 \cdot h$)$^{-1}$
1	40% HF 酸	40	176	0.67
2	60% HF + 40% 水蒸气	450	24	0.027
3	70% HF + 30% 水蒸气	550	120	0.33
4	60% HF + 40% 水蒸气	600	100	0.85
5	100% F_2	200	88	0.0189
6	100% HCl	300	124	0.036

　　B　磨蚀

　　在含 20% H_2SO_4，液固比为 0.5 ~ 1.2，矿石粒度组成为 + 0.5mm 约占 15%，- 0.074mm 小于 45%，温度为 80 ~ 90℃ 的流动矿浆中，此合金提供了良好的耐磨蚀性能，实验使用寿命在 10000h 以上，较之国际上的 4000h 规定值提高 1.5 倍。实际结果表明，在以腐蚀为主，磨损为辅的环境中，解决耐磨蚀的技术关键是提高合金的本质耐蚀性，而不是提高合金的硬度。

　　C　晶间腐蚀

　　00Cr25Ni35Mo3Cu4Ti 合金在固溶状态下是单一奥氏体组织，合金处于最佳

的耐蚀状态。合金在设备制造过程中，很难避免二次受热机会，例如热成形、焊接等。这使合金固溶状态组织遭到破坏，进而导致合金性能的变化，在热影响区出现晶间腐蚀，并伴随有韧性下降，其影响程度取决于受热条件，例如温度和时间等。在沸腾 50% H_2SO_4 + 42g/L $Fe_2(SO_4)_3$（ASTM G-28-72）介质中评定合金的晶间腐蚀敏感性的结果表明，当敏化试样与固溶态试样腐蚀率比值 $K \geq 1.5$ 时，即产生晶间腐蚀。以此为判据得出晶间腐蚀、脆化行为和热处理制度的关系，如图 12-11 所示。由图可知，600 ~ 800℃是合金产生晶间腐蚀的温度范围，即敏化区。700℃是最敏感温度，在此温度下的最短敏化时间是 30min，随着敏化时间的增加，晶间腐蚀愈趋严重。另一个敏化区是 850 ~ 1000℃，在此温度范围加热，合金韧性下降，但不出现晶间腐蚀。

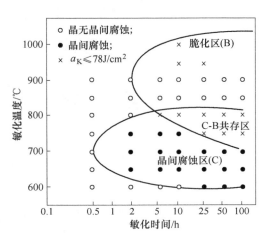

图 12-11 00Cr25Ni35Mo3Cu4Ti 合金晶间腐蚀脆化和热处理制度的关系
（沸腾 52% H_2SO_4 + 42g/L $Fe_2(SO_4)_3$，120h）

研究结果表明，在 600 ~ 800℃敏化导致富 Cr 的 $M_{23}C_6$ 的析出，从而使合金产生晶间腐蚀，随着此种碳化物析出量的增加和在晶界上构成连续网状，晶间腐蚀愈加严重，这种结果用贫 Cr 理论可以得到圆满解释。在 850 ~ 1000℃进行敏化，合金的析出相为脆性的 σ 相，因此导致合金冲击韧性下降。然而，即使有大量的 σ 相析出，也并未产生晶间腐蚀现象，这与 σ 相在基体上均匀分布，在 σ 相中 Cr 的富集不像在 $M_{23}C_6$ 中那样严重，以及高温扩散等，使贫 Cr 区中的 Cr 质量分数未达到使其耐蚀性恶化的临界水平有关。

D 点蚀

合金中的高铬含量以及 Cr、Mo 的复合作用，赋予了合金良好的耐点蚀性能。在 35℃的 5% NaCl + 0.005mol/L H_2SO_4 溶液中，采用 20mV/min 的扫描速度，动电位法测得的击穿电位见表 12-13 和图 12-12。数据表明，00Cr25Ni35Mo3Cu4Ti 合金耐点蚀性能大大优于 0Cr18Ni9Ti 奥氏体不锈钢，也优于镍基合金 Inconel 600 和铁镍基合金 Incoloy 800。

表 12-13 00Cr25Ni35Mo3Cu4Ti 合金在 35℃，5% NaCl + 0.005mol/L H_2SO_4 中的击穿电位

合金牌号	击穿电位（SCE）/mV	合金牌号	击穿电位（SCE）/mV
00Cr25Ni35Mo3CuTi	+600	Inconel 600	+320
00Cr18Ni9Ti	+180	Incoloy 800	+500

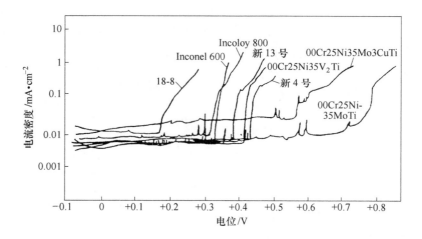

图 12-12　00Cr25Ni35Mo3Cu4Ti 合金的击穿电位曲线与其他合金的比较

（在 35℃、5% NaCl + 0.005mol/L H₂SO₄ 溶液中的阳极极化曲线

极化速度为 20mV/min，电位相对于饱和甘汞电极）

E　应力腐蚀

00Cr25Ni35Mo3Cu4Ti 合金具有良好的耐应力腐蚀破裂性能，在以点蚀为起源的应力腐蚀环境中更能显示出合金的优越性。在沸腾 MgCl₂ 和含 Cl⁻、饱和氧和苛性高温水中的试验结果见表 12-14 和图 12-13、图 12-14。结果表明，在三种不同浓度的 MgCl₂ 中，该合金的耐应力腐蚀破裂性能显著优于 00Cr18Ni9Ti 合金，在沸点为 130℃ 的 MgCl₂ 中优于 Incoloy 800 合金。图 12-13 的数据指出，在含 100 × 10⁻⁶Cl⁻、8 × 10⁻⁶O₂ 的高温高压水中，18-8 型奥氏体不锈钢对应力腐蚀最敏感，一般在 1500h 即产生穿晶应力腐蚀裂纹。在奥氏体不锈合金中，随镍含量的提高，应力腐蚀敏感性下降，破裂时间增长，且破裂形态由穿晶型过渡到穿晶和沿晶混合型。高 Ni 的 Inconel 600 合金，对晶间型应力腐蚀敏感，在 3000～5000h 产生晶间型应力腐蚀。相比之下，00Cr25Ni35Mo3Cu4Ti 合金具有优良的耐应力腐蚀破裂性能。在 330℃、1% NaOH、8 × 10⁻⁶O₂ 和 316℃，10% NaOH、8 × 10⁻⁶ O₂ 的高温苛性溶液中，该合金的耐应力腐蚀破裂性能相当于 Inconel 600 和 Incoloy 800 合金，远优于 00Cr18Ni9Ti 合金。

表 12-14　00Cr25Ni35Mo3CuTi 合金在沸腾 MgCl₂ 中的应力腐蚀

合金牌号	在不同沸腾温度下 MgCl₂ 中的应力腐蚀破裂时间/h		
	130℃	143℃	154℃
00Cr18Ni9Ti	26～32	2	—
Incoloy 800	310～478	1000（未裂）	1000（未裂）
00Cr25Ni35Mo3CuTi	1000（未裂）	1000（未裂）	1000（未裂）

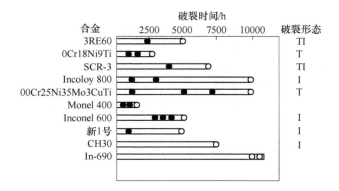

图 12-13　00Cr25Ni35Mo3Cu4Ti 合金在高温水中的应力腐蚀

（双 U 形试样，高压釜试验）

T—穿晶应力腐蚀破裂；I—晶间应力腐蚀破裂；TI—混合型应力腐蚀破裂

○—330℃，$100 \times 10^{-6} Cl^{-}$，$8 \times 10^{-6} O_2$，pH = 6.6，一周换水 1 次；

●—316℃，$100 \times 10^{-6} Cl^{-}$，$8 \times 10^{-6} O_2$，pH = 7，一周换水 1 次

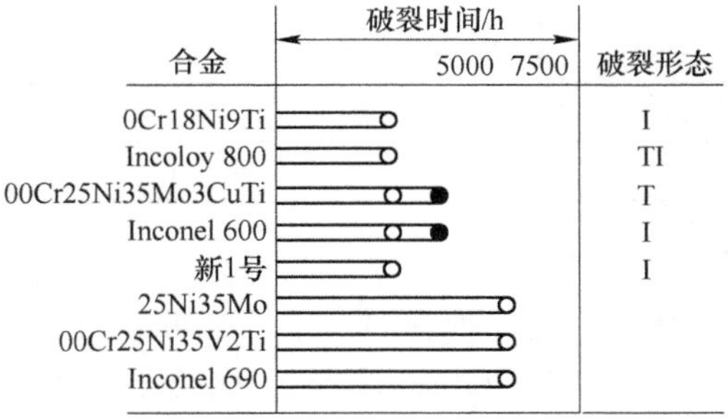

图 12-14　00Cr25Ni35Mo3Cu4Ti 合金在高温苛性水中的应力腐蚀

（双 U 形试样，高压釜试验）

T—穿晶应力腐蚀破裂；I—晶间应力腐蚀破裂；TI—混合型应力腐蚀破裂

○—1% NaOH，$8 \times 10^{-6} O_2$，330℃高温水；

●—10% NaOH，$8 \times 10^{-6} O_2$，316℃高温水

12.3.1.4　热加工、冷加工、热处理和焊接性能

（1）冷热加工及成型性能。00Cr25Ni35Mo3CuTi 合金具有良好的冷热加工及成型性能。合金的热加工加热温度以 1050～1120℃为宜。冷加工及成型性能与通常的奥氏体不锈钢类似。

（2）热处理。00Cr25Ni35Mo3CuTi 是一种奥氏体合金，为使之具有最佳耐蚀性，良好的强度和韧性以及冷热成型性，其使用状态为固溶处理状态。合金的固溶处理温度为 1050～1150℃，保温时间视产品的截面尺寸而定，冷却方式为水冷

或空冷。冷加工中间软化处理温度与固溶处理温度相同。为了避免合金的晶间腐蚀，不允许在 600～800℃ 范围内加热，如果出现这种情况，必须对合金施以固溶处理，以恢复合金的耐蚀性。

（3）焊接性能。00Cr25Ni35Mo3CuTi 合金焊接性能良好，与一般奥氏体不锈钢相近，可采用通常的焊接方法进行焊接，焊接材料为 G817 镍基焊条和焊丝，焊接时应避免增碳，在可能的条件下应减少输入的热量，焊接电流不宜过大。

12.3.1.5　物理性能

00Cr25Ni35Mo3Cu4Ti 合金的物理性能见表 12-15。

表 12-15　00Cr25Ni35Mo3Cu4Ti 合金的物理性能

弹性模量	温度/℃	28	200	300	400	500	600	700	800	900	
	E/GPa	186.33	182.40	175.5	167.69	160.83	152.98	150.04	142.20	129.45	
线胀系数	温度/℃	26～100	26～200	26～300	26～400	26～500	26～600	26～700	26～800	26～900	26～1000
	$\alpha/10^{-6}K^{-1}$	15.7	15.8	15.9	16.1	16.3	16.7	17.1	17.5	17.9	18.5
热导率	温度/℃	100	200	300	400	500	600	700	800	900	1000
	$\lambda/W \cdot (m \cdot K)^{-1}$	12.53	12.95	14.62	15.87	17.54	18.79	20.04	21.71	23.38	24.63
电阻率/$\mu\Omega \cdot m$		1.07									

12.3.1.6　应用

00Cr25Ni35Mo3CuTi 合金是一种变形合金，亦可作为铸造合金使用，以铸态形式使用时，合金中的碳含量可以适当提高。此合金可以生产板材、管材、棒材、丝材、带材和锻件以及各种复杂的铸件。主要用于耐硫酸、耐含 F^-、Cl^- 的硫酸和磷酸腐蚀以及耐酸性矿浆磨蚀的容器、管道、换热器、反应塔、泵、阀门等。

12.3.2　00Cr27Ni31Mo4Cu（Sanicro-28，Nicrofer 3127LC）

00Cr27Ni31Mo4Cu 是瑞典于 20 世纪 70 年代中期开发的 Ni-Fe-Cr-Mo-Cu 耐蚀合金，定名为 Sanicro-28。它属于超低碳奥氏体合金。在化学工业苛刻的腐蚀介质中具有优异的耐蚀性；在湿法磷酸中其耐均匀腐蚀性能极佳，此外亦具有优良的耐点蚀、耐缝隙腐蚀、耐晶间腐蚀、耐应力腐蚀破裂性能。合金的工艺性能与一般奥氏体不锈钢类似。鉴于其优良的综合性能，因此近年来此合金在化学加工工业中得到广泛应用。

12.3.2.1　化学成分和组织结构

00Cr27Ni31Mo4Cu 合金的化学成分见表 12-16。

表 12-16　00Cr27Ni31Mo4Cu（Sanicro-28）的化学成分（质量分数）（%）

合金牌号	国外牌号	C	Si	Mn	P	S	Cr
00Cr27Ni31Mo4Cu	Sanicro-28	≤0.02	≤1.0	≤2.0	≤0.02	≤0.015	27
	Nicrofer 3127 LC-alloy 28	≤0.015	≤1.0	≤2.0	≤0.02	≤0.015	26~28

合金牌号	国外牌号	Ni	Mo	Cu	Fe	N
00Cr27Ni31Mo4Cu	Sanicro-28	31	3.5	1.0	余	—
	Nicrofer 3127 LC-alloy 28	30~32	3~4	1.0~1.4	余	0.04~0.07

在正常的固溶处理状态下，00Cr27Ni31Mo4Cu 合金是无磁的完全奥氏体组织，但在 500~720℃长时间时效，将在基体上和晶间析出有害于性能的碳化物和金属间相（σ、χ）。和所有奥氏体钢一样，此合金不能通过热处理进行强化，只有采用冷加工的方法使之强化。

12.3.2.2　力学性能

00Cr27Ni31Mo4Cu 合金的室温和高温力学性能见表 12-17。

表 12-17　00Cr27Ni31Mo4Cu 合金的室温和高温力学性能

合金状态	温度/℃	R_m/MPa	$R_{p0.2}$/MPa	A/%	Z/%	E/GPa
固溶处理	20	500~750	≥220	35	—	200
固溶处理	100	—	≥190	—	—	195
固溶处理	200	—	≥160	—	—	190
固溶处理	300	—	≥150	—	—	180
固溶处理	400	—	135	—	—	170

12.3.2.3　耐蚀性

A　全面腐蚀

由于 00Cr27Ni31Mo4Cu 合金具有 C、Cr、Ni、Mo、Cu 的良好配合，因此在一些苛刻的腐蚀环境中具有良好的耐均匀腐蚀性能。

a　硫酸中

00Cr27Ni31Mo4Cu 合金在硫酸中的耐蚀性见图 12-15 和表 12-18。在 50℃以下的全部浓硫酸中，合金的腐蚀速度小于 0.1mm/a，在 40%~70% H_2SO_4 和浓度 < 10%，> 80% 的 H_2SO_4 中，其使用温度可相应提高。合金在 H_2SO_4 中的耐蚀性优于

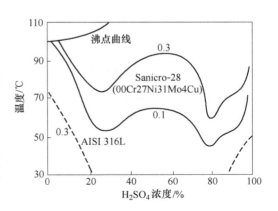

图 12-15　00Cr27Ni31Mo4Cu 合金在 H_2SO_4 中的等腐蚀图

（图中的数字为腐蚀速度，mm/a）

00Cr20Ni225Mo4.5Cu（2RK65）合金，接近于 Ni-16Cr-16Mo-4W（Hastelloy C）合金。

表 12-18　00Cr27Ni31Mo4Cu 合金在 H_2SO_4 中的腐蚀数据

H_2SO_4 浓度/%	试验温度/℃	试验时间/h	腐蚀速度/mm·a^{-1}
50	80	24 + 72 + 72	0.23
60	60	24 + 72 + 72	0.08
65	60	24 + 72 + 72	0.07
70	60	24 + 72 + 72	0.08
96	80	24 + 72 + 72	0.29

b　磷酸中

在化学纯的磷酸中，00Cr27Ni31Mo4Cu 合金在直到沸腾温度的各种浓度的酸中均具有良好的耐蚀性。

湿法磷酸较化学纯磷酸具有更强的腐蚀性。湿法磷酸由 H_2SO_4 分解磷灰石所制取，在这种酸中必然含有由磷灰石带入的 F^-、Cl^- 等杂质和残留的 H_2SO_4，这些杂质加剧了介质的腐蚀性，其中尤以 Cl^-，F^- 最为严重。在湿法磷酸工厂中，磷酸浓缩单元热交换器的腐蚀环境最恶劣，致使大多数高性能不锈钢遭到严重腐蚀。针对这一腐蚀问题所开发的 00Cr27Ni31Mo4Cu 提供了最佳耐蚀性。然而此合金在湿法磷酸中的耐蚀性强烈受 Cl^-、F^- 和介质温度的影响，见图 12-16 ~ 图 12-18 和表 12-19。可见，在 100℃ 以下的湿法磷酸中，Cl^- 在 800×10^{-6} 以下，游离 F^- 在 1% 以下，此合金尚具有良好的耐蚀性，可以满足工业使用要求。鉴于上述情况，在工业应用中应对 Cl^-、F^- 含量和操作温度进行适当限制。

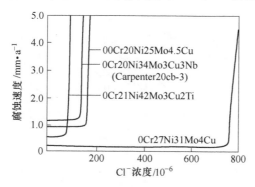

图 12-16　在 100℃ 的含杂质磷酸中 Cl^-
对 00Cr27Ni31Mo4Cu 合金耐蚀性的影响
（介质条件：$70\% H_3PO_4 + 4\% H_2SO_4 +$
$0.5\% F^- + 0.45\% Fe^{3+}$）

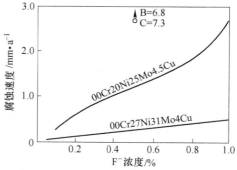

图 12-17　F^- 含量对 00Cr27Ni31Mo4Cu 合金
在含杂质磷酸中耐蚀性的影响
（介质条件：$70\% H_3PO_4 + 4\% H_2SO_4 +$
$60 \times 10^{-6} Cl^- + 0.6\% Fe^{3+}$，100℃）

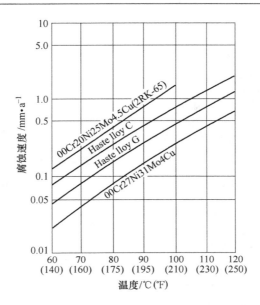

图 12-18　在含杂质磷酸中 00Cr27Ni31Mo4Cu 合金的耐蚀性与温度的关系

（介质条件：70% H_3PO_4 + 4% H_2SO_4 + 0.5% F^- + 60 × $10^{-6}Cl^-$ + 0.6% Fe^{3+}）

表 12-19　00Cr27Ni31Mo4Cu 合金在含杂质磷酸中的耐蚀性

介质成分	试验温度/℃	腐蚀速度/mm·a⁻¹
70% H_3PO_4 + 4% H_2SO_4 +	80	0.07
0.5% F^- + 60 × $10^{-6}Cl^-$ +	90	0.12
0.6% Fe^{3+}	100	0.21

在 200℃，95% 的过磷酸中，合金也具有良好的耐蚀性。20 天的实验室试验结果指出，其腐蚀速度为 0.03mm/a。

c　盐酸中

00Cr27Ni31Mo4Cu 合金较 Cr、Mo 含量低的不锈钢具有更好的耐盐酸腐蚀性能，因此它可在含盐酸的化学加工介质中应用。在 HCl 酸中的腐蚀如图 12-19 所示。

d　氢氟酸和氟硅酸中

在氢氟酸中，00Cr27Ni31Mo4Cu 合金的耐蚀性如图 12-20 所示。在氢氟酸中，合金的耐蚀性优于 00Cr20Ni25Mo4.5Cu 合金，但仅能在室温以下使用，因此只能在以杂质沾污形式出现的环境中选用。

e　硝酸中

在硝酸中，00Cr27Ni31Mo4Cu 合金较通常使用的 00Cr18Ni10（AISI 304L）和 00Cr25Ni20（AISI 310L）合金具有更好的耐蚀性，见表 12-20。

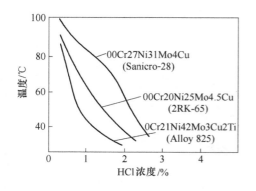

图 12-19　00Cr27Ni31Mo4Cu 合金
在盐酸中的等腐蚀图
（曲线代表 0.1mm/a 的腐蚀速度）

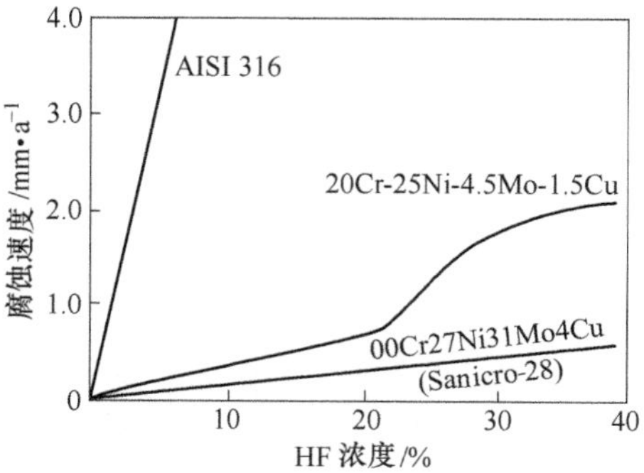

图 12-20　00Cr27Ni31Mo4Cu 合金
在 20℃、HF 酸中的腐蚀

表 12-20　00Cr27Ni31Mo4Cu 合金在硝酸中的耐蚀性（Huey 试验）

HNO₃（质量分数）/%	试验温度	试验时间/h	腐蚀速度/mm·a⁻¹		
			00Cr27Ni31Mo4Cu（Sanicro-28）	00Cr18Ni14Mo2（AISI 310L）	00Cr18Ni10（AISI 304L）
65	沸腾	5×48	0.06	0.08	0.19

f　醋酸和甲酸中

00Cr27Ni31Mo4Cu 合金在直到沸腾温度的所有浓度醋酸和高温高压醋酸中均具有良好的耐蚀性。在含甲酸的醋酸中，00Cr27Ni31Mo4Cu 合金的耐蚀性优于00Cr18Ni14Mo2 合金和 00Cr18Ni14Mo3 合金，试验室试验结果见表 12-21。

表 12-21　00Cr27Ni31Mo4Cu 合金在醋酸 + 甲酸中的腐蚀

介质成分	试验温度	试验时间/h	腐蚀速度/mm·a⁻¹		
			00Cr27Ni31Mo4Cu（Sanicro-28）	00Cr18Ni14Mo2（AISI 316L）	00Cr18Ni14Mo3（AISI 317L）
50% 醋酸 +15% 甲酸	沸腾	24 + 72 + 72	0.13	0.29	0.20

g　苛性钠中

00Cr27Ni31Mo4Cu 合金在 NaOH 介质中具有优于一般奥氏体不锈钢的耐蚀性，试验数据见表 12-22。

表 12-22　00Cr27Ni31Mo4Cu 合金在 NaOH 中的腐蚀

NaOH/%	试验温度/℃	腐蚀速度/mm·a⁻¹	
		00Cr27Ni31Mo4Cu	00Cr18Ni14Mo2
20	100	0.000	0.008
30	120	≤0.10	0.50

　　B　晶间腐蚀

　　00Cr27Ni31Mo4Cu 合金，因其极低的碳含量，所以具有良好的耐晶间腐蚀性能，经多次焊接后耐蚀性不下降。采用沸腾 50% $H_2SO_4 + 42g/L$ $Fe_2(SO_4)_3$，120h 的晶间腐蚀评价试验（ASTM G-28）所测定的合金 TTS 图如图 12-21 所示。合金的敏化温度区间为 500 ~ 720℃，最敏感温度为 670℃，所需最短敏化时间为 30min，足以经得起一般焊接过程的受热条件的敏化。大量试验均指出，焊后的合金，甚至在很强的腐蚀介质中其晶间腐蚀敏感性也很小。

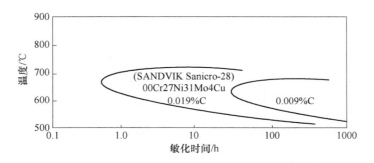

图 12-21　00Cr27Ni31Mo4Cu 合金的温度-时间-晶间腐蚀关系
（沸腾 50% $H_2SO_4 + 42g/L$ $Fe_2(SO_4)_3$，120h）

　　C　点腐蚀和缝隙腐蚀

　　00Cr27Ni31Mo4Cu 合金具有良好的耐点蚀和耐缝隙腐蚀性能，这归结于合金具有高的 Cr、Mo 含量，在实际介质中对点蚀是免疫的。耐缝隙腐蚀性能优于 00Cr18Ni12Mo2 合金和一些高性能不锈钢，图 12-22 和图 12-23 给出了合金耐点

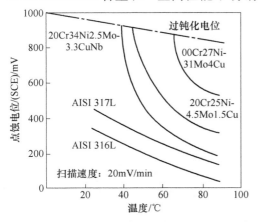

图 12-22　00Cr27Ni31Mo4Cu 合金在
3% NaCl 中的点蚀电位

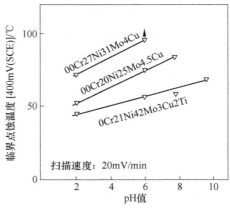

图 12-23　00Cr27Ni31Mo4Cu 合金在 3% NaCl
中的临界点蚀温度和溶液 pH 值的关系
（人造海水的 pH = 7.5 ~ 8）

蚀的电化学试验结果。表 12-23 给出了合金在海水和人工海水中的试验结果，显然在海水中的临界点蚀温度较 00Cr18Ni12Mo2 合金和 00Cr20Ni25Mo4.5Cu 合金分别高 60℃ 和 20℃。在室温和 52℃ 的海水中及在 50℃、60℃、70℃ 通空气的 3% NaCl 中也不产生缝隙腐蚀，表明了合金的良好耐点蚀和耐缝隙腐蚀性能。在 50℃ 和 70℃ 的海水中使用将不会出现缝隙腐蚀，在 95℃ 的海水中不会出现点蚀。

表 12-23　00Cr27Ni31Mo4Cu 合金在海水和 3% NaCl 中的缝隙腐蚀试验结果

介　质	流速 /m·s⁻¹	温度 /℃	试验时间 /h	自由表面缝隙面积比	缝隙腐蚀 /%	最大深度 /mm
美国东海岸海水	0.5	4.2~14.6	1464	80/1	0	0
	0.06	52	720	80/1	0	0
3% NaCl（Cl⁻ 4.8%），pH≈6，组合缝隙	静止	50	1400	12/1	0	0
	静止	60	1400	12/1	0	0
	静止	70	1400	12/1	0	0
6% FeCl₃，pH=1.2，腐蚀电位 600mV(SCE)，橡胶带缝隙（ASTM G-48—76）	—	22	24	—	—	0

D　应力腐蚀

广泛的试验已证实这种含 Ni 为 31% 的合金，在含氯化物的溶液中对应力腐蚀破裂是免疫的。固溶退火和冷加工的 00Cr27Ni31Mo4Cu 合金在高浓度硫化氢和高浓度氯化物环境中也具有很好的耐应力腐蚀破裂性能。图 12-24 示出，在 100℃、40% CaCl₂ 中，为使这个合金产生应力腐蚀破裂所需的应力值高于其抗拉强度的 90%，显示了合金的良好耐应力腐蚀破裂性能。

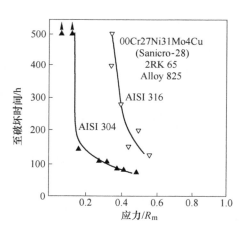

图 12-24　00Cr27Ni31Mo4Cu 合金在 100℃、40% CaCl₂（pH=6.5）中恒载荷应力腐蚀试验结果

12.3.2.4　热加工、冷加工、热处理和焊接性能

（1）热冷加工及成型性能。冶金厂生产过程中，热加工温度范围为 950~1150℃，最合适的加热温度为 1120℃。制造设备的热成型温度也以上述温度为宜，应避免在 500~720℃ 敏化温度进行热成型操作。此合金易于冷成型，冷成型后不必进行退火。深冷成型后且在易产生应力腐蚀破裂环境下使用时，为发挥合

金的最佳耐蚀性应进行固溶退火，固溶退火温度为 1080~1140℃。

（2）热处理固溶退火温度为 1080~1140℃，保温时间取决于工件的最大截面尺寸，通常为 10~30min，冷却方式为水冷，对于截面尺寸小的亦可采用快速空冷。

（3）焊接。00Cr27Ni31Mo4Cu 合金的焊接性能良好，无热裂倾向。焊前不需预热，焊后也不需热处理，可采用常规的焊接方法，如手工电弧焊和 TIG 焊。最理想的方法是 TIG 焊。焊接应使用低的输入热量。TIG 焊的最大电流为 100~120A。TIG 焊接的焊丝为 Sandvik27.31.4LCu。电焊条为 Sandvik27.31.4LCuB。

12.3.2.5　物理性能

00Cr27Ni31Mo4Cu 合金的物理性能见表 12-24。

表 12-24　00Cr27Ni31Mo4Cu 合金的物理性能

密度/$g \cdot cm^{-3}$		8.0				
比热容	温度/℃	20	100	200	300	400
	J/(kg·K)	450	470	490	510	530
电阻率	温度/℃	20	100	200	300	400
	$\mu\Omega \cdot m$	0.99	1.07	1.16	1.22	1.25
热导率	温度/℃	20	100	200	300	400
	W/(m·K)	11.4	12.9	14.3	15.5	16.7
线胀系数	温度/℃	20~100	20~200	20~300	20~400	—
	$10^{-6}K^{-1}$	15.0	15.5	16.0	16.5	—

12.3.2.6　应用

此合金的冶金工艺性能良好，冶金厂可以生产板（薄板、中板）、管（无缝、焊接）、丝、带、棒材和锻件，亦可生产各种铸件。

00Cr27Ni31Mo4Cu 合金主要用于湿法磷酸生产。因其在一些苛刻的腐蚀介质中具有优良的耐蚀性，在海水冷却，含 F^-、Cl^- 的化学加工工艺介质和有机酸生产中得到广泛应用。在湿法磷酸生产中使用这种材料制作蒸发器管子，用以浓缩磷酸，至今已使用了 15 年以上，是取代石墨换热器的理想材料；在硫酸中，用于制作管道和热交换器，在 40%~70% H_2SO_4 和大于 80% H_2SO_4 中特别适用，耐蚀性相当于高 Ni 合金 Hastelloy C；在石油和天然气工业中，使用 00Cr27Ni31Mo4Cu 合金管材作为深源酸性气井的套管和内衬以及井管，亦用以制造酸性气体输送管线。

12.3.3　0Cr21Ni42Mo3Cu2Ti（Incoloy 825，NS 1402）

0Cr21Ni42Mo3Cu2Ti 是一种用 Ti 稳定化的 Ni-Fe-Cr-Mo-Cu 耐蚀合金。国外称作 Incoloy 825，亦称作 Ni-O-nel 825 或 Ni-O-nel 合金。此合金具有良好的耐均匀

腐蚀和局部腐蚀性能及良好的工艺性能，加之开发时间较早，因此在化学、能源、石油化工、湿法冶金工业中得到广泛应用。

12.3.3.1　化学成分和组织结构

合金的化学成分见表 12-25。合金成分中的 Ni 当量和 Cr 当量的平衡关系，决定了此合金在固溶条件下为完全奥氏体组织。在中温时效时，将在奥氏体基体和晶间析出碳化物和金属间化合物。这种沉淀会危害合金的力学性能和耐蚀性。

表 12-25　0Cr21Ni42Mo3Cu2Ti 合金的化学成分（质量分数）　　　（%）

合金牌号	相应国外名称	C	Si	Mn	P	S	Cr
0Cr21Ni42Mo3Cu2Ti	Incoloy 825 Ni-O-nel 825	≤0.05	≤0.5	≤1.0	≤0.04	≤0.03	19.5~23.5
00Cr21Ni42Mo3Cu2Ti	Nicrofer 4221-Alloy 825	≤0.02	—	—	—	—	20~22

合金牌号	相应国外名称	Ni	Mo	Cu	Fe	N
0Cr21Ni42Mo3Cu2Ti	Incoloy 825 Ni-O-nel 825	38~46	2.5~3.5	1.5~3.0	余	0.6~1.2
00Cr21Ni42Mo3Cu2Ti	Nicrofer 4221-Alloy 825	38~42	2.5~3.0	1.5~3.0	余	0.6~1.0

12.3.3.2　力学性能

0Cr21Ni42Mo3Cu2Ti 合金退火状态的室温和高温拉伸性能见表 12-26。抗压强度和冲击性能分别见表 12-27 和表 12-28。合金的韧性良好，低温并未显著降低它的韧性，甚至在 -253℃，合金的冲击吸收功仍与室温数据相近。

表 12-26　退火态 0Cr21Ni42Mo3Cu2Ti 合金的室温和高温瞬时力学性能

温度/℃	R_m/MPa	$R_{p0.2}$/MPa	A/%	温度/℃	R_m/MPa	$R_{p0.2}$/MPa	A/%
29	693	301	43	538	592	229	43
93	655	279	44	593	541	222	38
204	637	245	43	649	465	213	62
316	632	231	46	760	274	183	87
371	621	234	46	871	135	117	102
427	610	228	44	982	75	47	173
482	608	221	42	1093	42	23	106

表 12-27　0Cr21Ni42Mo3Cu2Ti 合金的抗压强度

材料类型和状态	$R_{p0.2}$/MPa	$R_{p-0.2}$/MPa
退火棒材	396	423

表 12-28　0Cr21Ni42Mo3Cu2Ti 合金室温和低温冲击吸收功

材料类型	温度/℃	夏比钥匙孔冲击吸收功/J	材料类型	温度/℃	夏比钥匙孔冲击吸收功/J
中板	20	107	中板	-196	91
	-79	106		-253	92

12.3.3.3　耐蚀性

A　全面腐蚀

a　大气中

此合金耐乡村、工业和海洋环境的大气腐蚀，但在含氯化物高的大气中，尤其是在潮湿的大气中，此合金会产生很浅的点蚀，见表 12-29。

表 12-29　0Cr21Ni42Mo3Cu2Ti 合金在大气中的腐蚀

挂片地点	大气类型	暴露时间/d	腐蚀速度/mm·a^{-1}	点蚀最大深度/mm
State College Pa.	乡　村	2	1×10^{-4}	0.010
Newark，N. J.	工　业	2	1.3×10^{-4}	0.013
Point Reyes，Calif	海　洋	2	1.8×10^{-4}	0.010
Kure Beach，N. C.	海　洋	2	1.5×10^{-4}	0.015
	海　洋	7	1.5×10^{-4}	0.018

b　淡水中

0Cr21Ni42Mo3Cu2Ti 合金耐淡水腐蚀，包括腐蚀性最强的含游离 CO_2，铁的化合物和氯化物的自然水以及含杂质的各种工业冷却水，其腐蚀速度通常低于 0.0025mm/a。

c　海水中

表 12-30 给出了 0Cr21Ni42Mo3Cu2Ti 合金在各种条件海水中的耐蚀性。此合金在高速海水中耐蚀，在静止和低速海水中或有沾污的条件下会产生一定的点腐蚀。

表 12-30　0Cr21Ni42Mo3Cu2Ti 合金在海水中的腐蚀

海　水　条　件	暴露时间/d	腐蚀速度/mm·a^{-1}	点蚀深度/mm
静止海水	730	0.0002	0 ~ 0.02
慢速海水	730	0.0002	0.076 ~ 0.15
室温高速海水，41m/s	30	0.0076	—
海水，全浸	1095	0.0005	—
海水，潮汐区	1095	0.0005	0.076
海水，溅射和喷洒	1095	0.0005	—
深海，711 ~ 2034m	123 ~ 1064	0.0025	0.1 ~ 0.55[①]

① 37 个试样中有 5 个出现点蚀。

d　硫酸中

此合金的耐蚀性大体相当于 G 合金（0Cr22Ni47Mo6.5Cu2Nb2 合金），但使用温度稍低。图 12-25 和图 12-26 以及表 12-31 给出了此合金在通气纯硫酸中的腐蚀试验结果。在不通气的纯硫酸中，基于大量的试验室和工厂设备运行经验的统计规律，0Cr21Ni42Mo3Cu2Ti 合金在 50℃ 以下的所有浓度的硫酸中的腐蚀率小于 0.15mm/a，具有可靠的耐蚀性；在沸腾温度，浓度低于 40% 的硫酸中的腐蚀率低于 0.5mm/a，属于耐蚀范围；在 60%~80% H_2SO_4 中，只能用于 65℃ 以下。在 65℃ 充空气的硫酸中，当浓度低于 20% 时，随浓度增加未危及合金的耐蚀性。在 40% 以上的硫酸中，随浓度的提高加剧了合金的腐蚀，见表 12-32。

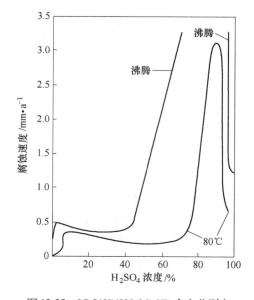

图 12-25　0Cr21Ni42Mo3Cu2Ti 合金分别在
80℃ 和沸腾温度下在不通气的
化学纯 H_2SO_4 中的耐蚀性

（每点为 5×48h 的平均值）

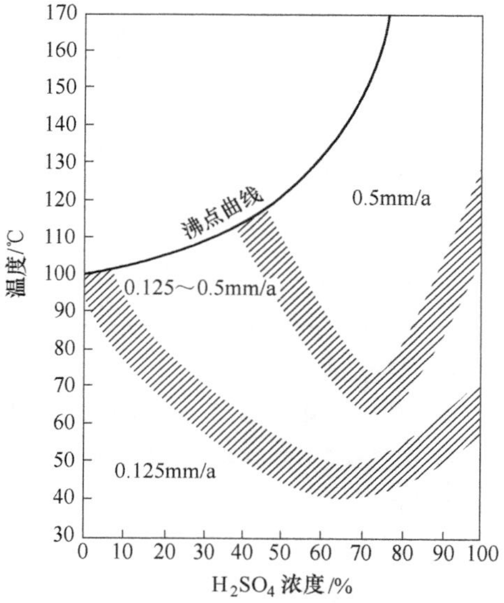

图 12-26　0Cr21Ni42Mo3Cu2Ti 合金在
纯 H_2SO_4 中的等腐蚀图

表 12-31　0Cr21Ni42Mo3Cu2Ti 合金在不通气纯 H_2SO_4 中的耐蚀性

H_2SO_4 浓度/%	试验温度/℃	试验时间/h	腐蚀速度/mm·a^{-1}
40	50	168	0.013
	100	168	0.36
	沸腾	48	0.28
50	50	168	0.25
	100	168	0.36
	沸腾	48	0.5

H_2SO_4 浓度/%	试验温度/℃	试验时间/h	腐蚀速度/mm·a^{-1}
	50	168	0.10
60	100	168	0.5
	沸腾	48	3
	50	168	0.13
80	100	168	0.5
	沸腾	48	35
	50	168	0.013
25.3（工业酸）	100	168	—
	沸腾	48	0.41
	50	168	0.13
50.3（工业酸）	100	168	1.3
	沸腾	48	49
2	沸腾	24	0.19
5	沸腾	24	0.25
10	沸腾	24	0.39
25	沸腾	2×48	0.35
32	沸腾	2×48	0.52
44	沸腾	2×48	0.61
50	65	—	0.13
60	60	24	0.076
75	60	24	1.75

表 12-32　0Cr21Ni42Mo3Cu2Ti 合金在空气饱和的 H_2SO_4 中的耐蚀性[①]

H_2SO_4 浓度/%	试验温度/℃	试验时间/h	腐蚀速度/mm·a^{-1}
5	65	20	0.025
10	65	20	0.025
20	65	20	0.025
40	65	20	0.91
60	65	20	0.76
80	65	20	3.15
96	65	20	6.25

① 在试验过程中鼓入空气通过试验溶液，试样运动速度为 4.8m/min。

　　硫酸在实际应用中，常含有各种杂质，除氯化物的氧化性杂质外，如 HNO_3、$Fe_2(SO_4)_3$、$CuSO_4$、硝酸盐、过硫酸盐、高锰酸盐等，可促进合金钝化而减少腐蚀，在此种环境中合金的使用温度较在纯 H_2SO_4 中可相应提高，见表 12-33。氯化物，因其形成 HCl 酸将急剧加速合金的腐蚀。

表 12-33　0Cr21Ni42Mo3Cu2Ti 合金在含 H_2SO_4 的混合介质中的耐蚀性

介 质 条 件	温度/℃	试验时间/d	腐蚀速度/mm·a^{-1}
$25 \sim 50g/L$ H_2SO_4, $25 \sim 100g/L$ $MnSO_4$, $1 \sim 3g/L$ $Fe_2(SO_4)_3$。浸入到 MnO_2 电解回路中的水仓中,流量为 $0.379m^3/min$	93	119	0.07
含 $28 \sim 55g/L$ H_2SO_4,$5 \sim 10g/L$ Fe^{3+},一些 Fe^{2+},0.1% 氯化钠,60% 固体的混合物铀矿浸出槽	45	41	0.0025
$5\% \sim 10\%$ H_2SO_4 + 0.25% $CuSO_4$,黄铜酸洗,埋在带材连续酸洗机中距表面 0.3m 处	38 ~ 93	162	0.0025
5% H_2SO_4 + $1.651 \sim 0.047$mm ($10 \sim 300$ 目) MnO_2 和 MnO 矿,拴在浸出槽的蛇形蒸气管上	82	245	0.013
$Al_2(SO_4)_3$ 蒸发,由 28.2% 蒸发到 57.7%,含有 0.1% Fe_2O_3,0.3% FeO 和痕量的 Cr_2O_3 和 Al_2O_3	90 ~ 120	44	0.02
含有 $CuSO_4$ (≤11.2%) 的 12% H_2SO_4 酸洗液,浸入 Mesta 酸洗机边部	82	26	0.005
20% H_2SO_4 + 4% 重铬酸钠,浸入洗 Al 清液	65 ~ 70	77	0.48
镍精炼的残铜处理,≤20% H_2SO_4,100g/L $CuSO_4$ 和痕量氯化物	90	7	0.13
50% H_2SO_4 + 22% HNO_3 + 19% H_2O,试验室	65 83	6 5	0.013 0.11
78% H_2SO_4 + 3.5% H_2O_2 + 各种 Fe、Mn、Cr、Ni 盐类,在处理槽中	38 ~ 54	8	0.13
78% H_2SO_4 + 痕量苯硫酸,配酸槽底部	50	—	0.013
9% H_2SO_4 + 1% HF + 1% Na_2SO_4 + 1% 硅藻土 + 0.5% Na_2SiF_6 + H_2O,浸在槽中	45	—	0.025
造纸厂真空蒸发器回收 H_2SO_4,55% H_2SO_4	71	—	0.10
36% H_2SO_4 + 28% 草酸 + 32% 水 + 4% 灰分,在真空蒸发中的搅拌器支架上,交替浸入	60	—	0.06

注:工厂试验。

　　e　磷酸中

　　在试剂级磷酸中,此合金在低于 85% H_3PO_4 中,直到沸腾温度都是耐蚀的,见图 12-27 和表 12-34。表 12-35 为此合金在湿法磷酸工厂中的现场试验数据,在含 F⁻ 和其他杂质的料浆中 0Cr21Ni42Mo3Cu2Ti 合金亦具有较好的耐蚀性，但不如前述高 Cr 的 Ni-Fe-Cr-Mo-Cu 合金。

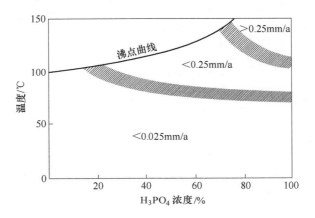

图 12-27　0Cr21Ni42Mo3Cu2Ti 合金在纯 H_3PO_4 中的等腐蚀图

表 12-34　0Cr21Ni42Mo3Cu2Ti 合金在纯 H_3PO_4 中的腐蚀数据

$w(H_3PO_4)/\%$	试验温度/℃	试验时间/h	腐蚀速度/mm·a⁻¹
50	沸腾	24	0.035
60	沸腾	24	0.13
70	沸腾	24	0.16
75	78	792	0.005[①]
75	85	792	0.008[①]
75	90	792	0.008[①]
75	95	792	0.013[①]
75	105	792	0.033[①]
80	沸腾	24	0.43
85	沸腾	24	1.01

① 流速为 268mm/min。

表 12-35　0Cr21Ni42Mo3Cu2Ti 合金在湿法磷酸中的耐蚀性

介 质 条 件	温度/℃	时间/d	腐蚀速度/mm·a⁻¹
15% H_3PO_4，20% H_2SiF_6，1% H_2SO_4，蒸发器烟雾洗涤器的再循环液	75~85	16	0.025
20% H_3PO_4，20% HF 酸，在槽中	21~30	13	0.036
20% H_3PO_4，2% H_2SO_4，1% HF 酸，40% H_2O，$CaSO_4$，在浸取槽料浆中	80~93	117	0.018

介 质 条 件	温度/℃	时间/d	腐蚀速度/mm·a^{-1}
37% H$_3$PO$_4$ 料浆，在酸的运输槽中，流速 0.9m/s	65~88	46	0.018
31.4% H$_3$PO$_4$，1.5% H$_2$SiF$_6$，0.12% HF 酸，CaSO$_4$ 料浆，在过滤槽中	46~60	8.3	<0.0025
54% H$_3$PO$_4$，1.7% HF，20% H$_2$SO$_4$，20% CaSO$_4$，在蒸发后的酸的增稠器中	52~65	51	0.013
在用热气体加热的蒸发器中，53% H$_3$PO$_4$，1%~2% H$_2$SO$_4$，1.5% HF 酸，Na$_2$SiF$_6$	120	42	0.15
在浓缩筒上部的湿分离器中，由粗 H$_3$PO$_4$ 浓缩到含 HF 的 50%~55% H$_3$PO$_4$，挂入气相中	140	21	0.79
在含 75%~80% H$_3$PO$_4$，1% H$_2$SO$_4$ 和一些 HF 的脱氟器中，强烈搅拌	140	8	3

注：工厂试验。

f　盐酸中

表 12-36 列出了 0Cr21Ni42Mo3Cu2Ti 合金在不同浓度盐酸中的试验室结果。此合金不耐盐酸腐蚀，仅在室温的稀盐酸溶液中可用。充气加速了 0Cr21Ni42Mo3Cu2Ti 合金在盐酸中的腐蚀，在 5mol/L HCl 酸室温 N$_2$ 饱和的条件下的腐蚀速度（72h）为 0.006mm/a，在用空气饱和的盐酸中却为 0.53mm/a，耐蚀性下降近两个数量级。

表 12-36　0Cr21Ni42Mo3Cu2Ti 在盐酸中的耐蚀性

盐酸浓度/%	温度/℃	腐蚀速度/mm·a^{-1}	盐酸浓度/%	温度/℃	腐蚀速度/mm·a^{-1}
5	室温	0.12	20	室温	0.18[①]
5	40	0.45	20	40	0.44
5	65	2.0	20	65	1.52
10	室温	0.18	浓酸	40	12.19
10	40	0.47	浓酸	65	28.7
10	65	2.59			

① 酸的浓度为 15%。

g　氢氟酸和氟硅酸中

此合金在氢氟酸中耐蚀性不佳，仅在少数条件下具有中等耐蚀性，一般不推荐在纯氢氟酸中使用。氟硅酸的腐蚀性较氢氟酸轻，在含有杂质的氟硅酸中，此合金耐蚀性良好，可以用到 60℃。0Cr21Ni42Mo3Cu2Ti 合金在氢氟酸、氟硅酸及含氢氟酸介质中的耐蚀性见表 12-37。

表 12-37 0Cr21Ni42Mo3Cu2Ti 合金在 HF、H_2SiF_6 和含 HF 的混酸介质中的耐蚀性

介质条件	温度/℃	时间/d	腐蚀速度/mm·a^{-1}	备注
20% HF 酸	102	3	1.03	试验室试验
38% HF 酸	沸腾	4	0.25	试验室试验
48% HF 酸	沸腾	4	0.23	试验室试验
50% HF 酸	60	35	0.05	试验室试验
65% HF 酸	60	35	0.13	试验室试验
70% HF 酸	60	35	0.13	试验室试验
70% HF 酸	21	42	0.36	试验室试验
20% H_2SiF_6 + 未溶杂质，流速为 0.15m/s	54~60	—	0.12	浸入烟雾洗涤器的再循环槽液中
25%~35% H_2SO_4 + 8% HF 酸，钢带酸洗液	50~80	31	0.33	不通气，通过钢带运动搅动溶液，加速了腐蚀

h 亚硫酸中

0Cr21Ni42Mo3Cu2Ti 合金耐湿 SO_2 和亚硫酸溶液的腐蚀，适用范围很广，尤其是在含有 H_2SO_4 的亚硫酸溶液中，此合金的耐蚀性优于含有相同 Cr、Mo 而不含 Cu 的合金。在亚硫酸和含亚硫酸的介质中的腐蚀数据见表 12-38。

表 12-38 0Cr21Ni42Mo3Cu2Ti 合金在亚硫酸介质中的耐蚀性

介质条件	温度/℃	时间/h	腐蚀速度/mm·a^{-1}		备注
			液相	气相	
含 5% H_2SO_4	82	168	0.001	0.003	试验室没有点蚀
含 5.5% H_2SO_4 + 一些 H_2SO_3	38~52	1440	0.007	—	燃料气洗涤器，现场实验。初期点蚀
含饱和 SO_2 的海水（按 ASTM D1141）	82	168	1.62	—	试验室试验，严重点蚀

i 硝酸中

0Cr21Ni42Mo3Cu2Ti 合金在沸腾温度的所有浓度的硝酸中（包括 65% HNO_3）具有良好的耐蚀性。在稀硝酸中可以使用到沸点以上的温度，在室温发烟硝酸和 70℃加缓蚀剂的发烟硝酸中，也呈现出较好的耐蚀性。此合金的耐硝酸腐蚀性能见表 12-39 和表 12-40 及图 12-28。鉴于通常的 Cr-Ni 不锈钢具有良好的耐硝酸腐蚀性能，在纯 HNO_3 不采用此合金。在含有各种杂质和添加物的 HNO_3 中，0Cr21Ni42Mo3Cu2Ti 合金呈现出良好的耐蚀性，优于 Cr-Ni 奥氏体不锈钢，常被采用，见表 12-41。

表 12-39　0Cr21Ni42Mo3Cu2Ti 合金在发烟硝酸中的耐蚀性

腐 蚀 介 质	温度/℃	腐蚀速度/mm·a^{-1}
白发烟硝酸	室温	0.013
白发烟硝酸	71	1.1
加缓蚀剂（无水 HF）的白发烟硝酸	室温	0.005
加缓蚀剂（无水 HF）的白发烟硝酸	71	0.17
加缓蚀剂（无水 HF）的红发烟硝酸	室温	0.015
加缓蚀剂（无水 HF）的红发烟硝酸	71	0.16

表 12-40　0Cr21Ni42Mo3Cu2Ti 合金在高温硝酸中的腐蚀试验

HNO$_3$ 浓度/%	温度/℃	时间/h	腐蚀速度/mm·a^{-1}
10	100	48	0.005
	110	48	0.008
	120	48	0.013
	130	48	0.04
30	100	48	0.016
	110	48	0.03
	120	48	0.04
	130	48	0.08
50	100	48	0.03
	110	48	0.03
	120	48	0.09
	130	48	0.20

注：试验在密封的玻璃管中进行。

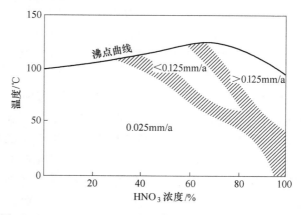

图 12-28　0Cr21Ni42Mo3Cu2Ti 合金在 HNO$_3$ 中的等腐蚀图

表 12-41　0Cr21Ni42Mo3Cu2Ti 合金在硝酸混合介质中的耐蚀性

介质条件	温度/℃	时间/d	腐蚀速度/mm·a⁻¹ 液相	腐蚀速度/mm·a⁻¹ 气相
在含氯化物,用 KNO_3 饱和的硝酸浓缩过程的蒸发器中,液相为 40% ~70% HNO_3 和 0.02% ~0.2% Cl^-,气相为 10% ~50% HNO_3,0.05% ~1.5% Cl^-	105 ~115	4.2	0.10	0.28
在将 35% HNO_3 浓缩至 45% 的过程蒸发器中,用氧锆基硝酸盐饱和并含 10% ~35% $ZrO(NO_3)_2$ 结晶	113 ~124	29	0.53	0.66
在含四氧化氮和亚硝酸的 40% HNO_3 溶液中,放置在 N_2O_2 吸收塔中部分配器下面	30 ~40	15	<0.0025	—
在含 6% 金属(Fe、Mg、Pb、Al)硝酸盐、2% 硫化物(金属硫化物)的 20% HNO_3 浓缩蒸发器中	70 ~88	52	0.01	—
53% HNO_3,1% HF 酸(试验室试验)	80	7	5.08	2.18
35% ~45% HNO_3,3% ~10% Cl(以氯化物形式存在),10% ~20% 金属(主要是 Zr)硝酸盐,在浓缩蒸发器中	115 ~127	21	0.33	0.15
36% HNO_3,30% KNO_3,$NaNO_3$,$Fe(NO_3)_3$,$Mg(NO_3)_2$,$Ca(CO_3)_2$,0.05% ~0.10% Cl(以氯化物形式存在),间歇暴露在液相和气相中(浓缩蒸发器)	65 ~82	8	0.013	—
58% HNO_3,$5×10^{-6}$ 氯化物,金属(主要是 Zr)硝酸盐为 11% ~13%,在浓缩蒸发器柱子底部液相中	115 ~130	10	0.66	—
2% ~21% HNO_3,$(3~13)×10^{-6}$ 氯化物,0 ~25% 的金属(主要是 Zr)硝酸盐,在蒸发器第 10 个塔板液相中	107 ~130	10	0.12	—
在精制含 30% ~40% HNO_3 和直到 $2000×10^{-6}$ Cl 提余液的浓缩蒸发器中	80	92	0.018	0.028

注:工厂试验。

j　有机酸和化合物中

在有机酸和化合物中,此合金表现出高度的耐蚀性,可以在很宽的温度范围内应用。在沸腾温度时,除在草酸中不耐蚀外,在大多数有机酸中均耐蚀(表12-42),在有机酸加工过程中也呈现出优良的耐蚀性,工厂试验结果见表12-43。

表 12-42　0Cr21Ni42Mo3Cu2Ti 合金在各种有机酸中的耐蚀性

有机酸类型和浓度	温　度	时间/h	腐蚀速度/mm·a⁻¹
10% 醋酸	沸　腾	120	<0.003
10% 甲酸	沸　腾	120	0.063
10% 乳酸	沸　腾	120	0.008
10% 顺丁烯二酸	沸　腾	120	0.003
10% 苯二酸	沸　腾	120	<0.003
10% 草酸	沸　腾	120	<0.5

表 12-43　0Cr21Ni42Mo3Cu2Ti 合金在有机酸加工中的耐蚀性

介　质　条　件	温度/℃	时间/d	腐蚀速度/mm·a⁻¹
含有 85% 醋酸、10% 醋酐、5% 水、丙酮、乙腈处于冷凝器前的蒸气管线中，气相中	115~135	875	0.008
99.9% 醋酸，0.1% 水，在蒸馏塔中	107	40	0.005
94% 醋酸，1% 甲酸，5% 高沸点酯类	127	465	0.018
96.5%~98% 醋酸，1.5% 甲酸，1%~5% 水	124	262	0.15
91.5% 醋酸，2.5% 甲酸，6% 水	110~127	55	0.08
95% 醋酸，1.5%~3.0% 甲酸，0.5% 高锰酸钾，水；40% 醋酸，6% 丙酮，20% 丁烷，5% 戊酸，8% 乙基醋酸盐，5% 水甲基乙基酮，其他酯类和酮类	174	217	0.05
含苯二酸，水和少量顺丁烯二酸，顺丁烯二酐，苯酸，挥发油醌的苯二酐，在苯二酐蒸馏塔的同流塔板上	165~260	70	0.20
40% 甲酸，18% 醋酸，40% 苯，20% 水，在蒸馏柱中	91	55	0.025

注：工厂试验。

B　晶间腐蚀

在 1150~1204℃ 固溶退火条件下对晶间腐蚀不敏感，当中温敏化处理 1h 时，例如在 760℃，在晶界上将出现富 Cr 的 $M_{23}C_6$ 沉淀，进而导致在沸腾 65% HNO_3 中的晶间腐蚀。而在敏化前 940℃ 稳定化处理 1h 可防止敏化引起的晶间腐蚀。图 12-29 示出了原始退火状态和敏化温度、时间的关系。显然，在 65% HNO_3 的评价试验中，940℃ 稳定化处理将延迟在敏感温度产生晶间腐蚀所需的敏化时间。研究表明，在此温度将形成 TiC 窃取合金的碳，防止了产生大量的 $M_{23}C_6$，即或形成 $M_{23}C_6$，由于 Cr 的扩散也将减少 Cr 的贫化程度，因此阻止或减缓了晶间腐蚀的产生。此合金的工厂供货状态为 940℃ 稳定化处理，对防止随后二次受热的晶间腐蚀是有效的。严重敏化产品的晶间腐蚀亦可采用热处理予以消除。

C　点腐蚀

表 12-44 列出了 0Cr21Ni42Mo3Cu2Ti 合金在氧化性酸性氯化物中的耐点蚀性能，显然此合金在此类介质中耐蚀性欠佳。

表 12-44　0Cr21Ni42Mo3Cu2Ti 合金的耐点腐蚀性能

介　质	温度/℃	时间/h	腐蚀速度/mm·a⁻¹	点蚀深度
50% NaCl	50	72	1.06	点蚀穿孔
10.8% FeCl₃	35	4	点腐蚀	
5% FeCl₃	50	72	1.34	点蚀穿孔
5% CuCl₂	50	72	0.08	一个试样点蚀穿孔

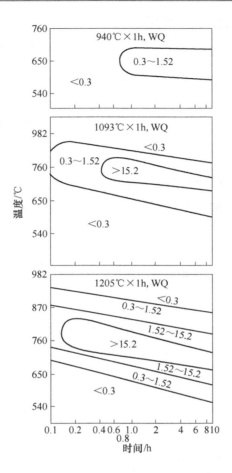

图 12-29 原始热处理对 0Cr21Ni42Mo3Cu2Ti 合金晶间腐蚀行为（TTS 图）的影响

（65% HNO₃，沸腾；图中数字为腐蚀速度，mm/a）

D 应力腐蚀

0Cr21Ni42Mo3Cu2Ti 合金在碱和 MgCl₂ 中的耐应力腐蚀破裂性能优于 Cr-Ni 奥氏体不锈钢，见表 12-45。在上述介质中的耐应力腐蚀性能良好。

表 12-45 0Cr21Ni42Mo3Cu2Ti 合金的耐应力腐蚀破裂性能

介质条件	温 度	时间/h	试验结果
50% NaOH，U 形弯曲	沸 腾	500	未裂
42% MgCl₂，U 形弯曲	沸 腾	720	未裂

12.3.3.4 热加工、冷加工、热处理和焊接性能

（1）热冷加工及成型。合金的热成型温度为 927 ~ 1065℃，不宜在晶间腐蚀敏感温度（650℃）下进行成型操作，如果在高于 1065℃下进行成型，则最终成型应在 870~980℃范围进行，以提供最大的耐晶间腐蚀性能。此合金亦适于冷加工成型，类似 Cr-Ni 奥氏体不锈钢。

（2）热处理。合金适宜的最终热处理是在 940℃进行稳定化处理。中间退火温度以高于 1050℃固溶软化退火温度为宜。

（3）焊接。可以采用通常的焊接方法进行焊接，推荐采用镍基焊丝（00Cr22Ni61Mo9Nb）。

12.3.3.5　物理性能

0Cr21Ni42Mo3Cu2Ti 合金的物理性能见表 12-46 和表 12-47。

表 12-46　0Cr21Ni42Mo3Cu2Ti 合金的密度、熔点和磁导率

项　目	数　值	项　目	数　值
密度（20℃）/g·cm^{-3}	8.14	磁导率（21℃，16kA/m）	15.98
液相线温度/℃	1400	居里温度/℃	< -196
凝固温度/℃	1370		

表 12-47　0Cr21Ni42Mo3Cu2Ti 合金的物理性能

温度/℃	线胀系数[①]/10^{-6}K^{-1}	热导率/W·(m·K)$^{-1}$	电阻率/μΩ·m
26	—	11.1	1.127
38	—	11.3	1.130
93	14.0	12.3	1.142
204	14.9	14.1	1.180
316	15.3	15.8	1.210
427	15.7	17.3	1.248
538	15.8	18.9	1.265
649	16.4	20.5	1.267
760	17.1	22.3	1.272
871	17.5	24.8	1.288
982	—	27.7	1.300
1093	—	—	1.318

① 从 27℃至给定温度。

12.3.3.6　应用

冶金产品及用途举例：此合金的冶金产品有板、管、丝、带、棒、锻件及相同成分的铸件。由于此合金的广泛耐蚀性，因此在化学加工工业、热海水和湿法

冶金工厂得到广泛应用。主要用于处理热硫酸、含氯化物溶液、亚硫酸等环境的热交换器、管道、阀门、泵等。在造纸工业的木浆浸取器及深源气井领域中亦得到广泛应用。

12.3.4 0Cr20Ni35Mo3Cu3Nb（Carpenter 20cb-3，No. 8020，NS 1403）

0Cr20Ni35Mo3Cu3Nb 是 1963 年在高镍奥氏体不锈钢——0Cr20Ni35Mo3Cu3Nb（Carpenter 20cb）基础上发展的一种铁-镍基耐蚀合金。国际上称为 Carpenter 20cb-3 合金或简称 20cb-3 合金。0Cr20Ni28Mo3Cu3Nb 是 1948 年开发的耐 H_2SO_4 和 HNO_3 及其混酸腐蚀性能较好的高镍可变形的奥氏体不锈钢。但在溶解核燃料不锈钢包壳时，发现此钢在 6mol/L H_2SO_4 中产生应力腐蚀破裂。为了解决这一问题，通过研究发现，在其合金成分基本与 Carpenter 20cb 相同的条件下，只将钢中的镍含量 $w(Ni)$ 从 27%～29% 提高到 33%～38%，既提高了钢的耐应力腐蚀破裂性能，又极大地改善了钢在还原性酸中的耐蚀性和可加工性能，从而导致了 20cb-3 合金的诞生。由于此合金良好的耐蚀性，在化学加工工业中得到广泛应用。

12.3.4.1 化学成分和组织结构

0Cr20Ni35Mo3Cu3Nb 合金的化学成分见表 12-48。与 Carpenter 20cb 合金比较，唯一的差别是将镍含量提高，世界各国均使用这种合金，但对合金中镍含量 $w(Ni)$ 的规定各不相同，大体上在 33%～38% 范围内波动。

表 12-48　0Cr20Ni35Mo3Cu3Nb 合金的化学成分（质量分数）　　（%）

合金牌号	相应国外牌号名称	C	Si	Mn	Ni	Cr	Mo	Cu	Fe	Nb
0Cr20Ni35Mo3Cu3Nb	Carpenter 20cb-3 Nicrofer 3620Nb	≤0.06	≤0.8	≤1.0	36～38	19～21	2.0～3.0	3.0～4.0	36～38	0.5～0.7

0Cr20Ni35Mo3Cu3Nb 合金在固溶热处理条件下（1050～1150℃ 固溶，水淬），其组织为面心立方结构的奥氏体组织。在中温敏化，在奥氏体晶界上和基体上将析出 $M_{23}C_6$ 和 NbC 碳化物，两者的析出数量与敏化温度和保温时间有关。

12.3.4.2 力学性能

0Cr20Ni35Mo3Cu3Nb 合金的力学性能见表 12-49。

表 12-49　0Cr20Ni35Mo3Cu3Nb 合金的力学性能

温度/℃	R_m/MPa	$R_{p0.2}$/MPa	A/%
20	≥590	≥275	30
100	≥580	≥250	—
200	≥560	≥235	—

温度/℃	R_m/MPa	$R_{p0.2}/MPa$	$A/\%$
300	≥540	≥220	—
400	≥520	≥205	—

12.3.4.3　耐蚀性

A　全面腐蚀

a　硫酸中

0Cr20Ni35Mo3Cu3Nb 是在 0Cr20Ni28Mo3Cu3Nb 基础上发展起来的合金，由于镍含量的提高，使之在硫酸中的耐蚀性得到改善。在纯硫酸中合金的耐蚀性如图 12-30 所示。由图可见，在全部浓度硫酸中，此合金在 50℃ 以下具有优秀的耐蚀性，在 65℃ 具有可用的耐蚀性。在硫酸浓度低于 10% 的介质中，此合金的使用上限温度可提高到 80℃。

在 80℃ 各种浓度硫酸中的试验结果指出，在 67% ~74% H_2SO_4 之间出现一个腐蚀速度峰值（图 12-31），在低于 65℃ 的酸中不出现这种现象，其原因可能是富 Ni、Nb 相的选择腐蚀，鉴于这种事实，在选用时应予以考虑。

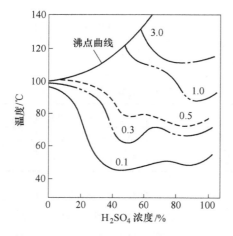

图 12-30　0Cr20Ni35Mo3Cu3Nb 合金
在 H_2SO_4 中的等腐蚀图
（曲线上的数字为腐蚀速度，mm/a）

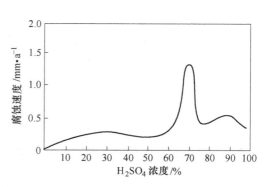

图 12-31　0Cr20Ni35Mo3Cu3Nb 合金
在 80℃ H_2SO_4 中的腐蚀行为

随着硫酸浓度的提高，合金的腐蚀速度随之提高，如图 12-32 所示。在热交换条件下，金属壁温、硫酸浓度与腐蚀速度的关系如图 12-33 所示。由于合金中镍含量的提高，在 5% ~25% 的 H_2SO_4 中 0Cr20Ni28Mo3Cu3Nb(Carpenter 20cb) 具有稳定的耐蚀性，相比之下，0Cr20Ni35Mo3Cu3Nb(Carpenter 20cb) 合金对温度的变化十分敏感，显示出 0Cr20Ni35Mo3Cu3Nb 合金的优越性。

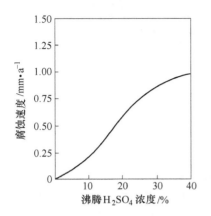

图 12-32　0Cr20Ni35Mo3Cu3Nb 合金
在沸腾 H_2SO_4 中的耐蚀性

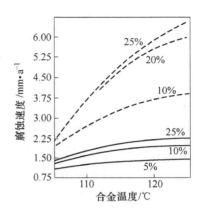

图 12-33　0Cr20Ni35Mo3Cu3Nb 合金在
沸腾 H_2SO_4 热交换条件下的腐蚀
- - -　0Cr20Ni28Mo3Cu3Nb；
———　0Cr20Ni35Mo3Cu3Nb

硫酸中的杂质对 0Cr20Ni35Mo3Cu3Nb 合金的影响具有与前述合金一致的规律性。氧化剂有利，还原性物质有害。试验结果表明，在热交换条件下，酸的浓度为 8%，金属温度为 150℃，酸的温度为 100℃，此合金的腐蚀速度为 1mm/a，当添加 0.5% $Fe_2(SO_4)_3$ 后，腐蚀速度减少到零。氯离子的加入往往加速合金的腐蚀，例如，在沸腾 20% H_2SO_4 热交换条件下，当加入 $1000 \times 10^{-6} Cl^-$ 后，合金的腐蚀速度增加了 50%。因此在实际应用时，应避免氯离子的混入或对其进行严格限制。

b　磷酸中

在纯磷酸中 0Cr20Ni35Mo3Cu3Nb 合金的耐蚀性类似于 0Cr21Ni42Mo3Cu2Ti 合金。在含杂质（Cl^-、F^-）的湿法磷酸中，此合金耐蚀性受 Cl^- 含量的影响较为强烈（见图 12-16）。即或在不含 Cl^- 的 100℃ 的 70% H_3PO_4 + 4% H_2SO_4 + 0.5% F^- + 0.45% Fe^{3+} 的湿法磷酸中，其腐蚀速度在 1.2mm/a 以上，当酸中含有 $160 \times 10^{-6} Cl^-$ 时其腐蚀速度急剧上升。在 70% H_3PO_4、4% H_2SO_4、0.5% F^-、$60 \times 10^{-6} Cl^-$、0.6% Fe^{3+} 的湿法磷酸中，60℃ 时的腐蚀速度高于 4mm/a，90℃ 时的腐蚀速度达 6.2mm/a。显然在湿法磷酸中，0Cr20Ni35Mo3Cu3Nb 合金不是一种理想材料。

c　盐酸中

0Cr20Ni35Mo3Cu3Nb 合金在盐酸中的耐蚀性不佳，即或在低浓度低温盐酸中也不宜采用，有限的腐蚀数据见表 12-50。

表 12-50　0Cr20Ni35Mo3Cu3Nb 合金在盐酸中的腐蚀

合　金	盐酸浓度/%	试验温度/℃	腐蚀速度/mm·a^{-1}
0Cr20Ni35Mo3Cu3Nb	1	沸腾	2.29
0Cr20Ni35Mo3Cu3Nb	5	66	2.29

　　B　晶间腐蚀

　　0Cr20Ni35Mo3Cu3Nb 合金的晶间腐蚀行为类似于 0Cr21Ni42Mo3Cu2Ti。在正常情况下此合金焊接部件具有良好的耐晶间腐蚀性能。中温敏化的合金由于 $M_{23}C_6$ 的析出将加剧晶间腐蚀。在 65% HNO_3（沸腾温度）和沸腾 50% H_2SO_4 + 42g/L $Fe_2(SO_4)_3$ 介质中对 Nb/C 比为 15(A) 和 20(B) 两个炉号的晶间腐蚀行为评价结果如图 12-34 所示。合金的敏感温度范围为 650~870℃，最敏感温度为 760℃。从这些试验可以看出，Nb/C 比对防止或减缓晶间腐蚀起着重要作用，此类合金的 Nb/C 比以大于 20 为宜。通常这类合金不应在中温敏化，如出现这种状况，应采用固溶处理的办法消除敏化结构，以保持合金的耐晶间腐蚀性能。

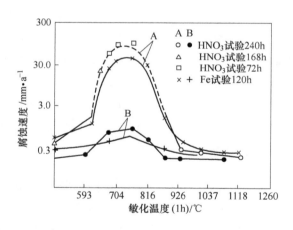

图 12-34　0Cr20Ni35Mo3Cu3Nb 合金的敏化行为

　　C　点腐蚀和缝隙腐蚀

　　0Cr20Ni35Mo3Cu3Nb 合金的耐点腐蚀和耐缝隙腐蚀性能列于表 12-51 ~ 表 12-53。显然在严苛的点蚀和缝隙腐蚀条件下，此合金耐蚀性不佳。在含氯化物的 SO_2 污染控制的环境下工厂试验结果表明，仅在 pH = 5.5 ~ 6.5 的 50℃ 低浓度氯化物和 50℃、pH > 5.7 的高浓度氯化物环境中具有良好的耐点蚀和耐缝隙腐蚀性能。在低 pH 值和高温氯化物环境中不具备满意的耐点蚀和耐缝隙腐蚀性能。

表 12-51 0Cr20Ni35Mo3Cu3Nb 合金耐缝隙腐蚀性能

介质成分	温度/℃	试验时间/h	平均腐蚀速度/mm·a^{-1}
10% FeCl$_3$	25	100	5.21
10% FeCl$_3$	50	100	9.65
10% FeCl$_3$	75	100	17.78

表 12-52 0Cr20Ni35Mo3Cu3Nb 合金在模拟洗涤器环境中的点腐蚀和缝隙腐蚀

介质成分	温度/℃	试验时间/h	最大渗入深度[①]/mm
7% H$_2$SO$_4$，3% 盐酸（体积分数）	25	96	0
	50	96	1.27~1.52
1% CuCl$_2$，1% FeCl$_3$（质量分数）	70	96	1.78~2.03

① 指缝隙区的最大值。

表 12-53 0Cr20Ni35Mo3Cu3Nb 合金在含氯化物的 SO$_2$ 污染控制环境中的工厂腐蚀试验结果

氯化物含量/10^{-6}	平均温度/℃	pH 值	点蚀或缝隙腐蚀深度/mm
165	41	2.5~7	0.15
350	49	4.5	0.08
1000	49	4	>1.14
1500	53	3.5~5.7	0.08
500	54	5	0.13
500	49	5.4	
550	54	4.9	0.03
125	49	6.5	0
200	49	5.5	0
200	49	5.9	0
500	49	5.5	0
500	49	6	0
850	49	6	0.03
1000	46	6.2	0
2250	49	5	0.05
2900	43	4.5	0.18
2900	43	5.5	0.03
1500	53	5.7	0
2900	43	8.5	0
3000	49	7	0

氯化物含量/10⁻⁶	平均温度/℃	pH 值	点蚀或缝隙腐蚀深度/mm
10000	49	6	0
2100	71	7	6.03
2100	71	6.5	0.25
2300	66	6	0.41

　　D　应力腐蚀

　　由于合金中镍含量 $w(Ni)$ 提高至 35%，因此在高浓度氯化物环境中，耐应力腐蚀破裂性能得到提高，有限的数据指出，在沸腾 42% $MgCl_2$ 中，此合金出现裂纹的时间为 22h，优于常规的 0Cr18Ni9 合金和 00Cr18Ni14Mo2 合金，不及 0Cr21Ni42Mo3Cu2Ti 合金。

　　12.3.4.4　热加工、冷加工、热处理和焊接性能

　　（1）冷热加工成型。0Cr20Ni35Mo3Cu3Nb 合金的冷热加工及成型性能与前述的 0Cr21Ni42Mo3Cu2Ti 合金相似。

　　（2）热处理。此合金的热处理制度可参照上述的 0Cr21Ni42Mo3Cu21Ti 合金的制度执行。

　　（3）焊接。此合金焊接性能良好，推荐的焊丝成分为 00Cr25Ni39Mo5Cu2（Nicrofer S4225），亦可采用手工电弧焊。

　　12.3.4.5　物理性能

　　0Cr20Ni35Mo3Cu3Nb 合金的物理性能见表 12-54。

表 12-54　0Cr20Ni35Mo3Cu3Nb 合金的物理性能

密度 /g·cm⁻³	比热容 /J·(kg·K)⁻¹	热导率 /W·(m·K)⁻¹	电阻率 /μΩ·m	线胀系数（20~300℃） /10⁻⁶K⁻¹	弹性模量 /GPa
8.1	500	13.5	1.03	16.5	200

　　12.3.4.6　应用

　　此合金冶金工艺性能良好，可生产板、管、丝、带、棒材、锻件和各种铸件。0Cr20Ni35Mo3Cu3Nb 合金主要应用于化学加工业的硫酸、硫酸 + 硝酸混酸、磷酸等介质中，用以制造热交换器、管线、反应塔、泵和阀门等。

12.3.5　00Cr27Ni31Mo7CuN（NiCrofer 3127hMo-alloy 31，No. 8031，NS 1404）

　　00Cr27Ni31Mo7CuN（合金 31）是德国 ThyssenKrupp VDM 于 1990 年推出的含氮的 Ni-Fe-Cr-Mo-Cu 耐蚀合金，是将氮引入含 25% Cr 的高铬 Ni-Fe-Cr-Mo-Cu 所形成的具有开创性意义的新的耐蚀合金牌号，由于它较原型 00Cr27Ni31MoCu（Sanicro-28）合金 Mo 量提高又加入了氮，因此它的耐蚀和耐应力腐蚀性能得到显

著提高，加之合金强度高，塑性良好，冷热成型和焊接性能亦佳等，使此合金成为具有最佳综合性能的铁镍基耐蚀合金，它已应用于磷酸、硫酸等化学加工和海洋开发、纸浆、造纸、燃煤（油）电厂烟气脱硫装置。

12.3.5.1 化学成分和组织结构特点

合金 31 的化学成分见表 12-55。

表 12-55　合金 31 的化学成分（质量分数）　　　　（%）

合金名称	国外相应合金	C	Si	Mn	P	S	Cr	Ni	Mo	Cu	N	Fe
00Cr27Ni31Mo7CuN（NS 1404）	NiCrlfer 3127hMo（No. 8031）	≤0.015	≤0.3	≤2.0	≤0.02	≤0.01	26.0 ~ 28.0	30.0 ~ 32.0	6.0 ~ 7.0	1.0 ~ 1.4	0.15 ~ 0.25	余

合金 31，虽然其 Mo 含量较 Sanicro-28 合金的 Mo 含量有较大提高，但合金中的镍含量并未变动，合金的奥氏体组织是靠加入氮来维持的，氮的加入既稳定了奥氏体组织和提高了其强度，又提高了合金的耐点蚀和耐缝隙腐蚀性能。此合金的奥氏体组织是稳定的，但中温敏化，仍会有碳化物和金属间相析出，其严重程度取决于受热历程，包括温度和时间。

12.3.5.2 力学性能

合金 31 在固溶处理状态下，对于限定规格内的冶金产品（≤3.0mm 带，≤50mm 板，≤300mm 棒材，≤12mm 线丝材）的室温力学性能应符合表 12-56 的规定。超出此规格范围的冶金产品需另行协商。

表 12-56　合金 31 固溶态的室温力学性能（ASTM）

R_m/MPa	$R_{p1.0}$/MPa	$R_{p0.2}$/MPa	A_{50}/%	HB	V 形缺口 A_{KV}/J·cm^{-2}	
					室温	−196℃
≥650	≥310	≥276	≥40	≤220	≥185	≥140

00Cr27Ni31Mo7CuN 合金≤25mm 的板材高温瞬时力学性能见表 12-57。高温瞬时断裂强度和屈服强度与其他合金比较结果如图 12-35 和图 12-36 所示。

表 12-57　≤25mm 板材的室温和高温力学性能

试验温度/℃	R_m/MPa	$R_{p1.0}$/MPa	$R_{p0.2}$/MPa	A_5/%
20	≥650	≥310	≥576	≥40
100	≥630	≥240	≥210	≥50
200	≥580	≥210	≥180	≥50
300	≥530	≥195	≥165	≥50
400	≥500	≥180	≥150	≥50
500	≥470	≥165	≥135	≥50
550	≥450	≥155	≥125	≥50

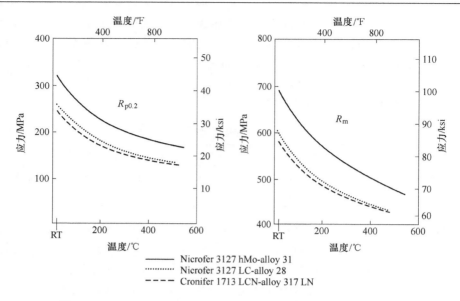

—— Nicrofer 3127 hMo-alloy 31
········ Nicrofer 3127 LC-alloy 28
- - - - Cronifer 1713 LCN-alloy 317 LN

图 12-35   00Cr27Ni31Mo7CuN（Nicrofer 3127hMo-alloy 31）的室温和
高温力学性能与类似合金比较

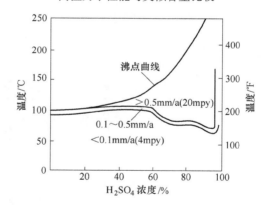

图 12-36   00Cr27Ni31Mo7CuN （合金 31） 在工业级通气硫酸中的等腐蚀图
（>120h 浸入试验结果）

按 ASME 规范合金 31 的最大许用应力见表 12-58。

表 12-58   合金 31 的最大许用应力（ASME，Ⅷ Divisional UNF-23.3，SB-564、581、619、622、625、626）

温度/℃	最大许用应力/MPa		温度/℃	最大许用应力/MPa	
	①	②		①	②
100	150	162	300	114	136
200	126	148	400	106	129

① 内插法确定的值。

② 内插法暂行应力值。

12.3.5.3 耐蚀性

A 全面腐蚀

a HNO$_3$ 中

硝酸是一种强氧化性酸，尽管合金 31 含有大量的钼，但在硝酸中仍具有优异的耐蚀性，在沸腾 67% HNO$_3$ 中经 10 个 48h 试验后（Huey 试验），合金的腐蚀速度仍约为 0.1mm/a。

b H$_2$SO$_4$ 中

00Cr27Ni31Mo7CuN（合金 31）的耐蚀性如图 12-36 ~ 图 12-38 所示。这些数据表明，在 ≤80℃ 的 80% H$_2$SO$_4$ 中，此合金具有良好的耐蚀性，在 80℃ 不同浓度 H$_2$SO$_4$ 中其耐蚀性与其他著名耐硫酸不锈钢 Carpenter 20 和 Hastelloy C-276 的比较结果显示出此合金的耐蚀性最佳。硫酸中的氧化性杂质对合金的耐蚀性影响较大，氧化性杂质（Fe^{3+}，空气）均有利于合金的耐蚀性（表 12-59）。

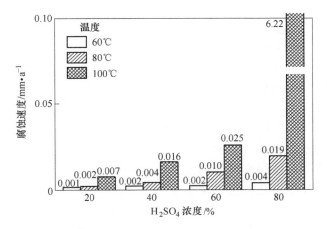

图 12-37 00Cr27Ni31Mo7CuN（合金 31）在 60℃、80℃、100℃ 不同浓度 H$_2$SO$_4$ 中的腐蚀速度

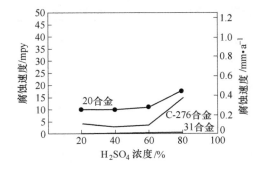

图 12-38 00Cr27Ni31Mo7CuN（合金 31）在 80℃ 不同浓度 H$_2$SO$_4$ 中的耐蚀性与 Carpenter 20 和 C-276 的比较

表 12-59　H₂SO₄中的微量杂质对 00Cr27Ni31Mo7CuN（合金 31）耐蚀性的影响

H_2SO_4 纯度、杂质含量	温度/℃	腐蚀速度/mm·a⁻¹
80% 化学纯 H_2SO_4，未搅拌，未通气，$Fe < 2 \times 10^{-6}$	80	4.34
80% 化学纯 H_2SO_4，通氮搅拌	80	2.67
80% 化学纯 H_2SO_4 + 100mg/L Fe^{3+} 通氮搅拌	80	0.03
80% 化学纯 H_2SO_4，未搅拌，未通气，$Fe^{3+} < 2 \times 10^{-6}$，$N_2O_3 < 10 \times 10^{-6}$	80	0.02
80% 化学纯 H_2SO_4，通氮搅拌	80	2.33

c　HCl 中

00Cr27Ni31Mo7CuN（合金 31）在 HCl 酸中等腐蚀图如图 12-39 所示。在 3% 以下的 HCl 中，80℃ 仍具有 < 0.13mm/a 的腐蚀速度。在 10% ~ 30% HCl 酸中仅在室温可保持 ≤ 0.5mm/a 的均匀腐蚀速度，因此在有机化学和其他化学加工环境中仅能用于处理室温和稍高于室温的 HCl 酸浓度 < 5% 的腐蚀环境中。

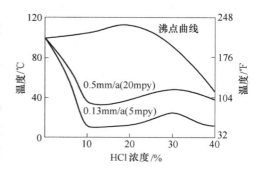

图 12-39　00Cr27Ni31Mo7CuN（合金 31）
在 HCl 中的等腐蚀图

d　H_3PO_4 中

湿法磷酸是磷肥生产的重要原料，它是通过 H_2SO_4 和磷矿石的化学反应所得，由于磷矿的来源不同，这种反应产物湿法磷酸中的氯化物、氟化物和氧化性金属离子等杂质的含量具有明显的差别，这些杂质的存在使湿法磷酸更具腐蚀性，尤其是卤族元素杂质的影响更加强烈。由于 00Cr27Ni31Mo7CuN（合金 31）的成分设计是针对卤族化合物的腐蚀环境，因此它在湿法磷酸中的耐蚀性较在湿法磷酸中已得到成功应用的 Sanicro-28 合金进一步提高。一些腐蚀数据见表 12-60 和表 12-61。

表 12-60　在湿法磷酸中 00Cr27Ni31Mo7CuN（合金 31）的耐蚀性

试验介质	温度/℃	腐蚀速度/mm·a⁻¹	
		合金 31	合金 28
52% H_3PO_4 + 4.5% H_2SO_4 + 0.9% H_2SiF_6 + 1.5% Fe_2O_3 + 400 × 10⁻⁶ Cl^-	80	0.02	0.0075
	120	0.078	—
52% P_2O_5	116	0.08	1.2
30% H_3PO_4 + 2.4% H_2SO_4 + 2.3% H_2SiF_6 + 1% Fe_2O_3 + 1000 × 10⁻⁶ Cl^-	80	0.015	—
54% P_2O_5	120	0.05	1.4
54% P_2O_5 + 2000 × 10⁻⁶ Cl^-	120	2.04	2.3
	100	1.3	

表 12-61　00Cr27Ni31Mo7CuN（合金 31）在不同特性的 H_3PO_4 中的耐蚀性与其他合金比较

合金名称	腐蚀速度/$mm \cdot a^{-1}$					
	52% P_2O_5 + 杂质			30% P_2O_5 + 杂质	44% P_2O_5 + 杂质	54% P_2O_5 + 杂质
	80℃	120℃	116℃	80℃	116℃	116℃
合金 31	0.02	0.78	0.08	0.015	—	0.05
G-30	—	—	0.10	—	0.18	0.20
合金 926	0.06	—	—	0.03	—	—
Sanicro-28	0.08	—	1.2	—	—	1.4
G-3	—	—	0.28	—	0.55	0.4

图 12-40 给出合金 31 在一些其他腐蚀介质中的耐蚀性，此合金在一些强烈腐蚀性介质中也呈现出良好的耐蚀性。

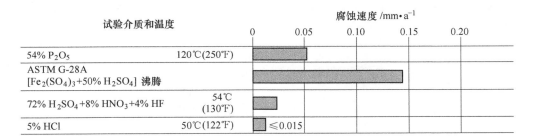

图 12-40　00Cr27Ni31Mo7CuN(合金 31)在一些强腐蚀介质中的耐蚀性

B　晶间腐蚀

00Cr27Ni31Mo7CuN（合金 31），因合金的高 Cr 含量和极低的碳和硅的共同作用，赋予了此合金的极高抗敏态晶间腐蚀能力，其主要原因是在敏化条件下的有害碳化物和金属间相的析出受到抑制。按 ASTM G-28A 试验程序对合金敏化行为的评价结果如图 12-41 所示。在最敏感温度敏化 1h 才有晶间腐蚀迹象，并且敏化区间非常窄。对合金焊接试样的晶间腐蚀行为的评价结果也显示出合金的极好的耐晶间腐蚀性能（表 12-62）。

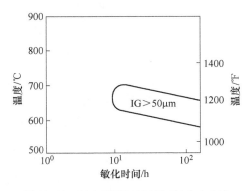

图 12-41　00Cr27Ni31Mo7CuN(合金 31)
的时间-温度-敏化图
（ASTM G-28A, IG 为晶间腐蚀）

表 12-62　00Cr27Ni31Mo7CuN 焊态的晶间腐蚀

合 金 名 称	腐蚀速度/mm·a⁻¹			
	ASTM G-28A 法，120h		SEP 1877，方法Ⅱ，24h	
	母　材	焊　后	母　材	焊　后
00Cr21Ni25Mo6.5CuN（合金 926）	0.43、0.37	0.45、0.58	0.13	0.24
00Cr27Ni31Mo4Cu（Sanicro-28）	0.18、0.14	0.20、0.23	0.03	0.08
00Cr27Ni31Mo7CuN（合金 31）	0.18、0.13	0.17、0.20	0.04	0.05

　　C　点腐蚀和缝隙腐蚀

　　在判断合金的耐点蚀和缝隙腐蚀能力的典型腐蚀介质中所测得的试验结果见图 12-42 ~ 图 12-46 和表 12-63。在 10% FeCl₃·6H₂O 的溶液中临界点蚀温度高达 85℃，较不含氮的 Sanicro-28 高出 25℃，表明了 N 在提高耐点蚀性能方面的独特作用，在与其他合金的比较结果指出，00Cr27Ni31Mo7CuN（合金 31）的耐点蚀和缝隙腐蚀性能不仅优于一些超级奥氏体不锈钢也优于 Inconel 625 镍基耐蚀合金（图 12-43）。

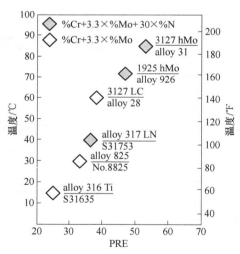

图 12-42　在 10% FeCl₃·6H₂O 中合金的耐点蚀当量（PRE）与
临界点蚀温度（CPT）之间的关系

　　在人造海水中的点蚀电位（图 12-44）数据表明，30℃，合金 31，Sanicro-28（3127LC）和 317LN（1713LCN）的电蚀电位处于同一水平，随温度提高三者的差距逐渐加大，在 60℃，合金 31 的点蚀电位基本保持不变，而 Sanicro-28 降到不足 1000mV，317LN 降到不足 500mV，在 90℃合金 31 仍具有相当高点蚀电位，此时 Sanicro-28 已降到 600mV 以下，317LN 降到 400mV 以下。

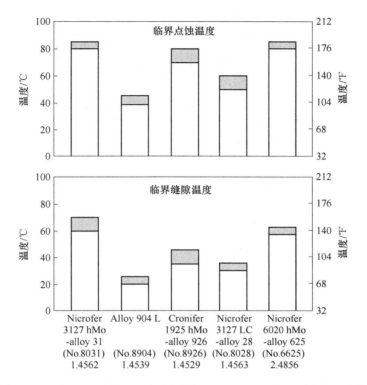

图 12-43　在 10% $FeCl_3$·$6H_2O$ 溶液中 00Cr27Ni31Mo7CuN（合金 31）的
临界点蚀温度（CPT）和临界缝隙腐蚀温度（CCT）与其他材料的比较

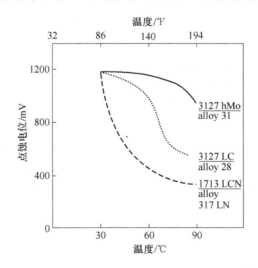

图 12-44　在搅动和通空气的人造海水（ASTM 海水）中
00Cr27Ni31Mo7CuN（合金 31）的点蚀电位

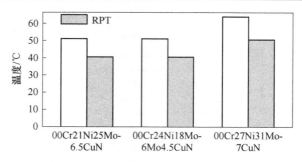

图 12-45　在人造海水中 00Cr27Ni31Mo7CuN（合金 31）的
临界缝隙腐蚀温度和再钝化温度（RPT）

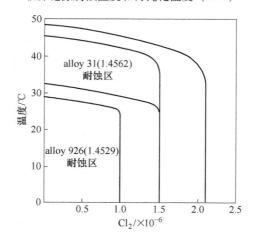

图 12-46　合金 31 和合金 926 在氯化的实际海水（挪威，北海）动态回路腐蚀试验的结果
926—00Cr21Ni25Mo6.5CuN

表 12-63　在模拟 FGD 溶液中 00Cr27Ni31Mo7CuN（合金 31）的
耐点蚀性能与 926 超级奥氏体不锈钢的比较

介质条件	试验合金	温度/℃	击穿电位/mV	再钝化电位/mV	腐蚀速度/mm·a⁻¹	表面状况
pH1（H₂SO₄），3% 氯化物，0.05% 氟化物，+ 15% FGD 泥浆（CaSO₄，杂质）通空气搅拌，试验 10 天	00Cr21Ni25Mo6.5CuN（926）	60	1150	1065	< 0.001	未见腐蚀
		80	575	< 375	约 0.7	严重点蚀
	00Cr27Ni31Mo7CuN（合金 31）	60	1140	995	< 0.001	未见腐蚀
		80	1110	< 935	< 0.001	未见腐蚀
pH1（H₂SO₄），7% 氯化物，0.01% 氟化物，+ 15% FGD 泥浆（CaSO₄，杂质）通空气搅拌，试验 10 天	00Cr21Ni25Mo6.5CuN（926）	60	1140	1030	< 0.001	未见腐蚀
		80	460	< 335	约 1.0	严重点蚀
	00Cr27Ni31Mo7CuN（合金 31）	60	1150	1000	< 0.001	未见腐蚀
		80	1070	955	< 0.01	未见腐蚀

经氯化处理的天然海水加剧了对耐蚀材料的腐蚀性，在使用天然海水作为冷却介质时，为了杀死海生物，氯化处理是无法避开的工艺环节，残余氯即或是微量也会带来腐蚀问题。动态回路的腐蚀试验结果（图 12-46）指出，超级奥氏体不锈钢 926(Cronifer 1925hMo) 仅能在 30℃ 以下和残余氯 $< 1 \times 10^{-6}$ 的条件下不出现缝隙腐蚀，而合金 31 的稳定耐蚀范围扩大至 45℃ 和 $1.5 \times 10^{-6} Cl_2$，显然合金 31 具有更加广泛的适用性。

在与另一个高 Cr 铁镍基耐蚀合金 G-30 的耐点蚀性能对比研究结果也指出，00Cr27Ni31Mo7CuN 的耐点蚀性能优于 G-30 合金（表 12-64）。

表 12-64　00Cr27Ni31Mo7CuN（合金 31）和 00Cr30Ni43Mo5.5W2.5Cu2Nb（G-30）的临界点蚀温度

试 验 介 质	临界点蚀温度（CPT）/℃	
	Hastelloy G-30	合金 31
ASTM G-45A 和 MTI2	75 ~ 80	82.5
4% NaCl + 0.10% Fe$_2$(SO$_4$)$_3$ + 0.04% HCl	75	105.5

D　应力腐蚀

00Cr27Ni31Mo7CuN（合金 31）具有良好的耐应力腐蚀性能，在沸腾 62% CaCl$_2$ 溶液中，按 ASTM G-30 试验方法，U 形弯曲试样的应力腐蚀试验结果指出，合金 31 远优于 Sanicro-28 和超级奥氏体不锈钢 926（图 12-47）。

12.3.5.4　冷热加工和成型性能、热处理和焊接性能

（1）热加工。此合金易于热加工，加热燃料应使用低硫天然气（$w(S) < 0.1\%$）和低硫燃料油（$w(S) < 0.5\%$）。合金的热加工温度范围为 1050 ~ 1200℃，当工件温度降至低于 1050℃ 时，应重新加热，热加工成品应水淬或快速空冷，最终成品要进行固溶处理以确保材料的最佳耐蚀性。

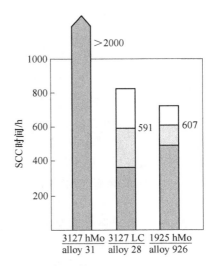

图 12-47　00Cr27Ni31Mo7CuN（合金 31）在沸腾 62% CaCl$_2$ 溶液中 U 形弯曲试样应力腐蚀试验结果

（2）冷加工和冷成型。合金的加工应在退火后进行，因合金的高度加工硬化特性，应选用具有足够能力的设备，对高度冷变形程度的产品可以采用中间退火，对于冷变形大于 15% 的产品，加工后应进行固溶退火处理。

（3）热处理。00Cr27Ni31Mo7CuN（合金 31）的固溶处理温度为 1150 ~

1180℃，冷却方式视材料截面尺寸而定。通常采用水淬的快冷方式，薄截面尺寸也可采用空冷的方式。

（4）焊接。00Cr27Ni31Mo7CuN(合金31)的焊接性能良好，可采用 GTAW, GMAW, SMAW, PAW 等通常的焊接方法进行焊接。焊接材料，可采用与母材同成分的材料，亦可选用高 Mo 的镍基耐蚀合金（合金59），可获得与母材力学性能和耐蚀性能相近的焊缝金属。

12.3.5.5　物理性能

密度：8.1g/cm³；溶点范围：1350～1370℃；磁导率（20℃）：1.001。

其他物理性能参数见表 12-65。

表 12-65　00Cr27Ni31Mo7CuN（合金31）的物理性能

温度/℃	比热容 /J·(kg·K)⁻¹	导热系数 /W·(m·K)⁻¹	电阻率 /μΩ·cm	弹性模量 /GPa	热胀系数(室温～给定温度) /×10⁻⁶
20	452	11.7	103	198	—
100	453	13.2	106	189	14.3
200	474	15.0	110	183	14.7
300	483	16.8	113	176	15.1
400	491	18.5	116	170	15.5
500	500	20.2	118	163	15.7
600	508	21.9	120	158	15.9

12.3.5.6　应用

基于 00Cr27Ni31Mo7CuN(合金31)耐蚀特性及高强度，高韧性的特点，此合金的应用领域很宽，适用性很强，其主要应用领域为：

（1）FGD 系统耐全面腐蚀，耐点蚀，耐缝隙腐蚀，耐应力腐蚀的设备或部件。

（2）造纸和纸浆生产系统的设备和部件。

（3）湿法磷酸生产的浓缩蒸发器。

（4）有机酸和脂类系统。

（5）废硫酸回收。

（6）海水和半咸水热交换器系统。

（7）红土矿的高压酸浸设备。

（8）石油精炼。

（9）硫酸冷却器。

（10）盐的蒸发和结晶。

（11）酸性气开采用管件，联接器，输送管线等。

（12）采用硫酸的酸洗系统用设备和部件

12.3.6 00Cr33Ni31Mo2CuN（NiCrlfer 3033-alloy 33，R2033，NS 1405）

00Cr33Ni31Mo2CuN（合金33）是1995年由德国 ThyssenKrupp VDM 研制并投入生产的新型高铬铁镍基耐蚀合金。

00Cr33Ni31Mo2CuN（合金33）合金是至今含 Cr 量最高的 Ni-Fe-Cr-Mo-Cu-N 耐蚀合金，也是继合金31后第2个引入氮合金化的铁镍基耐蚀合金，由于合金中的高 Cr 含量以及 Mo，Cu，N 的复合作用，使其在强氧化高温高浓无机酸中（浓 H_2SO_4、浓 HNO_3）具有优异的耐均匀腐蚀性能，加之合金的良好制作性能，使它成为在此类介质中取代传统高 Si 不锈钢的最佳选择。

在 HNO_3 + HF 酸中，在含氯化物的溶液中以及在碱中也呈现出良好的耐蚀性，在易产生点蚀和缝隙腐蚀的环境中具有可与 00Cr16Ni60Mo16W4（Haslelloy C-276）合金相媲美的耐点蚀和耐缝隙腐蚀性能。此外，此合金的强度水平，在 Fe-Ni 基耐蚀合金中是最高的，同时兼备高的塑性和韧性以及高的组织热稳定性。基于此合金的多功能性特点，它已成为化学加工工业压力容器和海洋工业轻量化结构的较为理想的耐蚀结构材料，与镍基耐蚀合金相比，它又是一种较经济的材料。

12.3.6.1 化学成分和组织结构

00Cr33Ni31Mo2CuN 合金的化学成分见表12-66。

表 12-66 00Cr33Ni31Mo2CuN 合金的化学成分（质量分数）（%）

C	Si	Mn	Cr	Ni	Fe	Mo	Cu	N
≤0.015	≤0.5	≤2.0	31.0~35.0	30.0~33.0	余	0.5~2.0	0.3~1.2	0.35~0.6

00Cr33Ni31Mo2CuN 合金的化学成分特点是铬含量 $w(Cr)$ 高达33%，为了相平衡以便形成单一奥氏体组织，必须加入质量分数为31% Ni 和大于0.4% N。高铬含量是合金可以加入足够高量的 N 的基本条件，并不会在焊接时引起更加难以克服的困难。1120℃的固溶处理，此合金为单一的奥氏体组织。在 600~1000℃ 范围内长期停留，会有少量 σ 相析出，未发现 Cr_2N 形成，少量 σ 相析出使合金的冲击韧性稍许降低，经700℃、800℃和900℃ ×8h 时效，其冲击吸收功仍大于100，中温的少量沉淀相并未对合金的耐蚀性构成明显危害（图12-48）。

12.3.6.2 力学性能

固溶处理状态的 00Cr33Ni31Mo2CuN（合金33）、带材（≤3mm）、板材（≤50mm）、棒和锻件（≤150mm）、线和丝材（<12.7mm）的室温和高温瞬时力学性能应符合表12-67和表12-68的规定。

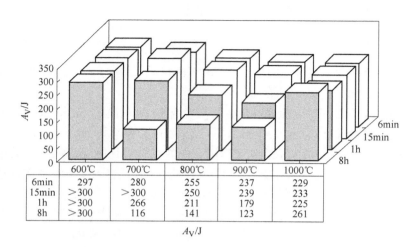

	600℃	700℃	800℃	900℃	1000℃
6min	297	280	255	237	229
15min	>300	>300	250	239	233
1h	>300	266	211	179	225
8h	>300	116	141	123	261

A_V/J

图 12-48　00Cr33Ni31Mo2CuN（合金 33）的时间-温度-冲击吸收功

（V 形缺口，室温，固溶态的冲击吸收功 >300J）

表 12-67　00Cr33Ni31Mo2CuN（合金 33）的室温瞬时力学性能指标

形　态	R_m/MPa	$\sigma_{1.0}$/MPa	$R_{p0.2}$/MPa	A_5[1]/%	硬度 HB	冲击强度
带　材	≥900	≥550	≥500	≥35	—	
其　他	≥720	≥460	≥380	≥40	≤240	≥180[2]，≥150[3]

① ≤30mm 带为 $A80$。

② 板材。

③ 棒和锻件。

表 12-68　00Cr33Ni31Mo2CuN（合金 33）的高温瞬时力学性能指标

温度/℃	100	200	300	400	500
$R_{p2.0}$/MPa	≥320	≥240	≥240	≥220	≥210
$\sigma_{1.0}$/MPa	≥350	≥300	≥270	≥250	≥240

固溶处理的 00Cr33Ni31Mo2CuN（合金 33）的室温高温瞬时力学性能见表 12-69 和图 12-49。最大许用应力 （ASME Code 2227） 见表 12-70。

表 12-69　固溶态 00Cr33Ni31Mo2CuN 合金的力学性能

温度/℃	R_m/MPa	$\sigma_{1.0}$/MPa	$R_{p0.2}$/MPa	A/%	Z/%	A_{KV}/J
室温	787	451	420	51		>250
100	736	411	368	60		—
200	663	353	310	60		—
300	611	320	285	58		—
400	589	310	283	60		—
500	568	311	289	60		—

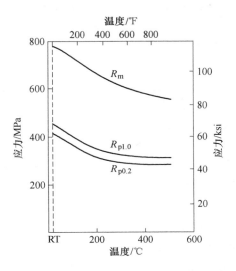

图 12-49　合金 33 的室温和高温力学性能（固溶态）

表 12-70　合金 33 的最大许用应力（ASME Code 2227）

温度/℃	最大许用应力/MPa	温度/℃	最大许用应力/MPa
100	188	300	157
200	170	400	150

12.3.6.3　耐蚀性

A　全面腐蚀

在不同条件的 H_2SO_4 中，00Cr33Ni31Mo2CuN 合金的耐蚀性见表 12-71 和表 12-72。试验结果表明，在高浓度硫酸中，00Cr33Ni31Mo2CuN 合金的耐蚀性既优于 310L 和 Cr28Ni4Mo2 超级铁素体不锈钢，又优于含质量分数为 5% Si 的奥氏体不锈钢。在硫酸工厂流动的高温高浓度硫酸中，此合金的耐蚀性优于对比试验材料 G-30 合金等耐蚀材料。

表 12-71　00Cr33Ni31Mo2CuN 合金在 H_2SO_4 中的腐蚀

合金名称	腐蚀速度/mm·a^{-1}					
	98% H_2SO_4,7 天试验					96%~98.5% H_2SO_4,流速≥1m/s, 135~140℃,14 天试验
	100℃	125℃	150℃	175℃	200℃	
310L(00Cr25Ni20)	0.38	0.43	0.98	0.38	0.07	0.24
Cr28Ni4Mo2	0.03	0.06	0.53	0.04	0.67	0.18
A611[w(Si)=5% 奥氏体钢]	0.02	0.36	0.81	0.70	0.61	0.03
33(00Cr33Ni31Mo2CuN)	0.04	0.07	0.08	0.16	0.04	<0.01
G-30	—	—	—	—	—	0.03

表 12-72　　00Cr33Ni31Mo2CuN(合金 33)在高浓度 H$_2$SO$_4$ 中的腐蚀

合金名称	腐蚀速度/mm·a^{-1}	
	99.1% H$_2$SO$_4$,150℃,流速≥1.2m/s,试验 174 天	96% H$_2$SO$_4$,通入 SO$_2$,流速≥1m/s,80℃,试验 65 天
825	1.45	—
316Ti	0.81	—
690	0.09	—
合金 33	<0.01	0.06
654SMO	—	3.1
Sanicro-28	—	0.1
C-276	—	0.05

表 12-73 和表 12-74 为 00Cr33Ni31Mo2CuN 合金在 HNO$_3$ + HF 酸混合介质中的耐蚀性,此合金的耐蚀性优于 316Ti 奥氏体不锈钢和著名的 Sanicro-28 合金。

在高温 H$_3$PO$_4$ 中,此合金的耐蚀性优于 G-30 和 Sanicro-28 合金(表 12-73)。

表 12-73　00Cr33Ni31Mo2CuN(合金 33)在 HNO$_3$ + HF 和 H$_3$PO$_4$ 中的腐蚀速度

(mm/a)

合金名称	85% H$_3$PO$_4$		12% HNO$_3$ + 0.97% HF	12% HNO$_3$ + 3.5% HF	32% HNO$_3$ + 0.4% HF	65% HNO$_3$ + 0.4% HF
	100℃	154℃	90℃	90℃	90℃	90℃
33	0.20	1.09	0.254	1.22	0.28	1.68
G-30	0.30	1.35	0.279	1.24	0.51	2.44
Sanicro-28	0.20	1.42	5.84	>12.7	0.97	3.43
690	1.27	—	0.61	6.40	1.50	4.75

表 12-74　　00Cr33Ni31Mo2CuN 合金在 HNO$_3$ + HF 中的腐蚀 (3×7 天试验)

合金名称	腐蚀速率/g·(m^2·h)$^{-1}$					
	25℃,20% HNO$_3$			50℃,20% HNO$_3$		
	+3% HF	+5% HF	+7% HF	+3% HF	+5% HF	+7% HF
316Ti (0Cr17Ni14Mo2Ti)	3.33	6.20	5.68	17.3[①]	24.4[①]	33.5[①]
Sanicro-28 (00Cr27Ni31Mo4Cu)	0.03	0.04	0.06	0.18	0.29	0.41
33 (00Cr33Ni31Mo2CuN)	0.01	0.01	0.02	0.08	0.11	0.17

① 仅 7 天试验。

在不同温度和浓度的 NaOH 中,此合金的耐蚀性见表 12-75。在 NaOH 中,此合金在沸腾温度使用是安全的。

表 12-75 00Cr33Ni31Mo2CuN 合金在 NaOH 中的腐蚀

合金名称	腐蚀速度/mm·a^{-1}						
	25% NaOH，28 天试验			50% NaOH，28 天试验			
	75℃	100℃	沸腾 104℃	75℃	100℃	125℃	沸腾 146℃
316Ti	<0.01	0.12	0.63	0.06	0.35	1.60	7.99
X1CrNiMoN25-25-2	<0.01	0.03	0.02	<0.01	<0.01	0.26	1.35
00Cr33Ni31Mo2CuN	<0.01	<0.01	<0.01	<0.01	<0.01	<0.01	<0.01

B 晶间腐蚀

00Cr33Ni31Mo2CuN 合金具有高的组织热稳定性，因此具有极高的抗敏化性能，此合金在共沸硝酸（65% HNO$_3$）的 Huey 试验中所确定的时间-温度-敏化图（TTS）绘于图 12-50。经 1000h 时效既没有明显增加腐蚀速度也没有晶间腐蚀现象。

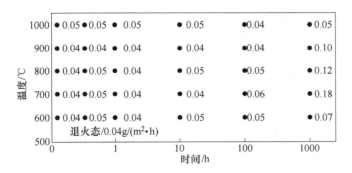

图 12-50 00Cr33Ni31Mo2CuN 合金 TTS 图

（沸腾共沸硝酸(65%)-Huey 试验，15×48h，蒸馏法）

C 点蚀和缝隙腐蚀

00Cr33Ni31Mo2CuN 合金具有优良的耐点蚀和耐缝隙腐蚀性能，采用标准试验方法（ASTM G-48A）所测定的 CPT 和 CCT 结果见表 12-76。焊接金属（等离子焊接）的 CPT 仅下降 10℃。

表 12-76 00Cr33Ni31Mo2CuN 合金的 CPT 和 CCT（10% FeCl·6H$_2$O，24h 试验）

合金名称	CPT/℃	CCT/℃	合金名称	CPT/℃	CCT/℃
316Ti	10	−2.5	G-30	75	50
310L	25	≤20	合金 31	85	55
00Cr20Ni24Mo4.5Cu（904L）	45	25	00Cr33Ni31Mo2CuN	85	40
Semicro-28	60	35	00Cr33Ni31Mo2CuN，PAW 焊件	75	—
6% Mo 超级奥氏体不锈钢(926 合金)	70	40			

D 应力腐蚀

此合金具有良好的耐应力腐蚀性能, 在饱和 CaCl₂, 135℃的介质中, 时间为 5000h 也未出现破裂, 试验结果见表 12-77。

表 12-77   00Cr33Ni31Mo2CuN 合金在 135℃饱和 CaCl₂ 中的 SCC

合 金 名 称	破裂时间/h	合 金 名 称	破裂时间/h
304	73.1	926 合金(00Cr21Ni25Mo6CuN)	>1000
316	491.3	00Cr33Ni31Mo2CuN	>5000
00Cr20Ni24Mo4.5Cu(904L)	>1000		

12.3.6.4 热加工、冷加工、热处理和焊接性能

(1) 热加工。合金的热加工温度范围为 1000~1200℃。热加工后的冷却方式宜采用水淬或其他尽可能快的冷却方式。

(2) 冷加工。在固溶状态下, 可实施冷加工操作, 但此合金的加工硬化速度高于一般奥氏体不锈钢, 在冷加工时, 冷加工设备应具备较大的加工能力, 为了顺利进行冷加工, 中间软化退火往往是必需的。

(3) 热处理。合金的固溶处理温度为 1100~1150℃, 以 1120℃为最佳。对于厚度大于 3mm 的材料应采用水冷, 厚度小于 3mm 的材料可采用快速空冷方式。

(4) 焊接。此合金焊接性能良好, 可采用 GTAW、PAW、SMAW 和激光等焊接方法进行焊接, 焊接金属和焊接接头均具有较理想的力学性能和耐蚀性 (表 12-78 ~ 表 12-80)。

焊缝金属和热影响区的冲击吸收功均在 150J 以上。这些数据表明, 此合金的焊接性能可满足工程需要。焊后的耐蚀性也未见降低 (表 12-78)。

表 12-78   在 1mol/L HCl 中(沸腾)合金 33 焊后的耐蚀性

合金名称	充填金属	腐蚀速度/mm·a⁻¹	
		母 材	焊接试样
904L	3040E	0.47	0.54
926	625	<0.01	0.42
2507	25.10.4.L	0.02	2.58
625	625	<0.01	0.09
合金 33	33	<0.01	<0.01

表 12-79   00Cr33Ni31Mo2CuN 合金 GTAW 焊接的室温力学性能

名 称	R_m/MPa	$\sigma_{1.0}$/MPa	$R_{p0.2}$/MPa	A/%	Z/%
GTAW 焊接金属	760	610	556	35	43

表 12-80　00Cr33Ni31Mo2CuN 合金（15mm 板）焊接接头的拉伸性能

温度/℃	R_m/MPa		温度/℃	R_m/MPa	
	母　材	GTAW 接头		母　材	GTAW 接头
室温	787	799	300	611	601
100	736	723	400	589	565
200	663	655	500	568	549

12.3.6.5　物理性能

00Cr33Ni31Mo2CuN 合金的密度（室温）为 7.9g/cm^3；熔化范围为 1330 ~ 1370℃；相对磁导率（20℃）≤1.00。

00Cr33Ni31Mo2CuN 合金的其他物理性能见表 12-81。

表 12-81　00Cr33Ni31Mo2CuN 合金其他物理性能

温度/℃	比热容 /J·(kg·K)$^{-1}$	热导率 /W·(m·K)$^{-1}$	电阻率 /μΩ·cm	弹性模量 /GPa	线胀系数(室温~给定温度) /10^{-6}K^{-1}
0	—	—	—	—	—
20	约 500	13.4	约 104	195	—
93	—	—	—	—	—
100	—	14.6	107	185	15.3
200	—	16.0	109	176	15.7
204	—	—	—	—	—
300	—	17.5	112	170	16.1
316	—	—	—	—	—
400	—	19.0	114	163	16.4
427	—	—	—	—	—
500	—	20.4	116	159	16.7

12.3.6.6　应用

此合金具有良好的综合性能，可用于强氧化酸性介质，尤其是在高温高浓度硫酸中更加适用，与高 Si 奥氏体不锈钢相比，其不锈耐蚀性良好，而且制造性能更加优越，不存在高 Si 不锈钢生产难度大和不易焊接的弊病。此合金的锻造法兰和板式换热器已成功应用于化学加工工业，随着时间的推移，此合金的应用领域将随之扩展。

由于 00Cr33Ni31Mo2CuN（合金 33）在 HNO$_3$ + HF 酸混合介质中，在高温 H$_3$PO$_4$ 中以及在 NaOH 中均具有极佳的耐蚀性，因此可用于硫酸生产和硫酸热回收以及分配系统中；在 HNO$_3$ + HF 酸洗工厂以及在使用 HNO$_3$ + HF 进行核燃料化工后处理的工艺设备和管线，此合金是一种极佳的耐蚀结构材料。亦可应用于采用海水或半咸水做冷却介质的换热器（管式和板式换热器）。

12.3.7　0Cr22Ni47Mo6.5Cu2Nb2（Hastelloy G，Nicrofer 4520hMo，NS 3402）

0Cr22Ni47Mo6.5Cu2Nb2 是 20 世纪 60 年代中期发展的一种既耐 H_2SO_4 又耐 H_3PO_4 腐蚀的 Ni-Fe-Cr-Mo-Cu-Nb 变形耐蚀合金，定名为 Hastelloy G 合金。此合金除了在 H_2SO_4 和 H_3PO_4 中具有良好耐蚀性外，在氧化-还原性介质中也具有优秀的耐腐蚀能力。在含氟硅酸、硫酸盐、氯离子、氟离子、硝酸的 H_3PO_4 的混合介质中，Hastelloy G 合金具有优异的耐蚀性。此外，该合金亦具有良好的耐局部腐蚀（如晶间腐蚀、点腐蚀和缝隙腐蚀等）性能。

在长期的应用实践过程中，在 Hastelloy G 合金的基础上又发展了 Hastelloy G-3 和 Hastelloy G-30 合金。前者是降低碳和铌，以提高合金的抗敏化性能和降低成本，后者是为了提高其在湿法磷酸中的耐蚀性，将 Cr 的质量分数提高到 30% 而发展的，当然这种发展是和冶炼技术本身的进步以及化工工艺的发展密切相关的。为满足含大量 H_2S、CO_2 和氯化物酸性天然气筒形部件的需要，近年来又引入了新一代合金 Hastelloy G-50。为了叙述方便，本书将 Hastelloy G、Hastelloy G-3、Hastelloy G-30、Hastelloy G-50 合金分别简化成 G、G-3、G-30 和 G-50 合金。化学成分列于表 12-82。

表 12-82　Hastelloy G 系列合金的化学成分（质量分数）　　　（%）

国内牌号	相当国外牌号	C	Si	Mn	P	S	Cr	Ni
0Cr22Ni47Mo6.5Cu2Nb2	Hastelloy G	≤0.05	≤1.0	1.0~2.0	≤0.04	≤0.03	21.0~23.5	余量
00Cr22Ni47Mo6.5Cu2Nb2	Nicrofer 4520hMo	≤0.03	≤1.0	1.0~2.0	≤0.004	≤0.03	21.0~23.5	余量
00Cr22Ni48Mo7Cu2Nb	Hastelloy G-3 Nicrofer 4823hMo	≤0.015	≤0.5	≤1.0	≤0.02	≤0.01	21.0~23.5	余量
00Cr30Ni46Mo5W2Cu2Nb	Hastelloy G-30	≤0.03	≤0.8	≤1.5	≤0.004	≤0.02	28.5~31.5	余量
00Cr20Ni50Mo9WCuNb	Hastelloy G-50	≤0.015	≤1.0	≤1.0	—	—	19.0~21.0	余量

国内牌号	相当国外牌号	Mo	Cu	Fe	Nb+Ta	Co	W
0Cr22Ni47Mo6.5Cu2Nb2	Hastelloy G	5.5~7.5	1.5~2.0	18.9~21.0	1.75~2.50	≤2.5	≤1.0
0Cr22Ni47Mo6.5Cu2Nb2	Nicrofer 4520hMo	6.0~7.0	1.5~2.0	18.0~21.0	1.75~2.50	≤2.5	—
0Cr22Ni48Mo7Cu2Nb	Hastelloy G-3 Nicrofer 4823hMo	6.0~8.0	1.5~2.5	18.0~21.0	0.5	≤5.0	≤1.5
0Cr22Ni46Mo5WCu2Nb	Hastelloy G-30	4.0~6.0	1.0~2.4	13.0~17.0	0.3~1.5	≤5.0	1.5~4.0
0Cr22Ni50Mo9WCuNb	Hastelloy G-50	8.0~10.0	≤0.5	15.0~20.0	≤0.5	≤2.5	≤1.0

12.3.7.1 化学成分和组织结构

Hastelloy G 类型合金的化学成分见表 12-82，在不同国家中，合金中主要合金元素 Cr、Ni、Mo、Cu 等的含量基本一致，只是碳含量的上限值有所差别。

此类合金在工厂固溶处理条件下是奥氏体组织和少许 M_6C 和 MC 型碳化物。在 1150℃ 以上进行固溶处理，此合金的组织为完全奥氏体组织。这种组织决定了合金不能通过热处理进行强化，只能采用冷加工方法予以强化。在一定的受热条件下，例如在 650~1093℃ 范围内进行敏化处理，合金将析出 M_6C、MC（多半是 NbC）碳化物和 Laves 相（Fe_2Mo），以及金属间化合物 Z 相（Cr-Fe-Ni-Nb）。中温时效所析出的沉淀相对合金的耐蚀性，特别是耐晶间腐蚀性将会产生极不利的影响。

Hastelloy G 类型合金析出行为与合金的成分和受热历史相关，即使很低的碳含量也难免有碳化物析出。

12.3.7.2 力学性能

G 合金固溶状态和焊接后的低温、室温和高温拉伸性能见表 12-83。

表 12-83　G 合金的低温、室温和高温瞬时拉伸性能

材料类型	温度/℃	R_m/MPa	$R_{p0.2}$/MPa	A/%	Z/%	动态弹性模量 E/GPa
≤3.0mm 板，固溶状态	−160	834	443	48	—	—
	−65	783	400	50	52	—
	室温	700	317	61	52	—
	93	665	298	56	50	—
	204	624	256	74	47	—
	315	604	245	82	48	—
	426	584	229	84	47	—
	538	562	225	83	47	—
	649	523	220	82	46	—
	760	440	216	61	41	—
9.5~16mm 中板，固溶状态	−160	835	462	60	58	—
	−65	796	399	55	48	199
	室温	684	309	62	57	190
	93	652	263	61	51	187
	204	603	232	63	52	180
	315	579	205	68	52	174
	426	563	199	70	52	167
	538	524	192	73	57	160
	649	502	196	68	55	151
	760	414	189	57	40	142
13mm 厚板，横向焊	室温	694	415	32	23	—
	260	600	341	43	53	—
	538	538	273	43	54	—

续表 12-83

材料类型	温度/℃	R_m/MPa	$R_{p0.2}$/MPa	A/%	Z/%	动态弹性模量 E/GPa
焊缝金属	室温	746	518	23	31	—
	260	596	409	28	36	—
	538	542	379	27	38	—

　　G 合金的时效硬化特点和室温疲劳性能见表 12-84 和表 12-85。时效对 G 合金冲击性能的影响见表 12-86。

表 12-84　G 合金的时效硬化

时效时间/h	硬度 HRB			
	650℃	705℃	760℃	815℃
1	84	83	84	84
4	86	85	86	20HRC
16	86	86	94	26
50	88	89	21HRC	29HRC
100	88	89	25HRC	30HRC

表 12-85　G 合金的室温疲劳强度

材料类型	试验条件	试样部位	在 10^8 循环次数失效所需应力/MPa
13mm 中板	固溶处理	母　材	329
	TIG 焊	焊缝金属（热影响区）	309
	TIG 焊	焊缝金属（焊缝中间）	309

注：为开槽试样，旋转梁方法。

表 12-86　G 合金的冲击吸收功

时效时间/h	A_{KV}/J			
	650℃	705℃	760℃	815℃
16	181	65	27	19
100	49	39	11	7

　　G 合金的蠕变和持久性能，分别见表 12-87 和表 12-88。

表 12-87　0Cr22Ni47Mo6.5Cu2Nb2 合金产生规定的最小蠕变速度的应力

温度/℃	649				732	
蠕变速度/$10^{-2}h^{-1}$	0.00001	0.0001	0.001	0.01	0.00001	0.0001
应力/MPa	130①	157①	192	233	65①	81①
温度/℃	732			816		
蠕变速度/$10^{-2}h^{-1}$	0.001	0.01	0.00001	0.0001	0.001	0.01
应力/MPa	101	126	31①	41	52	67

① 推荐值。

表 12-88　0Cr22Ni47Mo6.5Cu2Nb2 合金持久性能

材料类型	试验温度/℃	在下列时间断裂平均初始应力/MPa				
		10h	100h	500h	1000h	2000h
薄板和中板，固溶处理	649	384	309	247	260	233
	760	189	138	122	109	102
	871	89	63	51	46	42
	982	44	25.5	17	14	12

12.3.7.3　耐蚀性

A　全面腐蚀

a　海水中

Hastelloy G 合金系列，由于 Cr、Mo 的恰当组合，使其既耐低速又耐高速海水的腐蚀，在被污染的海水和有海洋有机物附着的海水环境中也具有足够的耐点蚀和耐缝隙腐蚀性能。在深海（720~2070m）环境的海水和埋在沉积物中的试验结果指出，在 123~1064 天暴露过程中，G 合金未出现局部腐蚀。

b　工业水中

在含有氯化物、硫酸盐、有机物工业废水中此类合金具有良好的耐蚀性，在 22℃ 的上述工业废水中 Hastelloy G 合金的腐蚀速度为 0.04mm/a。

c　硫酸中

0Cr22Ni47Mo6.5Cu2Nb2（G 合金）在纯 H_2SO_4 中的腐蚀数据见表 12-89 和图 12-51。表 12-89 为在工厂实际条件下的试验结果，图 12-51 是在试验室不充气的硫酸中的试验结果。由这些数据可以看出，此合金在全浓硫酸中 40℃ 以下使用是安全的。在浓度为 20%~60% 的 H_2SO_4 中，可使用到近 90℃，沸腾温度时仅能在低于 10% 的 H_2SO_4 中使用。

表 12-89　Hastelloy G 合金在工厂实际条件下的腐蚀试验结果

H_2SO_4浓度/%	试验温度/℃	腐蚀速度/mm·a^{-1}	H_2SO_4浓度/%	试验温度/℃	腐蚀速度/mm·a^{-1}
80	38	0.076	2	沸腾	0.117
90	38	0.127	5	沸腾	0.282
96	38.5	0.127	10	沸腾	0.364
20	65.5	0.025	25	沸腾	0.840
40	65.5	0.101	50	沸腾	2.742
60	65.5	0.127	60	沸腾	10.403
70	65.5	0.178	77	沸腾	>25.4
80	65.6	1.37	80	沸腾	>25.4
40	93	0.303	85	沸腾	>25.4
50	93	0.331	90	沸腾	>25.4
70	93	0.606	96	沸腾	6.30

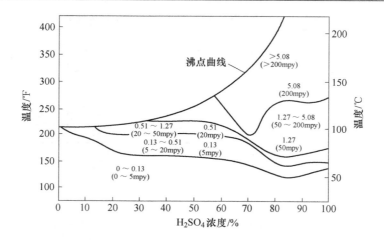

图 12-51　0Cr22Ni47Mo6.5Cu2Nb2(Hastelloy G)合金在不充气的 H₂SO₄ 中的等腐蚀图

(4×24h 试验的平均值；图中数字为腐蚀速度，mm/a)

　　在 H_2SO_4 的工业应用中，常常不是单纯的 H_2SO_4，常混有 HF 酸、盐类（硫酸盐、盐酸盐）。通常氧化性杂质可以促进合金的钝化，进而提高合金的耐蚀性，而还原性的杂质，例如 F^-、Cl^- 等会加速合金的腐蚀。在混有杂质的 H_2SO_4 中，合金的耐蚀性见表 12-90 和图 12-52。显然，在 H_2SO_4 液相中，Cl^- 的加入降低了合金的耐蚀性，当在加入 $200 \times 10^{-6} Cl^-$ 的条件下，以腐蚀速度 0.13mm/a 作为依据，其使用温度下降 10~20℃。在气相中，Cl^- 的加入对合金的耐蚀性未见影响。氟离子与氯离子相仿，对合金耐 H_2SO_4 性能产生不利影响。

表 12-90　0Cr22Ni47Mo6.5Cu2Nb2 合金在含杂质的 H₂SO₄ 中的耐蚀性

介 质 条 件	试验温度/℃	腐蚀速度/mm·a⁻¹
28% H₂SO₄ +5.9% HF	49~79.5	0.149
38% H₂SO₄ +1.55% NaClO₃ +8% SO₂ +0.3% NaCl	26~51	0.007
85% H₂SO₄ 液相	40	0.404
85% H₂SO₄ +0.32% HCl 液相	40	2.311
85% H₂SO₄ 气相	40	<0.025
85% H₂SO₄ +0.32% HCl 气相	40	<0.025
90% H₂SO₄ 雾	150	0.202
95% H₂SO₄ 液相	40	0.808
95% H₂SO₄ +0.36% HCl 液相	40	0.584
95% H₂SO₄ 气相	40	<0.0254
95% H₂SO₄ +0.36% HCl 气相	40	<0.0254
96% H₂SO₄ 雾	150	0.127
77% H₂SO₄ 雾	126	0.381

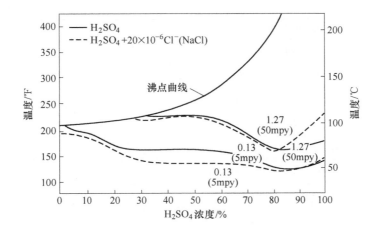

图 12-52 氯离子对 0Cr22Ni47Mo6.5Cu2Nb2 合金在 H₂SO₄中耐蚀性的影响

（图中数字为腐蚀速度，mm/a）

d 磷酸中

在化学纯和含杂质的 H_3PO_4 中，0Cr22Ni47Mo6.5Cu2Nb2 合金的耐蚀性见表 12-91 和图 12-53。在化学纯的 H_3PO_4 中，此合金在沸腾温度、浓度低于 30% 的酸中是耐蚀的，在 30% ~85% H_3PO_4 中其使用温度要限制在 100℃ 以下。磷酸中的杂质 Cl^-、F^-、SO_4^{2-} 等加速了合金的腐蚀，三价的 Fe 和 Al 因与 F 形成络合物而减缓了合金的腐蚀。在化肥生产中，以湿法磷酸为主要原料，湿法磷酸含有大量的杂质，包括 F^-、Cl^-、硫酸根、Al、Fe、Si 等，由于 F^-、Cl^- 的掺杂使其腐蚀性更强，0Cr22Ni47Mo6.5Cu2Nb2 合金湿法磷酸的腐蚀数据见表 12-92。在不同组成的湿法磷酸中，此合金可使用到 110℃，过高的温度会使合金的耐蚀性急剧下降。

表 12-91 0Cr22Ni47Mo6.5Cu2Nb2 合金在化学纯和含杂质 H₃PO₄中的腐蚀

介 质 条 件	试验温度/℃	腐蚀速度/mm · a⁻¹
10% H_3PO_4，化学纯	沸腾	0.0254
20% H_3PO_4，化学纯	沸腾	0.0254
30% H_3PO_4，化学纯	沸腾	0.101
40% H_3PO_4，化学纯	沸腾	0.058
50% H_3PO_4，化学纯	沸腾	0.176
60% H_3PO_4，化学纯	沸腾	0.279
70% H_3PO_4，化学纯	沸腾	0.406
85% H_3PO_4，化学纯	沸腾	0.505

介 质 条 件	试验温度/℃	腐蚀速度/mm·a^{-1}
36% H_3PO_4 + 2.9% H_2SO_4 + 350 × 10^{-6} Cl$^-$ + HF + 30% 石膏	78	0.033
36% H_3PO_4 + 2.9% H_2SO_4 + 350 × 10^{-6} Cl$^-$ + 氟硅酸	38 ~ 43.9	0.0178
52.5% H_3PO_4 + 2.9% H_2SO_4 + 400 × 10^{-6} Cl$^-$ + 痕迹氟硅酸	45	0.0178
101% H_3PO_4 + 1.17% 固体 + 0.4% F$^-$	149	0.200
45% H_3PO_4 + 45% H_2SO_4 + 10% H_2O	18 ~ 130	0.707
45% H_3PO_4 + 45% H_2SO_4 + 10% H_2O	130	4.724
55% H_3PO_4 + 3% H_2SO_4 + CuSO$_4$ + 氟化物	105 ~ 127	0.838
55% H_3PO_4 + 0.8% HF	109	0.228
75% H_3PO_4	100	0.18
85% H_3PO_4	55	0.0025
85% H_3PO_4	75	0.0178
85% H_3PO_4	100	0.111
85% H_3PO_4	125	0.249
98% H_3PO_4 + (4% ~ 6%) H_2SO_4 + 2.8% ~ 3.0% (Fe^{3+} + Al^{3+} + 0.5% ~ 1.0% 氟化物)	200 ~ 238	0.234
93.5% H_3PO_4 + 4.3% H_2SO_4 + 4.4% (Fe + Al)	204 ~ 210	0.889
浓度很低的 H_3PO_4 雾	95 ~ 100	< 0.0025

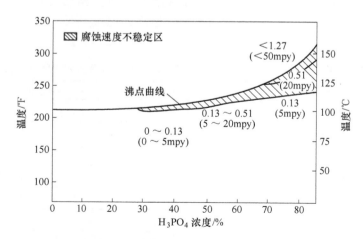

图 12-53　0Cr22Ni47Mo6.5Cu2Nb2 合金在化学纯 H_3PO_4 中的等腐蚀图

(图中数字为腐蚀速度，mm/a)

表 12-92　0Cr22Ni47Mo6.5Cu2Nb2 合金在湿法磷酸中的耐蚀性

介 质 条 件	时间/h	试验温度/℃	腐蚀速度/mm·a^{-1}
39% H_3PO_4 + 2% H_2SO_4 + 1.2% 氟化物 + 30% 石膏		76.5 ~ 84	0.028
55% H_3PO_4 + 氟化物 + 石膏		79.5 ~ 85	0.053
30% P_2O_5 + 4.5% H_2SO_4 + 2% F	110	121	(热壁)0.304
		85	(液相)0.132
30% P_2O_5 + 3% H_2SO_4 + 2.4% F + 1.2% FeO + 1.1% 固体	96	121	(热壁)0.254
		85	(液相)0.058
54% P_2O_5 + 4.3% H_2SO_4 + 1.4% F	48	163 ~ 168.5	(热壁)3.607
56% P_2O_5 + 2% H_2SO_4 + 1.0% F + 1.5% (FeO + Al_2O_3) + 4% 固体	48	107 ~ 118.5	(热壁)0.134
		88 ~ 110	(液相)0.0431
		149	(热壁)1.245
56% P_2O_5 + 2% H_2SO_4 + 1.0% F + 1.5% (FeO + Al_2O_3) + 4% 固体	24	165	(热壁)2.11
66% P_2O_5 + 少量的 Co、MgO、Fe、Al_2O_3、SiO_2、Na_2O	48	171	(热壁)1.473
		163	(热壁)1.092

e　盐酸中

HCl 酸较 H_2SO_4 具有更强的腐蚀性。0Cr22Ni47Mo6.5Cu2Nb2 合金仅在室温或略高于室温、浓度低于 2% 的稀盐酸中耐蚀。合金在盐酸中的腐蚀数据见表 12-93 和图 12-54。

表 12-93　0Cr22Ni47Mo6.5Cu2Nb2 合金在 HCl 酸中的腐蚀

HCl 浓度/%	试验温度/℃	腐蚀速度/mm·a^{-1}	HCl 浓度/%	试验温度/℃	腐蚀速度/mm·a^{-1}
1	室温	0.0025	2	65	—
2	室温	0.0203	5	65	2.362
5	室温	0.091	10	65	3.658
10	室温	0.226	15	65	4.847
15	室温	0.251	37	65	7.798
1	65	0.0025			

f　氢氟酸和氟硅酸中

在不通气的氢氟酸中,0Cr22Ni47Mo6.5Cu2Nb2 合金在 60℃ 耐蚀,在较高温度将产生明显的腐蚀甚至完全溶解。氟硅酸的腐蚀性不如氢氟酸强烈,这种介质在湿法磷酸生产中用水净化含 SiF_4 的气体时产生,对材料也产生明显腐蚀,此合金在氟硅酸中的使用温度可高于在氢氟酸中的使用温度。0Cr22Ni47Mo6.5Cu2Nb2 合金在氢氟酸和氟硅酸中的耐蚀性见表 12-94。

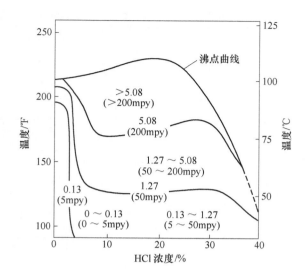

图 12-54　0Cr22Ni47Mo6.5Cu2Nb2 合金在盐酸中的等腐蚀图

（图中数字为腐蚀速度,mm/a）

表 12-94　0Cr22Ni47Mo6.5Cu2Nb2 合金在氢氟酸和氟硅酸中的耐蚀性

介 质 条 件	试验时间/h	试验温度/℃	腐蚀速度/mm·a^{-1}
45% HF	—	室温	0.101
8mol/L HF	168	沸腾	7.82
8mol/L HF + 1.3mol/L Zr	168	沸腾	5.79
10% ~11% H$_2$SiF$_6$（湿法磷酸）	—	71	0.025
12% ~13% H$_2$SiF$_6$（湿法磷酸）	—	71	0.071

g　硝酸中

硝酸是一种氧化性介质,由于此合金的铬含量很高,因此具有良好的耐蚀性,在沸腾温度、浓度低于 40% 的 HNO$_3$ 中,合金具有极好的耐蚀性。在 40% ~70% HNO$_3$ 中,0Cr22Ni47Mo6.5Cu2Nb2 合金可使用到 100℃。在硝酸磷肥生产工艺介质中,此合金亦具有极好的耐蚀性。表 12-95 和图 12-55 给出了合金在硝酸系统中的耐蚀性。

表 12-95　0Cr22Ni47Mo6.5Cu2Nb2 合金在 HNO$_3$ 中的耐蚀性

HNO$_3$ 浓度/%	试验温度/℃	腐蚀速度/mm·a^{-1}	HNO$_3$ 浓度/%	试验温度/℃	腐蚀速度/mm·a^{-1}
10	室温	0.0025	40	室温	0.0025
20	室温	0.0025	50	室温	0.0025
30	室温	0.0025	60	室温	0.0025

续表 12-95

HNO₃ 浓度/%	试验温度/℃	腐蚀速度/mm·a⁻¹	HNO₃ 浓度/%	试验温度/℃	腐蚀速度/mm·a⁻¹
30	沸腾	0.101	60	沸腾	0.406
40	沸腾	0.180	65	沸腾	0.558
50	沸腾	0.330	70	沸腾	0.762
65	室温	0.0025	49% HNO₃ +4% H₃PO₄ + 37% 磷灰石	80 ~ 84	0.053
70	室温	0.0025	53% HNO₃ +4% K₃SO₄ + 37% 磷灰石	80 ~ 84	0.0279
10	沸腾	0.0203	72% HNO₃ +6% H₂SO₄	80 ~ 84	0.0203
20	沸腾	0.061			

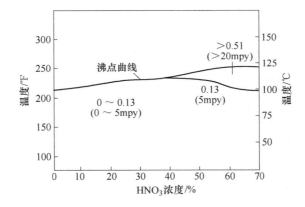

图 12-55　0Cr22Ni47Mo6.5Cu2Nb2 合金在 HNO₃ 中的等腐蚀图

(图中数字为腐蚀速度,mm/a)

h　核燃料包壳溶解液中

为了在耗尽的核燃料中提取有用物质，必须将核燃料包壳溶解，然后再进行萃取，即通常所说的核燃料化工再处理过程。对于不同的包壳材料采用不同的溶解介质，这些介质均具有极强的腐蚀性，以便使 Al、Zr 合金、不锈钢等包壳材料溶解，而溶解产物又改变了介质的腐蚀性。在这类工艺介质中所使用的溶解器材料必须经得起氧化性、还原性或氧化—还原性介质的腐蚀。0Cr22Ni47Mo6.5Cu2Nb2 合金在多种复杂介质中具有良好的耐蚀性，可以满足核燃料熔接器对结构材料耐蚀性的要求，但在纯盐酸 + 硝酸或 6mol/L H₂SO₄ 中，合金的耐蚀性不足，当包壳溶解后（Al、Mg、不锈钢、Zr）减缓了介质对材料的腐蚀性，因此在上述介质中溶解工艺开始之前应采用必要的缓蚀措施。表 12-96 给出了 0Cr22Ni47Mo6.5Cu2Nb2 合金在核燃料包壳溶解介质中的耐蚀性。

表 12-96　0Cr22Ni47Mo6.5Cu2Nb2 合金在沸腾核燃料溶解液中的腐蚀

介 质 条 件	试验时间 /h	腐蚀速度/mm·a^{-1}					
		液　相		气　相		液气界面	
		未焊	焊接	未焊	焊接	未焊	焊接
8.5mol/L HNO$_3$ +0.007mol/L Hg(NO$_3$)$_2$	200	0.116	0.093	0.074	0.033	0.081	0.066
8.5mol/L HNO$_3$ +0.007mol/L Hg(NO$_3$)$_2$ +65g/L Al	200	<0.025	<0.025	稍许增重	0	<0.025	0.025
6mol/L H$_2$SO$_4$	100	3.353	1.626	0.020	0.018	1.473	0.660
2mol/L H$_2$SO$_4$ +36g/L Mg	100	<0.025	<0.025	<0.025	<0.025	<0.025	<0.025
6mol/L H$_2$SO$_4$ +50g/L 00Cr18Ni10 不锈钢	100	0.152	0.381	0.142	0.025	0.007	0.159
6mol/L NH$_4$F +1mol/L NH$_4$NO$_3$	100	0.480	0.414	稍许增重	稍许增重	稍许增重	0.112
6mol/L NH$_4$F +1mol/L NH$_4$NO$_3$ +83g/L Zr	100	0.025	<0.025	稍许增重	稍许增重	0.028	稍许增重
5mol/L HNO$_3$ +2mol/L HCl	100	0.914	1.321	0.254	0.381	0.508	0.356
5mol/L HNO$_3$ +2mol/L HCl + 50g/L 00Cr18Ni10 不锈钢	100	0.064	0.074	0.030	0	0.061	0.038

注：未焊试样为 1176℃ 固溶水冷处理。

i　湿氯、盐和有机物中

在湿氯、盐类和有机物等介质中，此合金的耐蚀性见表 12-97。

表 12-97　0Cr22Ni47Mo6.5Cu2Nb2 合金在湿氯、盐类和有机物介质中的腐蚀

介 质 条 件	试验温度/℃	腐蚀速度/mm·a^{-1}
30% 盐酸胺 +20% NH$_3$ +50% H$_2$O	160	0.132
40% 盐酸胺 +20% NH$_3$ +40% H$_2$O	185	2.337
27% 氨 +6% CO$_2$ +66% H$_2$O	70	<0.025
14.7% NH$_4$Cl +7.6% NaCl +4.2% CO$_2$ +2.2% NH$_3$	55	0.013
氟氯化锑（无水 HF +脂类有机氯化物）	100	0.198
77% 黑液（H$_2$SO$_4$ 回收）	179	1.118
饱和盐水（KCl-NaCl +MgCl$_2$ +H$_2$S）	29~40	0.008
饱和盐水（KCl-NaCl +MgCl$_2$ +H$_2$S，点蚀）	90~92	0.114
湿　氯	室温	0.009
ClO$_2$ 水溶液	4~6	0.182
60% 氯苯 +40% 三氯乙醛 +痕量 HCl	4~38	0.0025

介 质 条 件	试验温度/℃	腐蚀速度/mm·a^{-1}
铬钒（75g/L）	100	0.330
铬钒（150g/L）	100	0.229
10%铬酸	沸腾	4.01
20%铬酸	沸腾	14.656
镀铬阳极排出液	60	<0.025
9%乙醇 + 12%乙醚 + 痕量 SO_2 和 H_2SO_4 + H_2O	110	5.842
20%乙醇 + 痕量乙醚 + SO_2 和 H_2SO_4气	100	4.318
100%乙醚（粗料）	90	0.076
硫酸亚铁铵（FAS），1390g/L	100	<0.025

B 晶间腐蚀

由于 0Cr22Ni47Mo6.5Cu2Nb2 合金中有足够的稳定化元素 Nb，因此具有良好的抗晶间腐蚀性，可以经受多次焊接的考验。然而在一定的受热条件下，经固溶处理的供货状态材料的正常组织状态遭到破坏，在苛刻的腐蚀介质中会出现晶间腐蚀。在沸腾 65% HNO_3 中 240h 和在沸腾 50% H_2SO_4 + 42g/L $Fe_2(SO_4)_3$ 中 120h 评价试验结果指出，在 649~1093℃ 敏化 1h 的合金，其耐蚀性发生明显变化，在两种评价试验中出现腐蚀峰值温度均在 704℃，随着敏化温度的提高，在硝酸中的腐蚀速度下降，而在硫酸铁中的腐蚀速度在 871℃ 出现第二个峰值。高的腐蚀速度使合金出现了晶间腐蚀。如图 12-56 所示。

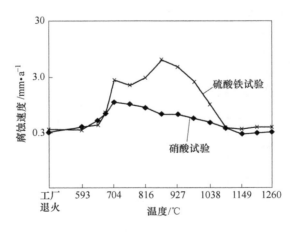

图 12-56 0Cr22Ni47Mo6.5Cu2Nb2 的敏化处理与其腐蚀的关系

研究结果表明，此合金在 650~870℃ 敏化，在奥氏体组织的晶界上或基体上析出 $M_{23}C_6$、M_6C 和金属间化合物（σ 相、Z 相），高于此温度可析出 Laves 相。

这些碳化物和金属间相的析出，造成临近区域 Cr、Mo、Ni 的贫化，当其沿晶界形成连续网状时，在足够的腐蚀条件下就会产生晶间腐蚀。实践表明，0Cr22Ni47Mo6.5Cu2Nb2 合金的焊接试样，在大多数介质中具有与未焊合金相同的耐蚀性。

　　C　点腐蚀和缝隙腐蚀

　　由于此合金具有高的 Cr、Mo 含量，因此具有良好的耐点蚀和耐缝隙腐蚀性能，在产生点蚀和缝隙腐蚀的环境中常常被选用。0Cr22Ni47Mo6.5Cu2Nb2 合金耐点蚀和耐缝隙腐蚀性能见表 12-98 ~ 表 12-100。由这些数据可知，0Cr22Ni47Mo6.5Cu2Nb2 合金在控制污染的净化 SO_2 系统中具有良好的耐点蚀性能，但在模拟净化条件下只能在 50℃ 以下使用。

表 12-98　0Cr22Ni47Mo6.5Cu2Nb2 合金耐点蚀和耐缝隙腐蚀性能

介　质　条　件	试验温度/℃	试验时间/h	最大渗入深度/mm
5% $FeCl_3$	室温	72	0
10% $FeCl_3$	室温	72	0
模拟净化器环境 7% H_2SO_4 + 3% HCl （体积分数） + 1% $CuCl_2$ + 1% $FeCl_3$ （质量分数）	25	96	0
	50	96	1.02 ~ 1.27
	70	96	1.52 ~ 1.78
改进 Wick 试验 1000×10^{-6} NaCl + 500×10^{-6} $FeCl_3$	88	720	0.08

表 12-99　0Cr22Ni47Mo6.5Cu2Nb2 合金在含氯化物的 SO_2 中的工厂腐蚀试验结果

介质类型	氯化物含量/10^{-6}	平均温度/℃	平均 pH 值	点蚀或缝隙腐蚀平均深度/mm
低 pH 值	165	41	2.5 ~ 7	0
	550	49	4.5	0
	1000	49	4	0
	1500	53	3.5 ~ 5.7	0
低浓度氯化物 pH = 4.9 ~ 5.4	500	54	5	0
	500	49	5.4	0
	500	54	4.9	0
低浓度氯化物 pH = 5.5 ~ 6.5	125	49	6.5	0
	200	49	5.5	0
	200	49	5.9	0
	500	49	5.5	0
	500	49	6	0
	850	49	6	0
	1000	46	6.2	0

介质类型	氯化物含量/10⁻⁶	平均温度/℃	平均 pH 值	点蚀或缝隙腐蚀平均深度/mm
高浓度氯化物 pH = 4.5 ~ 5.5	2250	49	5	0
	2900	43	4.5	0
	2900	43	5.5	0
高浓度氯化物 pH > 5.7	1500	53	5.7	0
	2900	43	8.5	0
	3000	49	7	0
	10000	49	6	0
高温条件	2100	71	7	0
	2100	71	6.5	0
	3000	66	6	0

注：试验采用光滑试样。

表 12-100　0Cr22Ni47Mo6.5Cu2Nb2 合金在 10% FeCl₃ 中的缝隙腐蚀

介质条件	试验时间/h	试验温度/℃	平均腐蚀速度/mm·a⁻¹
10% FeCl₃	100	25	0.36
10% FeCl₃	100	50	2.16
10% FeCl₃	100	75	13.97

D　应力腐蚀

在高浓度氯化物中，此合金的耐应力腐蚀破裂性能优于一般奥氏体不锈钢和其他铁镍基合金，与镍基耐蚀合金相当。实验室试验结果见表 12-101。

表 12-101　0Cr22Ni47Mo6.5Cu2Nb2 合金的耐应力腐蚀性能

合 金 牌 号	在沸腾 42% MgCl₂ 中的开裂时间/h
0Cr18Ni9（AISI 304）	1 ~ 2
0Cr18Ni12Mo2（AISI 316）	1 ~ 2
20Nb-3	22
0Cr22Ni47Mo6.5Cu2Nb2	1000 未裂
Hastelloy C-276	1000 未裂

12.3.7.4　热加工、冷加工、热处理和焊接性能

A　冷热加工及成型

0Cr22Ni47Mo6.5Cu2Nb2 合金的热加工性能良好，热加工温度范围为 900 ~ 1150℃。最适宜的加热温度为 1150℃。设备制造过程中，在热成型后，建议进行固溶退火处理，以便保持合金的最宜耐蚀性。合金的冷成型性能良好，但较通常

的奥氏体不锈钢有更大的加工硬化倾向，因此在选用成型设备时应予以考虑。合金的冷加工硬化倾向见表 12-102。冷加工硬化可以通过中间退火得到软化。G-3、G-30、G-50 等改进型合金的冷热加工及成型性能与 G 合金类似。

表 12-102　0Cr22Ni47Mo6.5Cu2Nb2 合金的加工硬化倾向

材料类型	冷加工量/%	室温硬度	材料类型	冷加工量/%	室温硬度
薄　板	固溶退火状态	84HRB	薄　板	30	31HRC
	10	97HRB		40	34HRC
	20	28HRC		50	36HRC

B　热处理

为了使合金获得最佳耐蚀性，固溶退火温度应选用 1100～1150℃，保温时间视产品的最大截面尺寸而定，冷却方法为水冷或快速空冷。

C　焊接

0Cr22Ni47Mo6.5Cu2Nb2 合金具有良好的焊接性能，可采用常规焊接方法进行焊接，焊后不需热处理。在焊接时应控制输入热量，使层间温度不超过 150℃。焊芯材料为 NicroferS6020，其成分（质量分数,%）为 0.05C-21Cr-9Mo-3Nb-65Ni。

12.3.7.5　物理性能

G 合金的物理性能见表 12-103。

表 12-103　0Cr22Ni47Mo6.5Cu2Nb2 合金的物理性能

密度	温度/℃	22					
	$\rho/\text{g} \cdot \text{cm}^{-3}$	8.31					
线胀系数	温度/℃	21～93	21～204	21～316	21～426	21～538	21～649
	$\alpha_l/10^{-6}\text{K}^{-1}$	13.4	13.8	14.3	14.9	15.7	16.4
热导率	温度/℃	25	100	200	300	400	500	600	700	800	900
	$\lambda/\text{W} \cdot (\text{m} \cdot \text{K})^{-1}$	10.1	11.2	12.8	14.3	15.9	17.5	19.2	20.8	22.4	24.0
比热容	温度/℃	0	100	200	300	400	500	600	700	800	900	1000
	$c/\text{J} \cdot (\text{kg} \cdot \text{K})^{-1}$	388	455	481	501	518	535	552	568	585	602	619
弹性模量	温度/℃	21	93	205	315	425	540	650	760
	E/GPa	195	185	180	175	165	160	150	145

12.3.7.6　应用

0Cr22Ni47Mo6.5Cu2Nb2（合金 G）在各类工业介质中具有良好的耐蚀性，以及此合金易于生产板、管、丝、带等冶金产品，因此它广泛应用于各工业部门。在硫酸、磷酸、湿法磷酸、核燃料溶解液、污染控制以及纸浆生产和造纸工业中，采用此合金制造管道、管件、容器、换热器、泵和阀门等。

12.3.8　00Cr22Ni48Mo7Cu2Nb（Hastelloy G-3，No.6985，NS 1403）

G-3 合金是为改善 G 合金的耐晶间腐蚀性能而研发的，降低合金中的碳至≤0.015%，提高 Mo 和降低稳定化元素铌是 G-3 合金的化学成分特点，这种变化提高了合金的热稳定性，与 G 合金相比较，其耐晶间腐蚀性能明显改善。

12.3.8.1　化学成分和组织特点

00Cr22Ni48Mo7Cu2Nb（G-3）合金的化学成分见表 12-62。尽管此合金的碳含量已降低到 0.015%，在其敏化奥氏体中仍有碳化物析出，只是数量较少，因 Cr、Mo 等元素与 G 合金相比未发生变化，σ 相的析出与 G 合金一致，G-3 合金的时间-温度-沉淀析出图见图 12-57。

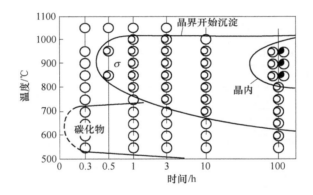

图 12-57　G-3 合金等温的时间-温度-沉淀过程图

（采用光学显微镜方法建立。合金成分（质量分数,%）：
47.6Ni-22.6Cr-19.7Fe-7.1Mo-2.0Cu-0.4Mn-0.3Nb-0.03Si-0.01C（Henbner 和 Köhler，1992））

12.3.8.2　力学性能

00Cr22Ni48Mo7Cu2Nb（G-3）合金。不同类型产品的室温力学性能分别见表 12-104 和表 12-105。

表 12-104　G-3 合金的室温力学性能

材料类型和规格	R_m/MPa	$R_{p0.2}$/MPa	A/%	HRB
1.4～4.8mm 薄板	690	325	50	79
0.63～0.97mm 薄板	685	305	53	83
6.4～19mm 中板	740	365	56	87
φ13～25mm 棒材	695	295	59	80
SMAW 焊件	690	450	46[①]	—

① 厚 57mm。

表 12-105   G-3 合金冷拔管材室温力学性能

抗拉强度/MPa	抗剪强度/MPa	剪切/拉伸比
923.2	568.8	0.61

12.3.8.3   耐蚀性

A   全面腐蚀

在一些强腐蚀介质中，G-3 合金的耐均匀腐蚀性能与 Sanicro-28 合金和 G 合金的对比结果见表 12-106 ~ 表 12-108。在含 HF 和 Cl⁻ 的工业磷酸中，含 HF 的工业磷酸更具腐蚀性，G-3 合金的耐蚀性优于此类环境传统材料 Sanicro-28。

表 12-106   00Cr22Ni48Mo7Cu2Nb(G-3)合金在工业磷酸中的耐蚀性

介 质 条 件	试验温度/℃	腐蚀速度/mm·a⁻¹	
		G-3	Sanicro-28
$28\% P_2O_5 + 2000 \times 10^{-6} Cl$	85	0.023	0.787
$42\% P_2O_5 + 2000 \times 10^{-6} Cl$	85	0.279	0.305
$44\% P_2O_5$	116	0.559	—
$44\% P_2O_5 + 2000 \times 10^{-6} Cl$	116	0.559	—
$44\% P_2O_5 + 0.5\% HF$	116	1.245	—
$52\% P_2O_5$	116	0.279	1.219
$52\% P_2O_5$	149	1.626	6.299
$54\% P_2O_5 + 2000 \times 10^{-6} Cl$	116	0.406	1.397
$54\% P_2O_5$	116	0.406	2.337

表 12-107   00Cr22Ni48Mo7Cu2Nb(G-3)合金在一些实际工艺介质中的耐蚀性
(3.2mm 薄板试样)

介 质 条 件	腐蚀速度/mm·a⁻¹	
	G-3 合金	G 合金
10% HCl,66℃	2.2 ~ 2.3	3.66
10% H_2SO_4,沸腾	0.51 ~ 0.58	0.35
50% H_2SO_4,沸腾	1.2 ~ 1.4	2.74
30% H_3PO_4,沸腾	0.08 ~ 0.09	0.10
85% H_3PO_4,沸腾	0.41 ~ 0.43	0.51
7%(体积)H_2SO_4 +3%(体积)HCl +1% $FeCl_3$ +1% $CuCl_2$,70℃	0.76 ~ 1.02	30.5
65% HNO_3,沸腾	0.36 ~ 0.41	0.56
Streicher 试验	0.31 ~ 0.43	0.41 ~ 0.60

表 12-108 00Cr22Ni48Mo7Cu2Nb（G-3）合金在有机酸和一些混酸中的耐蚀性

介 质 条 件	浓度/%	试验温度/℃	腐蚀速度/mm·a⁻¹	
			G-3 合金	625 合金
醋 酸	99	沸腾	0.015	<0.025
甲 酸	88	沸腾	0.127	6.229
硝 酸	10	沸腾	0.023	6.406
	60	沸腾	0.216	0.508
	65	沸腾	0.279	3.124
$HNO_3 + 1\% HF$	20	80	1.880	3.124
$HNO_3 + 6\% HF$	20	80	13.716	60.96
$HNO_3 + 1\% HF$	50	80	10.668	—
$HNO_3 + 0.5\% HF$	56	110	2.794	—
$HNO_3 + 0.5\% HF + 2000 \times 10^{-6} Cl^-$	56	110	2.794	—
$H_2SO_4 + 10\% HNO_3$	50	沸腾	0.762	—
H_2SO_4	2	沸腾	0.152	0.152
	10	沸腾	0.483	1.175
	20	沸腾	0.762	3.173
	50	107	0.938	5.664
	80	52	0.584	0.838
	89	130	1.880	—
	99	140	1.448	—
$H_2SO_4 + 42g/L\ Fe_2(SO_4)_3$	50	沸腾	0.279	0.589
$H_2SO_4 + 5\% HNO_3$	70	沸腾	6.096	—
$H_2SO_4 + 5\% HNO_3$	60	沸腾	2.134	2.667
$H_2SO_4 + 8\% HNO_3 + 4\% HF$	77	54	0.038	—
$HNO_3 + 8\% HCl$	18	80	0.457	0.152
$HNO_3 + 11\% HCl$	25	80	23.216	3.20
$HNO_3 + 3\% HCl$	59	80	0.846	0.508

表 12-107 的数据表明，在实际工艺介质中，除沸腾 10% H_2SO_4 外，G-3 合金的耐蚀性优于 G 合金，尤其是在纸浆和造纸工业的腐蚀环境（H_2SO_4 + HCl + $FeCl_3$ + $CuCl_2$）中，G-3 合金的腐蚀速度较 G 合金低得多，两者相差 30 倍。

表 12-108 指出在混酸溶液中，除 HNO_3 + HCl 混酸外，G-3 合金的耐蚀性均优于 625 合金。

B　晶间腐蚀

中温敏化，00Cr22Ni48Mo7Cu2Nb（G-3）合金的腐蚀行为与敏化温度和敏化时间之间的关系见表 12-109。在 80℃，20% HNO_3 + 6% HF 溶液中，760℃ 和 871℃ 是 G 合金和 G-3 合金的两个敏感温度，最敏感温度为 871℃。G-3 合金的抗敏化能力优于 G 合金，根据 G-3 合金的 TTP 图可知，760℃ 的敏化主要是由碳化物和 σ 相两者的析出所控制，而 871℃ 的敏化是 σ 相析出的贡献。随着敏化时间的加长，敏化加剧。

表 12-109　G-3 合金和 G 合金的敏化行为（80℃，20% HNO_3 + 6% HF）

| 敏化温度/℃ | 在 80℃，20% HNO_3 + 6% HF 中的腐蚀速度/mm·a^{-1} | | | |
| | 敏化 1h | | 敏化 10h | |
	G	G-3	G	G-3
649	21.84	11.125	98.806	14.605
760	304.8	20.32	482.6	67.564
871	482.6	54.356	508	111.125
982	482.6	14.656	482.6	16.256
固溶处理	27.305	16.104		

C　点腐蚀和缝隙腐蚀

G-3 合金的耐点腐蚀和耐缝隙腐蚀性能分别见表 12-110 和表 12-111。在含氯化物的氧化性介质中，G-3 合金与 G-30 合金具有相同的临界点蚀温度。在模拟 SO_2 洗涤环境中的耐缝隙腐蚀性能无明显区别。

表 12-110　G-3 合金在 4%NaCl + 0.1%$Fe_2(SO_4)_3$ + 0.01mol/L HCl，pH = 2 环境下，经 24h 试验的临界点蚀温度

试验合金	临界点蚀温度/℃	试验合金	临界点蚀温度/℃
G-30	70	317L	25
G-3	70	825	25
904L	45	20Nb-3	20
317LM	35	316	20

表 12-111　G-3 合金在模拟 SO_2 洗涤条件下的耐缝隙腐蚀性能

（58℃，35000 × 10^{-6} 氯化物（NaCl），pH = 5.0，30 天试验）

合金名称	腐蚀速度/mm·a^{-1}	缝隙腐蚀面积/%	最大缝隙腐蚀深度/mm
G-3	< 0.025	33	< 0.05
G	< 0.025	26	< 0.05

12.3.8.4 热冷加工成型、热处理和焊接性能

A 热冷加工成型

00Cr22Ni48Mo7Cu2Nb(G-3)合金热加工性能类似于 G 合金,并可使用与 G 合金相同的热加工参数。热成型后不需再进行热处理,此合金易于冷加工和冷成型,冷加工操作需在固溶处理状态下进行,因合金易发生加工硬化,为顺利进行冷加工,要适时进行固溶退火处理。

B 热处理

热处理是获得最佳性能的工艺手段,G-3 合金的固溶处理温度为 1100 ~ 1150℃,稍低于 G 合金,保温时间视产品的截面尺寸而定,保温后水淬或快冷。

C 焊接

G-3 合金易于焊接,可采用焊接耐蚀合金的通用方法和工艺措施,焊后不必再进行固溶处理,采用 SMAW 焊时,可采用 G-3 焊条,采用 GSAW 焊时,采用 G-3 焊丝,焊接金属的耐蚀性与母材相当。

12.3.8.5 物理性能

00Cr22Ni48Mo7Cu2Nb(G-3)合金的物理性能见表 12-112。

表 12-112 00Cr22Ni48Mo7Cu2Nb(G-3)合金的物理性能

密度 /g·cm⁻³	熔点范围 /℃	热导率 /W·(m·K)⁻¹			线胀系数 /×10⁻⁶K⁻¹			比热容 /J·(kg·K)⁻¹			电阻率 /μΩ·cm
		25℃	100℃	200℃	20~100℃	20~200℃	20~300℃	25℃	100℃	200℃	室温
8.14	1260~1343	10.0	11.8	13.8	14.6	14.6	14.6	453	464	478	112.37

12.3.8.6 应用

00Cr22Ni48Mo7Cu2Nb(G-3)合金的应用领域与 G 合金相同,因此合金的抗敏化性能优于 G 合金,对于一些焊接产品和部件,以使用 G-3 合金更为恰当。在还原性硫酸以及各种磷酸和 FGD 的强腐蚀环境中,此合金均有良好的耐蚀性,G-3 合金是很适用的耐蚀结构材料。由于此合金在酸性油气井的强烈腐蚀环境中的优异耐蚀性以及相匹配的高强度(固溶态,冷加工强化),国内外热酸性油气开采用的井下和地面的管件等广泛应用 G-3 合金。

12.3.9 00Cr30Ni43Mo5.5W2.5Cu2Nb(Hastelloy G-30,No.6030,NS 3404)

00Cr30Ni43Mo5.5W2.5Cu2Nb(G-30)合金是 Ni-Fe-Cr-Mo-Cu 耐蚀合金中 Cr 含量大于 30% 的少数牌号之一。由于合金中的高 Cr 含量以及 Mo、W、Cu 的复合作用,赋予了此合金在湿法 H_2PO_4,$HNO_3 + HF$ 和 $HNO_3 + HCl$,$H_2SO_4 + HF$ 等强烈腐蚀性溶液中的极强的耐蚀能力。此合金的良好抗敏化能力使之可在大多数化学加工中焊后直接应用。

00Cr30Ni43Mo5.5W2.5Cu2Nb(G-30)合金主要应用领域是湿法磷酸生产和加工，HNO₃ + HF 酸洗设备和部件以及核燃料化工再处理，核废料处理的设备和装置。

12.3.9.1　化学成分和组织结构特点

00Cr30Ni43Mo5.5W2.5Cu2Nb(G-30)合金的化学成分见表 12-82。此合金是在 G-3 合金基础上发展的，将 G-3 合金中的 Cr 提高至 30%，并用钨取代部分 Mo，适当降低合金的 Ni 量形成新的 Ni-Fe-Cr-Mo-Cu 耐蚀合金 G-30。

G-30 是奥氏体合金，由于合金的碳量很少，并含有足够数量的 Nb，因此中温敏化铬的碳化物析出很少，虽然在 871℃停留足够的时间会有 σ 相沉淀形成，但在合金中 Cr 量高达 30%的背景下它对合金的敏化效应影响并不明显。这些因素使此合金具有良好的热稳定性并伴随着良好抗敏态晶间腐蚀能力。

12.3.9.2　力学性能

G-30 合金的室温力学性能见表 12-113。G-30 合金中板和棒材的高温瞬时力学性能列于表 12-114 中。

表 12-113　固溶态 G-30 合金的室温力学性能

材料类型和规格	R_m/MPa	$R_{p0.2}$/MPa	A/%	Z/%
0.71mm 薄板	690	324	56	—
3.2mm 薄板	690	352	56	—
6.4mm 中板	676	312	55	—
9.5mm 中板	690	310	65	68
12.7mm 中板	690	317	64	77
19.1mm 中板	676	324	65	67
31.8mm 厚板	683	310	60	—
φ25.4mm 棒材	690	317	60	—

表 12-114　尺寸范围为 6.4~32mm 中板和棒的高温瞬时拉伸性能

温度/℃	R_m/MPa	$R_{p0.2}$/MPa	A/%	温度/℃	R_m/MPa	$R_{p0.2}$/MPa	A/%
室温	710	338	53	316	572	228	59
93	635	290	54	427	552	214	60
204	607	248	59	538	524	200	62

表 12-115 和表 12-116 分别为时效处理对 G-30 合金的冲击性能和硬度的影响。在固溶处理状态下，G-30 合金具有良好的韧性，不同温度时效，韧性有所降低，韧性降低的最敏感温度为 871℃，但 1h 时效后的冲击吸收功仍在 100J 以上，这种韧性足以满足工程需要，760℃ ×24h 时效其冲击吸收功仅 3J，出现了严重的脆性，导致这种韧性下降的主导因素是 σ 相的析出。

表 12-115　时效对 G-30 合金 13mm 厚材料冲击吸收功的影响

状　态	取　向	A_{KV}/J	
		室　温	$-196℃$
工厂退火（MA）	纵　向	353	354
MA	横　向	353	355
MA+760℃×1h	纵　向	271	—
MA+760℃×24h	纵　向	79	—
MA+871℃×1h	纵　向	130	—
MA+760℃×24h	纵　向	3	—
MA+982℃×1h	纵　向	65	—

表 12-116　冷加工和时效对 G-30 合金硬度的影响

冷加工量/%	未时效	200℃×20h 时效	500℃×100h 时效
MA	90HRB	—	
10	98HRB	100HRB	93HRB
20	29HRC	26HRC	25HRC
30	32HRC	34HRC	34HRC
40	35HRC	38HRC	40HRC
50	36HRC	39HRC	41HRC
60	40HRC	43HRC	44HRC
70	41HRC	43HRC	46HRC

冷加工和时效对 G-30 合金室温瞬时拉伸和冲击吸收功的影响分别列于表 12-117 和表 12-118 中。冷加工使 G-30 合金的强度水平明显提高，并伴随着塑韧性的下降，然而 50% 冷加工的伸长率仍有 12%，冲击吸收功尚可达到 42J。

表 12-117　冷轧态和冷轧再经 500℃ 时效后 G-30 合金的室温力学性能

状　态	R_m/MPa	$R_{p0.2}/MPa$	$A(50.8)/\%$	$Z/\%$
工厂退火	689.5	317.2	64	77
10% 冷轧	799.8	606.8	38	62
30% 冷轧	1096.3	999.8	12	57
50% 冷轧	1192.8	1089.4	12	50
50% 冷轧+500℃×1h，空冷	1241.1	1110.1	12	45
50% 冷轧+500℃×5000h，空冷	1323.8	1158.4	8	14

表 12-118　冷轧和冷轧后再经 500℃ 时效的 G-30 合金的冲击性能

状　态	冲击吸收功 A_{KV}/J	状　态	冲击吸收功 A_{KV}/J
工厂退火态	353	50% 冷轧+500℃×1h	45
50% 冷轧	42	50% 冷轧+500℃×500h	15

表 12-117 和表 12-118 指出，冷轧后再经 500℃×1h 时效并未使合金的塑韧

性降低。

12.3.9.3 耐蚀性

A 全面腐蚀

a H_3PO_4 中

在纯 H_3PO_4 中，G-30 合金具有优良的耐蚀性（图 12-58），在沸腾温度，浓度 ≤60% H_3PO_4 中，在 100℃，>60% 的高浓度磷酸中，G-30 合金的腐蚀速度 <0.13mm/a。然而工业应用的商品磷酸均含有 F^-、Cl^-、SO_4^{2-} 和氧化性杂质，这些杂质加速了耐蚀材料的腐蚀，G-30 在含 F^-、Cl^- 的 H_3PO_4 中亦较在此类介质中应用的传统耐蚀材料（Sanicro-28、G-3、Inconel 625）显著优越，腐蚀速度相差 2~10 倍不等，详见表 12-119 和图 12-59、图 12-60。

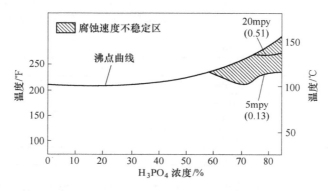

图 12-58 G-30 合金在纯 H_3PO_4 中的等腐蚀图

（括号内数字为腐蚀速度，mm/a）

表 12-119 G-30 合金在工业磷酸中的耐蚀性（试验用酸取自不同的工厂）

介质条件	温度/℃	平均腐蚀速度/mm·a⁻¹			
		G-30	G-3	625	Sanicro-28
28% P_2O_5 + 2000 × 10⁻⁶ Cl^-	85	0.025	0.023	0.038	0.787
42% P_2O_5 + 2000 × 10⁻⁶ Cl^-	85	0.023	0.275	0.033	3.073
44% P_2O_5 + 2000 × 10⁻⁶ Cl^-	116	0.175	0.559	0.575	—
44% P_2O_5	116	0.193	0.559	0.625	—
44% P_2O_5 + 0.5% HF	116	0.406	1.245	1.524	—
52% P_2O_5 + 2000 × 10⁻⁶ Cl^-	116	0.098	0.275	0.305	1.219
52% P_2O_5 + 2000 × 10⁻⁶ Cl^-	140	0.711	1.626	2.007	6.299
54% P_2O_5 + 2000 × 10⁻⁶ Cl^-	116	0.203	0.406	0.406	1.397
54% P_2O_5 + 2000 × 10⁻⁶ Cl^-	116	0.178	0.406	0.381	2.337

试验数据表明，在变化多端的含杂质的磷酸中，G-30 合金均具有良好的耐蚀性，达到了开发此合金的预期目的。

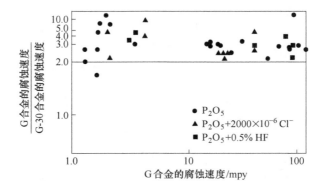

图 12-59　在工业磷酸中，G 合金与 G-30 合金腐蚀速度之比
（酸介质取自不同工厂）

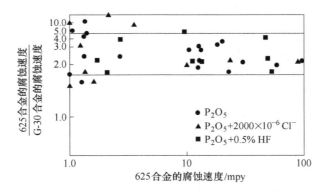

图 12-60　在工业磷酸中，625 合金与 G-30 合金腐蚀速度之比
（试验用酸取自不同工厂）

b　HCl 中

HCl 是具有强烈腐蚀性的还原酸，G-30 合金在纯 HCl 中的等腐蚀图如图 12-61 所示，由图可知，此合金在 2% HCl 中可用到沸腾温度，在浓度大于 2% HCl 中，仅在 50℃ 以下具有可用的耐蚀性，在浓度 > 10% HCl 中仅适于 40℃ 以下使用。

c　H₂SO₄ 中

G-30 合金在 50℃ 以下各种浓度的 H_2SO_4 中，其腐蚀速度处于 ≤0.13mm/a 的耐蚀性良好的范围内（图 12-62）。

d　HNO₃ 中

HNO₃ 是强氧化性的无机酸，G-30

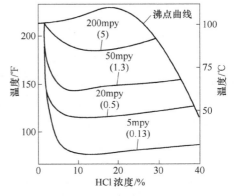

图 12-61　G-30 合金在纯 HCl 中的等腐蚀图
（括号内的数字为腐蚀速度，mm/a）

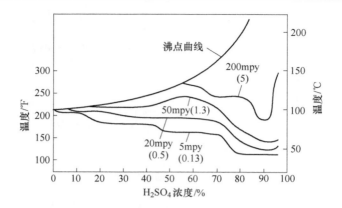

图 12-62　G-30 合金在纯 H_2SO_4 中的等腐蚀图

（括号中的数字为腐蚀速度，mm/a）

合金在纯 HNO_3 中的等腐蚀图如图 12-63 所示。G-30 合金在常压下任何温度，任何浓度的 HNO_3 中具有良好的耐蚀性。

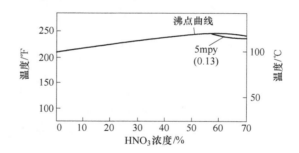

图 12-63　G-30 合金在 HNO_3 中的等腐蚀图

（括号中的数字为腐蚀速度，mm/a）

e　HNO_3 + HF、H_2SO_4 + HNO_3、HNO_3 + HCl 中

在腐蚀极强的 HNO_3 + HF、H_2SO_4 + HNO_3 和 HNO_3 + HCl 的混酸介质中，G-30 合金的耐蚀性如图 12-64 ~ 图 12-66 所示。显然，G-30 合金的耐蚀性优于 G、G-3 铁镍基耐蚀合金，也优于著名的 C-22 和 C-276 镍基耐蚀合金，使之成为湿法磷酸生产和磷肥生产加工中最理想的耐蚀结构材料。

在有机酸、硝酸、硫酸和一些混酸中，G-30 合金与 625 和 G-3 合金的耐蚀性对比结果见表 12-120。

综合表 12-118 和表 12-119 的结果，不难看出，G-30 合金在含 F^-、Cl^- 磷酸和一些强腐蚀性的酸性介质中均呈现出良好耐蚀性，其耐蚀性不仅优于 G-3 合金也优于 Inconel 625 合金、C-22 合金和 C-276 合金。在这些环境中，高 Cr 合金具有明显的优势。

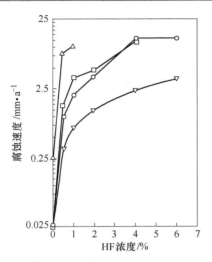

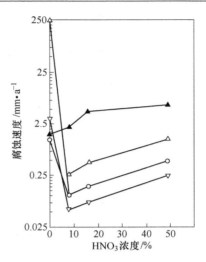

图 12-64　在 80℃ 20% HNO₃ + HF
溶液中 Hastelloy G-30 合金的耐蚀性
△—Alloy C-276（00Cr16Ni60Mo16W4）；
○—Alloy G-3（00Cr22Ni48Mo7Cu2Nb）；
□—Alloy C-22（00Cr22Ni60Mo13W3）；
▽—Alloy G-30（00Cr30Ni46Mo5W2Cu2Nb）

图 12-65　在沸腾 30% H₂SO₄ + HNO₃
溶液中 Hastelloy G-30 合金的耐蚀性
△—Alloy C-22（00Cr22Ni60Mo13W3）；
○—Alloy C-276（00Cr16Ni60Mo16W4）；
▽—Alloy G-30（00Cr30Ni46Mo5W2Cu2Nb）；
▲—Alloy G-3（00Cr22Ni48Mo7Cu2Nb）

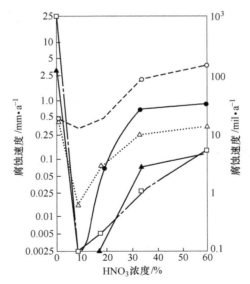

图 12-66　在 80℃ 4% HCl + HNO₃ 中 Hastelloy G-30 合金的耐蚀性
○—Alloy C-276（00Cr16Ni60Mo16W4）；　●—Alloy G-3（00Cr22Ni48Mo7Cu2Nb）；
△—Alloy C-22（00Cr22Ni60Mo13W3）；　▲—Alloy G-30（00Cr30Ni46Mo5W2Cu2Nb）；
□——ferralium 255

表 12-120　在一些酸介质中 G-30 合金的耐蚀性与 G-3 合金和 Inconel 625 合金的比较

介 质 条 件	浓度/%	温度/℃	腐蚀速度/mm·a⁻¹		
			G-30	G-3	625
醋 酸	99	沸腾	0.025	0.015	<0.025
甲 酸	88	沸腾	0.051	0.127	0.229
硝 酸	10	沸腾	0.010	0.023	0.025
	60	沸腾	0.1355	0.216	0.406
	65	沸腾	0.127	0.279	0.508
硝酸 + 1% HF	20	80	0.787	1.880	3.124
硝酸 + 6% HF	20	80	4.496	13.716	60.96
硝酸 + 1% HF	50	80	4.877	10.668	—
硝酸 + 0.5% HF	56	110	1.194	2.794	—
硝酸 + 0.5% HF + 2000 × 10⁻⁶ Cl⁻	56	110	1.27	2.870	—
硫酸 + 10% 硝酸	50	沸腾	0.406	0.762	—
硫 酸	2	沸腾	0.203	0.152	0.152
	10	沸腾	0.787	0.483	1.174
	20	沸腾	1.372	0.762	3.173
	50	107	0.940	0.940	5.664
	80	52	0.305	0.584	0.838
	99	130	1.092	1.880	—
	99	140	1.168	1.448	—
硫酸 + 42g/L Fe₂(SO₄)₃ (ASTM G-28A)	50	沸腾	0.178	0.279	0.589
硫酸 + 5% 硝酸	70	沸腾	3.378	6.096	—
硫酸 + 5% 硝酸	60	沸腾	1.143	2.134	2.667
硫酸 + 8% 硝酸 + 4% HF	77	54	0.010	0.038	—
硝酸 + 8% HCl	18	80	0.051	0.457	0.152
硝酸 + 11% HCl	25	80	0.584	23.216	3.200
硝酸 + 3% HCl	59	80	0.127	0.864	0.508

B　晶间腐蚀

采用 80℃，20% HNO_3 + 6% HF 溶液对 G-30、G-3 和 G 合金敏化行为的评价结果见表 12-121，1h 敏化对 G-30 合金未产生敏化效应，而 G 和 G-3 合金出现敏化，10h 敏化，三个合金均出现敏化，但 G-30 合金敏化程度较轻。最敏感的敏化温度和敏化温度范围，三个合金存在差别，G-30 合金的最敏感的敏化温度为 760℃，敏化温度范围很窄；G-3 合金的最敏感的敏化温度为 871℃，敏化温度范围宽于 G-30 合金；G 合金的最敏感的敏化温度为 871℃，最敏感的敏化温度范围最宽（650～980℃）。G-30 合金抗敏态晶间腐蚀能力最强。

表 12-121　G-30 合金在 80℃，20% HNO₃ + 6% HF 中的敏化敏感性

敏化温度/℃	在80℃，20% HNO₃ + 6% HF 中的平均腐蚀速度/mm·a⁻¹					
	敏化1h			敏化10h		
	G	G-3	G-30	G	G-3	G-30
649	21.844	11.125	5.664	98.806	14.605	6.909
760	304.8	21.844	5.842	482.6	67.564	40.64
871	482.6	54.483	4.496	508	111.125	11.532
982	482.6	14.656	8.585	482.6	16.256	10.846
固溶态	27.305	16.104	5.842			

C　点腐蚀

在氧化性酸性氯化物溶液（4% NaCl + 0.1% Fe₂(SO₄)₃ + 0.01mol/L HCl，pH = 2）中，以5℃为间隔，每间隔温度试验时间为24h，所测得的临界点蚀温度见表 12-110。G-30 和 G-3 最高达 70℃。在 50℃的这种溶液中，对 G-30、825、20Cb-3 和 316L 四种材料全浸 48h 后观察，只有 G-30 合金未出现点蚀，其他三种材料均出现不同程度点蚀。

12.3.9.4　冷热加工、热处理和焊接

A　热加工和冷成型

00Cr30Ni43Mo5.5W2.5Cu2Nb（G-30）热加工性能良好，热加工的温度范围为 900～1150℃。合金的热冷成型性能良好，因合金的塑韧性良好，以选择冷成型为宜，同一般的奥氏体合金相比，它易于加工硬化，需选用具有较大加工能量的装备，对厚截面材料的冷成型可适当增加道次间的退火次数。

B　热处理

此合金的固溶温度为 1177℃，随后水淬或快速空冷。

C　焊接

00Cr30Ni43Mo5.5W2.5Cu2Nb（G-30）合金易于焊接，可采用 GTAW、GMAW、SMA 进行焊接，其焊接特性类似于 G-3 合金。不宜采用埋弧焊。焊接材料推荐使用 G-30 焊丝（ERNiCrMo-11；UNS No. 6030）和 G-30 合金焊条（ERNiCrMo-11；UNS W86030）。焊件和焊缝金属的力学性能分别见表 12-122 和表 12-123。焊缝金属的塑韧性良好，一些试验数据见表 12-124。

表 12-122　G-30 焊件的室温和高温力学性能

板厚/mm	焊接方法	试验温度/℃	R_m/MPa	$R_{p0.2}$/MPa	$A(50.8)$/%	Z/%
3.2	GTAW	室温	676	331	39	—
		538	490	207	45	—
		760	379	186	34	—
12.7	GTAW ϕ3.2mm 焊丝	室温	710	393	60	70
		538	490	221	56	60
		760	372	221	33	25
12.7	GTAW 短弧 ϕ1.1mm 焊丝	室温	696	365	55	62
		538	503	228	59	32~64
		760	372	200	27	12~26
12.7	GMAW（Spray）ϕ1.1mm 焊丝	室温	710	379	51	54
		538	490	248	49	49
		760	379	207	34	29

表 12-123　G-30 合金焊缝金属的拉伸性能

焊接方法	试验温度/℃	R_m/MPa	$R_{p0.2}$/MPa	$A(50.8)$/%	Z/%
GTAW ϕ3.2mm 焊丝	室温	703	469	36	43
	260	565	359	34	41
	538	496	331	37	40
GTAW ϕ1.1mm 焊丝	室温	717	462	43	40
	260	572	345	40	36
	538	510	324	44	39

表 12-124　G-30 合金焊件的冲击和弯曲性能

焊 接 方 法	A_{KV}/J		弯曲[1]	
	室温	−196℃	2T	1.5T
GTAW，ϕ3.2mm 焊丝	144	100	通过	通过
GMAW（短弧），ϕ1.1mm 焊丝	140	104	通过	通过
GMAW（Spray），ϕ1.1mm 焊丝	134	95	通过	通过

[1] 2 面弯，1 面弯，1 面根部弯，弯曲角 180°。

12.3.9.5　物理性能

00Cr30Ni43Mo5.5W2.5Cu2Nb（G-30）合金的密度为 8.22g/cm³，其他物理性能见表 12-125 和表 12-126。

表 12-125　　G-30 合金电阻率和热导率

温度/℃	电阻率/μΩ·m	热导率/W·(m·K)⁻¹	温度/℃	电阻率/μΩ·m	热导率/W·(m·K)⁻¹
24	1.16	10.2	400	1.23	18.7
100	1.17	11.9	500	1.24	20.3
200	1.19	14.4	600	1.25	24.1
300	1.21	16.7			

表 12-126　　G-30 合金的杨氏弹性模量和线胀系数

温度/℃	状　态	杨氏弹性模量/GPa	温度范围/℃	线胀系数/×10⁻⁶K⁻¹
24	1177℃,水淬	202	39~93	12.8
			30~204	13.9
400	1177℃,水淬	196	30~316	14.4
600	1177℃,水淬	194	30~427	14.9
800	1177℃,水淬	192	30~538	15.5
1000	1177℃,水淬	184	30~649	16.0
			30~760	16.0

12.3.9.6　应用

G-30 合金是一种 $w(Cr) > 25\%$ 的高 Cr 耐蚀合金，因此在含 F⁻、Cl⁻ 和其他氧化性杂质的强酸腐蚀介质中具有良好的耐蚀性，它的主要应用领域是湿法磷酸生产及随后的化学加工的容器、蒸发器、泵、阀、管线等。由于此合金良好耐混酸腐蚀的特性，它亦可应用于核燃料化工后处理、核废料处理、石油化工、农药、金矿萃取液相的容器和装备。此合金的高强度和高耐蚀性相匹配的特性以及其良好的制造加工性能，在酸性气井开采的井下和地面用的套管、连接件以及要求既耐蚀又需具备高强度的设备或装置，是一种可供选择的耐蚀结构材料。

12.3.10　00Cr20Ni50Mo9WCuNb(Hastelloy G-50，No.6950)

00Cr20Ni50Mo9WCuNb（G-50）合金是为酸性气井开采的筒状部件的需要而开发的耐蚀结构材料，在含高浓度 H_2S 和 CO_2 以及氯复合的酸性气井条件下，与其他可用耐蚀结构材料相比较，此合金的耐蚀性优于 G-3 合金，较性能更优的 C-276 合金价格便宜。

12.3.10.1　化学成分及组织结构特点

G-50 合金的化学成分见表 12-82。与 G-3 合金比较，此合金降低了 Cr，提高了 Mo。它的组织为面心立方的奥氏体组织，中温会有碳化物和金属间相（σ）析出，但数量很少。它的抗敏化能力类似于 G-3 合金。

12.3.10.2 力学性能

G-50 合金筒状产品的室温和高温拉伸性能见表 12-127。这些数据表明，G-50合金的强度高于 G-3 合金和 G-30 合金，而塑性指标低于这两个合金。

表 12-127 G-50 合金筒状产品的典型拉伸性能

温度/℃		R_m/MPa	$R_{p0.2}$/MPa	A/%
纵向	室温	875	742	25.8
	95	825	700	24.8
	205	761	631	24.7
	315	717	619	22.6
横向	室温	838	709	26.8
	95	782	669	24.3
	205	712	587	24.5
	315	678	578	21.7

12.3.10.3 耐蚀性

A 全面腐蚀

在不同温度的专用腐蚀介质中，G-50 合金同其他合金的耐蚀性能对比试验结果见表 12-128。从这些数据可知，在 15% HCl 中，G-50 合金的耐蚀性优于 G-3 合金但不及 C-276 合金；在 12% HCl + 3% HF 中，仅在 66℃不及 G-3 合金，但在高温却显著优于 G-3 合金。

表 12-128 G-50 合金在一些专用腐蚀介质中的耐蚀性

温度/℃	腐蚀速度/mm · a^{-1}				
	15% HCl			12% HCl + 3% HF	
	G-50	G-3	C-276	G-50	G-3
66	1.4	1.8	0.7	1.4	0.9
93	5.0	7.8	1.7	8.1	17
121	28	45	6.4	—	—
149	172	513	—	204	439

B 应力腐蚀

在酸性气井环境中慢速应变速率和 C 形试样的试验结果指出，G-50 合金具有优于 G-3 合金的耐应力腐蚀和耐硫化物应力腐蚀性能。

12.3.10.4 冷热加工性能和热处理

G-50 合金的冷热加工性能和热处理与 G-3 合金相似，可使用 G-3 合金的参数。

12.3.10.5　物理性能

G-50 合金的密度为 $8.33g/cm^3$，线胀系数见表 12-129。

表 12-129　G-50 合金的线胀系数

温度范围/℃	线胀系数/$\times 10^{-6}K^{-1}$	温度范围/℃	线胀系数/$\times 10^{-6}K^{-1}$
20 ~ 95	13.0	20 ~ 315	14.1
20 ~ 205	13.5		

12.3.10.6　应用

G-50 合金主要应用于酸性气井环境中耐应力腐蚀的筒形部件，联接管件等。

12.3.11　00Cr21Ni44Mo3Cu2Ti2Al(Incoloy 925，No. 9925)

925 合金是一种可时效强化的铁镍基耐蚀合金，由于 Cr、Mo、Cu 的复合作用效果，致使此合金具有优良的耐还原性化学介质的腐蚀能力，以及良好的耐点蚀和耐缝隙腐蚀性能。此合金的镍含量足以保证其耐氯离子引起的应力腐蚀。它主要应用于既要求高强度又要求具有足够耐蚀性的领域，如酸性油气开采使用的井下和地面装置和设备。

12.3.11.1　化学成分和组织特点

925 合金的化学成分见表 12-130。

表 12-130　925 合金的化学成分（质量分数）　　　（%）

C	Si	Mn	S	Cr	Ni	Mo	Cu	Ti	Al	Nb	Fe
≤0.03	≤0.5	≤1.0	≤0.03	19.5 ~ 22.5	42.0 ~ 46.0	2.5 ~ 3.5	1.5 ~ 3.0	1.9 ~ 2.4	0.1 ~ 0.5	≤0.5	≥22

925 合金在固溶状态下，为奥氏体组织，由于此合金加入了 Ti 和 Al，因此在恰当的温度下进行时效处理，故 $\gamma'[Ni_3(Al、Ti)]$ 的析出可使合金的强度和硬度显著提高，达到提高强度的目的。

高温暴露也将引起其他相的沉淀，这些相包括 MC、M_7C_3、$M_{23}C_6$、σ 相和 η 相等，这些相是否析出取决于时效温度和时效时间，图 12-67 为固溶态 925 合金的时间-温度-转变（TTT）图，γ' 相的最敏感析出温度为 750℃，σ 相的最敏感析出温度为 800 ~ 850℃。

相的析出不仅使合金的强度提高，也将使合金脆化即冲击性能变坏，由所测定的冲击吸收功可知，γ' 相沉淀并未严重引起韧性变坏，即使进行 10h 时效 925 合金的冲击吸收功仍在 100J 以上；使冲击韧性变坏的沉淀相为 σ 相，于 830℃时效 5h，合金的冲击吸收功已 <60J，随时效时间增长，合金的韧性继续恶化（图 12-68）。

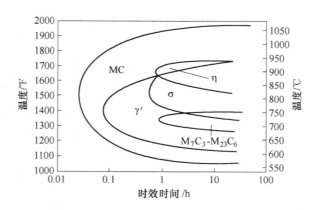

图 12-67　固溶态 925 合金的 TTT 图

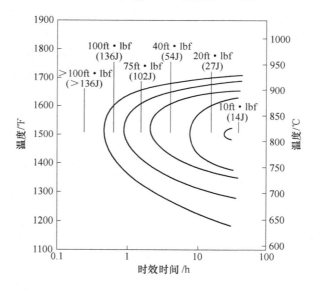

图 12-68　时效处理对固溶态 925 合金冲击性能的影响
（固溶态的冲击吸收功为 320J）

12.3.11.2　力学性能

925 合金固溶和固溶＋时效态室温力学性能见表 12-131，高温力学性能如图 12-69 所示。

表 12-131　925 合金的室温拉伸性能

材料类型和状态	R_m/MPa	$R_{p0.2}$/MPa	A/%	硬　　度
圆形材，固溶退火	685	271	56	75RB
圆形材，固溶退火＋时效	1154	832	27	32RC
冷拔管，固溶退火＋时效	1189	830	27	35RC

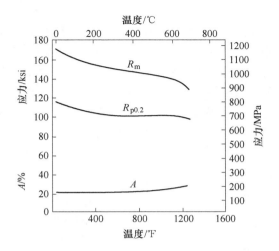

图 12-69　固溶 + 时效态 925 合金的高温力学性能

925 合金旋转梁疲劳试验结果如图 12-70 所示，双时效 925 合金的平均轴向应力与循环次数关系如图 12-71 所示。

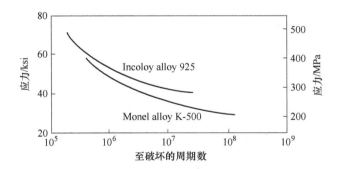

图 12-70　925 合金和 Monel alloy K-500 合金的旋转梁疲劳数据

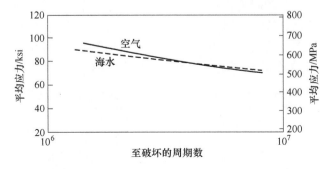

图 12-71　740℃ 双时效状态下的 925 合金在空气和海水中的疲劳性能

12.3.11.3　耐蚀性

925 合金在氧化和还原性的介质环境中均呈现出良好的耐全面腐蚀、耐点蚀和耐缝隙腐蚀以及耐应力腐蚀性能。然而，这个合金最适用的腐蚀环境是酸性（含 H_2S）原油和天然气、硫酸、磷酸和海水。

合金在具有代表性的酸性气井环境中的耐蚀性分别见图 12-72 和表 12-132 ~ 表 12-134。破裂温度试验结果指出，925 合金模拟酸性气井环境中的破裂温度高于冷加工态的 825 合金，但低于 725 和冷加工态的 G-3 合金和 C-276 合金（图 12-71）。

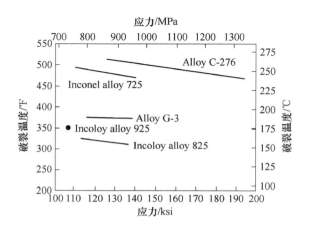

图 12-72　925 合金 C 形环试样在高压釜中的应力腐蚀试验结果

（试验介质为含 827kPa H_2S 的 25% NaCl + 0.5% 醋酸 + 1g/L S 水溶液，
外加 100% 屈服强度（$R_{p0.2}$）的应力）

表 12-132 为 925 合金在 NACE 溶液中 C 形环试样的试验结果，为了比较列入了在此环境中常用的耐蚀合金，包括 625、718、725、825、G-3 和 C-276。试样结果表明，925 合金的耐硫化物应力腐蚀（氢脆）性能优于冷加工态 625 合金和 G-3 合金，与 718、725、825 和 C-276 合金相当。应力腐蚀试验指出，925 合金的耐应力腐蚀性能不及 C-276 和 625 合金，与 G-3、825、718 等合金相当（表12-133）。925 合金在游离硫环境中的耐蚀性见表 12-134。

表 12-132　925 合金 C 形环试样在 NACE 溶液中的 SSCC（硫化物应力腐蚀）[①]

合金	状　态	模拟井况时效	$R_{p0.2}$/MPa	硬度 HRC	试验时间/天	SSCC
625	冷加工	—	862	30.5	42	无
	冷加工	—	1103	37.5	10	有
	冷加工	—	1214	41	6	有

合金	状　态	模拟井况时效	$R_{p0.2}$/MPa	硬度 HRC	试验时间/天	SSCC
718	时效硬化	—	827	30	42	无
	时效硬化	—	896	37	42	无
	时效硬化	—	924	38.5	42	无
	时效硬化	—	958	38	42	无
	时效硬化	—	1076	41	60	无
725	冷加工	—	621	25	30	无
	时效硬化	—	811	37	30	无
	时效硬化	—	887	40	30	无
	时效硬化	315℃×1000h	902	41.5	30	无
	时效硬化	—	916	36	42	无
	时效硬化	—	917	39	30	无
	冷加工＋时效硬化	—	950	39	42	无
825	冷加工	—	952	30	42	无
	冷加工	—	1014	33	42	无
925	时效硬化	—	786	38	42	无
	冷加工	—	958	38.5	42	无
	冷加工＋时效	—	1214	43.5	42	无
	冷加工＋时效	—	1282	46	42	无
	时效硬化	260℃×500h	783	38	42	无
	冷加工	260℃×500h	962	35.5	42	无
	冷加工＋时效	260℃×500h	1214	43.5	42	无
	冷加工＋时效	260℃×500h	1214	44	42	无
	冷加工＋时效	260℃×500h	1279	46	42	无
G-3	冷加工	315℃×1000h	823	26	43	无
	冷加工	315℃×1000h	912	30	43	无
	冷加工	315℃×1000h	913	31	43	无
	冷加工	315℃×1000h	944	—	30	无、无[②]
	冷加工	315℃×1000h	949	—	30	无、无[②]
	冷加工	315℃×1000h	1253	—	30	无、有[②]

续表 12-132

合金	状　态	模拟井况时效	$R_{p0.2}$/MPa	硬度 HRC	试验时间/天	SSCC
	冷加工	315℃ ×1000h	873	32	43	无
	冷加工	315℃ ×1000h	1069	38	43	无
C-276	冷加工	315℃ ×1000h	1150	35	43	无
	冷加工	315℃ ×1000h	1301	43	43	无

① 5% NaCl +0.5% 醋酸，含 H_2S，室温，应力为 $R_{p0.2}$，与碳钢成偶合。

② 双倍试样。

表 12-133　925 合金在高温酸性环境中的 SCC[①]

合金	状　态	$R_{p0.2}$/MPa	硬度 HRC	介质[②]	试验时间/天	SCC
	冷加工	883	37	A	15	无
	冷加工	1221	41	A	15	无
	冷加工	883	37	B	15	无
625	冷加工	1221	41	B	15	无
	冷加工	862	30.5	C	42	无
	冷加工	1103	37.5	C	42	无
	冷加工	1214	41	C	42	无
	时效硬化	827	30	C	42	无
718	时效硬化	924	38.5	C	42	无
	冷加工	1358	37.5	C	20	有
	冷加工	903	30	A	15	有
825	冷加工	952	30	C	42	无
	冷加工	1014	33	C	42	无
	冷加工 + 时效	1145	40.5	A	15	有
	时效硬化	783	38	B	15	有
	冷加工 + 时效	1279	46	B	15	有
925	时效硬化	786	38	C	42	无
	冷加工	958	35.5	C	42	无
	冷加工 + 时效	1214	43.5	C	42	无
	冷加工 + 时效	1279	46	C	42	无
	冷加工	920	33	D	60	无
	冷加工	920	33	D	120	无
	冷加工	948	30	D	90	有
G-3	冷加工	948	30	D	120	无
	冷加工	1264	38	D	120	无
	冷加工	920	33	E	60	无
	冷加工	920	33	E	120	无

合金	状　态	$R_{p0.2}$/MPa	硬度 HRC	介质②	试验时间/天	SCC
G-3	冷加工	948	30	E	120	无
	冷加工	1264	38	E	120	无
C-276	冷加工	1342	43.5	A	15	无
	冷加工	1342	43.5	B	15	无

① 高压釜试验，加应力 C 形环试样，应力为 100% $R_{p0.2}$。

② 试验介质：A—232℃，15% NaCl + 1380kPa H_2S + 690kPa CO_2 + 1g/L S；

　　　　　　B—204℃，25% NaCl + 1380kPa H_2S + 690kPa CO_2 + 1g/L S；

　　　　　　C—260℃，H_2S 饱和的 15% NaCl + 6.9MPa 气相（1% H_2S + 50% CO_2 + 49% N）；

　　　　　　D—204℃，20% NaCl + 690MPa H_2S + 1380kPa CO_2；

　　　　　　E—248℃，介质成分同 D。

表 12-134　925 合金在游离硫环境中的耐蚀性①

合　金	试验介质②	腐蚀速度/mm·a^{-1}
C-276	A	0.005
	B	0.003
625	A	0.018
	B	0.005
925	A	0.028
	B	0.030
825	A	0.028
	B	0.041
316	A	0.099
	B	0.114

① 在高压釜中试验 15 天。

② 溶液：A—232℃，15% NaCl + 1380kPa H_2S + 690kPa CO_2 + 1g/L S；

　　　　B—204℃，25% NaCl + 1380kPa H_2S + 690kPa CO_2 + 1g/L S。

　　在一些酸性介质中，925 合金的耐蚀性见表 12-135。显然在 70℃ 的 1% HCl 和沸腾 85% H_2SO_4 中，合金的耐蚀性不佳。

表 12-135　退火 + 时效 925 合金 3.2mm 板在各种酸中的耐蚀性（MTI No.3 程序）

介质条件	温度/℃	腐蚀速度/mm·a^{-1}（0~192h）
0.2% HCl	沸腾	<0.01
1% HCl	70	0.28
10% H_2SO_4	70	0.05
85% H_2SO_4	沸腾	1.19
80% CH_2COOH	90	<0.03
	沸腾	<0.01

在 25℃，3.5% NaCl 溶液中，对每个含有 40 个缝隙的试样经 1000h 试验，未出现缝隙腐蚀，腐蚀速度 <0.03mm/a。

12.3.11.4　冷热加工、热处理和焊接性能

A　冷热加工

925 合金易于热加工，其热加工温度范围为 870~1175℃，在 1095℃ 以下的温度，925 合金的热加工特点类似于 825 合金。为了获得最大耐蚀性和直接时效后的最高强度水平，其终加工温度以控制在 870~980℃ 为宜。

冷成型行为与 825 合金类似，仅加工硬化速度稍许增加。

B　热处理

对于时效硬化处理材料的固溶退火应在 980~1040℃ 进行，保温时间 30min 至 4h 不等，取决于产品的截面尺寸。对于截面尺寸 ≤25mm 的产品应以相当或快于空冷的速度冷却；对于截面尺寸大于 25mm 的产品，需要水淬。

时效硬化处理制度：(732~749)℃ ×(6~9)h 炉冷至 621℃，在 621℃ ±8℃ 保温总的时间为 18h，然后以空冷或快于空冷的冷却速度冷却。

C　焊接

925 合金可采用 GTAW、GMAW 进行焊接，不推荐使用埋弧焊。焊接材料宜使用 725NDUR。采用 725NDUR 焊接材料，焊缝的室温冲击性能见表 12-136。焊前退火，焊后退火 +时效处理的韧性最好。焊件的拉伸性能亦表明，焊前退火和焊后退火 +时效处理，焊件具有最好的塑性和稍低的强度，一些数据如图 12-73 和图 12-74 所示。

表 12-136　采用 725NDUR 焊材焊接 925 合金焊缝的室温冲击性能

热　处　理		焊接方法	夏比 V 形缺口冲击吸收功/J	夏比 V 形缺口冲击吸收功 (538℃ ×1000h) /J
焊　前	焊　后			
退　火	时　效	GTAW	26	22
退　火	退火 +时效	GTAW	57	51
时　效	时　效	GTAW	26	16
退　火	时　效	GMAW	27	20
退　火	退火 +时效	GMAW	47	39
时　效	时　效	GMAW	27	20

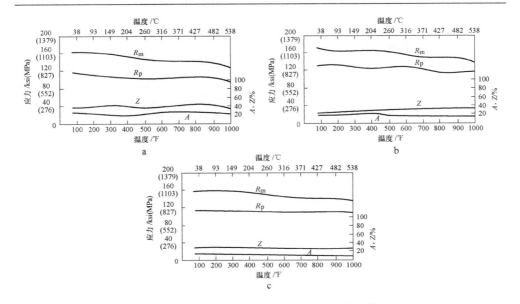

图 12-73　925 合金 GTA 焊接的室温拉伸性能

（退火：1040℃×1h，Ac_3；时效：740℃×（6～9）h，炉冷至 621℃保持 8h，总时效时间 18h）

a—焊前退火，焊后退火＋时效；b—焊前退火，焊后时效；c—焊前时效，焊后时效

R_p—yield strength（屈服强度）

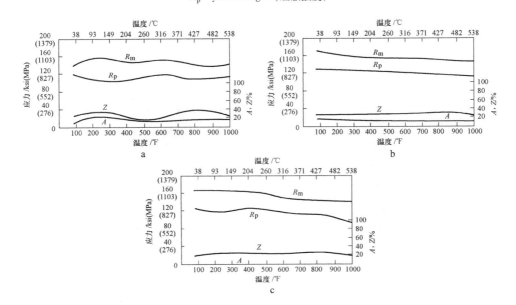

图 12-74　925 合金 GMA 焊接的拉伸性能

（焊前、焊后处理工艺见图 12-73 图注）

a—焊前退火，焊后退火＋时效；b—焊前退火，焊后时效；c—焊前时效，焊后时效

R_p—yield strength（屈服强度）

12.3.11.5　物理性能

925 合金的物理性能见表 12-137 ~ 表 12-139。

表 12-137　925 合金的物理性能

密度/g·cm⁻³	8.08	电阻率/Ω·m	1.17
熔点范围/℃	1311 ~ 1366	磁导率（15.9kA/m）	1.001

表 12-138　925 合金热性能

温度/℃	热导率/W·(m·K)⁻¹	比热容/J·(kg·K)⁻¹	线胀系数/×10⁻⁶K⁻¹
20 ~ 25	—	435	—
23 ~ 25	12.0	—	—
25 ~ 100	12.9	456	13.2
25 ~ 200	14.3	486	14.2
25 ~ 300	15.9	507	14.7
25 ~ 400	17.4	532	15.0
25 ~ 500	19.3	561	15.3
25 ~ 600	22.2	586	15.7
25 ~ 700	24.0	611	16.3
25 ~ 800	28.2	641	17.2
25 ~ 900	27.7	666	—
25 ~ 1000	24.6	—	—
25 ~ 1100	26.0	—	—
25 ~ 1150	26.9	—	—

表 12-139　925 合金（热轧棒，固溶退火 + 时效）的杨氏弹性模量、剪切模量和泊松比

温度/℃	杨氏弹性模量/GPa	剪切模量/GPa	泊松比
21	199	77	0.293
38	199	76	0.299
93	195	75	0.308
149	192	73	0.316
204	188	72	0.315
260	185	70	0.317
316	182	69	0.319
371	178	68	0.319
427	175	66	0.323
482	172	65	0.323

温度/℃	杨氏弹性模量/GPa	剪切模量/GPa	泊松比
538	168	64	0.324
593	164	62	0.326
649	160	60	0.330
704	155	58	0.334
760	150	56	0.338
816	145	54	0.335
871	139	52	0.320
927	132	50	0.326

12.3.11.6　应用

925 合金主要应用于既要求具有高强度又要求具有良好耐蚀性的服役条件。因其良好的耐硫化物应力腐蚀（SSCC）和在酸性油气井环境中的良好耐应力腐蚀性能，它是酸性油气开采的重要耐蚀结构材料。如井下和地面的气井部件包括管件、阀门、悬挂件、地面管接头、工具联接器和封隔装置等。此合金也适用于紧固件，舰船和泵用轴类以及高强度管线系统。

参 考 文 献

[1] 陆世英，康喜范. 镍基和铁镍基耐蚀合金. 北京：化学工业出版社，1989：285～356.

[2] 陆世英，康喜范. 不锈耐蚀合金和锆合金. 北京：能源出版社，1983：21～24.

[3] 张廷凯，康喜范. 不锈耐蚀合金和锆合金. 北京：能源出版社，1983：25～29.

[4] 康喜范，张廷凯. 不锈耐蚀合金和锆合金. 北京：能源出版社，1983：29～35.

[5] 肖顺友. 不锈耐蚀合金和锆合金. 北京：能源出版社，1983：45～48.

[6] 易笃斌，等. 不锈耐蚀合金和锆合金. 北京：能源出版社，1983：36～40.

[7] 周碧华. 不锈耐蚀合金和锆合金. 北京：能源出版社，1983：41～44.

[8] 张廷凯，康喜范. 不锈耐蚀合金和锆合金. 北京：能源出版社，1983：85～90.

[9] 钢铁研究总院. 新金属材料，1973(3)：12～16.

[10] 康喜范，张廷凯. 不锈钢文集. 北京：钢铁研究总院，1985，1：104～117.

[11] Friend W Z. Corrosion of Nicked and Nicked Base Alloys, New York：John & Sons Inc.，1980：369～416.

[12] Weisert E D. Corrosion, 1967, 13 (10)：61～73.

[13] Hodger F G. CEP, 1978, 74 (10)：84～88.

[14] Graver D L. Process Industries Corrosion. Houston Taxas. 1975：107～113.

[15] Paige B E, Depue N A. ICP-1054. July, 1975.

[16] Broron M H, Kirechner R M. Corrosion, 1973, 29 (12)：470～473.

[17] Stellite Divison, Cabot Corp.，Hastelloy and Hayness Corrosion-Resistant Alloys for Pollution-Contral Systems. Bulleitin F-30, 555A, 1977.

［18］ Sandvit, Sanicro-28-a high Alloy Stainless steel for Seawater Service. Sandvik, September, 1980.

［19］ VDM, high-performance materials. Vereinigte, Deutsche Metallwerke AG, Publiaation 33698, 1972.

［20］ Huntington Alloys Inco. , Incoloy 825. 1974, Bulletin T-37, 1974.

［21］ Margan A R. Corrosion, 1959, 15：351.

［22］ Scharfstain L R, et al. Brit. Corrosion, 1965, 11 (1)：36~41.

［23］ Class I, et al. Werkstoffer and Korrosion, 1964, 116 (1)：79~84.

［24］ Henthorne M, et al. Corrosion, 1965, 21 (8)：254~259.

［25］ VDM, Nicrofer 3127hMo-Alloy 31//VDM, Nicked and high alloy Special Stainless Steel, Thyssen Krupp VDM GmbH, 1998：62~71.

［26］ VDM, Nicrofer 3127hMo-alloy 31. Werdohl (Germany)：ThyssenKrupp VDM GmbH, June 2006, Material Data Sheet No4031.

［27］ Heubner U, et al. Corrosion/91. Houston (Texas)：NACE International, 1991：No321.

［28］ Jasner M, Heubner U. Corrosion/95. Houston：NACE International. 1995：No279.

［29］ VDM, high-alloy materials for aggressive environments. Werdohl (Germany)：ThyssenKrupp VDM GmbH, 2002：Report No26.

［30］ VDM, Nicrofer 3033-alloy 33. Werdohl (Germany)：ThyssenKrupp VDM GmbH, March 2000, Material Data Sheet, No4042.

［31］ Köhler M, et al. Corrosion/95. Houston (Texas)：NACE International, 1995：Paper No338.

［32］ Köhler M, et al. Corrosion/96. Houston (Texas)：NACE International, 1996：Paper No428.

［33］ Agarwal D C, Köhler M. Corrosion/97, Houston (Texas)：NACE International, 1997：Paper No424.

［34］ Heabner U, et al. Corrosion/97. Houston (Texas)：NACE International, 1997：Paper No115.

［35］ Köhler M. Corrosion/99, Houston (Texas)：NACE International, 1999：Paper No444.

［36］ Agarwal D C, et al. Stainless Steels World, 2009, 5：79~91.

［37］ Sridher N. J. of Metals. 1985(11)：51~53.

［38］ Stellite Dlvison Cobat Co. , Hastelloy G. 1971：Bulletin F30.

［39］ VDM, Nicrofer 4823h Mo (Alloy G-3) . Wordohl (Germany)：VDM AG, 1984：Materials Date Sheet, No4013.

［40］ Noble H, et al. Materials Protection, 1963, 2(12)：45.

［41］ Brown M H. Corrosion, 1969, 25：438.

［42］ Special Metals Co. , Inconel G3. Speial Metals Co. ,2004：Publication Number BMC-072.

［43］ Haynes International, Hastelloy G-30 Alloy. Kokomo (Indiana)：Haynes International.

［44］ Special Metals Co. , Incoloy Alloy 925. 2004：Publication Number BMC-070.

［45］ Special Metals Co. , high-performance Alloys for Resistance to Aqueous Corrosion. 2000：Publication Number SMC-026.

［46］ Гуляев А П, ИЭВ. АНСССР. Металлы, 1966, 5：102~106.